U0680620

于全，中国工程院院士，军事科学院系统工程研究院研究员，信息系统安全重点实验室主任。兼任西安电子科技大学通信工程学院名誉院长，东南大学网络安全学院名誉院长，北京航空航天大学、北京理工大学、上海交通大学、南京大学、复旦大学、东莞理工学院兼职教授，自然科学基金重大研究计划"空间信息网络基础理论与关键技术"指导专家组组长，*Journal of Communications and Information Networks* 创刊主编，中国指挥与控制学会副理事长。研究方向包括无线自组织网络、空间信息网络、软件无线电、认知无线网、网络体系架构等。近年来学术兴趣点主要在"类脑神经元的无线异构网络"及"类生物免疫的网络安全防御"等交叉学科上。主持或参与国家级重大科研项目 10 余项，获国家科技进步奖一等奖 1 次、二等奖 1 次、省部级科技进步奖一等奖 5 次，曾被评为全国优秀科技工作者、优秀留学回国人员，获中国科协求是杰出青年奖、第九届中国青年科技奖，近年来发表学术论文近百篇。

Communications in
Tactical Environments:
Theories and Technologies

■ 于全——编著

战术通信

理论与技术

人民邮电出版社
北京

图书在版编目（CIP）数据

战术通信理论与技术 / 于全编著. -- 北京 ： 人民
邮电出版社，2020.12
ISBN 978-7-115-55024-8

Ⅰ．①战… Ⅱ．①于… Ⅲ．①军事通信 Ⅳ．①E96

中国版本图书馆CIP数据核字(2020)第232022号

内 容 提 要

本书介绍战术通信的理论和技术。首先，对战术通信的发展历程和系统组成等方面进行了概述。接下来，分别对无线高速传输技术、抗干扰技术、组网技术、信息分发管理技术、软件无线电技术和认知无线电技术进行了介绍。最后，对战术通信向天空地一体化战术信息栅格演进趋势进行了展望。

本书可以作为从事无线电通信技术研究、开发的广大科技工作者、工程师、高年级大学生和研究生的参考用书，也可供军队指挥员、参谋人员和军事通信相关从业人员参考。

◆ 编　著　于　全
　　责任编辑　代晓丽
　　责任印制　彭志环
◆ 人民邮电出版社出版发行　　北京市丰台区成寿寺路 11 号
　　邮编　100164　　电子邮件　315@ptpress.com.cn
　　网址　https://www.ptpress.com.cn
　　北京捷迅佳彩印刷有限公司印刷
◆ 开本：787×1092　1/16　　　　彩插：1
　　印张：29.75　　　　　　　　2020 年 12 月第 1 版
　　字数：453 千字　　　　　　　2025 年 8 月北京第 8 次印刷

定价：288.00 元
读者服务热线：(010)53913866　印装质量热线：(010)81055316
反盗版热线：(010)81055315

谨以此书缅怀杨千里先生

序言

于全君嘱为其著作《战术通信理论与技术》作序，得以先睹原稿，收益甚丰。余从事军事通信教学、科研、管理逾半世纪，所见军事战术通信专著，此书上佳。

自马可尼、波波夫发明无线电机后，无线电技术迅即用于军事通信。一战期间，中波、长波电台相继服务军队，遂成陆、海、空军作战指挥之重要手段，跃登战争舞台。二战时，短波、超短波电台、无线接力机等装备大量用于战场。20 世纪 60 年代始，美利坚、法兰西、英吉利等国军队相继研制野战地域通信网（MSE、RITA、Ptarmigan），多手段综合运用，战术通信网络之理念乃形成。之后，C4ISR（指挥、控制、通信、计算机、情报、监视与侦察）系统渐成现代高科技战争之神经中枢，战术通信之基础性作用乃日益彰显。近几十年，新军事变革浪潮高涨，一体化联合作战、网络中心战、分布式网络化作战等新军事理论与作战方式始现，美军 1999 年首倡全球信息栅格（Global Information Grid，GIG）实施计划，战术通信亦迈向天空地一体化架构。

军事需求乃战术通信发展之动力。而近年虽世界大战未有，地区冲突频仍，战和交替，军民通信技术亦相渗透而迅速发展。例如，美国国防部高级研究计划局（DARPA）于 20 世纪 70 年代资助之 ARPANET、ALOHANET 项目即成就了今日之 Internet、Ad Hoc 网，其于当代通信产业之巨大影响世人皆见；1994 年，DARPA 启动著名之 SpeakEasy 项目，而引发全球软件无线电（Software Defined

Radio，SDR）热潮，并奠定美军联合战术无线电通信系统（JTRS）坚实技术基础；2003 年，美军开展 XG 计划，再次引领认知无线电（Cognition Radio，CR）发展方向。

此书作者于全研究员西安电子科技大学毕业后赴法深造，获博士学位，归国后长期从事战术通信系统之总体设计及技术研究，曾主持研制我国首部软件无线电台、首个战术互联网，具渊博之理论知识及丰富工程实践经验。本书结合现代战争之需求特色及无线电通信之最新进展，集中反映当前战术通信领域众所关心之理论及技术。在传输技术部分，深入讨论了无线高速传输及抗干扰技术；在组网技术部分，重点介绍了无线自组织网及 Mesh 网技术；在系统实现部分，详细阐述了软件无线电技术，并介绍了备受关注之认知无线电技术。

区别于一般之无线电通信著作，此书发于战术通信系统之顶层设计，突出工程实践，面向未来发展，具学术性、前瞻性、实用性相结合之鲜明特色，确系一部值得向从事无线电通信技术研究、开发之广大科技工作者、工程师、高年级大学生、研究生推荐的好的参考书。是为序。

前言

"战争是不确定性的王国"（克劳塞维茨《战争论》），而应对"不确定性"最有效的方法就是"灵活性"，这也是设计战术通信系统所追求的目标之一。

战术通信从古代边疆要塞的"烽火台"算起已经有几千年了，在漫长的发展历程中，战术通信始终对战争形态和作战方式发挥着重要作用。例如，1901年马可尼用莫尔斯电码实现横跨大西洋的 3 200 km 无线电通信，对后来的机械化战争产生了重大影响。

20 世纪 90 年代以来，以信息化为核心的新军事变革席卷全球，其突出特征就是通过网络将传感器、武器平台和指挥员等作战要素互联在一起，实现战场信息的实时共享，从而获得信息优势、决策优势和行动优势。"网络化"成为军队信息化建设的核心内容，军事通信尤其是战术通信面临着前所未有的挑战，战术通信系统的使命任务、网络架构、运用模式和主要技术都在发生重大变化。本书试图站在如何构建面向未来数字化战场通信体系的视角，介绍和讨论无线通信的基本理论和关键技术，作者并不追求内容上的面面俱到，但期望能够反映出战术通信的发展趋势和应用特点。

不依赖于固定基础设施而又能保证作战人员和武器平台自由移动是构建战术通信系统面临的主要难题，也是战术通信网与商用移动通信网的主要区别。

为了满足用户对传输带宽、网络容量、机动性和连通性的要求，战术通信必须在组网模式和网络架构两方面都进行转型，即在组网模式上以"公共网络"取代"专用网络"，部署面向多军种的区域通信保障部（分）队，改变传统的各军兵种分散自我保障方式；在网络架构上以"立体结构"取代"平面结构"，构建以临近空间通信节点为骨干的天空地一体化的分层立体网络。

高度的抗毁性和机动性是战术通信网的基本特征，网络的灵活重组性以及用户的"动中通"能力是战术通信系统的核心问题。因此，本书将重点讨论在信道带宽严重受限的条件下，如何设计高效的移动 Ad Hoc 网络和无线 Mesh 网络。

随着军队信息化建设的迅猛发展，与半导体领域的"摩尔定律"相似，各类用频装备在空间域、时间域和频率域上越来越密集，战场频谱资源越来越紧张，自扰互扰问题越来越严重，形成了信息化战场上特有的"复杂电磁环境"现象。摆脱困境的有效途径是将传统的人工静态频谱分配方式改变为按需动态频谱接入模式，因此，软件无线电技术和认知无线电技术也是本书探讨的主要内容。

在电磁领域的激烈对抗是现代战争的重要标志，抗干扰从来都是战术通信的关键问题之一，跳频、直接序列扩频等一系列行之有效的抗干扰手段得到了广泛应用。然而，这些以消耗大量频谱资源、牺牲频谱利用率为代价的抗干扰措施正是造成复杂电磁环境的重要原因之一；同时，精确制导武器将"发现即摧毁"变为现实，也使人们意识到低检测概率和低截获概率要比抗干扰性能更加重要。因此，我们必须彻底转变只考虑点对点链路抗干扰的陈旧观念，网络抗干扰、空间抗干扰（如分布式协同通信 D-MIMO）以及抗侦收测向等技术将是未来通信抗干扰的重点研究方向。

兰德（RAND）公司对 1991 年海湾战争、2000 年科索沃战争、2002 年阿富汗战争以及 2003 年伊拉克战争的通信业务量进行了统计，其结果显示使用的带宽剧增了数十倍，通信容量的增长似乎总是赶不上用户需求的变化。面对拥挤不堪的战场频谱，战术通信系统在频域和时域上采取了许多提高传输容量的措施，目前只有空域还基本是块处女地。因此，采用方向性天线，从空间上提高频谱利用率，增加传输增益和链路容量是未来战术通信的又一重点发展方向。例如，采用方向性天线的 Ad Hoc 网，不仅可以延长通信距离，减少网络跳数和端到端时延，而且还能够降低敌方的检测概率和己方的自扰互扰，从而大大提高通信抗干扰能力。

在信息化战场上，无论网络容量如何增长，通信带宽永远是一种稀缺的资源。战术通信网的目标就是要在恰当的时间和恰当的地点，将恰当的信息，以恰当的方式，传送给恰当的用户，这五个"恰当"要求"带宽"成为一种能够按照指挥员意图掌控的作战资源。因此，网络带宽管理技术——信息分发管理将在传输层与应用层之间扮演重要的桥梁角色，实现用户和业务的优先级管理以及带宽的按需动态分配，提供网络流量平衡和服务质量保证。

本书是我们科研团队多年工作的总结和集体智慧的结晶，参加本书资料整理和编写工作的有刘千里、董玮、李颖、张海山、魏子忠、魏胜群、刘俊平、任婧、张鸿、王春江、苏凯、汪李峰、刘建武、吴克军、郑相全、陈迎锋等，重庆通信学院葛利嘉教授对全书进行了校对，在此一并表示衷心的感谢。

由于作者水平有限，书中难免会有疏漏和不当之处，恳请读者不吝指正。

作者

CONTENTS

目录

第 5 章 | 信息分发管理技术 287
CHAPTER 5

第 1 章

CHAPTER 1

绪论

通信手段是人类文明发展的重要标志，从古代的烽火、狼烟、旗语、信鸽、驿马到近代的有线电通信、无线电通信，再到当代的计算机通信、微波通信、光纤通信、移动通信、卫星通信，通信技术经历了多次重大变革，而每一次变革都把人类生活方式向前推进了一大步。

从应用领域角度，可以将通信分为民用通信领域和军事通信领域。军事通信领域又分为战略通信、战役通信和战术通信。本章首先描述战术通信的概念，简单回顾战术通信的发展历程和技术演变，介绍战术通信系统的组成，最后说明本书的内容和章节安排。

1.1 战术通信基本概念

军事通信是为战争服务的，是作战指挥的基本手段，也是决定战争胜负的重要因素之一。随着信息技术的发展和武器装备的进步，战争形态、作战样式正在发生深刻的变化，而通信的地位和作用也越来越重要。

战争行动可分为战略、战役和战术三个等级。相应地，军事通信可分为战略通信、战役通信和战术通信[1]。其中，战略通信是为保障统帅部及其派出的指挥机关实施战略指挥而建立的通信；战役通信是为保障战区、战役军团实施战役指挥在作战地区（包括海域、空域）建立的通信；战术通信则是为保障战术兵团、部（分）队实施战斗指挥而建立的通信。

战略通信关系战争全局，决定了战役通信和战术通信的任务；战役通信居中间层次，在战略通信与战术通信之间起承上启下的作用；战术通信是战斗范围内的通信，处于最底层，与战斗行动的关系最密切，直接关系到战斗的胜负。

传统上，由于战略通信、战役通信和战术通信服务对象和范围的不同，在系统构成上是相对独立的。然而，随着战争形态和作战需求的变化，这三类通信系统的关系越来越密切，正在逐步走向融合，连通陆、海、空等多军兵种，构成战略、战役、战术三位一体的军事信息传输平台，战略、战役、战术通信的范畴越来越难以严格区分。最典型的代表是美军的国防部信息网（Department of Defense Information Network，DODIN），它实际上是构成网络中心战的通信指挥网络平台，既可服务于战略通信和战役通信，也可直接服务于战术通信。

另一方面，按照传输媒介的不同，通信分为无线电通信、有线电通信、光通信等；按照通信任务的不同，分为指挥通信、协同通信、后方通信和装备保障通信等；按照通信业务的不同，分为电话通信、电报通信、传真通信、数据通信、图像通信，以及其他非电子通信。典型的战术通信系统通常需要融合多种传输介质和通信业务。

现代化战争要求战术通信系统向着多手段融合以及陆海空天一体化方向发展，即综合利用无线电台、微波接力、散射、卫星、流星余迹等多种通信手段，构建多手段、多层次、立体化的综合通信系统，将战场各类传感器系统（情报侦察、预警探测）、武器平台系统和指控系统有效地互联在一起。战术通信系统是联合部队机动作战时的信息基础设施，是指挥控制、情报侦察、火力打击等信息传输的公共平台，其主要功能是为战术级部队及时的态势感知、有效的指挥控制、精确的软硬打击、准确的战斗保障等提供信息传输和共享服务。

1.2 战术通信历史回顾

回顾战术通信的发展历程，主要经历了以下几个典型阶段：早期简易通信阶段、无线电专向通信阶段和网络化通信阶段。

1.2.1 早期简易通信阶段

简易通信主要是指利用光、声、旗帜等手段进行的简单通信。烽火通信、鼓金通信、鸿雁传书、信号旗、军邮接力通信等，都是简易通信的典型方式。

"烽火"是我国古代用以传递边疆军事情报的一种通信方法，始于商周，延至明清，沿袭几千年之久，其中尤以汉代的烽火组织规模为大。在边防军事要塞或交通要冲的高处，每隔一定距离建筑一高台，俗称烽火台，亦称烽燧、墩堠、烟墩等。高台上有驻军守候，发现敌人入侵，白天燃烧柴草以"燔烟"报警，夜间燃烧薪柴以"举烽"（火光）报警。一台燃起烽烟，邻台见之也相继举火，逐台传递，须臾千里，以达到报告敌情，调兵遣将，求得援兵，克敌制胜的目的。

"击鼓鸣金"是古时两军作战时一种重要的指挥通信方式，击鼓则进、鸣金则退。明朝罗贯中《三国演义》第二十回写道："张辽可使击鼓鸣金，许褚可使牧羊放马。"史书《左传》之《曹刿论战》中描写鲁国和齐国打仗时，也描述了如"公将鼓之""齐人三鼓""一鼓作气，再而衰，三而竭"等内容，这是对采用击鼓发出声音的方式命令部队进军的典型描述。

"鸿雁传书"的典故，出自《汉书·苏武传》中"苏武牧羊"的故事。据载，汉武帝时，汉朝使臣中郎将苏武出使匈奴被鞮侯单于扣留，他英勇不屈，通过将信件束缚在大雁腿上传递信息，最终回到了阔别 19 年的故国。

信号旗在古代军事通信中发挥了非常重要的作用，今天我们仍然在很多方面使用信号旗语进行联络。我们今天娱乐用的风筝，最初就是为了军事上的需要而制作的，主要用途是传递信息和军事情报，作为一种应急的通信工具发挥过重要的作用。

军邮接力通信网是一种早期有组织的通信方式，我国是世界上最早建立有组织的传递信息机构的国家之一。早在 3 000 多年前的商代，军邮信息传递（驿传）就已见诸记载，隋唐时期，驿传事业得到空前发展。唐代的官邮交通线以京城长安为中心，向四方辐射，直达边境地区，大致 30 里设一驿站。据《大唐六典》记载，最盛时全国有 1 639 个驿站，专门从事驿务的人员共 20 000 多人，其中驿兵 17 000 人。邮驿分为陆驿、水驿、水路兼并 3 种，各驿站设有驿舍，配有驿马、驿驴和驿船。

值得指出的是，即使是在现代科学技术高度发达的今天，某些简易通信手段在特定的环境下依然具有一定的应用价值。

1.2.2　无线电专向通信阶段

人类通信史上的革命性变化，是从把电作为信息载体后发生的，典型的电信手段包括电话、电报、无线电台等。无线电专向通信是指通信双方采用上述通信工具实现点对点的通信方式。这一时期通信的组网模式以专网、专向为主，重点满足远距离通信以及指挥的实时性。

1844 年，莫尔发明了电报。次年，有线电报便开始应用于军事领域。1864 年，麦克斯韦发表了电磁场理论，成为人类历史上预言电磁波存在的第一人。1876 年，贝尔发明了电话（如图 1-1 所示），并于次年将有线电话用于军事通信。1887 年，赫兹得出了电磁能量可以越过空间进行传播的结论，导致了无线电的诞生，开辟了通信技术的新纪元，标志着从"有线电通信"向"无线电通信"的转折点。1895 年，马可尼和波波夫发明无线电收发报机（如图 1-2 所示）。1897 年，美军建立了一条试验性舰岸无线线路。1902 年，美国人巴纳特·史特波斐德在肯塔基州穆雷市进行了第一次无线电广播试验并获得了成功，无线电通信逐渐被用于战争。1905 年，清朝政府北洋新军为海军船只装备了无线电台。

图 1-1　贝尔发明电话

在第一次和第二次世界大战中，无线电发挥了很大的威力，甚至有人把第二次世界大战称为"无线电战争"。在第二次世界大战中，出现了微波通信，这种方式由于通信容量大、信道相对稳定，至今仍然是远距离通信的主要手段之一。1951 年，美国建成了第一条有 100 个中继站的微波接力通信线路。1945 年，英国提出了利用地球静止轨道卫星进行通信的设想。1957 年，苏联成功发射了第一颗人造卫星；次年，美国发射了第一颗人造通信卫星，拉开了卫星通信发展的帷幕。1962 年，美国发射了 AT&T 通信卫星。从此，卫星在军事通信上得到了迅速发展和应用。20 世纪 50 ～ 70 年代，晶体管、半导体集成电路和计算机等技术的飞速发展，又进一步推动了无线电通信技术的发展，使其成为战术通信的主要传输手段。

图 1-2　无线电收发报机的发明

1.2.3　网络化通信阶段

　　无线电专向通信阶段主要依靠无线电台进行点对点通信，指挥命令很难及时下达到参战部队的每个作战要素，只能逐个下达或者逐级转达，通信速度慢，协同能力弱，作战效率低，不能有效满足现代作战的要求。20 世纪 70 年代，出现了基于电路交换技术的地域通信网，支持话音越级指挥以及友邻协同作战，实现了战术通信的网络化。20 世纪 70 ~ 80 年代，出现了分组交换，通过在电路交换网上叠加分组数据交换网，使得通信网络能够更快、更好地支持话音和数据业务。分组交换网络的出现，增加了战场信息分发的及时性和有效性，提高了通信系统的抗毁、抗扰能力。该时期通信网络的业务从以话音为主，过渡到数据和话音并重。

20 世纪 80 年代后期，西方国家发展了以快速分组交换为基础的战术通信网，提供了以数据通信为主、话音通信为辅的业务，支持围绕数字地图的指挥控制系统和武器控制系统，普遍采用抗干扰通信手段，战术通信网进入新的发展阶段。这一时期，美国的三军联合战术通信（Tri-Service Joint Tactical Communications，Tri-TAC）系统、移动用户设备（Mobile Subscriber Equipment，MSE）系统与法国的"里达"（RITA）系统和英国的"松鸡"（Ptarmigan）系统都曾是著名的战术通信系统，在相当长的时间里被世界各国视为战术通信系统网络化的范例。

1.3 战术通信技术演变

随着战场环境和作战需求的变化以及通信技术的发展，战术通信系统逐步向着数字化、宽带化、分组化、综合化、机动化方向发展，目标是实现即插即用、柔性重组、无缝互联、动中通、可扩展性以及安全可信。下面我们简要回顾战术通信技术的发展历程。

1.3.1 网络结构

随着战术通信系统的不断发展，其网络结构从最初的点对点结构发展为树状、星状、栅格状等多种形态，目前正朝着扁平化、网状网等方向发展。

19 世纪末期到 20 世纪 40 年代，战术通信主要依靠无线电台完成，功能较为单一，以点对点直接通信为主，无组网能力。

进入 20 世纪中期，随着通信技术的发展，无线电台的性能得到很大的改善，微波接力机开始大规模运用，美军开始研制野战地域通信网。战术通信系统的网络结构逐渐发展到以树状结构为主，点对点结构为辅，大大提高了信息共享能力。但是这种集中式的网络架构快速部署能力弱，抗毁性差，一旦中心节点被摧毁将导致整个系统瘫痪，同时信息经过层层处理和传输，系统反应速度慢。

20 世纪末 21 世纪初，现代战争对战术通信提出了更高的要求。战术通信网络向多手段融合以及陆海空天一体化发展，通过综合运用无线电台、微波接力、散射、卫星、流星余迹等多种通信手段，形成一体化战术信息栅格，网络结构朝着扁平化、分布式、自组织、网状网等方向发展。

目前，无线 Mesh 网和 Ad Hoc 网是战术通信网络发展的热点，它们采用分布式架构，具有移动性好、快速部署能力强、抗毁性能好、组织运用灵活等特点，符合现代化战争对战术通信网络的要求。

1. 无线 Mesh 网

无线 Mesh 网是一种具有多跳、自组织和自愈特点的宽带无线网状网。无线 Mesh 网中的节点可以与通信范围内的其他节点建立连接，网络各节点通过相邻的其他节点以无线多跳方式相连。Mesh 技术主要有如下特点。

① 多跳功能：在无线 Mesh 网中，节点之间可以通过中间节点转接通信，从而把单点覆盖扩充到区域覆盖，大大提高其应用范围。

② 网状网拓扑结构：在无线 Mesh 网中，只要在无线发射功率可及范围之内的节点都可以直接通信，一个节点故障只会影响到与它相关的无线链路，其他链路可照常通信。这种网络的一个显著特点就是可靠性高。

③ 自组织能力：在无线 Mesh 网中，网状的拓扑结构不依赖中心站的集中控制，只要节点间可达就可以构成网络，不需事先规划，不需外部参与，各节点可自行组织形成网络，而且可以随着环境变化而自适应调整。

④ 自愈：在无线 Mesh 网中，当网络中的一个节点出现故障时，一方面其他节点会自动调整路由，不会让后续的数据传输选择已发生故障的无线链路；另一方面，相邻节点会自适应加大发射功率提高覆盖范围，完成无线网络的自修复。

⑤ 自平衡：在无线 Mesh 网中，由于一个节点与多个相邻节点间存在无线

路连接，导致任意两个节点间有多条可达路径。节点具备自平衡能力，能根据数据目的地和前向路由中拥塞情况选择最佳路径发送，使整个网络的通信带宽容量最大。

⑥ 集中控制与分布式控制相结合：无线 Mesh 网的一系列控制功能，如认证、无线资源管理、路由发现等，可由集中式的网络管理中心或各节点自动完成。

2. Ad Hoc 网络

Ad Hoc 网络是由一组无线移动节点组成的多跳、无基础设施支持、临时开设的无中心网络，强调多跳、自组织和无中心的概念。Ad Hoc 网络具有以下特点。

① 无中心：Ad Hoc 网络没有严格的控制中心，所有节点的地位平等，是一个对等式网络；节点可以随时加入和离开网络；任何节点的故障不会影响整个网络的运行，具有很强的抗毁性。

② 自组织：Ad Hoc 网络相对常规通信网络而言，最大的区别就是可以在任何时刻、任何地点不需要既设网络基础设施（包括有线和无线网络）的支持，快速构建起一个移动通信网络。

③ 多跳路由：当节点要与其覆盖范围之外的节点进行通信时，需要中间节点的多跳转发。与固定网络的多跳不同，Ad Hoc 网络中的多跳路由是由普通的网络节点完成的，而不是由专用的路由设备（如路由器）完成。网络中的每一个网络节点扮演着多个角色，它们可以是服务器、终端，也可以是路由器。

④ 动态变化的网络拓扑结构：Ad Hoc 网络中，移动用户终端可以以任意速度和任意方式在网络中移动，加上无线发送装置发送功率的变化、无线信道间的互相干扰、地形等综合因素的影响，移动终端间通过无线信道形成的网络拓扑结构随时可能发生变化，而且变化的方式和速度都是不可预测的，具体的体现就是拓扑结构中代表移动终端节点的增加或消失，代表无线信道的有向边的增加或消失，网络拓扑结构的分割和合并等。

无线 Mesh 网与 Ad Hoc 网络既有相似之处也有不同之处。主要特性比较见表 1-1。

表 1-1　无线 Mesh 网与 Ad Hoc 网络的比较

比较要素	无线 Mesh 网	Ad Hoc 网络
拓扑结构	多点到多点（网状）	动态拓扑（任意）
覆盖范围	可实现城域覆盖	一般实现局域范围覆盖
用户容量	较多	较少
控制方式	集中与分布式结合	分布式
移动性	较低	很强
设计目的	用户接入为主	用户间通信为主

3. 战术通信网络典型组网模式

目前，各国战术通信网络大都采用 Mesh+Ad Hoc 的典型组网模式，即采用无线 Mesh 网构建战术通信的核心网络，覆盖作战地域，网络中的用户群组成 Ad Hoc 网络，采用多跳方式接入 Mesh 核心网络。

通过无线 Mesh 网与 Ad Hoc 网络综合运用可构建分层分布式网络（如图 1-3 所示），网络通常分为两层。边缘为 Ad Hoc 接入网层，中间为无线 Mesh 核心网层，接入网层与核心网层之间通过接入节点连接起来，形成一体化网络结构。每一层都是分布式自组织网络，各节点功能相同，地位平等，具有多跳动态路由。这种网络结构的移动性和抗毁能力好，快速部署能力强，解决了平面分布式网络的用户容量有限问题，网络覆盖范围也得到了扩展。

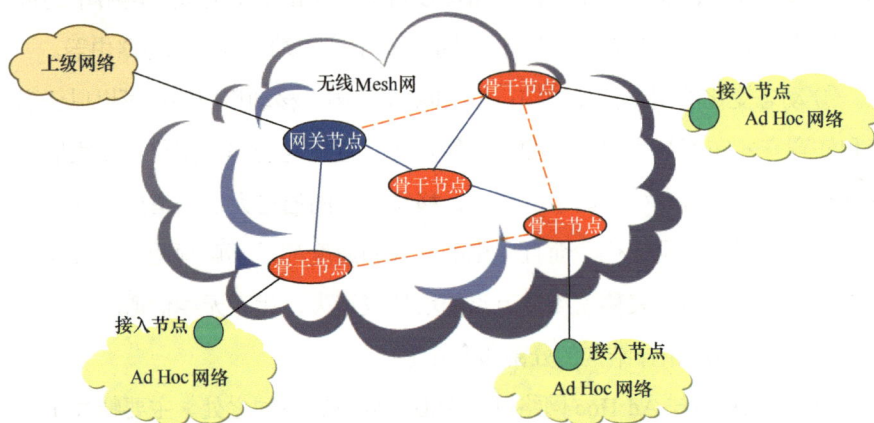

图 1-3　Mesh+Ad Hoc 的典型组网模式

1.3.2 传输技术

在战术通信由简易通信发展到一体化信息栅格的各阶段中，通信手段和传输技术也随之不断进步和丰富。

简易通信阶段的传输手段主要包括运动通信和简易信号通信。运动通信是由人员徒步或乘坐交通工具传递文件、消息的通信方式，如驿站传信。运动通信虽然比较传统，但在军事上仍有存在价值。战场上需要无线电静默时，运动通信的作用就更加重要。简易信号通信是使用简单的器材工具和简便的方法，按照预先规定的信号或记号传递信息。我国古代战争中使用的旗、鼓、角、金等就是简易通信工具。简易通信的手段简便，信息容量和传输范围都很有限，主要用于报告情况、识别敌我、指示目标等简单的信息传送。

随着电信号被作为信息载体使用，有线电通信技术得到了快速发展。这里有线电通信特指利用金属导线传输信息达成的通信，可承载电报、电话、数据、图像等业务。有线电通信起源于 19 世纪。1845 年，有线电报开始用于军事通信，早期的电报通信采用直流信号传输，传输距离近，线路利用率低；1918 年，载波电报通信进入实用化。1877 年，有线电话开始用于军事通信。

无线电通信起源于 19 世纪末，它利用电磁波作为信息的载体，可传输电话、电报、数据、图像等信息，是军队指挥作战的主要手段，对于飞机、坦克、舰船等运动单元，无线电通信则是唯一的通信手段。无线通信的传播模式包括超视距传播（如短波天波传播、卫星传播、对流层散射和流星余迹传播等）、地波传播（如极长波、超长波、长波、短波传播等）和视距传播（如超短波、微波传播）。早期的战术无线通信中主要采用模拟调制技术，从调幅（Amplitude Modulation，AM）发展到调频（Frequency Modulation，FM）和调相（Phase Modulation，PM）。随着数字信号处理技术和微电子技术的发展，无线通信调制技术也由模拟调制发展到数字调制，其中振幅键控（Amplitude Shift Keying，ASK）、频移键控（Frequency Shift Keying，FSK）、相移键控（Phase Shift Keying，PSK）、差分相移键控（Differential PSK，DPSK）、脉冲编码调制（Pulse Code Modulation，PCM）等方式，都在战术通信中得到应用。为了满足作战指挥对实时传输战场态势的需求，无线通信不断向宽带化、大容量、高可靠的方向发展。卷积码、涡轮（Turbo）码、低密度奇偶校验码（Low Density Parity Check Code，LDPC）等信道编码技术，跳 / 扩频、正交频分复用（Orthogonal Frequency Division Multiplexing，OFDM）、单载波频域均衡（Single Carrier-Frequency Domain Equalization，SC-FDE）等调制解调技术，智能天线、多输入多输出（Multiple-Input Multiple-Output，MIMO）、软件无线电等技术得到了广泛应用。

光纤通信是 20 世纪 60 年代发展起来的一种以光波为信息载体的通信方式。1966 年 7 月，高锟发表的论文"用于光频的介质纤维表面波导"[2] 指出，通过光纤能够进行长途通信。同期出现的半导体激光器为光纤通信的商业和军事应用创造了最重要的条件，开创了光纤通信的新时代。1981 年，国际上已经将 45 Mbit/s 的光纤传输应用于公用通信网，同期出现了为光纤传输设计的光同步数字传输序列（即 SONET/SDH 标准）以及异步传输模式（Asynchronous Transfer Mode，ATM），10 年之后美国国防部把 2.5 Gbit/s 光通信系统作为其全球战略信息网的基础。现在光纤通信正向扩大通信容量、增加中继距离和全光化方向发展。光纤通信具有通信容量大，中继距离长，抗电磁干扰性强，无电磁辐射，稳定、轻小等优点，已经占据了军事战略通信的支柱地位，并广泛地应用于战术通信。

网络化通信和一体化信息栅格是在现代高技术战争的背景下发展起来的通信组织方式。现代高技术条件下的战争是体系与体系的对抗，战场上各作战要素必须紧密配合，组成一个有机整体才能更好地发挥整体优势。因此，网络化通信和一体化信息栅格综合利用各种通信传输技术，将分散在战场上的各种专用网络互联组成一个统一管理、信息共享、灵活性高、可扩展性强的信息网络，以达到陆、海、空、天、电磁等多维战场的信息及时、准确、快速交互的目的。

1.3.3 交换路由技术

在交换体制方面，战术通信系统主要经历了从模拟空分交换、电路交换到分组交换的演变，先后采用了同步传输模式（Synchronous Transfer Mode，STM）、IP、ATM、多协议标记交换（Multi-Protocol Label Switching，MPLS）等技术；复用方式也产生了明显的改变，从确定复用演变为统计复用；业务承载方式由业务独立承载发展为业务综合承载。

在网络化通信阶段早期主要采用电路交换技术，战术通信系统主要基于确定复用方式支持话音业务的交换。电路交换技术采用面向连接的方式，在用户双方通信前，为通信双方分配一条具有固定带宽的通信电路，通信双方在通信过程中将一直占用所分配的资源，直到通信结束，并且在电路的建立和释放过程中都需要利用相关的信令协议。电路交换的优点是在通信过程中可以保证足够的带宽，业务实时性强，时延小。电路交换的缺点是网络的带宽利用率不高，一旦电路建立，不管通信双方是否处于通话状态，分配的电路都一直被占用。电路交换只适用于传送与话音相关的业务，传送数据业务有着很大的局限性。在电路交换中，主要采用点对点、专线、静态路由和泛搜索等路由方式。

随着分组交换技术的出现以及对作战指挥、态势感知等数据业务支持能力要求的大大增加，战术通信系统逐渐采用分组交换技术来提高数据通信能力。分组交换技术就是针对数据通信业务的特点而提出的一种交换方式，它采用存储转发的方式，将需要传送的数据按照一定的长度分割成许多小段数据，并在数据之前增加相应的用于对数据进行选路和校验等功能的头部字段，作为数据传送的基本单元（即分组），分组交换采用统计复用方式，链路利用率较高。分组交换技术主要包括 X.25、FR、ATM、IP、MPLS 等。

在分组交换网发展初期，主要采用在原有电路交换网上叠加模块的方式构建分组交换网络，由电路交换网络承载话音业务，分组交换网承载数据业务，这种叠加方式使数据传输能力得到了增强，但业务的独立承载不利于对多媒体业务的支持。为此，分组交换网采用 ATM 技术实现了对话音、数据、图像等多媒体业务的统一承载。ATM 技术将面向连接机制和分组机制相结合，在通信开始之前需要建立一定带宽的连接，但是该连接并不独占一个物理通道，而是采用和其他连接统计复用的方式占用一个物理通道，同时所有的业务，包括话音、数据和图像业务都被分割并封装成固定长度的信元在网络中传送和交换。ATM另一个突出的特点就是提出了保证服务质量（Quality of Service，QoS）的完备机制，将流量控制和差错控制移到用户终端，网络只负责信息的透明传送和交换，从而使传输时延减少，这使得 ATM 非常适合传送高速数据业务。虽然协议复杂性在一定程度上制约了 ATM 技术的发展，但强大的技术优势仍然使其在战术通信系统中得到了广泛的应用，例如在美军 MSE 系统和法军 RITA 2000 系统中，无线干线网都采用了 ATM 交换机制。

20 世纪 90 年代以来，基于 TCP/IP 体系结构的 Internet 在全世界范围内获得了巨大成功，TCP/IP 基本上成为网络体系结构的工业标准。同时，IP 技术逐渐成为网络承载业务的主要方式。战术通信系统开始广泛应用 TCP/IP 技术，边界网关协议（Border Gateway Protocol，BGP）、简单网络管理协议（Simple Network Management Protocol，SNMP）、开放最短通路优先协议（Open Shortest Path First，OSPF）、增强型内部网关路由协议（Enhanced Interior Gateway Routing Protocol，EIGRP）等商用协议被大量地应用于战术通信系统中。但是，基于"尽力而为"传送思想的 TCP/IP 体制无法满足不同业务的 QoS 要求，而 MPLS 技术很好地解决了这一问题。MPLS 能够基于 IP 路由协议和信令协议来提供面向连接的标记交换，弥补了 IP 协议无连接的缺陷。MPLS 与 IP 技术的结合既为战术通信系统提供了多业务承载能力，又能够有效地保证业务的时效性，是较为理想的战术通信系统骨干网络交换与路由解决方案。

随着战术通信系统分布式组网和用户移动性需求的增强，其路由体制由单一的固定路由体制向分布式、自组织、自恢复的动态路由体制发展。

1.3.4　业务类型

战术通信系统初期仅具备基本的话音通信能力，随着通信技术的发展和战场需求的变化，逐步发展到数据和话音业务并重。而现代信息化战争则对通信业务提出了更高的需求，要求实现对话音、数据、图像、视频等综合业务的支持。业务种类的增加和信息量的急剧膨胀要求战术通信系统具备完善的 QoS 保证机制。

20 世纪初，无线电台在战术通信当中逐步得到应用，主要支持话音通信；20 世纪 50 ～ 70 年代，战术无线电台的性能得到了极大改进，战术通信以话音为主并逐渐支持简单的数据业务。

20 世纪 70 ～ 80 年代，分组交换技术在降低通信成本、提高通信可靠性和灵活性方面取得了巨大成功。地域通信网在电路交换的基础上，增加了分组数据交换网、分组无线电系统和战场信息分发系统，战术通信网络从以话音为主过渡到数据和话音业务并重。

从 20 世纪 90 年代开始，战场对通信的要求不再限于话音和低速数据，战场监视、战术数据库共享及作战任务下达等，都要求通信系统提供包括视频在内的综合业务传输能力。战术通信系统通过构建高速、宽带的信息传送平台，实现对话音、数据、图像、视频等综合业务的支持。

随着网络中心战理论的发展，作战更加依赖于分布在广阔作战空间的大量传感器系统（情报侦察、预警探测），以获取战场态势信息，传感器信息急剧增长并成为网络中的主要业务 [3]。

现代战争对信息的质量要求很高，要求战术通信系统具有完善的 QoS 保证机制，保证话音、数据、图像、视频等综合业务的 QoS 需求。在战术通信系统中，对业务端到端 QoS 的实现应包括以下几个方面。

① QoS 测量。即在业务发起前对业务所经过路径的 QoS 性能进行测量，判断当前网络性能是否支持业务的需求。

② 资源预留。通过全程的资源预留为业务提供硬性的带宽支持，由于业务通常具有一定的持续性，资源预留方式可以更好地保证一段时间内业务的 QoS。

③ 业务监控。在业务运行时间对业务进行监控，根据其服务质量以及当前网络状况进行统计与调整。

不同网络 QoS 的实现方案不尽相同，每种网络都需要一套独立的 QoS 机制来满足用户的需求。移动无线系统与固定系统的一个显著区别在于前者需要适应由于移动引起的不断变化的 QoS。移动无线系统可提供的带宽远低于固定有线网络，容易受到周围环境的影响。移动环境中的 QoS 变化比有线网络频繁和剧烈，因此需要采用自适应的动态 QoS 管理机制，规定一个用户可以接受的 QoS 范围，并且应用需要具有 QoS 感知和自适应能力，而不是将它与底层网络的 QoS 变化相隔离，同时网络协议和算法要能适应设备移动和环境变化。

1.4 战术通信系统简介

战术通信系统是综合利用无线电台、微波接力机、散射、卫星等多种通信方式构建的多手段、多层次、立体化的战术级网络，为战场各类传感器系统（情报侦察、预警探测）、武器平台系统、指挥控制系统提供信息传输与交换的公共平台。

本节重点介绍战术通信的系统组成，以及地域通信网、战术电台网、单兵通信系统、空中通信节点等。

1.4.1 系统组成

目前，战术通信系统主要采用分层的网络架构，每一层都是分布式的自组织网络，底层为战术用户接入网层，主要由无线电台和各种无线通信终端组成；接入网层之上为骨干网层，主要依靠宽带无线通信设备形成对作战区域的有效覆盖，具备大容量骨干传输能力，构成战术通信系统中信息传输与交换的公共平台。接入网层与骨干网层之间通过接入节点连接起来。接入网层用户通过自组织网络，以一跳或多跳的形式接入骨干网层，形成一体化无缝互联网络。同时，骨干网层可以通过有线、无线、卫星等多种手段接入战略通信系统，实现战略通信与战术通信的有机融合。

典型的战术通信系统主要组成包括地域通信网、战术电台网、单兵通信系统、空中通信节点、数据链系统和卫星通信系统等，如图 1-4 所示。其中，地域通信网是机动部署的骨干网络，战术电台网是支持运动通信的移动接入网络，地域通信网和战术电台网有机融合，构建了机动通信和运动通信取长补短、互为补充的战场基础通信网络，通过空中通信节点和卫星通信系统扩展、延伸保障范围。

单兵通信系统是战术通信系统的末端系统。

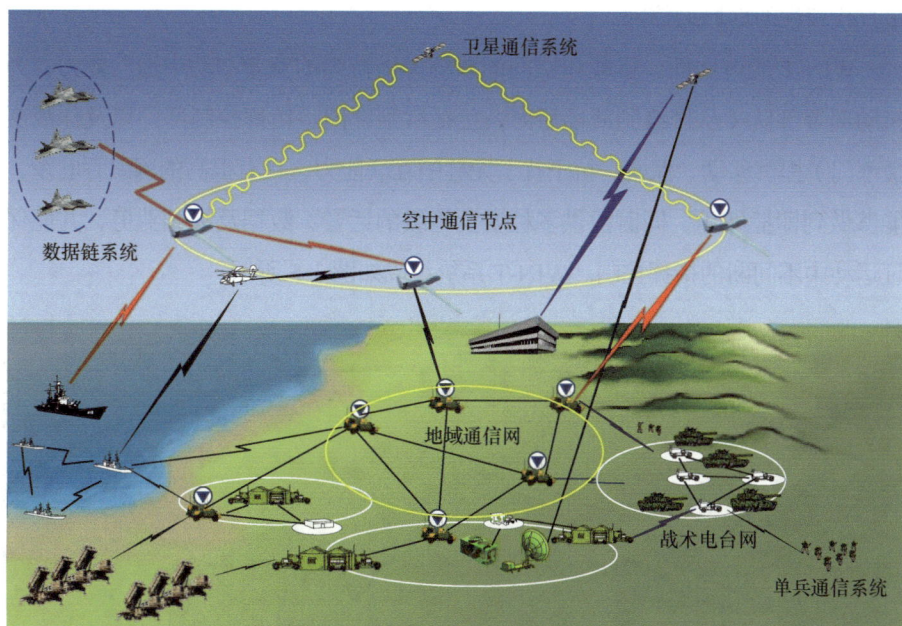

图 1-4　战术通信系统组成示意

这种分层、分布式的系统架构具有移动性好、快速部署能力强、抗毁性能好、组织运用灵活等特点，可组建面向联合作战的一体化战术通信网络，满足现代信息化战争对战术通信的要求。

1.4.2　地域通信网

地域通信网是在军级或师级作战地域内开设若干通信节点，用微波接力、卫星等通信链路连接起来，构成的栅格状通信网络，为作战地域内的固定和移动用户提供电话、电报、数据、传真等多种通信业务[4]。20 世纪 60 年代，发达国家军队开始研制地域通信网，20 世纪 80 年代逐步进入实用阶段。典型的地域通信网有：美国的移动用户设备（MSE）系统、英国的"松鸡"系统、法国的"里达"系统等。

20 世纪末 21 世纪初的战争实践表明，美军原来的移动用户设备和 Tri-TAC 系统已不能满足数字化部队对信息传输的需要。为此，美军提出了战术级作战人员信息网（Warfighter Information Network-Tactical，WIN-T）[5]，这也是目前最具代表性的地域通信网。

WIN-T 通过地面、机载和空间的系统提供持续的宽带"动中通"能力，为机动部署部队（从排级到战场后方，包括后勤部门、指挥控制部门以及作战支援部门）提供移动、保密、抗干扰、无缝的互联能力，具有很高的网络吞吐量，能够做到即插即用，同时提供多种安全等级的话音、数据及视频业务，并能保证运动中不间断的指挥控制。WIN-T 系统组成如图 1-5 所示。

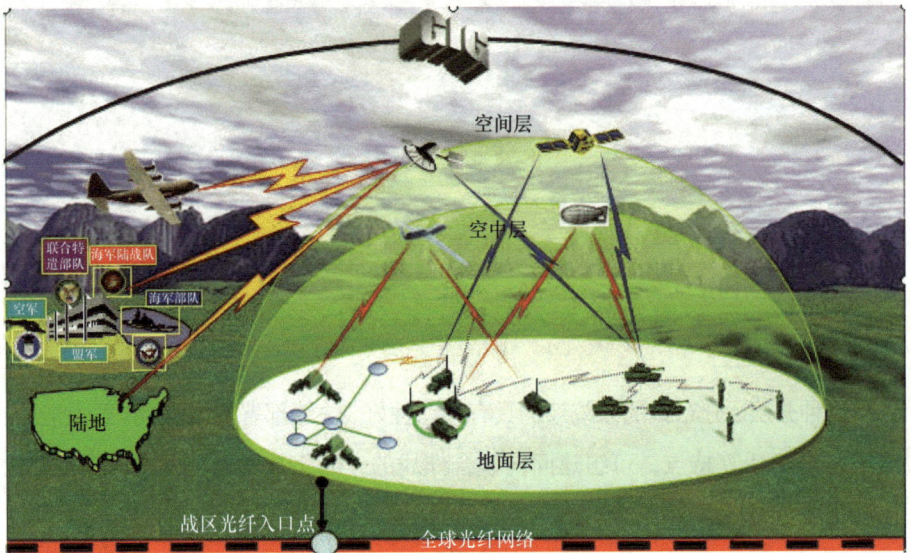

图 1-5　WIN-T 系统组成示意

1.4.3　战术电台网

战术电台网是一种高度机动的通信系统，它为战术级指挥控制系统和武器平台提供了一种有效的信息传输手段，是用户接入网层的重要组成部分，也是战场上数量庞大的通信装备。

战术电台网通过自动的中继转发和子网互联技术，可以将遍布战场上运动中的战术电台互联成一个有机的整体，扩展通信距离，增加网络用户数，满足大范围地域内机动作战的通信保障要求。网络中的每个节点能够自动适应网络拓扑的变化，克服机动作战传输条件下和作战损失造成的通信中断，确保可靠的信息传递，提高抗毁性、生存能力。战术电台网具有自组织、自恢复能力，能够自动地快速组网，形成强大的保障能力，使用灵活方便。

美国陆军主要有以下几种超短波电台系统。

（1）单信道地面机载无线电系统（Single Channel Ground Airborne Radio System，SINCGARS）

SINCGARS 电台是美国 20 世纪 70 年代末研制，80 年代初投产的甚高频（Very High Frequency，VHF）跳频电台系列，频段为 30 ～ 88 MHz。SINCGARS 电台为步兵、装甲兵和炮兵，从旅至排各级部队提供了主要机动通信和指挥手段，为战斗、战斗支援和战斗勤务支援的指挥控制系统提供通信保障。

国际电话电报公司（International Telephone and Telegraph Corporation，ITT）1996 年完成了 SINCGARS 改进计划，使 SINCGARS 电台实现了包括前向纠错、软件可编程、抗干扰数据传输以及 GPS 定位等功能。

（2）增强型定位报告系统（Enforced Position Location Reporting System，EPLRS）

EPLRS 是 Raython 公司研制的一种电台通信系统，能进行定位、导航和有限的数据通信，能为指挥官和用户提供精确的定位和导航数据、良好的敌我识别能力和一定的移动数据通信能力，频段为 420 ～ 450 MHz，数据传输速率可达 57 kbit/s。它是美国陆军数据分发系统的主要组成部分，是战术互联网的骨干数据通信设备。每个陆军重型师使用 700 ～ 900 部 EPLRS 无线电台。

（3）近期数字化电台（Near Term Digital Radio，NTDR）

NTDR 是 ITT 研制的一种采用开放体系结构的网络无线电台，用来在战术互联网内关键节点间建立大容量数据网络，是数字化师指挥所与指挥所之间数据通信的骨干链路，为营和旅指挥所之间的数据分发提供主要的宽带通信网络。NTDR 的频段是 225 ～ 450 MHz，数据传输速率可达 288 kbit/s，通信距离为10 ～ 20 km。采用 8 MHz 的伪码速率直接序列扩频，保障在多径传输、干扰情况下的良好工作性能。

为了解决现役电台互联互通难、维护成本高、波形少、支持业务单一等问题，美国国防部于 1997 年启动了联合战术无线电系统（Joint Tactical Radio System，JTRS）[6] 计划，开发适用于所有军种要求的电台系列，覆盖 2 MHz～2 GHz 频段，在兼容传统电台波形基础上，实现多种新的先进波形，极大增强了部队的通信能力。JTRS 采用软件无线电技术，提出了系统顶层设计规范——软件通信体系结构（Software Communication Architecture，SCA）规范 [7]，全面定义了 JTRS 设备软硬件体系架构及波形应用接口，将多种波形以软件方式装入电台，实现了嵌入式分布式通信系统中软件组件配置、管理、互联互通的标准化。本书第 6 章将对 JTRS 进行详细的介绍。

1.4.4　单兵通信系统

信息化战争对士兵作战能力提出了越来越高的要求，许多国家都在研制和部署"单兵作战系统"，它主要包括单兵通信系统、单兵防护系统、单兵武器系统等，其目标是用信息化手段加强士兵的战斗力、机动性和防护能力。

单兵通信系统是一种融合信息探测、计算机处理、数字通信、数字控制、多媒体技术的无线网络通信系统，是战术通信系统的末端网络，使指挥员可以全面掌握作战地区的态势，然后以最佳方式协调战斗力诸因素，并以前所未有的速度实施协同作战。单兵通信系统除了具有一般通信系统所具有的横向和纵向的信息采集、传送、处理、显示和决策功能外，还拥有战场信息敏感探测和武器控制（精确制导、自动寻觅）等功能。通过探测、识别和跟踪敌人，使之在战术环境中能够先敌发现并迅速、准确地处理、传递信息，为上级了解、掌握战场态势和准确判断战场形势提供可靠依据。

单兵通信系统主要由单兵电台和穿戴式网络构成。

单兵电台是供单兵使用的宽带网络电台，它除具有话音通信的功能外，还具有自组网及宽带数据传输能力，是单兵通信系统的信息传输核心。同时，电台具有测距及相对定位功能，与卫星定位系统相结合可以实时形成战场态势图。单兵电台也是战场敌我识别信息的传输平台，与探测系统结合，构成战场士兵间及士兵与作战装备间的敌我识别系统。

穿戴式网络是士兵穿戴的信息网络，主要由电子背心、单兵信息终端和系统供电单元构成。电子背心是单兵通信系统的网络核心，它具有计算单元、显示单元和士兵电台通信接口，将单兵通信系统的各个部分有机地结合起来。电子背心的连接线缆编织到衣物中，以提高稳定性及进一步降低重量。单兵信息终端是系统的数据存储及计算核心，通过相应的软件，及时采集、处理和应用战场信息，使各级指挥员和作战士兵都能通过显示单元，了解到整个战场的"统一画面"，了解自己和敌军在战场的准确位置。系统供电单元是单兵通信系统的能源核心，由便携式电池板及电池组件构成，具有智能化的多种供电管理模式，当不使用时会自动地把设备设置在备用状态来保存电池能量。

现代战争中，单兵是一个集成度非常高的信息化作战实体，单兵通信系统是"士兵系统"的有机组成部分，各国对单兵通信系统的研究计划往往以"士兵系统"的形式出现[8]。美军最早提出"士兵系统"的概念，早在 1988 年的"士兵现代化计划"中就提出了"士兵综合防护系统"和"增强型士兵系统"两个概念，其中，"士兵综合防护系统"就是士兵系统的雏形。此后，美军采取滚动发展、持续优化的实施策略，先后进行了"陆地勇士""未来部队勇士"和"奈特勇士"系统、"分队 X"的研制和演示，不断提升单兵装备一体化建设水平和班组分队协同作战能力，其发展历程如图 1-6 所示。其中，"奈特勇士"系统是近年重点发展的系统，主要由单兵计算机、电台、头盔、武器、电池等组成，其他诸如防弹衣等单兵装备可以根据不同任务需要灵活选配，如图 1-7 所示。

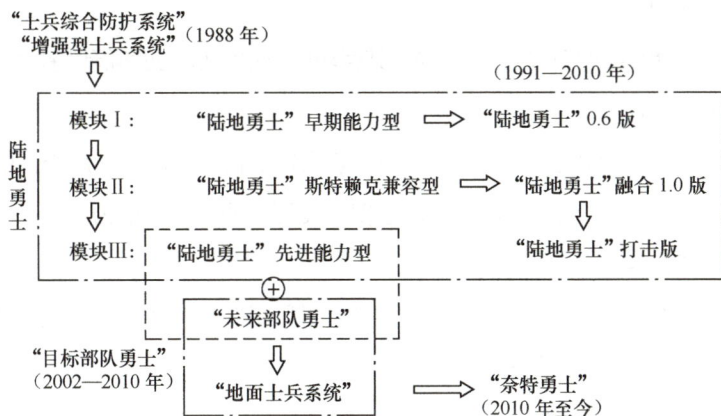

图 1-6　美军士兵系统发展历程

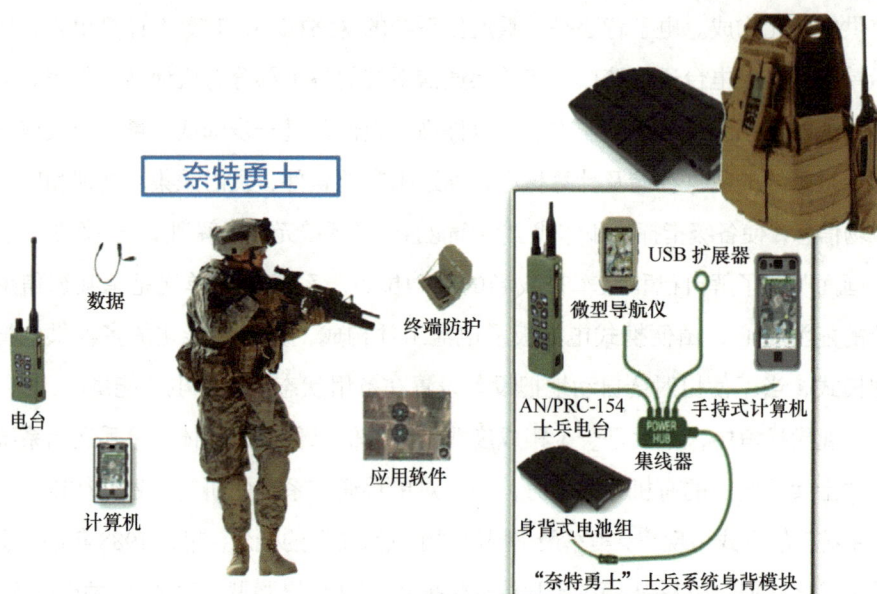

图 1-7 "奈特勇士"系统组成

1. 综合能力

（1）杀伤性

可通过战场环境下精确有效的目标发现、融合、定位、识别等提高单兵作战的攻击能力。

（2）移动性

通过减小单兵的有效装备负荷提高其移动性，使单兵适应空降等特种作战任务。

（3）抗毁性

单兵防护服具有抗击小型直接火力、杀伤性地雷、火焰与燃烧炸弹的能力，同时可提供防护核、生物、化学、高强度微波等武器的保护能力。

（4）指挥控制

具有明/密话通信、数据传输、数字地图和图形显示能力，可发射/接收位置定位、战场感知和战斗辨识数据。

（5）持续工作能力

具有便携电池、食物、水和其他军需品的（再）供给能力。

2. 编配应用

"陆地勇士"的目标是在不对称作战中占据信息优势,并可在全域战场空间执行多种防御、进攻、维稳和支援作战。"陆地勇士"可配置于空降部队、旅战斗部队、机械化轻型机动突击营、排班战斗小组、海军陆战队、侦察分队和特种作战部队。对于特种作战部队,通信网络还具有适当的与空中无人机(Unmanned Aerial Vehicle,UAV)或战术卫星的通信接口,如图1-8所示。未来"陆地勇士"将实现从传感器到射手的链接,实现多种复杂系统的综合,以适应目标部队勇士和未来部队勇士的作战需求。

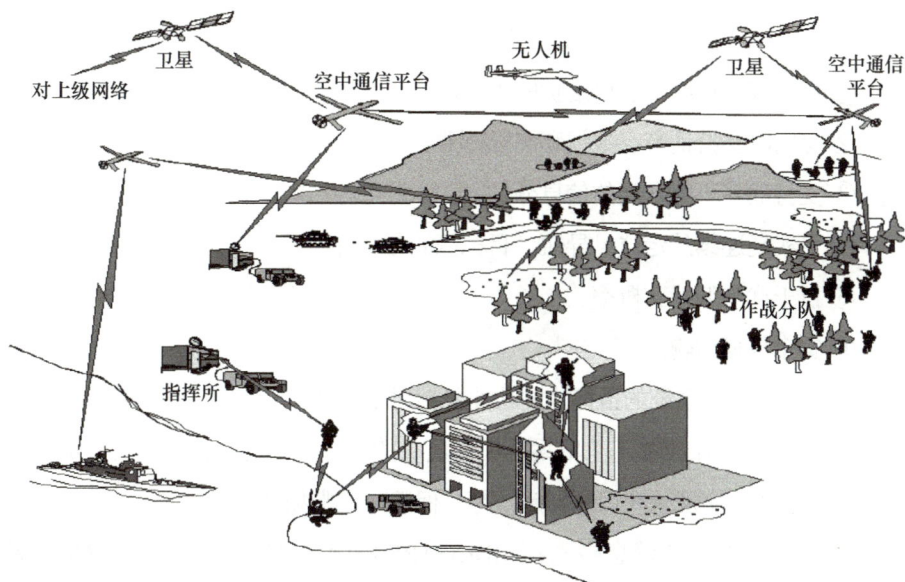

图1-8 "陆地勇士"编配应用

3. 组网方式

"陆地勇士"系统以班组(作战分队)的形式编配到连/排,班组以下使用单兵电台组成一个Ad Hoc网,班组长一般采用VHF超短波电台接入营以上战斗电台网,如图1-9所示。

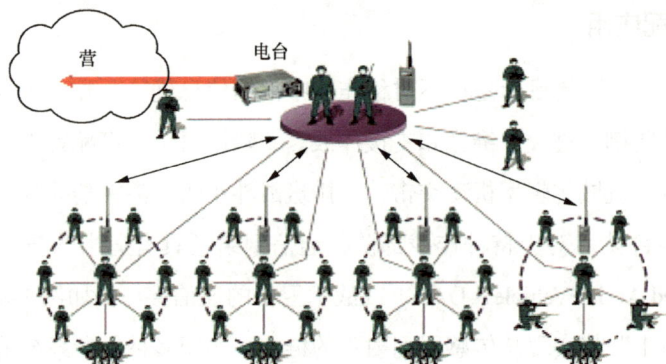

图 1-9 "陆地勇士"组网方式

单兵电台的主要功能包括以下几项。

① 自适应、自组织、自维护的组网能力。

② 可同时支持话音、数据和多媒体业务。

③ 支持战斗小组之间的信息分发。

④ 可实现连续的定位、导航、目标探测与引导。

⑤ 抗干扰与低截获概率。

⑥ 宽带数据传输。

"陆地勇士"系统的指挥控制功能包括以下几项。

① 增强分队作战单元（单兵、指挥员）的态势感知能力，基于公共的、近实时战场感知，实现敌我识别与定位等，保障班/排内的信息共享。

② 基于联合可变消息格式和 SINCGARS 电台，可实现与陆军作战指挥系统（Army Battle Command System，ABCS）、旅及旅以下作战指挥系统（Force XXI Battle Command Brigade-and-Below，FBCB2）的互联互通和信息交互，使班/排/连作战态势在营级形成公共作战视图（Common Operational Picture，COP）。

1.4.5　空中通信节点

空中通信节点是将近地空间的航空器作为载体，将无线电通信设备或系统放置于载体内，完成多个地面台站之间通信中继转发的一种通信手段。其本质是利用升高天线把超视距通信转化为视距通信，实现超视距、大区域通信，既可满足延伸通信距离、扩大通信覆盖区域的要求，又方便组网、机动灵活。通过调整平台的升空高度，通信覆盖距离可从几十千米扩大到几百千米，特别是对于山岳、丛林、岛屿、水域等特殊应用环境，空中通信节点是解决这些地区通信难的有效手段。

空中通信节点主要包括飞行在对流层的战术级升空通信节点和飞行在平流层的战役级升空通信节点，战术级升空通信节点由小 / 中型升空平台加装通信设备组成；战役级升空通信节点由大型无人机和大型定点飞艇加载通信有效载荷组成。其主要使用的空中平台有无人机、无人直升机、系留气球、平流层定点飞艇等。空中通信节点体系构成如图 1-10 所示。

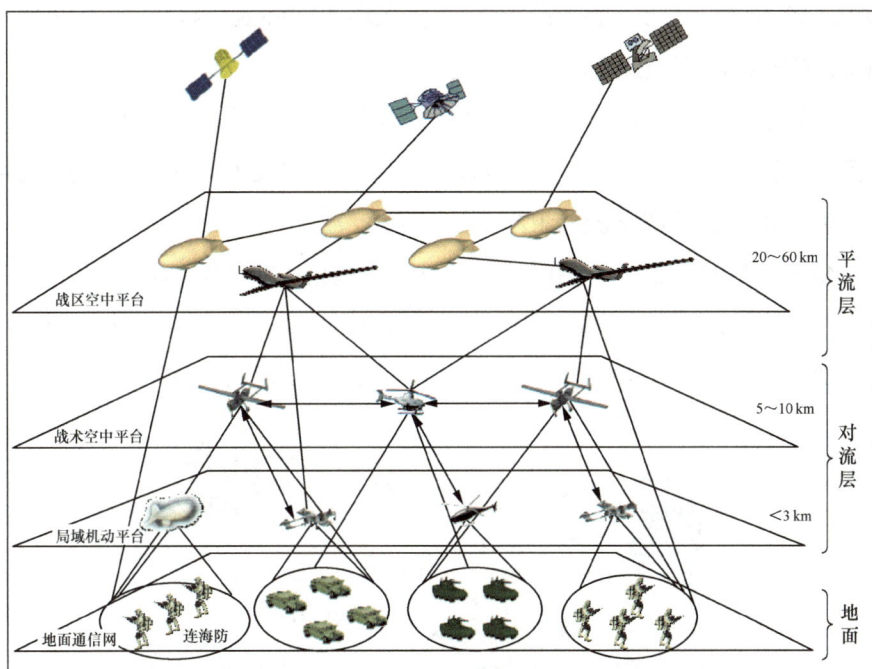

图 1-10 空中通信节点体系构成

通过空中平台搭载通信任务载荷构建空中通信节点可以大大增强战区内的通信能力，主要体现在以下方面。

① 更有效地利用通信带宽，并扩展现有地面系统在视距范围内的通信距离。

② 提供比卫星通信更有效、反应更快的战术通信手段。

③ 将通信扩展到无法接收卫星信号或者卫星信号被干扰的区域，从而更有效地弥补卫星在容量方面的不足。

④ 与卫星通信相比，接收功率密度显著增强，改善信号的接收性能，降低敌方干扰所造成的损害。

升空平台的特有优势使其得到了广泛的应用，美国、英国、意大利等国家相继开展了大量的研究计划项目，美军机载通信节点（Airborne Communications Node，ACN）就是一个典型例子。

为提高部队在复杂地形环境下远距离、高机动通信保障能力，满足分布式网络化作战需求，美军 1998 年起实施了机载通信节点研究计划 [9-10]，项目由美国国防部高级研究计划局（Defense Advanced Research Projects Agency，DARPA）负责，英国 BAE 系统公司为项目主承包商。

美军开展 ACN 项目的起因是解决联合作战中对卫星资源的过度依赖问题，在阿富汗和伊拉克战争中，为满足战场远距离通信和战场协同需求，美军租用了大量商用卫星信道来补充其卫星资源的不足。

ACN 项目的主要目标是在机载平台上开发通信中继任务载荷，为战斗单元提供大区域的战场通信保障。任务载荷采用模块化设计，并可根据机载平台的载荷能力和任务需求进行裁剪。ACN 的应用如图 1-11 所示。

图 1-11 美军机载通信节点的应用

ACN 的主要任务是通信和电子侦察，其中通信任务载荷的能力包括以下几点。

① 扩展由 EPLRS 和 SINCGARS 电台组成的战术互联网通信覆盖范围，支持陆军作战指挥系统（ABCS）。

② 支持 Ad Hoc 机载宽带网络。

③ 支持机载通信节点和多种网络之间的互联互通。

1.5 本书内容与章节安排

本书主要介绍战术通信的理论和技术，结合理论发展和工程实践，着眼顶层设计，重点强调关键技术，注重实际应用。本书共 8 章。

第 1 章绪论。阐述战术通信的基本概念，包括战术通信的一般定义，与战役、战略通信的区别和联系，回顾战术通信理论和技术的发展与演进历程，并对战术通信的系统组成进行简要介绍。

第 2 章介绍无线高速传输技术，主要包括 OFDM 技术、SC-FDE 技术、MIMO 技术、MIMO-OFDM 技术和协同通信技术等。

第 3 章介绍战术通信中主要的抗干扰技术，包括扩展频谱技术、智能天线技术、信道编码技术等。

第 4 章介绍组网技术，重点讨论了战术通信网络体系结构，分别介绍移动 Ad Hoc 网络技术、无线 Mesh 网络技术和无线传感器网络技术。

第 5 章介绍信息分发管理（Information Dissemination Management，IDM）技术。详细分析信息分发管理技术的发展，重点介绍战术信息分发管理（IDM-T）的系统体系架构、功能体系架构与关键技术，对信息分发管理技术在战术通信中的应用进行讨论。

第 6 章介绍软件无线电技术，重点介绍软件通信体系结构、核心框架、硬件抽象层技术和组合波形设计，讨论软件无线电技术在战术通信中的应用。

第 7 章介绍认知无线电技术，主要内容包括认知无线电的频谱感知、频谱共享、知识表示、本体理论和机器学习等技术，对认知无线电在战术通信中的应用进行讨论，并展望其应用前景。

第 8 章是战术通信发展的未来展望，主要讨论天空地一体化战术信息栅格及其关键技术。

参考文献

[1] 中国人民解放军军事科学院 . 中国人民解放军军语 [M]. 北京 : 军事科学出版社 , 2011.

[2] CAO K C, HOCKHAM G A. Dielectric-fibre surface waveguides for optical frequencies[J]. Proceedings of the Institution of Electrical Engineers, 1966, 113(7): 1151-1158.

[3] JOE L, PORCHE I R. Future army bandwidth needs and capabilities[R]. Santa Monica: RAND Corporation, 2004.

[4] 刘俊平，方志英 . 外军战术地域通信系统简介 [J]. 外军电信动态 , 2004(3).

[5] 冉隆科，贺玉寅 . 战术级作战人员信息网的发展与应用 [J]. 外军电信动态 , 2004(3).

[6] 李妍，刘俊平 . 联合战术无线电系统的战略构想及发展路线 [J]. 外军电信动态 , 2012(6).

[7] JPEO J. Software communications architecture specification[S]. JTRS Standards, 2006.

[8] ADAM B. Future soldier systems[J]. Military Technology, 2012(9).

[9] 邹恒，刘俊平 . 盘点机载通信节点 [J]. 外军电信动态 , 2012(4).

[10] 李妍，宋荣，杨茜 . 美军联合空中层网络构想与作战应用 [J]. 外军电信动态 , 2014(6).

第 2 章

CHAPTER 2

无线高速传输技术

2.1 引言

信息化战争的显著特点是战场态势感知、指挥控制、话音、图像等多媒体信息实时传输的需求在以惊人的速度增长，通信带宽越来越成为实现信息共享的突出瓶颈；另外，战场电磁环境越来越复杂，频谱资源越来越拥挤，传输条件越来越恶劣，战术通信系统必须在存在各种人为和非人为因素的干扰下保持稳定、可靠，且能够适应视距、非视距等多种信道环境。因此，抗干扰能力强、频谱利用率高的无线高速传输技术是构建战术通信系统的关键技术之一。

本章重点介绍在未来战术通信中有广泛应用前景的三类无线高速传输技术——正交频分复用（OFDM）、单载波频域均衡（SC-FDE）与多输入多输出（MIMO）技术的基本原理与关键问题。早在 20 世纪 60 年代，人们便提出了 OFDM 的概念。1971 年，Weinstein 和 Ebert[1] 把离散傅里叶变换（Discrete Fourier Transform，DFT）应用到频分复用系统中，作为调制和解调过程的一部分，从而避免了使用具有一致的频率特性和相位特性的正弦波发生器组和相关解调器组。但由于当时数字信号处理能力的限制，这种想法并未受到人们的关注。直到 20 世纪 80 年代中期，OFDM 在欧洲数字音频广播中成功应用，该技术才开始受到广泛关注。目前，采用 OFDM 技术的标准已有很多。例如，IEEE 802.11a、HiperLAN Type 2 无线局域网标准、IEEE 802.16 无线城域网标准等都采纳了 OFDM 技术。虽然 OFDM 具有很高的频谱利用率和抗多径能力，但它存在对载波频偏敏感和高峰均功率比的固有缺陷，为接收机算法设计和线性功率放大器的选择带来了困难。1994 年，Sari 等 [2] 提出的 SC-FDE 方法不但克服了 OFDM 系统中上述两个主要缺陷，而且保留了 OFDM 的抗多径能力。目前，该技术已被 IEEE 802.16 标准采纳，并成为 3GPP LTE 中上行链路的建议方案之一。

20 世纪 90 年代，由贝尔实验室的学者 Telatar[3] 和 Foschini 等 [4] 在各自的工作中提出了多输入多输出系统的概念，通过在发送端和接收端同时使用多副天线实现了多个数据流在相同时间和相同频段的传输，利用系统的空间资源在增加系统处理复杂度的代价下极大提高了传输速率，这些特点使得 MIMO 技术迅速成为无线通信领域的研究热点。近年来，已有很多标准接纳了 MIMO 技术。在 3GPP 的演进项目中，拟将空时发射分集与空时扩展技术作为可选发射模式来进一步提高 3G 系统容量和数据速率；无线局域网标准 IEEE 802.11n、无线城域网标准 IEEE 802.16（WiMAX）采用了 MIMO-OFDM 技术。Airgo、Atheros、Linksys、D-Link 等公司已发布各种 MIMO 芯片组。贝尔实验室承担的移动网络 MIMO（Mobile Networked MIMO，MNM）计划利用空间复用架构实现 600 Mbit/s 的高速传输，频谱利用率高达 24 bit·s^{-1}·Hz^{-1}。MIMO 技术已成为实现高频谱利用率、高可靠性数据传输的热点方案之一。作为 MIMO 技术的延伸，Sendonaris 等 [5-6] 在 2003 年提出了协同通信的思想。在有些应用场景下，由于终端体积和功耗的限制很难加装多副天线，通过多个终端进行协作通信，构成"虚拟 MIMO 系统"仍能获取多天线的好处。这种协同通信方式已成为学术界关注的热点，在战术通信中的优点尤为突出。

本章 2.2 节重点介绍 OFDM 技术原理及其所涉及的载波频偏估计与峰均功率比问题，2.3 节对 SC-FDE 技术的基本原理与算法结构进行了讨论，2.4 节与 2.5 节分别关注 MIMO 与 MIMO-OFDM 技术，2.6 节对协同通信技术进行简要介绍。

2.2 OFDM 技术

OFDM 系统具有抗多径，频谱利用率高等特点，在宽带无线多媒体通信领域中受到了广泛的关注。它将高速串行数据流分解为若干个低速并行传输的数据流，扩展了符号宽度，比传统的单载波系统更容易抵抗信道多径的影响。本节首先介绍 OFDM 调制解调的基本过程，并分析其抗多径的机理，然后对 OFDM 系统中的两个重要问题——频偏估计与峰均功率比进行讨论。

2.2.1 基本原理

1. 信号模型

一个典型的未编码 OFDM 系统的信号处理流程如图 2-1 所示。为表达简便，以下仅考虑一个 OFDM 符号周期的信号处理。数据符号经串并变换以 N

个符号为一组构成待调制的 OFDM 频域符号，记为 $\{x(k), k = 0, \cdots, N-1\}$，其中 $x(k)$ 取自正交调幅（Quadrature Amplitude Modulation，QAM）信号星座，且 $E_x = E\left(|x(k)|^2\right)$。对序列 $x(k)$ 做对称离散傅里叶逆变换（Inverse DFT，IDFT），得到时域 DFT 积分时间内的符号为

$$s(n) = \mathrm{IDFT}\{x(k)\} = \frac{1}{\sqrt{N}} \sum_{k=0}^{N-1} x(k) \mathrm{e}^{\mathrm{j}\frac{2\pi}{N}nk}, \quad n = 0, \cdots, N-1 \tag{2-1}$$

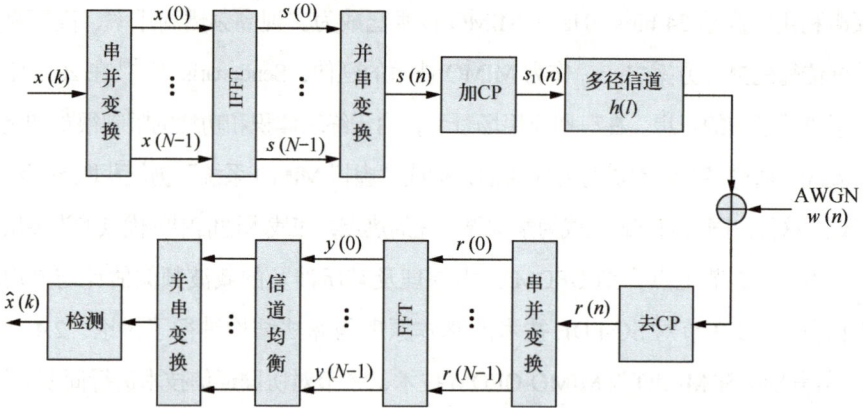

图 2-1　未编码 OFDM 系统的信号处理流程

设多径信道抽头系数为 $\{h(0), h(1), \cdots, h(L-1)\}$，$L$ 为多径信道长度，并符合归一化条件 $\sum_{l=0}^{L-1} |h(l)|^2 = 1$。由式（2-1）可知，$E_s = E\left(|s(n)|^2\right) = E_x$。为了使 OFDM 信号具有一定的抗多径能力，需在 $\{s(n), n = 0, \cdots, N-1\}$ 之前添加循环前缀（Cyclic Prefix，CP），即将序列 $\{s(n)\}$ 的最后 N_G 个符号复制到 $s(0)$ 之前，构成一个完整的 OFDM 符号，如图 2-2 所示。加 CP 后的 OFDM 符号表示为

$$s_1(n) = s(n \bmod N), \quad n = -N_G, \cdots, -1, 0, \cdots, N-1 \tag{2-2}$$

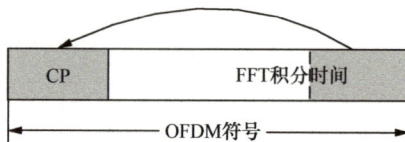

图 2-2　OFDM 符号结构

设循环前缀长度 N_G 大于多径信道长度 L，则 OFDM 符号经多径信道后，其 DFT 积分时间内的接收信号为

$$r(n) = \sum_{l=0}^{L-1} h(l) s_1(n-l) + w(n) = \sum_{l=0}^{L-1} h(l) s(n-l \bmod N) + w(n), \ n = 0, \cdots, N-1 \ (2\text{-}3)$$

式（2-3）中，$w(n)$ 为加性高斯白噪声（Additive White Gaussian Noise，AWGN），服从均值为零，方差为 σ_w^2 的复高斯分布 $CN(0, \sigma_w^2)$。注意到式（2-3）中第一项是序列 $h(l)$ 与 $s(n)$ 循环卷积的表示形式，依据 DFT 可将时域循环卷积变换为频域相乘操作的性质，对式（2-3）两边作对称 DFT 得到

$$y(k) = \text{DFT}\{r(n)\} = \frac{1}{\sqrt{N}} \sum_{n=0}^{N-1} r(n) e^{-j\frac{2\pi}{N}nk} = H(k)x(k) + W(k), \ k = 0, \cdots, N-1 \ (2\text{-}4)$$

式中，$H(k)$ 为序列 $h(l)$ 的 N 点补零 DFT 结果，$W(k)$ 为噪声序列 $w(n)$ 的对称 DFT 结果。式（2-4）说明，只要 CP 长度大于多径信道长度，OFDM 便可把频率选择性信道变换为 N 个并行平衰落子信道，对各子信道分别进行均衡检测便可得到发送序列的估计 $\{\hat{x}(k)\}$。

在上面的分析中，已经初步描述了 OFDM 抗多径的原理，即利用 DFT 将频率选择性信道划分为若干个并行平衰落子信道，由于 DFT 存在快速算法——快速傅里叶变换（Fast Fourier Transform，FFT），因此 OFDM 系统的复杂度远低于采用普通单载波时域均衡系统的复杂度，尤其是在长多径信道下更为明显。以上通过公式推导说明了 OFDM 利用循环前缀抗多径的原理，下面提供一种物理图像上的解释。

2. 抗多径机理分析

为便于理解，以两径信道模型为例，如图 2-3 所示，一条直射路径，另一条时延为 θ、衰减为 m 的路径。以下分析均假设系统没有同步误差，并忽略 AWGN 的影响。

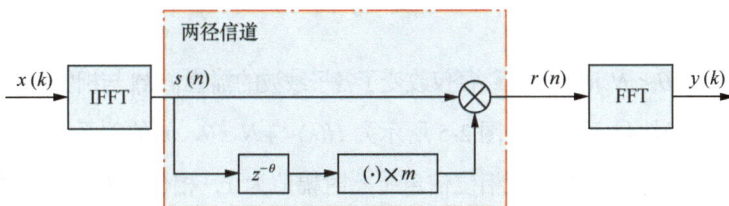

图 2-3　两径信道模型

（1）当$\theta < N_G$时，各子载波仍然保持正交，不会引入子载波间干扰

图 2-4 所示为 3 个未调子载波经两径信道的输出，实线代表直射路径，虚线代表时延路径。由于调制是在每个 DFT 积分时间对 N 个频域数据作 IDFT，因而在每个 DFT 积分时间内未调时域信号表现为初相相同的各子载波的叠加。由图 2-4 可见，只要$\theta < N_G$，子载波的所有相位跳变均发生在 CP 时间内，而在 DFT 积分时间内所有子载波均是连续波形，因此在接收端看到的是具有不同相移的波形连续的子载波之和。在这种情况下，各子载波仍保持正交，仅是幅度与相位发生了变化，推导如下。

$$r(n) = s(n) + ms(n-\theta) = \frac{1}{\sqrt{N}} \sum_{k=0}^{N-1} x(k) \left(1 + m \cdot e^{-j\frac{2\pi}{N}k\theta} \right) e^{j\frac{2\pi}{N}kn}, \ n = 0, \cdots, N-1$$

$$y(k) = \mathrm{DFT}\{r(n)\} = x(k) \left(1 + m \cdot e^{-j\frac{2\pi}{N}k\theta} \right) = x(k) \cdot H(k), \ k = 0, \cdots, N-1$$

其中，$H(k) = 1 + m \cdot e^{-j\frac{2\pi}{N}k\theta}, k = 0, \cdots, N-1$。

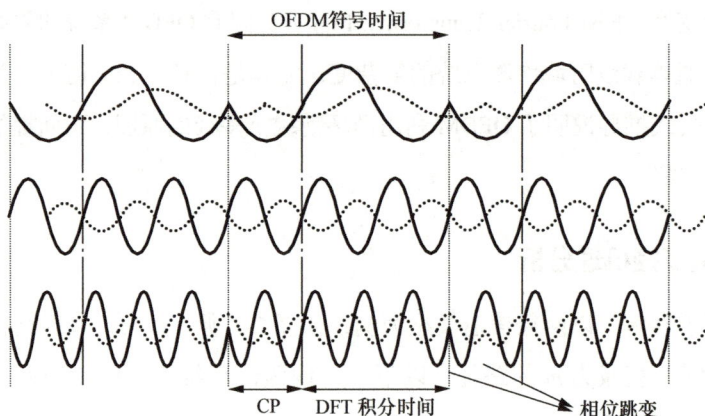

图 2-4　时延小于保护间隔时 3 个子载波经两径信道的输出

可见，当$\theta < N_G$时，时延路径仅改变了各子载波的幅值$|H(k)|$与相位 $\arg(H(k))$，各子载波间仍然是正交的。图 2-5 所示为 $H(k)$ 与 N、θ、m 的关系，"×"表示没有时延时的各子载波幅度相位信息（此时幅值为 1，相位为 0）。可见，多径的效果是将子载波上载有的复信号以其本身为圆心扩散成一个圆。其中，θ 与 N

的关系决定了圆上点的个数，*m* 决定了圆的半径。

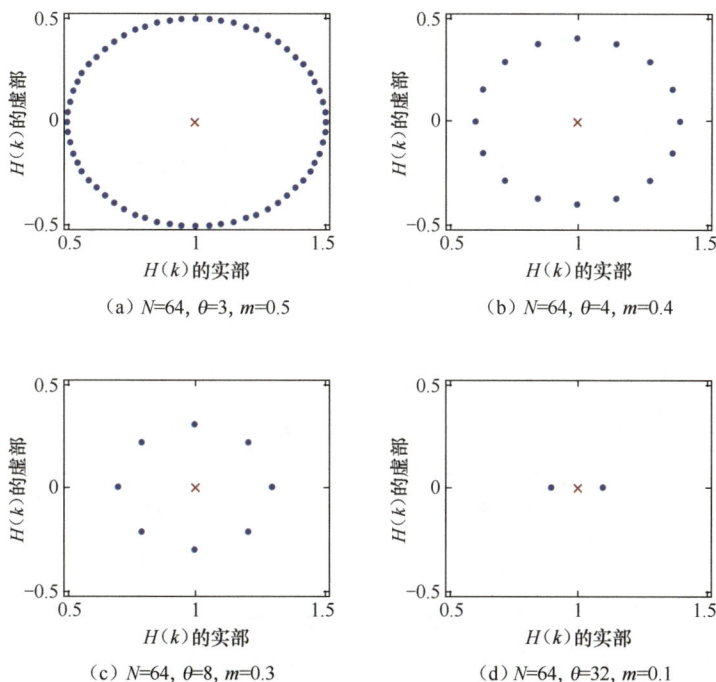

(a) *N*=64, *θ*=3, *m*=0.5

(b) *N*=64, *θ*=4, *m*=0.4

(c) *N*=64, *θ*=8, *m*=0.3

(d) *N*=64, *θ*=32, *m*=0.1

图 2-5 *H*(*k*) 与 *N*、*θ*、*m* 的关系

图 2-6 和图 2-7 所示分别是采用四相移相键控（Quadrature Phase Shift Keying，QPSK）、16QAM（正交调幅）调制的 OFDM 系统的调制器输出信号星座图（"×"表示）与解调器输出的信号星座图（"."表示），信号星座图平均能量已归一化。仿真数据量为 51 840 bit，其他仿真参数在图 2-6、图 2-7 中标注。需说明的是，图中误码率（Bit Error Rate，BER）仅为一次仿真示例的结果。如图 2-6、图 2-7 所示，在通过信道后，信号星座图产生了扩展。当反射路径强度足够小（即扩散的圆无交点）时，不需作信道校正也可正确译码；但当反射路径较强时，如果不进行信道均衡，则不能正确译码。还可看出，QPSK 较 16QAM 抗多径性能强，这是因为在信号星座的平均能量归一化条件下，QPSK 星座图的最小距离较 16QAM 星座的最小距离大。从仿真结果可知，当反射路径强度为 0.7 时，QPSK 星座图仍可辨认，但对于 16QAM，该值为 0.2。

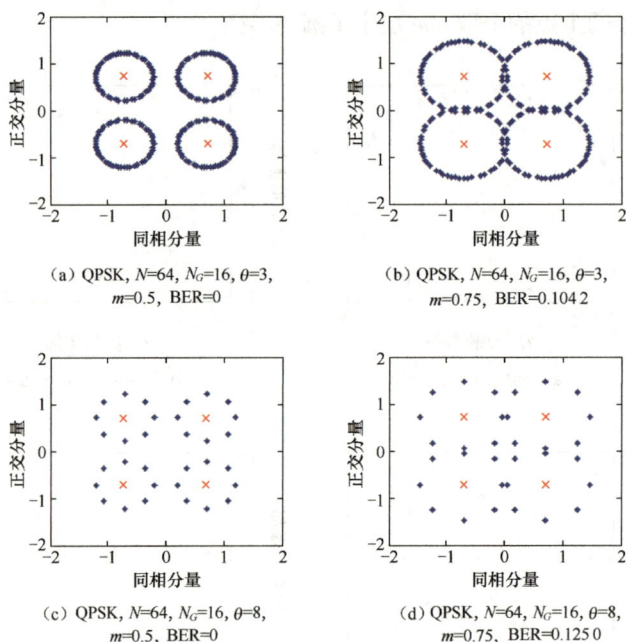

（a）QPSK, N=64, N_G=16, θ=3, m=0.5, BER=0

（b）QPSK, N=64, N_G=16, θ=3, m=0.75, BER=0.104 2

（c）QPSK, N=64, N_G=16, θ=8, m=0.5, BER=0

（d）QPSK, N=64, N_G=16, θ=8, m=0.75, BER=0.125 0

图 2-6　QPSK 信号星座图的扩展

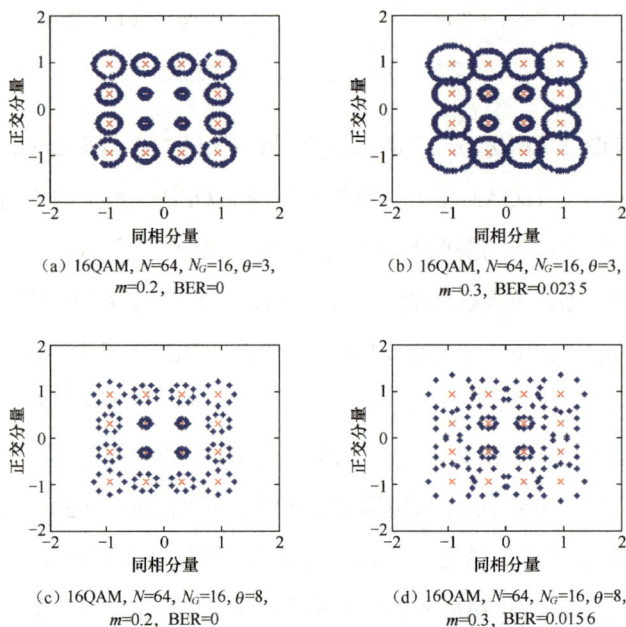

（a）16QAM, N=64, N_G=16, θ=3, m=0.2, BER=0

（b）16QAM, N=64, N_G=16, θ=3, m=0.3, BER=0.023 5

（c）16QAM, N=64, N_G=16, θ=8, m=0.2, BER=0

（d）16QAM, N=64, N_G=16, θ=8, m=0.3, BER=0.015 6

图 2-7　16QAM 信号星座图的扩展

（2）当 $\theta > N_G$ 时，各子载波不再保持正交，会引入子载波间干扰

当 $\theta > N_G$ 时，子载波相位跳变有可能发生在 DFT 积分时间内，波形的不连续会产生很多谐波，这些谐波进入其他子信道中会引起子载波间干扰（Inter Carrier Interference，ICI），如图 2-8 所示。

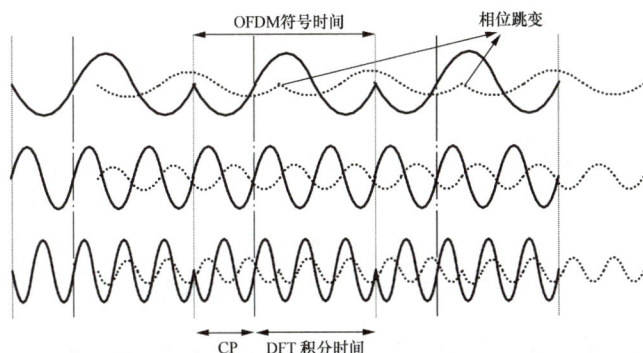

图 2-8　时延大于保护间隔时 3 个子载波经两径信道的输出

以频率为 5 kHz 的子载波为例，说明如下。图 2-9 中实线表示 5 kHz 正弦波无相位跳变时的时域波形，虚线表示带有相位跳变的时域波形。图 2-10 所示为它们的幅频特性，其中实线为无相位跳变情况，虚线为有相位跳变情况。可见，相位跳变后的频谱中出现了很多寄生载波，且最大值点由原来的 5 kHz 移到 4 kHz。可见，相位的不连续会导致 ICI，从而破坏各子载波间的正交性。

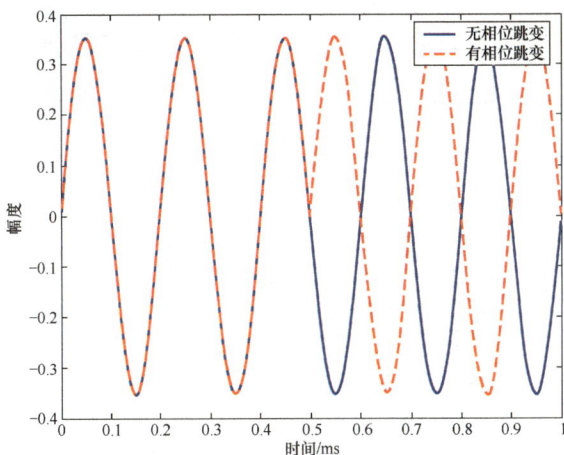

图 2-9　5 kHz 正弦波波形

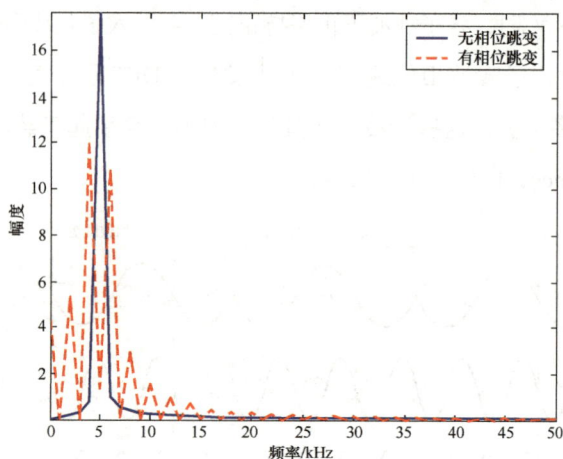

图 2-10　5 kHz 正弦波幅频响应

当$\theta > N_G$时采用 16QAM 调制的 OFDM 系统的调制器输出信号星座图（"×"表示）与解调器输出的信号星座图（"."表示）及仿真参数如图 2-11 所示。由图可见，在信道多径的作用下，信号星座图发生了弥散。设反射路径强度为 0.2，当时延超过 DFT 积分时间的 3.13%（$\theta=18$）时，弥散的信号星座图还可以辨认，但当时延超过 DFT 积分时间的 9.38%（$\theta=22$）时，信号星座图已不能辨认。

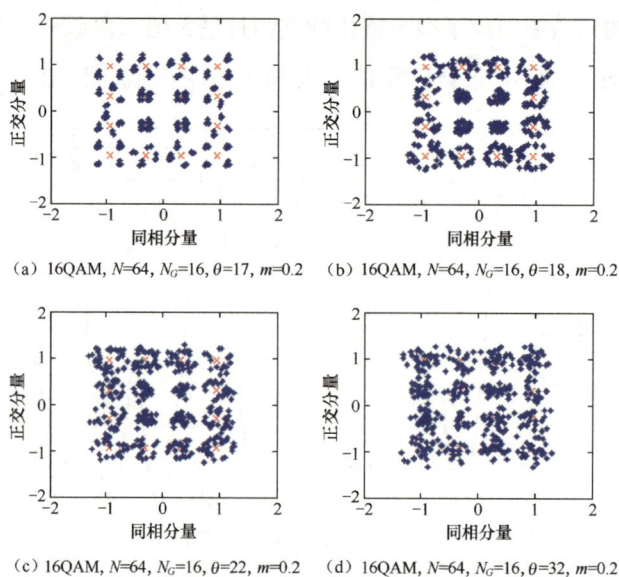

（a）16QAM, $N=64$, $N_G=16$, $\theta=17$, $m=0.2$　　（b）16QAM, $N=64$, $N_G=16$, $\theta=18$, $m=0.2$

（c）16QAM, $N=64$, $N_G=16$, $\theta=22$, $m=0.2$　　（d）16QAM, $N=64$, $N_G=16$, $\theta=32$, $m=0.2$

图 2-11　16QAM 信号星座图的弥散

以上分析结论可以扩展到多径信道中，此时，参数 θ 对应于信道的最大时延 τ_{max}。当信道的最大时延 τ_{max} 小于保护间隔时，时延的作用相当于在每个子载波上加权了一个复包络，在接收端可通过信道估计获得这一加权值，并在 DFT 之后对信号作信道均衡以消除其影响。当最大时延 τ_{max} 大于保护间隔时，时延会产生附加谐波从而破坏子载波间的正交性。

以基于 HiperLAN Type 2 标准 [7] 的 OFDM 系统为例，通过仿真给出 OFDM 系统的抗多径性能。图 2-12 所示为采用双相移相键控（Binary Phase Shift Keying，BPSK）与 QPSK 调制的未编码 OFDM 系统的抗多径性能，假设在接收端未经过均衡处理直接对各子载波上的接收信号进行判决。仿真参数为数据子载波数 48，DFT 点数 64，CP 长度 16，信道为两径信道，反射路径强度为直射路径强度的一半。图 2-13 所示为采用 16QAM 与 64QAM 的未编码 OFDM 系统的抗多径性能。仿真中选用两径信道，反射路径强度为直射路径强度的 1/4。从图 2-12 中可以看出，采用 BPSK 与 QPSK 调制的 OFDM 系统抗多径能力较强，只要最大时延不超过保护间隔，基本不会对误码率产生影响，其中前者在最大时延超过保护间隔，且不大于 DFT 积分时间 6.25% 的情况下仍有较好的适应性。而采用 16QAM 与 64QAM 的 OFDM 系统抗多径能力相对较差，当最大时延强

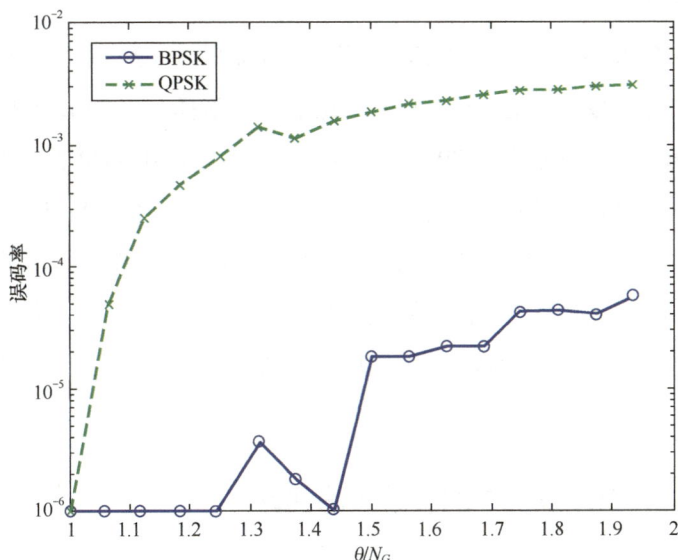

图 2-12　BPSK OFDM 与 QPSK OFDM 误码率性能

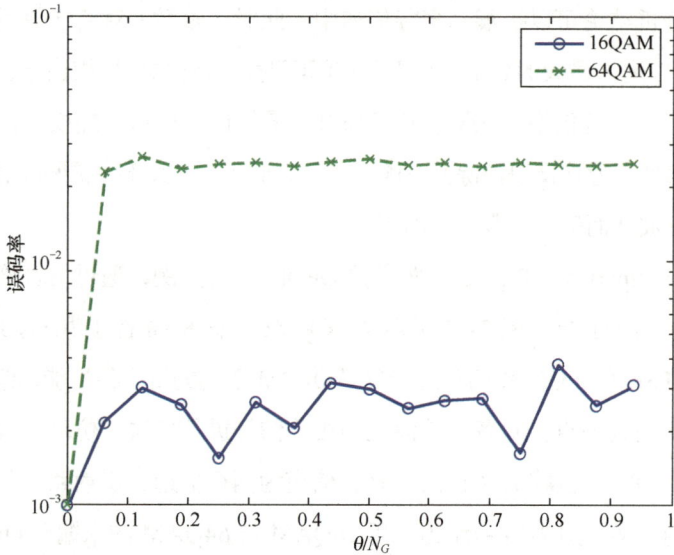

图 2-13　16QAM OFDM 与 64QAM OFDM 误码率性能

度为 −6 dB 且不超过保护间隔时，会对系统的误码率性能产生影响。这是因为它们的信号星座图分布较为密集，由多径带来的子载波附加相移很容易造成信号星座图的模糊（如图 2-6、图 2-7 所示），因此必须在各子载波上对接收信号进行信道均衡。

为使 OFDM 系统满足其特定的应用条件或提高其抗多径能力，在实际工程中应注意如下问题。一是 CP 长度与子载波间隔的选择。考虑到系统的效率，有效数据符号长度通常不小于 CP 长度的 4 倍。在实际应用中 CP 长度的选择除了需要估计信道环境的最大时延 τ_{max} 外，还应考虑到信号加窗混叠与同步误差引起的 CP 有效长度的减小 [8-9]。二是利用 OFDM 系统的抗多径特性设计简单有效的信道估计算法以满足系统性能要求。在没有 ICI 的情况下，简单的信道估计与补偿算法（如最小二乘估计算法与迫零均衡）既能抵消多径的影响，又可降低系统复杂度。

2.2.2　OFDM 系统中的载波频偏估计

从 2.2.1 节的分析可以看出，在 OFDM 系统中，保持子载波间的正交性对接收端分辨各子信道上的承载信号非常重要。因此，OFDM 系统较单载波系统对载波频偏误差更为敏感。假设不考虑其他噪声的影响，如果载波频偏超出子载波间隔的 4%，则 OFDM 信号与 ICI 能量的比值将会低于 20 dB。本小节首先定量分析载波频偏对 OFDM 系统性能的影响，然后介绍一种常用的载波频偏估计方法 [10]，最后对残余频偏提供一种简单的校正方法 [11]。

1. 载波频偏对 OFDM 系统性能的影响

在信号模型式（2-3）的基础上考虑载波频偏对系统性能造成的影响。假设归一化载波频偏 $\varepsilon = \Delta f \cdot T$，其中 Δf（Hz）表示载波频偏，T（s）为一个 OFDM 符号内 DFT 积分时间，$1/T$ 即为子载波间隔，因此 ε 可理解为载波频偏占子载波间隔的比例。考虑到由载波频偏引起的初始相差可归入信道抽头系数 $h(l)$ 中，在式（2-3）中加入载波频偏的影响后，接收信号表示为

$$r(n) = \sum_{l=0}^{L-1} h(l) s(n-l \bmod N) \cdot e^{j2\pi \frac{n\varepsilon}{N}} + w(n), \ n = 0, \cdots, N-1 \qquad (2\text{-}5)$$

利用"两 N 点长序列乘积的 DFT 等于它们 DFT 做 N 点循环卷积"的结果，对式（2-5）两边做对称 DFT，得到

$$y(k) = \frac{1}{N} \left(H(k)x(k) \right) \circledN \frac{\sin\pi (k-\varepsilon)}{N \sin \dfrac{\pi(k-\varepsilon)}{N}} e^{-j\pi(k-\varepsilon)\frac{N-1}{N}} + W(k), \ k = 0, \cdots, N-1 \qquad (2\text{-}6)$$

式（2-6）中，$\circledN$ 表示 N 点循环卷积。对式（2-6）化简得到

$$y(k) = H(k)x(k)I_0 + I_k + W(k), \ k = 0, \cdots, N-1 \qquad (2\text{-}7)$$

其中

$$I_0 = \frac{\sin\pi\varepsilon}{N \sin \dfrac{\pi\varepsilon}{N}} e^{j\frac{2\pi\varepsilon}{N}} \approx \frac{\sin\pi\varepsilon}{\pi\varepsilon} e^{j\frac{2\pi\varepsilon}{N}}$$

$$\qquad (2\text{-}8)$$

$$I_k = \sum_{\substack{m=0 \\ m \neq k}}^{N-1} H(m)x(m) \cdot \frac{\sin\pi (m-k+\varepsilon)}{N \sin \dfrac{\pi(m-k+\varepsilon)}{N}} \cdot e^{j2\pi(m-k+\varepsilon)\frac{N-1}{N}}$$

式（2-8）说明，载波频偏对第 k 子载波上的信号产生了两方面的影响，一

是降低了信号幅度，表现为式（2-7）第一项中的衰减 I_0，二是引入了子载波间干扰，表现为式（2-7）中第二项 I_k，即所有 $m{\neq}k$ 子载波上信号对第 k 子载波产生的干扰，也就是说，载波频偏使子载波间的正交性受到破坏。对式（2-8）中 I_k 做进一步分析，得到 I_k 的方差为 [10]

$$E\left(\left|I_k\right|^2\right)\leqslant 0.5947E_x\sin^2\pi\varepsilon, \left|\varepsilon\right|\leqslant 0.5, E_x=E\left(\left|x(k)\right|^2\right) \qquad （2-9）$$

上式利用了归一化条件 $\sum_{l=0}^{L-1}\left|h(l)\right|^2=1$ 下，$\left|H(k)\right|^2=1$ 的结论。式（2-9）为由载波频偏引起的 ICI 的方差提供了一个上界。利用式（2-9），以及式（2-7）和式（2-8），可得到信干噪比（SINR）的一个下界为

$$\text{SINR}\geqslant\left(E_x/\sigma_w^2\right)\left(\sin\pi\varepsilon/\pi\varepsilon\right)^2\Big/\left(0.5947\left(E_x/\sigma_w^2\right)\sin^2\pi\varepsilon+1\right) \qquad （2-10）$$

式（2-10）中，E_x/σ_w^2 为各子载波上的信噪比。当 $\varepsilon=0$ 时，式（2-10）中等号成立，即 $\text{SINR}=E_x/\sigma_w^2$。图 2-14 所示为当 E_x/σ_w^2 分别为 11 dB、17 dB、23 dB、29 dB 时，由载波频偏 ε 引起的信干噪比损失。图中实线为按式（2-10）的计算结果，"+"标记为在参数 N=256，各子载波采用 8PSK 调制时的仿真结果。由图可见，当 $\varepsilon=0$ 时，$\text{SINR}=E_x/\sigma_w^2$；当 ε 较小时，式（2-10）给出了一个较紧的下界；当 ε 接近 0.5 时，式（2-10）的估计结果较仿真结果低约 3 dB。图 2-14 还说明，在高信噪比下，由载波频偏引起的信干噪比损失程度更为严重，随着 ε 的增大，子载波间干扰能量 $E\left(\left|I_k\right|^2\right)$ 逐渐成为决定 SINR 的主要因素。

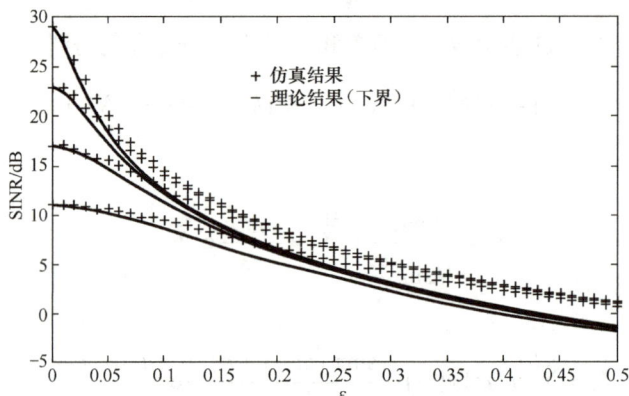

图 2-14　由载波频偏引起的信干噪比损失（引自文献 [10]）

2. 载波频偏估计方法

由上面的讨论可知，载波频偏引起的 ICI 会造成严重的信干噪比损失，因此，载波频偏估计在 OFDM 系统中显得尤为重要。文献 [10] 提出了一种在频域上对导频信号进行处理提取足够精确的频偏估计的方法。事实上，这种方法也可以直接运用到时域信号上去，从而避免 DFT 操作，本小节对该方法进行推导。

假设用于进行频偏估计的导频符号由两个相同的 OFDM 符号组成，如图 2-15 所示。由于导频符号 2 的 CP 可以由导频符号 1 的最后 N_G 个符号代替，因此只需在导频符号 1 之前加 CP 即能达到抗多径的效果。在 IEEE 802.11a 和 HiperLAN Type 2 物理层标准中都采用了这种导频结构。

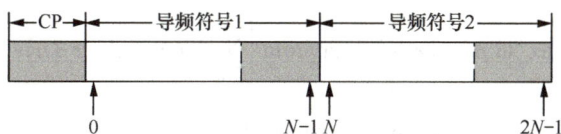

图 2-15 导频符号结构

设 $s_p(n), n = -N_G, \cdots, -1, 0, \cdots, 2N-1$ 为发送的时域导频符号，则接收导频符号 1 具有式（2-5）的形式，重写如下。

$$r_p(n) = \sum_{l=0}^{L-1} h(l) s_p(n-l \bmod N) \cdot e^{j2\pi \frac{n\varepsilon}{N}} + w(n), \quad n = 0, \cdots, N-1 \quad （2-11）$$

利用导频结构的特点 $s_p(N+n) = s_p(n)$，接收导频符号 2 为

$$\begin{aligned}
r_p(N+n) &= \sum_{l=0}^{L-1} h(l) s_p(N+n-l \bmod N) \cdot e^{j2\pi \frac{(N+n)\varepsilon}{N}} + w(N+n) = \\
&\sum_{l=0}^{L-1} h(l) s_p(n-l \bmod N) \cdot e^{j2\pi \frac{n\varepsilon}{N}} \cdot e^{j2\pi\varepsilon} + w(N+n) = \\
&\left(r_p(n) - w(n)\right) e^{j2\pi\varepsilon} + w(N+n) = \\
&r_p(n) e^{j2\pi\varepsilon} + w_1(N+n), \quad n = 0, \cdots, N-1
\end{aligned} \quad （2-12）$$

其中，$w_1(N+n) = w(N+n) - w(n) e^{j2\pi\varepsilon}$，服从 $\mathrm{CN}(0, 2\sigma_w^2)$ 分布。由式（2-12）可知，$r_p(N+n)$ 在已知 $r_p(n)$ 与 ε 条件下的条件概率分布为

$$p\left(r_p\left(N+n\right)\mid r_p\left(n\right),\varepsilon\right)=\frac{1}{2\pi\sigma_w^2}\exp\left\{-\frac{1}{2\sigma_w^2}\left|r_p\left(N+n\right)-r_p\left(n\right)\mathrm{e}^{\mathrm{j}2\pi\varepsilon}\right|^2\right\},\quad n=0,\cdots,N-1$$

（2-13）

记 $\boldsymbol{r}_1=\left[r_p\left(0\right)\cdots r_p\left(N-1\right)\right]^{\mathrm{T}},\boldsymbol{r}_2=\left[r_p\left(N\right)\cdots r_p\left(2N-1\right)\right]^{\mathrm{T}}$，则由式（2-12）、式（2-13）可知，矢量 $\boldsymbol{r}_2$ 的条件概率分布为

$$p\left(\boldsymbol{r}_2\mid\boldsymbol{r}_1,\varepsilon\right)=\frac{1}{\left(2\pi\sigma_w^2\right)^N}\exp\left\{-\frac{1}{2\sigma_w^2}\sum_{n=0}^{N-1}\left|r_p\left(N+n\right)-r_p\left(n\right)\mathrm{e}^{\mathrm{j}2\pi\varepsilon}\right|^2\right\}\quad（2\text{-}14）$$

根据最大似然（Maximum Likelihood，ML）估计准则，估计值 $\hat{\varepsilon}$ 为使式（2-14）最大的 ε，表示为

$$\hat{\varepsilon}=\arg\max_{\varepsilon}\left\{\ln p\left(\boldsymbol{r}_2\mid\boldsymbol{r}_1,\varepsilon\right)\right\}=\arg\min_{\varepsilon}\left\{\sum_{n=0}^{N-1}\left|r_p\left(N+n\right)-r_p\left(n\right)\mathrm{e}^{\mathrm{j}2\pi\varepsilon}\right|^2\right\}=$$

$$\arg\max_{\varepsilon}\left\{\sum_{n=0}^{N-1}\mathrm{Re}\left(r_p\left(N+n\right)r_p^*\left(n\right)\mathrm{e}^{-\mathrm{j}2\pi\varepsilon}\right)\right\}$$

（2-15）

由于函数 $\mathrm{e}^{\mathrm{j}\omega}$ 以 2π 为周期，因此式（2-15）限制了 ε 的估计范围为 $|\varepsilon|<0.5$。令

$$f\left(\varepsilon\right)=\sum_{n=0}^{N-1}\mathrm{Re}\left(r_p\left(N+n\right)r_p^*\left(n\right)\mathrm{e}^{-\mathrm{j}2\pi\varepsilon}\right)=$$

$$\sum_{n=0}^{N-1}\mathrm{Re}\left(r_p\left(N+n\right)r_p^*\left(n\right)\right)\cos\left(2\pi\varepsilon\right)+\sum_{n=0}^{N-1}\mathrm{Im}\left(r_p\left(N+n\right)r_p^*\left(n\right)\right)\sin\left(2\pi\varepsilon\right)$$

（2-16）

则 $\hat{\varepsilon}$ 满足 $f'(\varepsilon)|_{\varepsilon=\hat{\varepsilon}}=0$，对式（2-16）两边求导并置零得到 $\hat{\varepsilon}$ 为

$$\hat{\varepsilon}=\frac{1}{2\pi}\arctan\frac{\displaystyle\sum_{n=0}^{N-1}\mathrm{Im}\left(r_p\left(N+n\right)r_p^*\left(n\right)\right)}{\displaystyle\sum_{n=0}^{N-1}\mathrm{Re}\left(r_p\left(N+n\right)r_p^*\left(n\right)\right)},\quad|\varepsilon|<0.5\quad（2\text{-}17）$$

式（2-17）即为 ε 的 ML 估计式。

以下分析估计量 $\hat{\varepsilon}$ 的统计特性。为了计算 $\hat{\varepsilon}$ 的条件均值与方差，首先考察式（2-18）。

$$\tan\left(2\pi\left(\hat{\varepsilon}-\varepsilon\right)\right)=\frac{\sum_{n=0}^{N-1}\mathrm{Im}\left(r_p\left(N+n\right)r_p^*\left(n\right)\mathrm{e}^{-\mathrm{j}2\pi\varepsilon}\right)}{\sum_{n=0}^{N-1}\mathrm{Re}\left(r_p\left(N+n\right)r_p^*\left(n\right)\mathrm{e}^{-\mathrm{j}2\pi\varepsilon}\right)} \quad (2\text{-}18)$$

将式（2-12）代入式（2-18），并假设信噪比足够大以至于可以分辨信号和噪声，利用近似式 $\tan x \approx x, |x| \ll 1$，则由式（2-18）得到

$$\hat{\varepsilon}-\varepsilon \approx \frac{1}{2\pi}\cdot\frac{\sum_{n=0}^{N-1}\mathrm{Im}\left(r_p^*\left(n\right)w_1\left(n+N\right)\mathrm{e}^{-\mathrm{j}2\pi\varepsilon}\right)}{\sum_{n=0}^{N-1}\left|r_p\left(n\right)\right|^2} \quad (2\text{-}19)$$

因此，可直接得到

$$E\left(\hat{\varepsilon}-\varepsilon \mid \boldsymbol{r}_1,\varepsilon\right)=0$$

$$\mathrm{Var}\left(\hat{\varepsilon}-\varepsilon \mid \boldsymbol{r}_1,\varepsilon\right)\approx\frac{1}{4\pi^2}\cdot\frac{N\cdot\frac{1}{2}\cdot E_s\cdot 2\sigma_w^2}{\left(NE_s+N\sigma_w^2\right)^2}\approx\frac{1}{4\pi^2}\cdot\frac{1}{N\,E_s/\sigma_w^2} \quad (2\text{-}20)$$

式（2-20）说明，式（2-17）所提供的估计方法是无偏估计，且能够收集所有导频符号的能量获得精确的估计结果。图 2-16 所示为频偏估计误差的标准差与导频信噪比之间的关系。图中分别绘出了 $\varepsilon=0$、$\varepsilon=0.45$ 时的频偏估计性能。作为比较，图中也给出了由式（2-20）计算出的理论结果。将图 2-16 中所示的估计性能与图 2-14 比较可知，利用式（2-17）得到的载波频偏估计能够将频偏校正到 OFDM 系统可以忍受的程度。

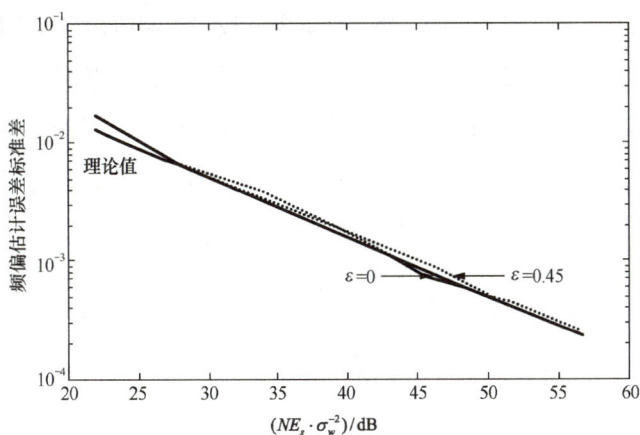

图 2-16 载波频偏估计性能 [10]

需注意的是，采用这种方法对载波频偏的估计范围不超过子载波间隔的 0.5 倍。由于 arctan 函数是不连续的，如果 ε 接近 0.5，则可能由噪声的影响使其跳变到 −0.5 处，从而导致估计值不再是无偏的。因此，在采用该方法估计之前，必须保证载波频偏在可靠估计范围之内。对于超过估计范围的载波频偏，可以缩短导频符号的周期 N 以扩大估计范围。

3.残余频偏校正方法

在上一小节中，讨论了载波频偏的估计方法。但无论怎样精确的估计都会存在估计误差，即残余频偏。为了考察残余频偏对 OFDM 信号的影响，考虑如图 2-17 所示的连续 OFDM 符号的传送。类似式（2-1）中的符号定义，将第 i 个 OFDM 符号记为

$$s_i(n) = \frac{1}{\sqrt{N}} \sum_{k=0}^{N-1} x_i(k) \mathrm{e}^{\mathrm{j}\frac{2\pi}{N}nk}, \quad n = 0,\cdots,N-1, \quad i = 0,1,\cdots \tag{2-21}$$

综合式（2-7）与式（2-12），可以得到第 i 个 OFDM 接收符号为

$$y_i(k) = H(k)I_0 x_i(k) \mathrm{e}^{\mathrm{j}\frac{2\pi}{N}\varepsilon(iN_s+N_G)} + I_{i,k} \mathrm{e}^{\mathrm{j}\frac{2\pi}{N}\varepsilon(iN_s+N_G)} + W_i(k), \quad n = 0,\cdots,N-1, \quad i = 0,1,\cdots \tag{2-22}$$

式（2-22）中，I_0 的定义见式（2-8），将式（2-8）中的 $x(k)$ 用 $x_i(k)$ 代替便得到 $I_{i,k}$。式（2-22）假设了频偏因子的初始相位为 0，事实上，初始相位的影响可归入信道 $H(k)$ 中。在本节中，将 ε 理解为经载波频偏估计与校正后 OFDM 信号中的残余频偏。式（2-22）说明残余频偏对信号有两方面影响：一是破坏了子载波间的正交性而引入 ICI，当残余频偏 ε 不大于 0.01 时，该影响可以忽略；二是由残余频偏随时间在相位上的累积而导致整个信号星座图随时间旋转，这需要在数据传输阶段增加相位跟踪算法来消除其影响。

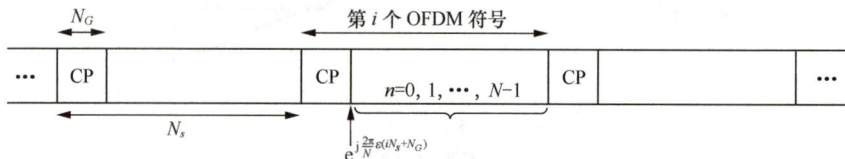

图 2-17　连续发送的 OFDM 符号

观察式（2-22）可知，残余频偏引起的频域信号的相位旋转与符号数 i 呈线性关系，因此，可将理想均衡后数据的相位旋转量表示为

$$\varphi_{i,k} = \varphi \cdot i + v_{i,k}, \quad k = 0, 1, \cdots, N-1, \quad i = 0, 1, \cdots \tag{2-23}$$

其中，$\varphi_{i,k}$ 为第 i 个 OFDM 符号第 k 子载波上信号的相位旋转量，φ 为残余频偏在一个 OFDM 符号周期内引起的递增相位旋转量，$v_{i,k}$ 为由 ICI 和高斯白噪声引起的加性相位噪声，文献 [12] 的分析表明 $v_{i,k}$ 近似为高斯分布。为下文推导方便，将 $y_i(k)$ 经理想信道均衡后得到的数据记为 $a_i(k)$。例如，如果采用迫零准则进行均衡，则 $a_i(k)$ 表示为

$$a_i(k) = \frac{1}{H(k) I_0 e^{j\frac{2\pi}{N}\varepsilon N_G}} y_i(k), \quad k = 0, 1, \cdots, N-1, \quad i = 0, 1, \cdots \tag{2-24}$$

相位跟踪算法的目的是利用均衡后的数据 $a_i(k)$ 估计 φ，然后利用估值 $\hat{\varphi}$ 校正数据。校正后的数据送往解映射模块判决，输出二进制序列或以软距离度量的多进制序列。由于利用数据点做相位跟踪，如何从随机的数据点中提取固定的相位偏差 φ 成为关键。

下面给出一种从数据点中提取相偏的方法。思路是，首先将用于估计的数据点按相对正确信号点的相偏关系不变的原则作旋转，均旋转到信号星座图的第一象限。然后求各数据点相偏的均值，将其作为 φ 的估计值 $\hat{\varphi}$。对于 QPSK 调制信号，估计值 $\hat{\varphi}$ 可按以下方法得到。

① 适于 QPSK 调制的 φ 估计方法。

步骤 1：象限旋转。对信道均衡后的信号 $a_i(k)$（其中，标号 k 取自参与估计的子载波集合）作旋转，即将其与一个相位旋转因子相乘。由于采用 QPSK 调制，相位旋转因子在 $\{1, j, -1, -j\}$ 中选取，选取方式见表 2-1。旋转后，所有信号点 $a_i'(k)$ 均落入第一象限。

表 2-1　相位旋转因子的选取

Re($a_i(k)$)	Im($a_i(k)$)	旋转因子
+ (0)	+ (0)	1 (j^0)
+ (0)	− (1)	j (j^1)

Re($a_i(k)$)	Im($a_i(k)$)	旋转因子
− (1)	− (1)	−1 (j^2)
− (1)	+ (0)	−j (j^3)

在系统实现中，通常用二进制补码表示数据，符号位为 0 代表正数，符号位为 1 代表负数，相位旋转因子也可表示为虚数单位 j 的幂次，如表 2-1 括号中内容所示。可以看出，由 $a_i(k)$ 实部与虚部符号位所组成的二进制数与它们对应的 j 的幂次恰好是格雷码关系。因此，$a_i'(k)$ 也可表示为

$$a_i'(k) = a_i(k) \times j^{2\operatorname{Re}(a_i(k)) + (\operatorname{Re}(a_i(k)) \oplus \operatorname{Im}(a_i(k)))}，其中 \oplus 表示模 2 加 \qquad （2-25）$$

步骤 2：计算每子载波上的相位偏移，并取平均值，作为对 φ 的估值，即

$$\hat{\varphi}_i = \frac{1}{M} \sum_k \arg\left(a_i'(k)\right) - \frac{\pi}{4}，其中 M 是用于估计的数据个数 \qquad （2-26）$$

对上述方法做简单的扩展便可得到适用于 16QAM 调制的 φ 估计方法如下。

② 适于 16QAM 调制的 φ 估计方法。

步骤 1：象限旋转。与"适于 QPSK 调制的 φ 估计方法"中的步骤 1 相同。第 i 个 OFDM 符号的第 k 子载波上旋转后的数据用 $p_i(k)$ 表示。

步骤 2：坐标平移。以第一象限的 4 个 16QAM 信号星座点的中心为新坐标系的坐标原点，对上一步输出的信号点做平移。平移后，原 4 个 16QAM 信号星座点在新坐标系中的排列与 QPSK 信号星座图相同。平移操作相当于将每个数据减去一个常数，平移后的数据用 $p_i'(k)$ 表示。

步骤 3：提取相偏。用式（2-27）提取第 i 个 OFDM 符号第 k 子载波上的相偏 $\varphi_{i,k}$。

$$\varphi_{i,k} = \arg\left(p_i(k)\right) + \operatorname{sign}\left[\operatorname{sign}\left(\operatorname{Re}\left(p_i'(k)\right)\right) - \operatorname{sign}\left(\operatorname{Im}\left(p_i'(k)\right)\right)\right] \cdot \alpha$$

$$其中，\operatorname{sign}(x) = \begin{cases} 1, & x > 0 \\ 0, & x = 0 \\ -1, & x < 0 \end{cases}, \alpha = \frac{\pi}{4} - \arctan\left(\frac{1}{3}\right) \qquad （2-27）$$

步骤4：对 $\varphi_{i,k}$ 取平均值，得到 φ 的估计 $\hat{\varphi}_i$ 为

$$\hat{\varphi}_i = \frac{1}{M}\sum_k \varphi_{i,k} - \frac{\pi}{4} \tag{2-28}$$

可见，这种方法对用于估计的观测数据进行相同的处理，从而避免了判决操作。在频率选择性信道中，可选择信噪比较高的子信道上的数据参与估计，即选择大于某一门限值的 $|H(k)|$ 所对应的子信道，从而避免低信噪比数据对估计精度的影响。

将采用上述估计方法的残余频偏校正算法的步骤总结如下。算法输入已均衡的频域 OFDM 符号，输出经相位校正的频域 OFDM 符号，算法流程如下。

③ 残余频偏校正算法。

步骤1：初始化相位校正因子 $\Phi=0$。

步骤2：利用相位校正因子对所有当前输入数据做相位校正，校正后的数据为 $a_i(k)\mathrm{e}^{-\mathrm{j}\Phi}$。

步骤3：利用本次输入的 OFDM 符号中用于估计的 M 个数据点求 φ 的估计值 $\hat{\varphi}_i$（式（2-26）或式（2-28）），更新相位校正因子 Φ 为 $\Phi+\hat{\varphi}_i$。

步骤4：对每个输入的 OFDM 符号均做上述步骤2和步骤3两步操作，直至最后一个 OFDM 符号。

以下考察估计量 $\hat{\varphi}_i$ 的性能。设 $z_{i,k}$ 表示算法中校正后的信号相位，$\hat{\varphi}_i$、$\tilde{\varphi}_i$ 分别表示利用第 i 个 OFDM 符号对 φ 的估计和估计误差。假设式（2-23）中第 0 个符号作为导频，从中可以提取信道信息以对后续符号做信道均衡，假设信道均衡理想。在上述假设下，相位跟踪算法从第 1 个符号开始进行。重写式（2-23）如下，这里 $\varphi_{i,k}$ 仅表示用于估计 φ 的信号点相位。

$$\varphi_{i,k} = \varphi \cdot i + w_{i,k}, \quad i=1,2,\cdots, \text{ 其中，}k \text{ 为用于估计的子载波序号}$$

$$z_{1,k} = \varphi_{1,k} = \varphi + v_{1,k} \Rightarrow \hat{\varphi}_1 = \frac{1}{M}\sum_k z_{1,k} = \varphi + \tilde{\varphi}_1$$

$$z_{2,k} = \varphi_{2,k} - \hat{\varphi}_1 = \varphi - \tilde{\varphi}_1 + v_{2,k} \Rightarrow \hat{\varphi}_2 = \frac{1}{M}\sum_k z_{2,k} = (\varphi - \tilde{\varphi}_1) + \tilde{\varphi}_2$$

$$\vdots$$

$$z_{i,k} = \varphi_{i,k} - \sum_{j=1}^{i-1}\hat{\varphi}_j = \varphi - \tilde{\varphi}_{i-1} + v_{i,k} \Rightarrow \hat{\varphi}_i = \frac{1}{M}\sum_k z_{i,k} = (\varphi - \tilde{\varphi}_{i-1}) + \tilde{\varphi}_i$$

$$\tag{2-29}$$

由上面递推式易知，$\tilde{\varphi}_i, i = 1, 2, \cdots$ 满足相同的统计特性。该估计相当于条件 ML 估计，即第 i 次估计使条件似然函数 $p(\bar{z}_i | \varphi - \tilde{\varphi}_{i-1})$ 达到最大。当子载波数足够多时，$v_{i,k}$ 近似高斯分布，设 $E(|v_{i,k}|^2) = \sigma_v^2$。显然

$$E(\hat{\varphi}_i) = E(\hat{\varphi}_1) = 0, \quad i = 1, 2, \cdots$$

$$\mathrm{Var}(\hat{\varphi}_1) = E(|\tilde{\varphi}_1|^2) = E\left(\left|\frac{1}{M}\sum_k v_{1,k}\right|^2\right) = \frac{\sigma_v^2}{M} \tag{2-30}$$

$$\mathrm{Var}(\hat{\varphi}_i) = 2\mathrm{Var}(\hat{\varphi}_1) = \frac{2\sigma_v^2}{M}, \quad i = 2, 3, \cdots$$

由上述讨论可以看到，该算法具有如下特点。

◎ 该估计属条件 ML 估计，随时间增长，估计方差不会累积，也不会减小。

◎ 采用差分的方法，仅利用数据点进行估计，不需内插导频。

◎ 该算法用符号取反、实虚部交换及加法等操作代替了依最小距离准则的判决操作，计算量小。

◎ 本算法是在假设信噪比较大的条件下进行的，即信号点依据最小距离准则可以正确判决。为满足这一要求，可剔除那些受噪声影响较大的数据点，但利用较少的数据点进行估计又会增加估计方差，因此需要在两者之间折中，以获得最优的算法性能。

下面用一个仿真实例来检验上述残余频偏校正算法的性能。系统采用的仿真参数如下：FFT 点数为 128，数据子载波数为 104，CP 长度为 32，各子信道采用 QPSK 或 16QAM 调制，系统带宽为 3.2 MHz，残余频偏的绝对值不大于 0.01。仿真分别在加性高斯白噪声（AWGN）与 SUI-2 信道下进行。图 2-18 所示为在 AWGN 信道下，符号信噪比为 18 dB 时，相位校正算法的效果图。在相位校正前，由于残余频偏的影响，信号星座图发生旋转，如图 2-18（a）所示；经过相位校正后，星座图的旋转得到了修正，如图 2-18（b）所示。图 2-19、图 2-20 所示分别为应用于 QPSK OFDM 和 16QAM OFDM 系统的相位跟踪算法在 SUI-2 信道下对 φ 估计的估计误差的方差性能，其中 SNR 表示符号信噪比。

由图可见，$\tilde{\varphi}_1$ 的方差约为 $\tilde{\varphi}_i (i = 2, 3, \cdots)$ 的 1/2。图 2-21、图 2-22 中分别所示为

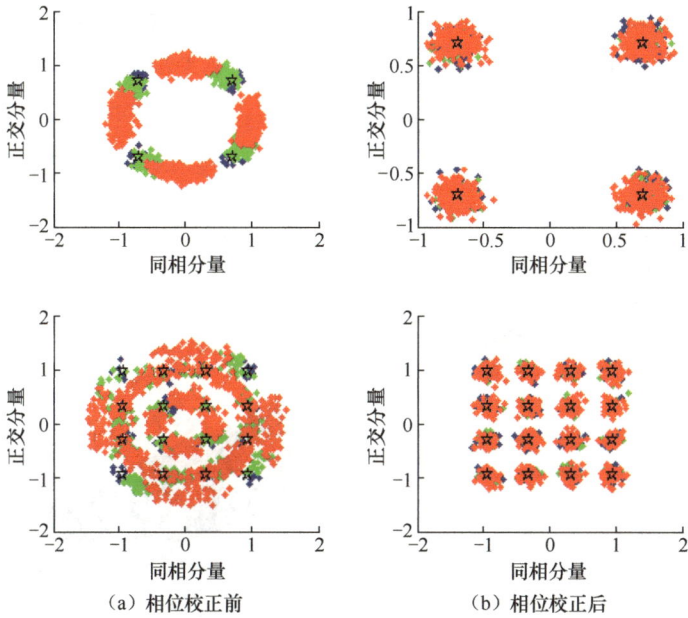

（a）相位校正前 　　　　　　　（b）相位校正后

图 2-18 相位校正算法效果图

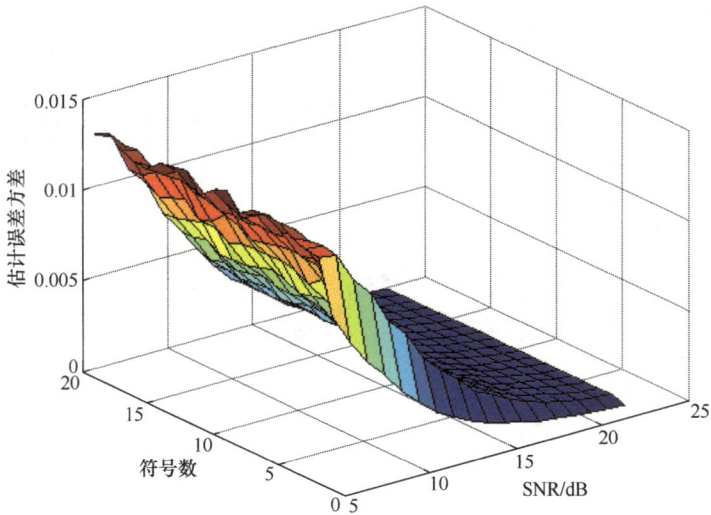

图 2-19 SUI-2 信道下，QPSK OFDM 系统相位跟踪算法的估计误差的方差

SUI-2 信道下，QPSK OFDM 与 16QAM OFDM 系统在无频偏与存在残余频偏并应用相位校正算法两种情况下，误码率（BER）的性能比较。由于算法是在假定判决正确的前提下提取相差，因此仅适用于信噪比较高的情况。仿真结果显示，

在 QPSK OFDM 系统中，要求符号信噪比大于 4 dB，由残余频偏引起的 SNR 损失不超过 0.15 dB；而在 16QAM OFDM 系统中，要求符号信噪比大于 12 dB，由残余频偏引起的 SNR 损失不超过 0.1 dB。

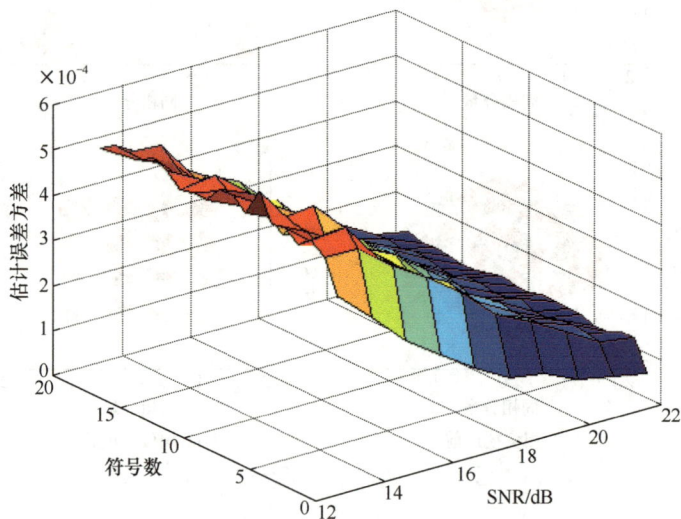

图 2-20　SUI-2 信道下，16QAM OFDM 系统相位跟踪算法的估计误差的方差

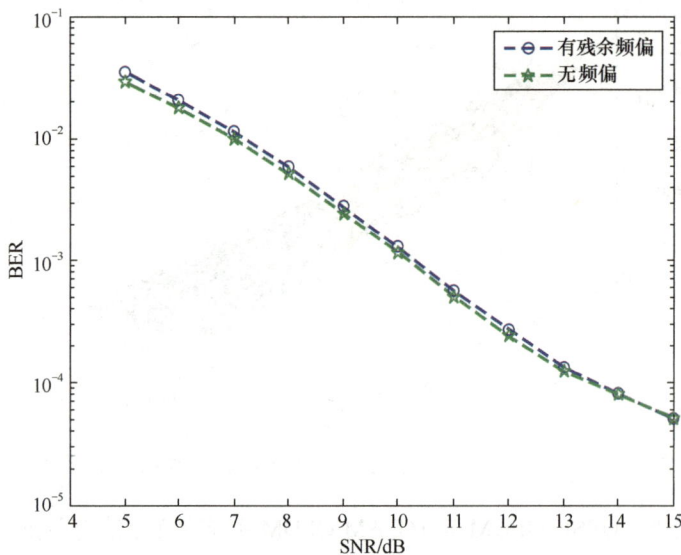

图 2-21　SUI-2 信道下，QPSK OFDM 系统在无频偏与有残余频偏情况下的 BER 性能比较

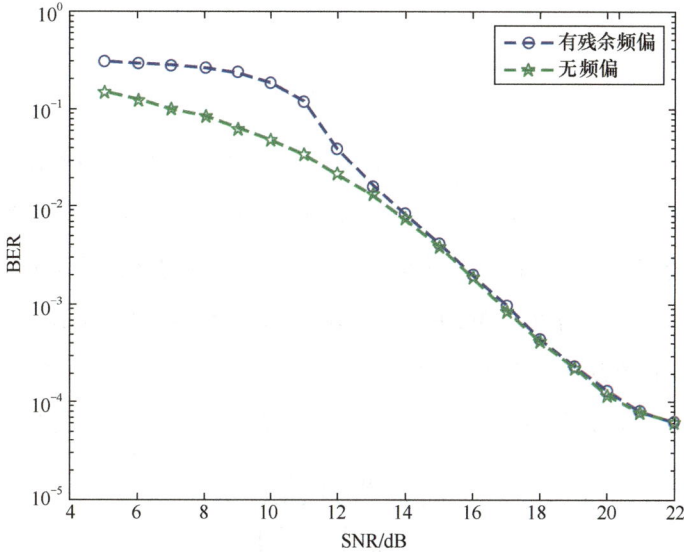

图 2-22 SUI-2 信道下，16QAM OFDM 系统在无频偏与有残余频偏情况下的 BER 性能比较

2.2.3 OFDM 信号的峰均功率比

由于 OFDM 信号包含有大量的独立已调子载波，这些子载波相互叠加会产生较大的峰均功率比（Peak-to-Average Power Ratio，PAPR）。当 N 个子载波同相叠加时信号幅度达到最大。较大的 PAPR 容易造成信号的非线性失真。例如，模数 / 数模转换器、线性功率放大器均要求输入信号在一定动态范围内，否则会造成信号的严重非线性失真，引起子载波间的相互干扰，从而降低系统性能。本节首先给出 OFDM 信号 PAPR 的定义与概率分布，然后介绍几类典型的降PAPR 算法，最后作为算法实例，详细推导一种峰值抵消算法[13]。

1. 峰均功率比的定义与概率分布

目前，常用的 OFDM 信号的 PAPR 定义有两种，即峰均比（Peak-to-Average Ratio，PAR）和峰值系数（Crest Factor，CF）。

PAR 定义为时域 OFDM 信号最大可能值的瞬时功率（峰值功率）与平均功率的比值，即

$$\text{PAR} = \frac{\max |s(n)|^2}{E\left(|s(n)|^2\right)} \qquad (2\text{-}31)$$

其中，$s(n)$ 为时域 OFDM 符号，其定义见式（2-1），$\max|s(n)|^2$ 的含义为在所有可能频域符号 $x(k), k = 0, \cdots, N-1$ 的取值中选取使 $|s(n)|^2$ 最大的组合。当所有子载波上的符号同相求和时，所得到信号的峰值功率就会是平均功率的 N 倍，因此，包含 N 个子信道的 OFDM 时域基带信号的峰均功率比为 $10\lg N$ dB。在此定义下，未调载波的 PAR 为 3 dB。

CF 定义为最大可能的时域 OFDM 信号幅值与信号能量的均方根值之比，即

$$\text{CF} = \frac{\max |s(n)|}{\sqrt{E\left(|s(n)|^2\right)}} \qquad (2\text{-}32)$$

按照该定义，未调载波的峰值系数为 $\sqrt{2}$。比较 PAR 与 CF 的定义可以看出，两者在数值上相差一个常数。以下采用 PAR 来衡量 OFDM 信号的峰均功率比。

事实上，一个时域 OFDM 符号周期内信号的峰均比是一个随机变量，而式（2-31）与式（2-32）都描述了一种非常极端的情况，通常不会达到这一数值。因此，研究 OFDM 符号峰均比的概率分布对于指导实践来说更有意义。

定义一个 OFDM 符号的峰值功率与该符号的平均功率之比为

$$R_{\text{ps}} = \frac{\max\left\{|s(0)|^2, \cdots, |s(N-1)|^2\right\}}{E\left(|s(n)|^2\right)} = \frac{\max\left\{|s(0)|^2, \cdots, |s(N-1)|^2\right\}}{E_x} \qquad (2\text{-}33)$$

其中，E_x 的定义见 2.2.1 节。显然，R_{ps} 是一个随机变量，以下推导 R_{ps} 的概率分布。设 $F_s(z)$ 为 $|s(n)|^2$ 的累积概率分布函数，则 R_{ps} 的累积概率分布函数 $F_R(z)$ 为

$$F_R(z) = \left[F_s(z/E_x)\right]^N \qquad (2\text{-}34)$$

因此，为了得到 R_{ps} 的概率分布，需首先推导 $|s(n)|^2$ 的概率分布。考察式（2-1），$x(k), k = 0, \cdots, N-1$ 为独立同分布随机变量，根据中心极限定理，当 N 很大时，$s(n)$ 服从高斯分布，因此 $|s(n)|^2$ 服从负指数分布，即

$$F_s(z) = 1 - \exp\left\{-z/E_x\right\}, \quad z \geqslant 0 \qquad (2\text{-}35)$$

将式（2-35）代入式（2-34）中，得到 R_{ps} 的累积概率分布函数为

$$F_R(z) = \left(1 - \mathrm{e}^{-z}\right)^N, \quad z \geqslant 0 \tag{2-36}$$

图 2-23 所示为式（2-36）表示的累积概率分布，由图可见，随着子载波数 N 的增大，OFDM 信号峰均功率比问题越来越显著。

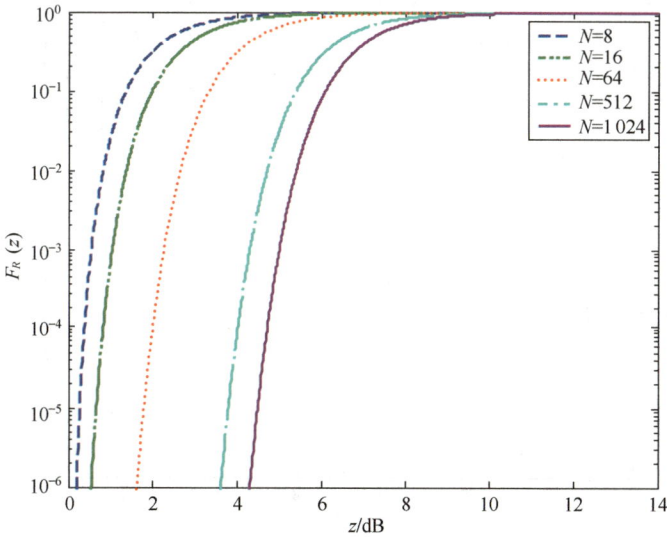

图 2-23　一个 OFDM 符号 PAR 的累积概率分布

式（2-36）成立的条件 $s(n)$, $n=0, \cdots, N-1$ 是以奈奎斯特（Nyquist）速率采样的基带信号，它们之间是互不相关的。因此式（2-36）描述了 Nyquist 采样速率下 OFDM 信号的峰均比概率分布，而非最终在信道上传输的连续波形峰均比的累积概率分布。对信号进行过采样所得到的 OFDM 符号峰均比累积概率分布可以更加细致地刻画在信道上传输的 OFDM 信号特征，但由于各采样点不再是互不相关的，推导起来比较困难。可假设在进行过采样的情况下，含 N 个子载波的 OFDM 符号峰均比累积概率分布相当于在 Nyquist 速率采样下含 αN 个子载波的 OFDM 符号峰均比分布。经仿真测试，α 取值为 2.8 比较合适[14]。按上述方法修正后 R_{ps} 的累积概率分布为

$$F_R(z) = \left(1 - \mathrm{e}^{-z}\right)^{\alpha N}, \quad z \geqslant 0 \tag{2-37}$$

图 2-24 所示为式（2-37）描述的 OFDM 符号峰均比累积概率分布函数。文献 [14] 的仿真表明，当 $N \geqslant 64$ 时，式（2-37）的近似程度较高，当 $F_R(z) > 0.5$ 时，式（2-36）更为准确。对 OFDM 符号 PAR 的累积概率分布进行分析可为降 PAPR 算法的设计提供指导。

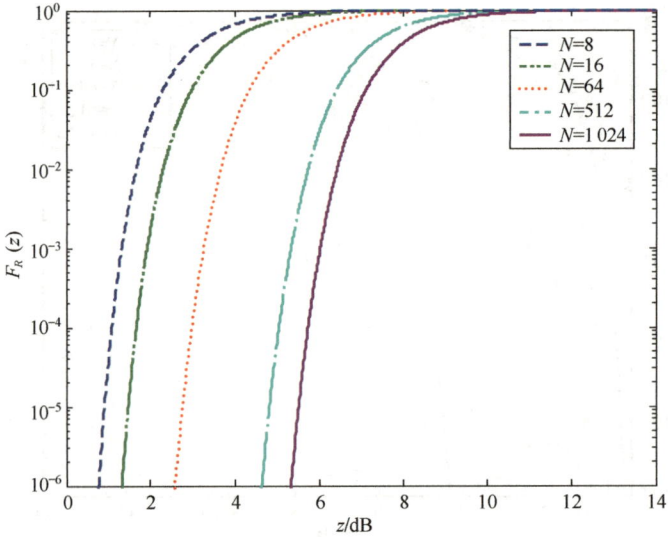

图 2-24　修正后的一个 OFDM 符号 PAR 的累积概率分布（$\alpha=2.8$）

过大的信号峰均功率比对系统性能的影响主要表现在两个方面：一是提高了对模数 / 数模转换器性能的要求，二是降低了射频放大器的工作效率。信号幅度的剧烈变化要求模数 / 数模转换器具有很快的反应速度，信号很大的动态范围要求模数 / 数模转换器与射频放大器具有很宽的线性工作范围。如果这些器件不能满足信号的要求，则会造成严重的非线性失真，从而降低系统性能。因此，在 OFDM 系统中，尤其是在子载波数比较多的情况下，必须考虑控制信号峰均功率比的方法。

2. 降峰均功率比算法简介

降峰均功率比的算法很多，根据算法原理与出发点的不同大致分为 3 类。一是信号失真技术。这类方法首先设置一个门限电平，通过对峰值信号点及其附近的点做非线性变换来压制超过门限电平的峰值信号点。例如，削波、峰值加窗、峰值抵消（Peak Cancellation）等。二是编码技术。这类方法利用特殊的前向纠错编码将具有大 PAR 的 OFDM 符号排除在外。三是扰码技术。这类方法将每个 OFDM 符号用不同的扰码序列进行扰码，并选择其中 PAR 最小的序列传送。

（1）削波与峰值加窗

从上一小节的分析可知，具有高 PAR 的 OFDM 符号出现的概率并不大。因此，可以人为将这些峰值去除而不引入太多失真，这就是信号失真技术的基本出发点。

最简单的失真方法就是削波，即将大于门限值的信号峰值压制到该门限值。这种方法会对系统造成一些负面影响。首先，信号幅度的失真会引入一些自干扰，降低系统的误码率性能。其次，信号的非线性失真会增加信号的带外辐射。这是因为削波相当于对每个 OFDM 符号加矩形窗，当信号幅度低于或等于门限值时，窗函数的幅值为 1，当信号幅度大于门限值时，窗函数的幅值为：门限值 / 信号瞬时幅度。而时域加窗相当于频域卷积，因此造成频谱的带外泄漏。

为了减少削波带来的带外频谱泄漏，可以考虑用其他窗函数来代替矩形窗，文献 [15] 中就采用了高斯窗函数。事实上，任何一个具有较好频谱特性（滚降快，旁瓣低）的窗函数都可用来改善频谱特性，如升余弦窗、凯撒窗、汉明窗等。

（2）峰值抵消

以上采用加窗的概念来理解削波方法。另一种理解方式为：将原 OFDM 符号减去一个校正函数（Correcting Function），当信号幅度小于或等于门限值时，校正函数值为 0，当信号幅度大于门限值时，校正函数值为：信号瞬时幅度 － 门限值。这样，削波带来的频谱泄漏可以理解为由校正函数的频带宽度大于原 OFDM 信号的频带宽度所致。因此，也可通过另一途径来减小削波带来的带外频谱泄漏，即改善校正函数的频谱特性。这就是峰值抵消方法的思路。

峰值抵消方法用一个具有适当时移与加权的校正函数对每个 OFDM 符号进行校正，并确保选取的校正函数的频带宽度与原 OFDM 符号的频带宽度相同，这样，使校正后的信号既满足其幅值在门限电平内，又无附加的频谱带外泄漏[13]，下一小节将详细描述这种方法。

采用信号失真的方法控制峰均功率比的原则是在将信号幅值限制在门限电平内的前提下，使算法对信号造成的失真尽量小。从信号传输要求上看，主要表现在两方面：一是时域上要求受影响的信号点尽量少，二是频域上要求信号的带外泄漏尽量小。然而，这两个要求是相互矛盾的，因为较窄的时域信号必定对应着较宽的频带，反之亦然。比较上述信号失真技术的 3 种方法，其中削波对信号的时域损伤最小，峰值抵消对信号的频域损伤最小。仿真结果表明[14]，在高斯白噪声信道下，削波对系统的误符号率（这里一个符号指一个OFDM符号）性能影响最小，峰值加窗次之，峰值抵消最大。

（3）信号失真技术与信道编码的结合

用信号失真的方法来控制峰均功率比，会降低系统误码率性能。为了减小这一影响，可在调制之前对待发送码流做前向纠错（Forward Error Correction，FEC）编码。这样，某个受到降 PAPR 算法抑制的 OFDM 符号，可在其周围未被抑制符号的帮助下正确恢复出来。假定某种 FEC 编码在每 10 个 OFDM 符号中有 4 个符号的 PAPR 大于 10 dB 的情况下会出现误码，又假定 PAPR 超过 10 dB 的符号出现概率为 10^{-3}，那么产生误码的概率为 $1-\sum_{i=0}^{3} C_{10}^{i}(10^{-3})^{i}(1-10^{-3})^{10-i} \approx 2\times10^{-10}$，远小于在没有 FEC 编码情况下的 10^{-3}。可见，采用适当的 FEC 编码，可基本补偿上述 3 种方法引起的系统误码率性能的下降。

虽然 FEC 方法可将系统的误码率降低到某些允许一定差错概率的恒定传输速率应用的可接受范围内，但对于无差错传输应用仍不能满足要求。若某个数据分组含有太多高 PAR 符号，那么这个分组在传输中就具有较大的错误概率。虽然这样的分组发生概率很小，但是一旦发生并不能通过反馈重传机制来恢复，因为每次重传的数据是相同的。为了解决这个问题，可采用扰码技术。即扰码器在每次发送分组时采用不同的初始化种子（比如，在每次分组发送完毕之后将初始化种子加 1）。这样，不同的扰码序列保证了相同的分组在多次重传时具有相互独立的 PAR。例如，若具有较大错误概率的分组发生概率为 10^{-6}，则它经一次重传后仍然不容易正确接收的概率为 10^{-12}。

（4）编码技术

从上一小节的分析可知，具有较大 PAR 的 OFDM 符号出现的概率较小，这一特点使利用编码技术来控制 OFDM 符号的 PAR 成为可能。分析表明，将 PAR 限制在 4 dB 以内仍可获得可接受的编码效率。例如，对于包含 64 个子载波，采用 QPSK 调制的 OFDM 系统，由式（2-37）计算得到 PAR 小于 4.2 dB 的 OFDM 符号出现概率约为 10^{-6}，即在 2^{128} 种可能的 OFDM 符号中有大约 $2^{128} \times 10^{-6} \approx 2^{128}$ 个符号的 PAR 低于 4.2 dB。换句话说，若仅传送 PAR 小于 4.2 dB 的 OFDM 符号，则每个符号由原来载有的 128 bit 信息降至 108 bit 信息，损失了 15.6% 的信息传输效率。如果仅考虑 PAPR 要求，这个编码效率是可以接受的。关键在于如何找到一种具有较高码率（大于 1/2）的编码方法，使其既保证其生成的所有 OFDM 符号均具有较小的 PAR，又具有一定的 FEC 编码能力。从工程实现的角度看，要求这种编码的编解码算法实时性强、操作较简单。例如，文献 [16] 证明了存在一种码率为 3/4 的码，可将 8 个子载波 QPSK 调制 OFDM 符号的 PAR 限制在 3 dB 以内。这个结论是通过对所有 QPSK 码字做全搜索得到的。

（5）符号扰码技术

符号扰码技术是另外一种通过编码对 OFDM 符号的 PAR 进行控制的方法，它的基本思想是将每个 OFDM 符号用不同的扰码序列扰码，然后输出其中 PAR 最小的符号。对于互不相关的扰码，得到的 OFDM 符号的 PAR 也是互不相关的。所以，如果 PAR 超过门限值的符号出现的概率是 p，并采用 k 个扰码序列，则扰码后 k 个输出符号的 PAR 均超过门限值的概率是 p^k。可见，扰码技术并不是将所有 OFDM 符号的 PAR 控制在门限值内，而是降低它的出现概率。文献 [17-18] 首次提出这种技术，分别称为选择映射与部分发送序列算法，两者的不同之处在于前者将扰码作用于所有子载波，而后者仅将扰码作用于部分子载波。

3. 峰值抵消算法

在本小节中，以峰值抵消算法为例 [13]，详细介绍降峰均功率比算法的原理及其对系统性能的影响。该算法通过仔细设计校正函数的频谱结构，减少或克服了削波与峰值加窗方法中的带外辐射问题。

为了明确算法的目标，采用折线模型对射频放大器的 AM/AM 特性进行建模。设射频放大器饱和输出幅值为 A_{outmax}，与其对应的饱和输入幅值为 $A_{\text{inmax}}=A_0$，输入线性动态范围是 $[0, A_0]$，将输入用 A_0 归一化，输出用 A_{outmax} 归一化，得到归一化的 AM/AM 特性曲线，如图 2-25 所示。由图可见，为保证射频放大器无非线性失真，应将 OFDM 信号幅值限制在 A_0 以内。

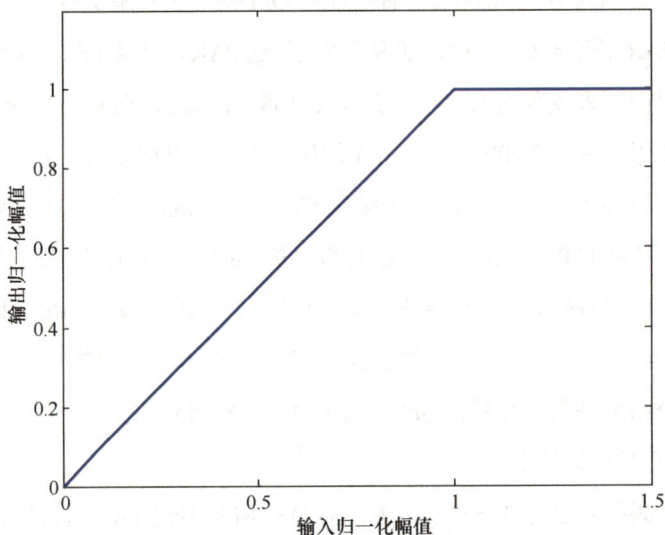

图 2-25　射频放大器的归一化 AM/AM 特性曲线（折线模型）

定义输入回退量（Input Backoff，IBO）如下。

$$\text{IBO} = 10\lg\frac{A_0^2}{E_x} \qquad (2\text{-}38)$$

可见，回退量也是 OFDM 符号经降峰均功率比算法之后所得到的符号 PAR。如果 OFDM 信号本身最大可能幅值不超过 A_0，则不需要做降峰均功率比算法。

如果将 IDFT 之后形成的 OFDM 符号进行数模转换滤波会发现，虽然数模转换滤波以前各个数据点的幅值均不超过门限值，但在数模转换滤波后有可能会超过门限值。这是因为，IDFT 后的 OFDM 符号的采样率恰好是 Nyquist 采样速率，各信号点互不相关，时间分辨率较低。而经数模转换滤波之后（可理解为插值恢复出原信号），原来看不到的数据点被恢复出来，因此出现了上述情况。可见，在理想情况下，该算法应放在数模转换滤波之后，如图 2-26 所示。

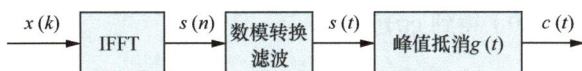

$$x(k) \rightarrow \boxed{\text{IFFT}} \xrightarrow{s(n)} \boxed{\begin{array}{c}\text{数模转换}\\\text{滤波}\end{array}} \xrightarrow{s(t)} \boxed{\text{峰值抵消}g(t)} \xrightarrow{c(t)}$$

图 2-26 峰值抵消算法在 OFDM 系统中的理想位置

记 $s(t)$ 为对应于序列 $s(n), n = 0, \cdots, N-1$ 的连续波形，且在时刻 t_n 处出现大于门限值的峰值。采用峰值抵消算法对波形 $s(t)$ 进行校正后得到 $c(t)$，$c(t)$ 表示为

$$c(t) = s(t) + k(t), k(t) = \sum_n A_n g(t - t_n), \quad A_n = -\left(\left|s(t_n)\right| - A_0\right) \cdot \frac{s(t_n)}{\left|s(t_n)\right|} \quad （2\text{-}39）$$

参考函数 $g(t)$ 的选取受限于以下 3 个因素。

① 仅在频点 $\mathrm{e}^{\mathrm{j}2\pi kt/T}, k = 0, \cdots, N-1$（$T$ 为 OFDM 符号的 DFT 积分时间）处有值，以保证不会引入 ICI。因此可假定 $g(t)$ 为

$$g(t) = \sum_{k=0}^{N-1} G_k \mathrm{e}^{\mathrm{j}2\pi kt/T} \quad （2\text{-}40）$$

② $g(0)=1$，以保证在时刻 t_n 处 $\left|c(t_n)\right| = A_0$。由式（2-40）可知

$$g(0) = \sum_{k=0}^{N-1} G_k = 1 \quad （2\text{-}41）$$

③ $1/T \int_0^T \left|g(t)\right|^2 \mathrm{d}t \rightarrow \min$，以使校正后信号能量的损失最小。由式（2-40）得到该条件等价于

$$\frac{1}{T} \int_0^T \left|g(t)\right|^2 \mathrm{d}t = \sum_{k=0}^{N-1} \left|G_k\right|^2 \rightarrow \min \quad （2\text{-}42）$$

上述 3 个约束条件将函数 $g(t)$ 的选取转化为系数 $\{G_k, k = 0, \cdots, N-1\}$ 的确定。设一组不全同相的系数 $\{G_k, k = 0, \cdots, N-1\}$，则可通过如下方法找到一组使 $\sum_{k=0}^{N-1} \left|G_k\right|$ 更小的系数 $\{G_k', k = 0, \cdots, N-1\}$：选择 $G_k' = \left|G_k\right|$，则 $g'(t)$ 与 $g(t)$ 具有相同的能量，且 $\sum_k G_k' = g'(0) > g(0) = \sum_k G_k = 1$。若将 $g'(t)$ 以 $g'(0)$ 归一化，则得到的参考函数 $g'(t)/g'(0)$ 的能量小于 $g(t)$。因此，$\{G_k, k = 0, \cdots, N-1\}$ 一定是实数。可利用拉格

朗日法求在条件 $\sum_k G_k = 1$ 约束下的使 $\sum_{k=0}^{N-1} G_k^2$ 最小的 $\{G_k, k = 0, \cdots, N-1\}$ 为

$$G_k = 1/N, \quad k = 0, \cdots, N-1 \qquad (2\text{-}43)$$

将其代入式（2-40）得到 $g(t)$ 为

$$g(t) = \frac{1}{N}\sum_{k=0}^{N-1} e^{2\pi kt/T} = \frac{1}{N} \cdot \frac{1 - e^{j2\pi Nt/T}}{1 - e^{j2\pi t/T}} = \frac{\sin(\pi Nt/T)}{N \cdot \sin(\pi t/T)} \cdot e^{j\pi(N-1)t/T} \qquad (2\text{-}44)$$

记 $S(f)$、$K(f)$ 与 $G(f)$ 分别为 $s(t)$、$k(t)$ 与 $g(t)$ 的频谱，则校正后信号 $c(t)$ 的频谱 $C(f)$ 为

$$C(f) = S(f) + K(f) = S(f) + \sum_n A_n G(f) e^{j2\pi t_n f} = S(f) + \sum_n \frac{A_n}{N} e^{j2\pi t_n f} \sum_{k=0}^{N-1} \delta(f - k/T) \qquad (2\text{-}45)$$

从式（2-45）可以看出，该算法对具有高 PAR 符号峰值功率的抑制实际上是通过相同程度地降低每个子载波上的功率得到的。由此可推断出，对于恒包络调制（如各子载波采用 PSK 调制），这种算法不会引入人为失真，仅会造成接收端信噪比的降低；对于非恒包络调制，若在接收端做增益补偿（这要求实时检测到信噪比的降低，并做补偿），则这种算法也不会引起人为失真，造成的影响仍然仅是信噪比的降低。

注意到式（2-44）中定义的 $g(t)$ 是周期性时域无限信号，在实际应用中必须对 $g(t)$ 进行截断。最简单的方法是用矩形窗函数进行截断，窗函数的宽度决定了频谱泄漏的程度。考虑到 OFDM 符号也是被矩形窗截断的，为使 $g(t)$ 不带来附加频谱泄漏，选取窗宽与 OFDM 符号宽度相同。所以，截断后的 $g(t)$ 表示为

$$g(t) = e^{j\pi(N-1)t/T} \cdot \frac{\sin(\pi N t/T)}{N\sin(\pi t/T)}, \quad t \in \left[-\frac{T}{2}, \frac{T}{2}\right] \qquad (2\text{-}46)$$

在上述推导中，将峰值抵消算法放在数模转换滤波之后的模拟域上，为了便于算法的数字处理，可将 OFDM 信号先做 I 倍插值，再进行峰值抵消操作。显然，算法的效果与插值倍数有关，插值倍数越大，被漏掉的信号峰值越少。图 2-27 为实际中采用峰值抵消算法的 OFDM 发送端框图。

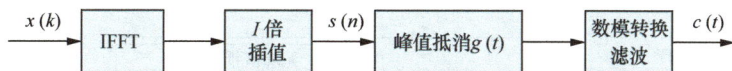

图 2-27　采用峰值抵消的 OFDM 发送端框图

为了在数字域上实现峰值抵消算法，还需要对参考函数 $g(t)$ 进行采样，采样频率为 NI/T。在式（2-46）中令 $t = \frac{nT}{NI}$，得到采样后的参考函数为

$$g(n) = \mathrm{e}^{\mathrm{j}\pi\frac{N-1}{NI}n} \cdot \frac{\sin(\pi n/I)}{N\sin(\pi n/(NI))}, \quad -NI/2 \leqslant n \leqslant NI/2 - 1 \qquad (2\text{-}47)$$

若 $I=1$，即在 Nyquist 采样速率下，$g(n)=\delta_n$，此时峰值抵消方法相当于削波方法。图 2-28 所示为对一个 OFDM 符号采用峰值抵消算法前后波形的变化（仿真参数为：子载波数 N=64，回退量/输出峰均比 IBO=4 dB，插值倍数 I=2，QPSK 调制，未编码），可见，输出的波形幅值被限制在门限值以内。在 AWGN 信道下，采用相同仿真参数的峰值抵消算法所造成系统 BER 性能损失的仿真结果如图 2-29 所示，随着信噪比的增大，峰值抵消算法对系统误码率的影响也越大，这是因为算法中的门限电平限制了信号功率的上限。当信道误码率为 10^{-2} 时，由峰值抵消算法带来的信噪比损失接近 1 dB。

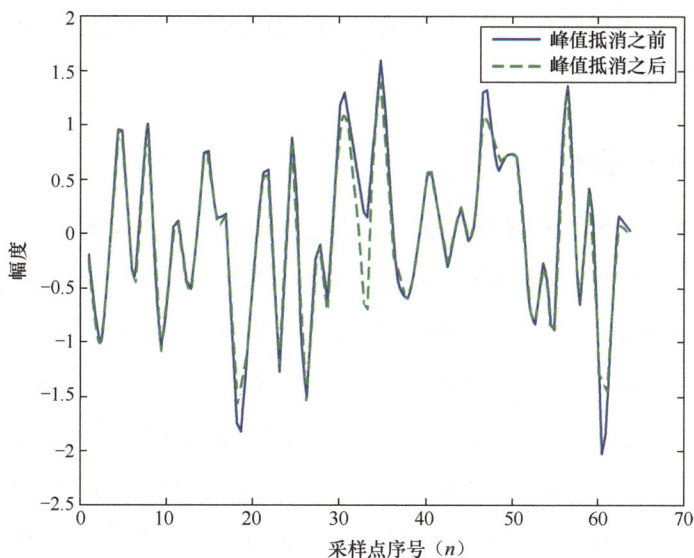

图 2-28　峰值抵消效果图（IBO=4 dB）

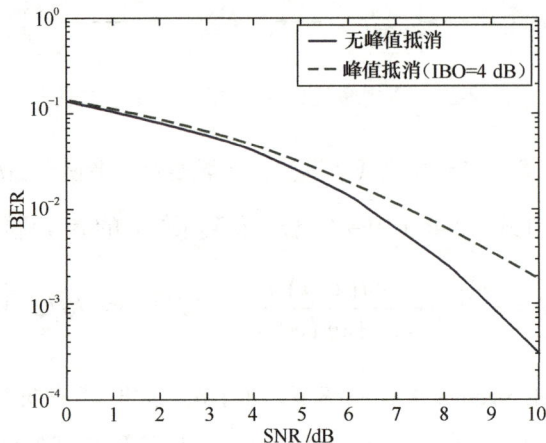

图 2-29　AWGN 信道下峰值抵消算法造成系统 BER 性能损失的仿真结果

2.3　单载波频域均衡技术

2.2 节已指出，对载波频偏敏感、具有较高的峰均功率比是 OFDM 技术的主要缺陷，单载波频域均衡（SC-FDE）技术可以克服上述缺点，且具有与 OFDM 技术相同的抗多径能力。本节首先介绍 SC-FDE 的基本原理，然后给出它的两种典型算法结构。

2.3.1　基本原理

顾名思义，SC-FDE 系统的基本原理是发送端发送单载波调制信号，接收端将接收信号由时域变换到频域，在频域中补偿频率选择性信道造成的失真（均衡），然后将均衡后的信号变换回时域进行检测和译码等操作。一个基本的 SC-FDE 系统如图 2-30 所示。从图中可以看出，SC-FDE 对信号的处理流程与 OFDM 十分相似。编码序列首先经过星座图映射得到调制符号序列，然后将其分组并在每组符号序列之前添加循环前缀（CP），形成发送基带信号。在接收端，基带接收机首先去除每组数据的 CP，然后对该组数据做 DFT 至频域进行均衡后，再对其作 IDFT 得到均衡后的时域信号，最后对其进行检测判决得到编码比特的估计。

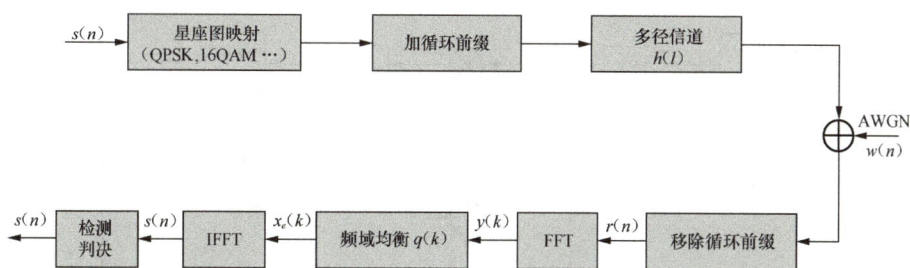

图 2-30 SC-FDE 系统基本框图

与 OFDM 系统相同，SC-FDE 在发送端引入循环前缀的目的也是让多径信道具备循环矩阵的形式，以便被 DFT 矩阵对角化，获得频域中信道系数与发送信号相乘的简单形式。SC-FDE 继承了单载波调制信号的特点，因此它具有较小的峰均功率比。另外，其对信号的检测不需要依赖各子载波间的正交性，因此对载波频偏的容忍程度较 OFDM 系统高。这是 SC-FDE 技术优于 OFDM 技术最主要的两个方面。

另一类在复杂度上可以与 SC-FDE 相比拟的频域均衡方法是基于数据分组的频域均衡[19]，它最初的提出也是为了解决传统基于横向滤波器结构的时域均衡复杂度高的问题。这种方法在发送端发送连续的单载波调制信号，但在接收端对时域数据以分组为单位进行处理，在各分组内利用 DFT 的循环卷积特性来计算线性卷积，典型的算法有重叠保留和重叠相加[20]。图 2-31 所示为采用重叠保留算法的自适应频域均衡算法，如果采用重叠相加 0 算法也具有类似结构。对于这两种算法有如下结论[19]。

① 为了均衡一个长度为 N 的接收信号分组，需要对连续两个分组进行 $2N$ 点的 DFT/IDFT 运算。

② 前后两次处理的信号有重叠，重叠保留算法每次处理的信号在时域重叠，重叠相加算法每次处理的信号在频域重叠。但是经过均衡的信号在通过 IDFT 到时域后只保留了对应于当前分组的部分信号，该信号等于当前分组的接收信号和均衡器抽头系数的线性卷积。

③ 如果不进行信号重叠，则只需执行 N 点 DFT/IDFT。但此时频域信号为时域信号与信道抽头系数的循环卷积，分组头部与尾部的符号将相互叠加产生干扰，导致均衡性能的下降。

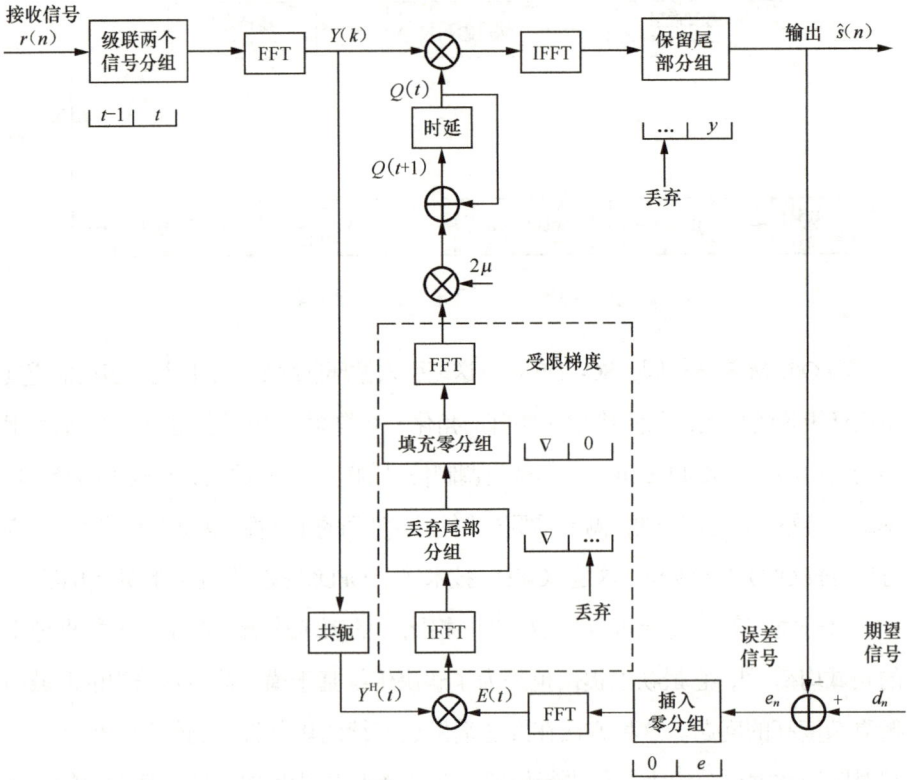

图 2-31　采用重叠保留算法的自适应频域均衡算法 [19]

SC-FDE 也是在频域对接收信号进行均衡，它与上述基于数据分组的频域均衡算法的不同之处在于发送信号的格式发生了变化，即 SC-FDE 在每个分组之前添加了 CP，也就是说，SC-FDE 在发送端就对数据进行了分组。在接收端，由于 CP 的保护，只需要对每个分组做 N 点 DFT/IDFT 便可以将时域信号无失真地变换到频域，其抗多径机理与 OFDM 相同，如 2.2.1 节所述。

下面，将 SC-FDE 分别与时域均衡、OFDM 技术进行比较，以进一步理解这些传输体制的特点。

1. 与时域均衡技术的比较

测试表明，为满足城市、山区等多种地形环境下的通信需求，要求通信系统能容忍几十微秒的信道多径传输时延。如果信道中传输的符号速率为 5M Baud（波特），那么 20 μs 的多径时延将引起持续 100 个符号周期的符号间干扰。我们知道，传统基于横向滤波器结构的时域均衡复杂度与多径时延长度呈线性关系增长 $O(L)$（L 为信道响应长度），因此将会由于抽头数过多，运算过于复杂而难以实现[21]。而 SC-FDE 的复杂度与 OFDM 类似，由于其采用 FFT 算法，复杂度仅与信道多径时延长度呈对数关系增长 $O(\mathrm{lb}L)$（这是因为 CP 长度需大于信道响应长度 L，为保证一定的传输效率，DFT 长度 N 至少为 CP 长度的 4 倍，因此 $L<N/4$）。因此，与传统基于横向滤波器结构的时域均衡相比，SC-FDE 最突出的优势在于其低复杂度。

另外，与传统基于横向滤波器结构的时域均衡相比，SC-FDE 由于其分组操作而具有下述特点。

① 当采用 SC-FDE 时，信道抽头的更新周期不会低于一个分组长度，并且为了使用 DFT 操作无失真地实现时域循环卷积，必须要求信道响应在一个分组长度内保持不变。因此，SC-FDE 要求信道响应至少在一个分组期间基本保持不变。而传统的时域均衡可以将均衡器抽头系数的更新速率至多提高到符号级，因此从理论上说，传统的时域均衡对信道时变的适应能力更强。

② 由于 DFT/IDFT 操作以分组为单位进行，SC-FDE 系统由均衡引入了固定时延，其长度为一个数据分组的持续时间。

③ 添加 CP 引入了带宽效率和功率效率的损失。

明确上述问题，有利于指导对 SC-FDE 系统的设计。例如，在对参数 N 的选取上，除需考虑算法复杂度和固定时延外，还必须保证信道响应在至少 N 个符号内基本保持不变。

2. 与 OFDM 技术的比较

SC-FDE 系统与 OFDM 系统具有很多相似之处，比如发送信号中插入了循环前缀、接收端在频域对信号进行均衡等。图 2-32 所示为 SC-FDE、OFDM 以及线性预编码 OFDM（Linear Precoded OFDM，LP-OFDM）系统的发射机和接收机前端框图。LP-OFDM 是在传统 OFDM 基础上的改进，改进之处在于 LP-OFDM 在合成多载波信号之前，对本分组内各子载波上的调制符号进行线性变换（预编码）。经过预编码，一个子载波上的调制符号能量被分散到多个子载波上，有利于增强 OFDM 系统的频率分集效果，提高 OFDM 系统在频率选择性衰落信道中的性能。比较图中 3 类系统的结构可得出以下结论。

① SC-FDE 系统具有最简单的发射端结构，OFDM 系统则具有最简单的接收端结构。

② SC-FDE 系统与 OFDM 系统的差别仅在于 IFFT 模块的位置不同。SC-FDE 系统中 IFFT 模块位于接收端，用于将频域均衡的结果变换为时域信号；OFDM 系统中 IFFT 模块位于发射端，用于合成多载波信号。

③ SC-FDE 系统可看作是 LP-OFDM 系统的特殊形式[22-23]。特别地，当 LP-OFDM 系统采用 DFT 对符号分组进行预编码时，该系统便退化为 SC-FDE 系统。

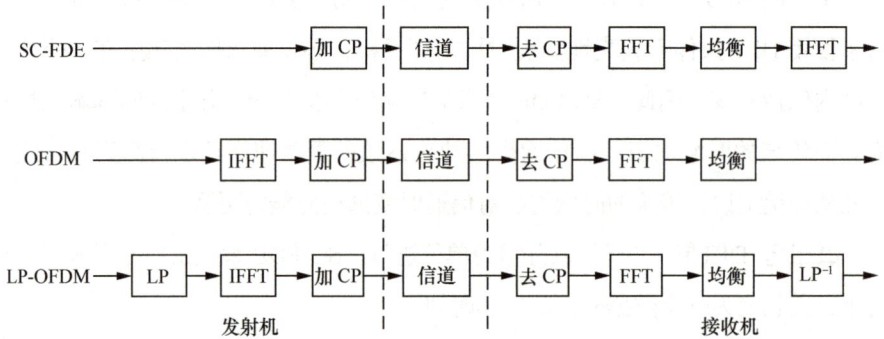

图 2-32　SC-FDE、OFDM、LP-OFDM 系统的发射机和接收机前端框图

虽然 SC-FDE 与 OFDM 有很多相似之处，但是由于两者发送信号形式的不同，它们各具特色，在某些方面甚至存在很大的差别。以下从信号峰均功率比、抵抗频率选择性衰落的能力、抵抗脉冲干扰的能力、对载波频偏的敏感程度等方面分析这两种系统之间的差异。

① OFDM 信号具有很高的峰均功率比，在子载波数较多时必须采用某种降峰均功率比算法。而 SC-FDE 的调制信号直接在时域产生，因此它继承了单载波调制信号具有较小峰均功率比的特点，降低了对线性功率放大器的要求，简化了系统的设计。

② 在传统 OFDM 系统中，每个调制符号只在一个子载波上传输，如果该子载波在频率选择性衰落信道中遭受到严重衰落，则该子载波上所携带的数据符号就可能无法恢复。因此，在 OFDM 系统中，必须采用子载波间的联合编码才

能获得良好的抗多径效果。而 SC-FDE 将每个时域符号能量分散在整个信号带宽内。接收信号在频域经过均衡后，再通过 IFFT 变换到时域进行判决，因此系统的性能取决于带宽内所有频点的平均信噪比，个别频点的深度衰落不会显著影响 SC-FDE 系统的性能 [24]。也就是说，SC-FDE 本身具有频率隐分集的效果。

③ 承受脉冲干扰的容限不同。脉冲干扰的持续时间通常很短，但能量很高。在 SC-FDE 系统中，如果数据符号被干扰击中，则很难恢复。而 OFDM 系统中各子载波上的信号是在整个 OFDM 符号的持续时间内积分的结果，从而分散了脉冲干扰的能量。国际电报电话咨询委员会的测试报告表明，多载波系统能够承受的脉冲干扰门限电平比单载波系统高约 11 dB[25]。

④ OFDM 系统对载波频偏十分敏感。对于单载波系统，载波频偏只会降低有用信号的能量，而不会像 OFDM 一样引入待判决符号之间的干扰 [26]。因此，SC-FDE 系统对载波频偏的敏感程度远小于 OFDM 系统。

⑤ 依据注水原理，如果发射端能够（通过反馈信道）获得信道信息，则 OFDM 系统可以根据信道的传输函数自适应地选择各子载波上的信号调制方式和发射功率来逼近频率选择性信道下的香农（Shannon）信道容量。而 SC-FDE 却没有为子载波间的功率分配提供灵活性。因此，从信息论角度看，SC-FDE 没有提供在频率选择性信道下达到 Shannon 信道容量的途径。

2.3.2 线性均衡

最基本的 SC-FDE 结构是线性均衡结构，即每子载波上频域接收信号与一个单抽头滤波器系数相乘，完成均衡操作，如图 2-33 所示。

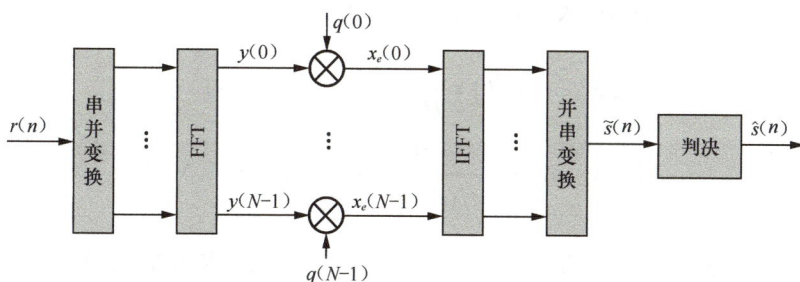

图 2-33 线性频域均衡器的结构

类似2.2.1节的符号定义，设对某个长度为 N 的发送数据分组添加长度为 N_G 的 CP 后形成序列 $\{s(-N_G),\cdots,s(-1),s(0),\cdots,s(N-1)\}$，其中 $s(-i)=s(N-i),i=1,\cdots,N_G$，且 $E\left(\left|s(n)\right|^2\right)=E_s$。该序列经历多径信道 $\{h(l),l=0,\cdots,L-1\}$（满足归一化条件 $\sum_{l=0}^{L-1}\left|h(l)\right|^2=1$），并去掉 CP 后得到接收序列 $r(n),n=0,\cdots,N-1$ 为

$$r(n)=\sum_{l=0}^{L-1}h(l)s(n-l \bmod N)+w(n), \quad n=0,\cdots,N-1 \qquad (2\text{-}48)$$

其中，$w(n)$ 为 AWGN，服从 $CN\left(0,\sigma_w^2\right)$ 分布。对序列 $\{r(n),n=0,\cdots,N-1\}$ 做 N 点对称 DFT 得到频域接收信号为

$$y(k)=\frac{1}{\sqrt{N}}\sum_{n=0}^{N-1}r(n)\mathrm{e}^{\mathrm{j}\frac{2\pi}{N}nk}=H(k)x(k)+W(k), \quad k=0,\cdots,N-1 \qquad (2\text{-}49)$$

式（2-49）中，$H(k)$ 为序列 $h(l)$ 的 N 点补零 DFT 结果，$W(k)$ 为噪声序列 $w(n)$ 的对称 DFT 结果。式（2-49）与式（2-4）所表示的 OFDM 频域接收信号在形式上完全相同。所不同的是，这里 $x(k)$ 对应于发送序列 $s(n)$ 的 DFT，而不是直接取自某调制星座图。设第 k 子载波上均衡系数为 $q(k)$，则频域均衡后信号表示为

$$x_e(k)=q(k)y(k)=q(k)H(k)x(k)+q(k)W(k), \quad k=0,\cdots,N-1 \qquad (2\text{-}50)$$

对均衡后频域序列 $x_e(k)$ 做对称 IDFT 得到

$$\tilde{s}(n)=\frac{1}{\sqrt{N}}\sum_{k=0}^{N-1}x_e(k)\mathrm{e}^{-\mathrm{j}\frac{2\pi}{N}nk}, \quad n=0,\cdots,N-1 \qquad (2\text{-}51)$$

最后，对均衡后时域序列 $\tilde{s}(n)$ 进行判决，得到发送符号 $s(n)$ 的估计 $\tilde{s}(n)$。均衡系数 $q(k)$ 可以依据迫零（Zero Forcing，ZF）准则或最小均方误差（Minimum Mean Square Estimation，MMSE）准则选取如下

$$\begin{aligned} \text{ZF：} \quad & q(k)=\frac{1}{H(k)}, \quad k=0,\cdots,N-1 \\ \text{MMSE：} \quad & q(k)=\frac{H^*(k)}{\left|H(k)\right|^2+\sigma_w^2/E_s}, \quad k=0,\cdots,N-1 \end{aligned} \qquad (2\text{-}52)$$

图 2-34 所示为在 SUI-5 信道下，分别采用 ZF 准则和 MMSE 准则调制 SC-FDE 系统的性能比较。由图可见，采用 MMSE 准则的 SC-FDE 系统性能明显优

于相应的 ZF 准则。在误符号率为 10^{-2} 处，MMSE 准则频域均衡较 ZF 准则频域均衡节省了大约 8 dB 发射功率；误符号率为 10^{-3} 处，该值约为 10 dB。这是因为，ZF 准则会将衰落较严重子载波上的噪声过分放大，从而致使系统性能下降。因此，当多径衰落较严重时，采用 ZF 准则的频域均衡可能会使系统性能急剧恶化。而 MMSE 准则在确定均衡系数时综合考虑了该子载波上的衰落程度与信噪比的大小，获得了较好的性能。

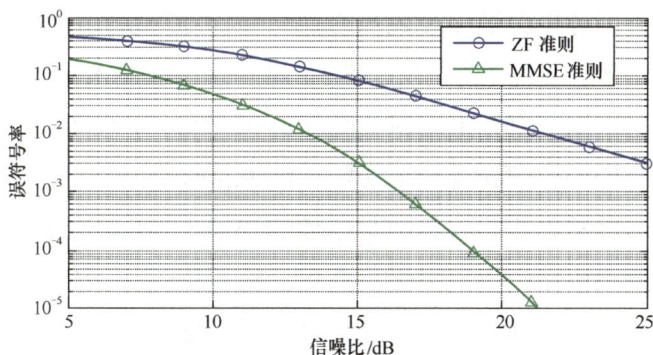

图 2-34　SUI-5 信道下 ZF 准则与 MMSE 准则频域均衡性能比较

2.3.3　判决反馈均衡

与传统的时域均衡相同，SC-FDE 也可加入判决反馈环节来进一步提高均衡器性能。从 2.3.2 节中看到，在 SC-FDE 中，均衡以分组为单位进行，在频域均衡过程中无法引入反馈环节。为了解决这个问题，SC-FDE 系统的判决反馈均衡器采用了时频域混合的结构 [21, 27-28]，如图 2-35 所示。其中前馈均衡器使用频域结构，反馈滤波器使用时域抽头延迟线结构，用于抵消残余的符号间干扰（ISI）。

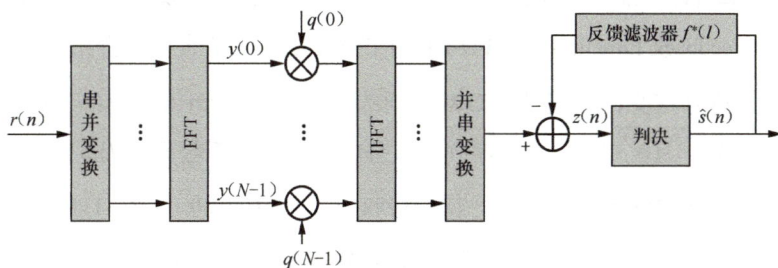

图 2-35　SC-FDE 系统中判决反馈均衡器的结构

　　然而，在 2.3.1 节中所述的添加 CP 的发送信号结构并不能用于图 2-35 所示的均衡器结构中。这是因为，当对每个分组的最初若干个符号进行 ISI 抵消时，需要用到该分组最后若干个符号的判决结果，而此时这些符号还没有经过判决操作。为此，人们将在每分组前添加的 CP 替换为一组收发两端均已知的特定序列独特字（Unique Word，UW）[27]，如图 2-36 所示。UW 序列的长度也是 N_G。由图可见，这种交替发送 UW 序列和分组序列的数据格式也使每个接收分组具有发送数据序列与信道响应循环卷积的形式，因此也可以采用 DFT 对各数据分组进行频域均衡。与添加 CP 的发送符号格式不同，在对插入 UW 序列的接收信号作分组 DFT 时，相邻分组的 DFT 积分时间是连续的，也即除第一个 UW 序列之外，其余 UW 序列既是本分组数据的尾部数据同时也充当了下一分组的"循环前缀"。另外，接收机还可利用本地存储的 UW 序列对反馈滤波器进行初始化，抵消用户数据最初若干个符号中的剩余 ISI。除了用于判决反馈以外，UW 序列还可作为导频信号用于同步参数和信道参数的估计与跟踪。

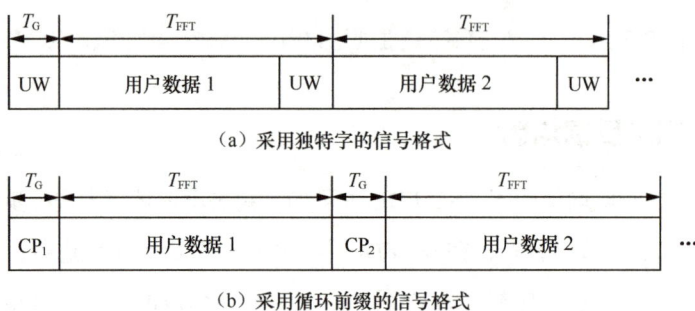

T_G	T_{FFT}		T_{FFT}	
UW	用户数据 1	UW	用户数据 2	UW

（a）采用独特字的信号格式

T_G	T_{FFT}	T_G	T_{FFT}	
CP₁	用户数据 1	CP₂	用户数据 2	

（b）采用循环前缀的信号格式

图 2-36　SC-FDE 系统中的两种数据结构

　　文献[27]详细推导了基于 MMSE 准则的频域判决反馈均衡（Frequency Domain-Decision Feedback Equalization，FD-DFE）的设计过程，在此简单介绍。仍然沿用 2.3.2 节的符号定义，设某带有 UW 序列的发送分组为 $\{s(0),\cdots,s(N-1)\}$，其中 $\{s(N-N_G),\cdots,s(N-1)\}$ 为 UW 序列。该分组经历抽头系数为 $\{h(l),l=0,\cdots,L-1\}$ 的多径信道与 AWGN 信道之后，得到接收信号 $r(n),n=0,\cdots,N-1$ 如式（2-48）所示。对该接收序列做对称 DFT 得到频域接收信号 $y(k),k=0,\cdots,N-1$ 如式（2-49）所示。记 $q(k),k=0,\cdots,N-1$ 为 FD-DFE 中线性频域均衡部分各子载波

上的抽头系数（为表示方便，本小节仍使用 $q(k)$ 表示频域部分的抽头系数，但其计算式与式（2-52）不同），$f^*(l),l=l_0,\cdots,l_B$ 为反馈滤波器的抽头系数，B 为反馈滤波器长度，$\mathcal{F}_B$ 为反馈滤波器抽头时延 $\{l_0,\cdots,l_B\}$ 的集合。设反馈信号 $\hat{s}(n)$ 为 $s(n)$ 的正确判决，即 $\hat{s}(n)=s(n)$，则反馈滤波器的输出信号为

$$z(n)=\frac{1}{\sqrt{N}}\sum_{k=0}^{N-1}q(k)y(k)\mathrm{e}^{\mathrm{j}\frac{2\pi}{N}nk}-\sum_{l\in\mathcal{F}_B}f^*(l)s(n-l),\ n=0,\cdots,N-1 \quad （2\text{-}53）$$

第 n 时刻的误差信号为

$$e(n)=z(n)-s(n) \quad （2\text{-}54）$$

MMSE 准则要求选择系数 $\{q(k),f(k)\}$，使其满足

$$\{q(k),f(k)\}=\arg\min\left\{E\left(\left|e(n)\right|^2\right)\right\} \quad （2\text{-}55）$$

将式（2-53）、式（2-54）代入式（2-55），得到[27]

$$q(k)=\frac{H^*(k)}{\left|H(k)\right|^2+\sigma_w^2/E_s}\left(1+\sum_{l\in\mathcal{F}_B}f^*(l)\mathrm{e}^{-\mathrm{j}\frac{2\pi}{N}kl}\right),\ k=0,\cdots,N-1 \quad （2\text{-}56）$$

其中，$f(l)$ 满足

$$Vf=-v \quad （2\text{-}57）$$

式（2-57）中

$$f=\left[f(l_1)\cdots f(l_B)\right]^{\mathrm{T}},\quad v=\left[v(l_1)\cdots v(l_B)\right]^{\mathrm{T}}$$

$$V=\begin{bmatrix}v(0) & v(l_1-l_2) & \cdots & v(l_1-l_B)\\v(l_2-l_1) & v(0) & v(l_2-l_3) & \vdots\\\vdots & \vdots & \ddots & \vdots\\v(l_B-l_1) & \cdots & \cdots & v(0)\end{bmatrix}$$

$$v(l)=\frac{\sigma_w^2}{NE_s}\cdot\sum_{k=0}^{N-1}\frac{\exp\{-\mathrm{j}2\pi/N\cdot kl\}}{\sigma_w^2/E_s+\left|H(k)\right|^2},\ l=l_1,\cdots,l_B$$

图 2-37 所示为在 SUI-5 信道下采用 MMSE 准则的频域线性均衡（Frequency Domain Linear Equalization，FD-LE）与 FD-DFE 的误码率性能比较，仿真中采用 1/2 码率卷积码编码、QPSK/16QAM/64QAM 调制，并假设接收端已知信道抽

头系数，且在 **FD-DFE** 中使用无限长反馈滤波器与无差错的反馈信息。由图 2-37 可知，**FD-DFE** 较 **FD-LE** 获得明显的性能改善，尤其是在系统使用高阶调制时。当调制阶数大于 16 时，在误码率为 10^{-5} 处，**FD-DFE** 较 **FD-LE** 节省近 4 dB 的信号功率。

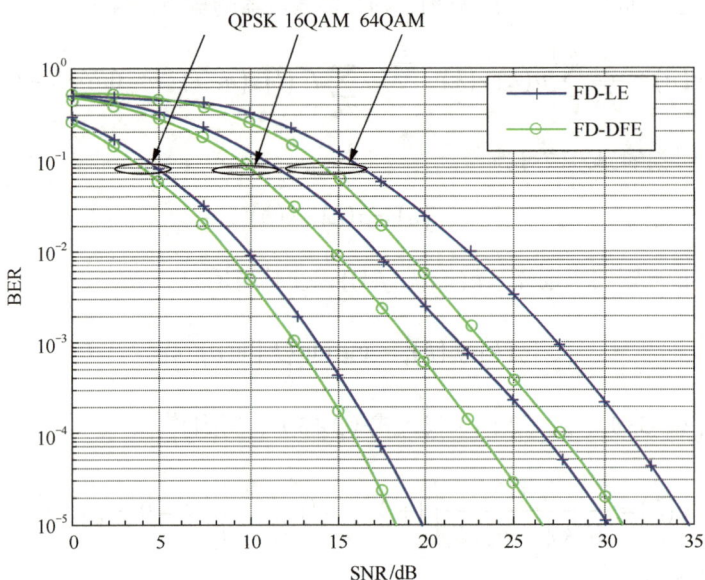

图 2-37　FD-LE 与 FD-DFE 的误码率性能比较 [27]

2.4　MIMO 技术

　　与单天线系统相比，**MIMO** 技术增加了空间资源，该资源既可用于提高信道容量，又可用于提高传输可靠性。本节首先介绍提高信道容量的空间复用技术，在阐述信道容量的基础上给出典型的贝尔实验室分层空时（Bell Labs Layered Space-Time，BLAST）系统结构，并讨论各种垂直 BLAST（Vertical-BLAST，V-BLAST）检测算法。然后，以著名的 **Alamouti** 码和差分酉空时调制为例，介绍利用 **MIMO** 技术获得分集增益来提高传输可靠性的应用。由于战术通信需求的多样性，往往希望 **MIMO** 系统能同时兼顾传输有效性和可靠性，最后从寻求分集–复用增益折中的角度出发，简单讨论了自适应 **MIMO** 技术。

2.4.1　空间复用技术

信息化战争对战场多媒体信息传输要求越来越高，在频谱资源相对紧缺的条件下，利用 MIMO 技术实现大容量战术通信系统是满足这一需求的有效途径。

提出 MIMO 概念的两篇奠基性文献 [3-4] 指出，对于独立同分布瑞利平衰落 MIMO 信道，信道容量（以 $bit \cdot s^{-1} \cdot Hz^{-1}$ 度量）随收发天线数的最小值呈线性增长，这预示着 MIMO 系统可利用空间资源获得极高的频谱利用率。BLAST 结构便是实现这种高频谱利用率的典型空间复用方式，它能够充分利用空间资源所提供的复用增益（自由度增益）。

1. 平衰落 MIMO 信道模型与信道容量

在 Telatar[3]、Foschini 等 [4] 的研究中，均采用了独立同分布瑞利衰落信道模型，这也是在 MIMO 技术研究中的常用模型。假设系统包含 N_T 个发射天线、N_R 个接收天线，用链路（N_T, N_R）表示；$h_{n_T n_R}$ 表示从发射天线 n_T 到接收天线 n_R 的信道衰落系数，它们相互统计独立，服从均值为 0，方差为 1 的循环对称复高斯分布 $CN(0, 1)$（瑞利衰落）；s_{n_T} 为发射天线 n_T 上的发送信号，总平均功率为 1，即 $E[\| s \|^2] = 1$（$\| \cdot \|$ 表示矢量的模，$E[\cdot]$ 表示随机变量的期望值）；r_{n_R} 与 w_{n_R} 分别表示接收天线 n_R 上的接收信号和服从 $CN(0, \sigma_n^2)$ 分布的 AWGN，则信号模型为

$$r_{n_R} = \sum_{n_T=1}^{N_T} h_{n_T n_R} s_{n_T} + w_{n_R}, \quad n_R = 1, \cdots, N_R \tag{2-58}$$

由上述归一化条件可得到平均每接收天线上符号信噪比为 $\rho = 1 / \sigma_n^2$。记发送符号矢量 $s = [s_1 \cdots s_{N_T}]$，接收符号矢量 $r = [r_1 \cdots r_{N_R}]$，信道矩阵 $H = [h_{n_T n_R}]_{N_T \times N_R}$，AWGN 矢量 $w = [w_1 \cdots w_{N_R}]$，则式（2-58）表示成矩阵形式为

$$r = sH + w \tag{2-59}$$

以下给出在独立同分布瑞利衰落信道模型、发送端未知而接收端已知信道状态信息（Channel State Information，CSI）情形下信道容量的主要结论。对于 MIMO 信道的某个实现 H（矩阵 H 依概率 1 满秩），信道所能支持可靠通信的最大速率为 [4]

$$C(H) = \log \det\left(I_{N_R} + \frac{\rho}{N_T} HH^H \right) = \sum_{i=1}^{N_{min}} \log\left(1 + \frac{\rho}{N_T} \lambda_i^2 \right) \tag{2-60}$$

式（2-60）中，$N_{min} = \min\{N_T, N_R\}$，$\lambda_1 \geq \lambda_2 \geq \cdots \geq \lambda_{N_{min}}$ 是矩阵 H 的排序奇异值。上式对应于 N_T 路发送信号相互统计独立且功率均匀分配时的情况。对于衰落信道，信道矩阵 H 是随机的，因此 $C(H)$ 是一个与 H 有关的随机变量，为了从统计意义上描述随机 MIMO 信道的信道容量，通常采用如下两种定义。

（1）中断容量

中断容量用于描述慢衰落 MIMO 信道（即信道衰落系数在一段时间内保持不变）的信道容量，它表征了信道的所有实现以怎样的概率达到某一期望的可靠传输速率。其定义为

$$P_{out}(C_{out}) = \Pr\{ C(H) < C_{out} \} = \Pr\left\{ \sum_{i=1}^{N_{min}} \log\left(1 + \frac{\rho}{N_T} \lambda_i^2 \right) < C_{out} \right\} \tag{2-61}$$

式（2-61）中，C_{out} 称为中断概率为 $P_{out}(C_{out})$ 的中断容量，其含义是有 $(1 - P_{out}(C_{out})) \times 100\%$ 的信道实现 H 支持的可靠传输速率不小于 C_{out}。

（2）各态历经容量（也即 Shannon 容量）

如果信道是快衰落的，且服从广义平稳假设，则它一定是各态历经的（又称各态历经信道），那么对 H 取统计平均（集平均）也表征了它随时间变化的平均值，这时，可将信道容量定义为 $C(H)$ 的数学期望。

$$C = E\left[C(H) \right] = \sum_{i=1}^{N_{min}} E\left[\log\left(1 + \frac{\rho}{N_T} \lambda_i^2 \right) \right] \tag{2-62}$$

为了清楚地看到 MIMO 信道提供的自由度增益（或称复用增益），考察式（2-60）在大信噪比情况下的近似。

$$C(H) \approx N_{min} \log \frac{\rho}{N_T} + \sum_{i=1}^{N_{min}} \log \lambda_i^2 \tag{2-63}$$

可见，信道的每个实现均能提供自由度增益 N_{min}，不难推断衰落 MIMO 信道能够提供的自由度增益也为 N_{min}，文献 [3-4] 通过对衰落 MIMO 信道容量的深入分析证明了这一点。下面的问题是，采用怎样的系统结构才能获得空间资源所提供的自由度增益 N_{min}。

从式（2-60）可以看出，MIMO 信道的信道容量相当于由 N_{min} 个信道增益为 $\lambda_i / \sqrt{N_T}$ 的并联信道的信道容量。考察式（2-61），在慢衰落信道下，各子信道模式 λ_i 在一段时间内保持不变，假设完全独立地使用各子信道，如果某子信道 i 的容量小于 C_{out}，那么即使满足所有子信道容量之和达到 C_{out}，整个系统也会处于中断状态。这说明，在这种情况下必须对各发射天线上的发送信号进行联合编码，才有可能达到式（2-61）所示的信道容量。对角 BLAST（Diagonal-BLAST，D-BLAST）便是一种接近该容量的 MIMO 系统结构。式（2-62）说明，在快衰落情况下，MIMO 信道的各态历经容量等于各子信道各态历经容量之和。可以证明，当发送端未知信道但信道充分随机时，各发射天线发送相互独立且功率相同的数据流可以达到该信道容量，该结构便是 V-BLAST 结构。

2. D-BLAST 结构

1996 年，Foschini[29] 构建了第一个 MIMO 空时架构——D-BLAST 结构。下面以 (6,6) 链路为例，说明 D-BLAST 结构。

如图 2-38 所示，待发送数据首先经串并变换成 6 路相互独立的数据流，分别经编码调制后形成符号数据流 "$a, b, \cdots, f$"，再经循环移位，从不同的发射天线 "1, 2, $\cdots$, 6" 发送出去，如图 2-38（a）所示。例如，在第一时刻，第 1 发射天线发送数据流 a，其他发射天线空闲，在第二时刻，第 1 发射天线发送数据流 b，第 2 发射天线发送数据流 a，其他发射天线空闲，依此类推，直到第六时刻之后，各发射天线同时发送相互统计独立的数据流 "$a, b, \cdots, f$"，并构成信号的对角分层结构如图 2-38（b）所示。在信息论中，关于并联信道的信道容量有一个重要的结论，即当各子信道的信噪比相同时可达到信道容量[30]。在 D-BLAST 系统中，随着时间的推移，对角分层结构巧妙地将每个独立数据流均匀地经历了由所有 $N_T N_R$ 个收发天线对构成的通路，使各数据流获得了相同的平均信噪比。并且对于任意一个信道实现，这种结构都能达到在独立数据流之间平均信噪比的目的。因此，如果忽略建立和结束对角结构所需的时间和空间开销，那么 D-BLAST 结构能够达到慢衰落 MIMO 信道的中断容量。以上给出了一种定性解释，感兴趣的读者可查阅文献 [29] 中对该问题的定量分析。

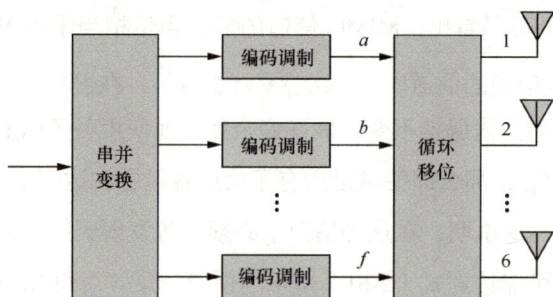

（a）D-BLAST系统框图

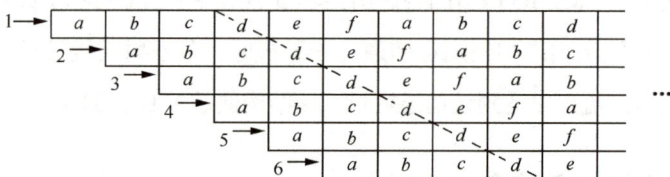

（b）D-BLAST信号对角分层结构

图 2-38　D-BLAST 系统结构

MIMO 信号检测常常涉及高维信号检测问题，其复杂度非常高。Foschini 在提出 D-BLAST 的同时也给出了它的一种次优检测方法，即连续干扰抵消。其算法原理是，对于某当前发射天线对应的待检测信号，首先利用投影算子使已检测信号与当前检测信号构成的空间和未检测信号构成的空间相互正交（称干扰抑制），然后在当前检测信号所在空间内，利用已检测信号重新生成它们对接收信号的贡献并去除其影响（称干扰抵消），从而获得当前检测信号。这一过程按照数据所在分层的位置呈对角顺序迭代执行，如图 2-39 所示，因此称之为"对角分层"结构。即将讨论的 V-BLAST 结构也可用这种方法进行信号检测。

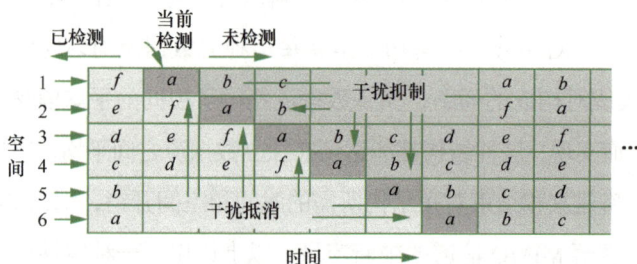

图 2-39　D-BLAST 的检测

3. V-BLAST 结构

虽然 D-BLAST 结构能够充分利用空间资源来获取接近信道容量的性能，但是它的处理时延大，控制复杂，且在短突发传输时，由形成对角线带来的空间与时间上的开销相对较大，这些都不适合实际应用。1998 年，Wolniansky 等 [31-32] 提出了它的简化版本 V-BLAST。V-BLAST 与 D-BLAST 的唯一不同之处在于，V-BLAST 将独立数据流直接从不同发射天线发送，而不经过图 2-38（a）中的循环移位，其系统结构如图 2-40（a）所示，所形成的垂直分层结构如图 2-40（b）所示，各发射天线水平地发送相互独立的数据流，相应地，在接收端对每一列接收矢量进行检测。与 D-BLAST 结构相比，这种结构既消除了为形成对角结构所需的时间和空间上的开销，也减小了接收机的处理时延。在慢衰落信道下，对于某个信道实现来说，V-BLAST 结构不能使各数据流历经平均意义上相同信噪比的信道，因此限制了其能够达到的最大传输速率。但对于快衰落信道来说，V-BLAST 结构被证明是能够达到各态历经容量的 [33]。

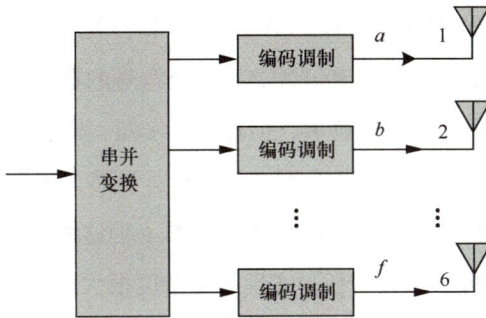

（a）V-BLAST系统框图

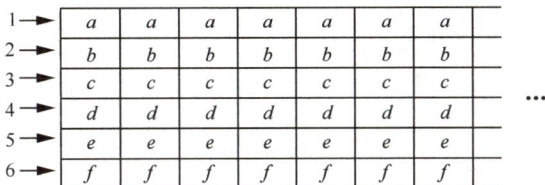

（b）V-BLAST信号垂直分层结构

图 2-40　V-BLAST 系统结构

V-BLAST 结构时延小、处理简单的特点使得它较 D-BLAST 结构受到了更多关注。1999 年，贝尔实验室根据其研究成果，建立了 V-BLAST 系统的实验室原型机[34]，许多研究机构也借用该系统来验证自己的研究成果。最初的测试表明，在室内环境下，工作在 1.9 GHz 的 (8,12) 链路 V-BLAST 系统可以达到 20 ～ 40 bit·s⁻¹·Hz⁻¹ 的频谱利用率[34]；在郊区密集多径条件下，对工作于 2.44 GHz、(5,7) 链路 V-BLAST 系统的测试表明，20% 测量位置能够获得至少 38 bit·s⁻¹·Hz⁻¹ 的频谱利用率，50% 测量位置能够获得至少 24 bit·s⁻¹·Hz⁻¹ 的频谱利用率[35]。文献 [36] 和文献 [37] 还分别发表了对采用 3G 标准通用移动通信系统的 V-BLAST/ 码分多址（Code Division Multiple Access，CDMA）系统与编码 V-BLAST 系统的性能测试结果，文献 [38] 专就 V-BLAST 检测算法的集成电路设计与实现做了讨论。V-BLAST 系统中高复杂度的多维信号检测问题是影响系统实现的重要因素，在下一节中，重点讨论 V-BLAST 信号检测。

4. V-BLAST 检测

平衰落信道下 V-BLAST 信号模型仍可用式（2-59）表示，只是这里对发送符号的选择有明确定义，设 s_n 取自包含 $|X| = 2^R$ 个符号的星座 X（$|X|$ 表示集合 X 的势）。假设接收端已知信道矩阵 H，但发送端未知。检测算法的目的就是利用观测 r 与信道状态信息 H 获得对信号 s 的估计。显然，这是一个多元检测问题，通信中最优的方法是基于 ML 准则的检测算法。但这种方法采用穷尽搜索，其复杂度随发射天线数呈指数增长，实现的复杂度很大。另一方面，如果将 s 看作模拟量，则由估计理论，可以从信号模型（2-59）中直接获得 s 的最小二乘（Least Square，LS）或最小均方误差估计，然后对估计值按照 s 的取值范围做量化，便可得到检测结果。与 ML 检测相比，这种直接计算的方法极大降低了复杂度，但检测性能也随之下降。将 ML 检测与 LS 检测用公式表示为

$$\text{ML 检测：} \quad \hat{s}^{\text{ML}} = \arg\max_{\tilde{s} \in X^{N_T}} p(r \mid \tilde{s}, h) = \arg\min_{\tilde{s} \in X^{N_T}} \| r - \tilde{s}h \|^2 \qquad (2\text{-}64)$$

$$\text{LS 检测：} \quad \hat{s}^{\text{LS}} = rH^+ = rH^H (HH^H)^{-1}, \ \hat{s}^{\text{LS}} = \text{slice}(\hat{s}^{\text{LS}}) \qquad (2\text{-}65)$$

式（2-64）和式（2-65）中，X^{N_T} 为 X 的 N_T 次扩域，H^H、H^+ 分别为 H 的

共轭转置与穆尔－彭罗斯（Moore-Penrose）逆，slice(·) 为量化函数。在 LS 检测中，权矩阵 $\boldsymbol{H}^+$ 的第 n_T 列向量完全抑制了信号 s_i, $i \neq n_T$ 对 s_{n_T} 的检测统计量的干扰，因此，不能获得接收天线所提供的任何分集增益。基于这一原因，Foschini 在提出 V-BLAST 结构时并没有采用这种线性检测方法，而是提出了一种类似于多用户检测的方法，即排序连续干扰抵消（Ordering Successive Interference Cancellation，OSIC）算法，它基于 LS 检测与干扰抵消的原理，利用已检测符号对未检测符号做干扰抵消，逐步提高检测符号的分集增益，从而获得了比 LS 检测更好的性能[31]。但这种方法仍然存在误差传播和不能充分利用接收分集的局限，为了克服这些问题，人们又提出了球形译码（Sphere Decoding，SD）算法[39]，以下分别介绍。

（1）OSIC 算法

OSIC 算法是由 Wolniansky 等[31] 提出的最早的 V-BLAST 检测算法，采用了 2.2.2 节中所述的连续干扰抵消的算法原理。我们知道，干扰抵消过程存在误差传播问题，也就是先检测信号的错误会使后检测信号也出现错误，因此，先检测信号的可靠性会严重影响检测算法的整体性能。在用于 V-BLAST 检测的 OSIC 算法中，引入排序操作的目的便是尽量使先检测信号的信噪比更大，以减轻误差传播的影响。

下面仍使用式（2-59）所示的信号模型来说明 OSIC 算法原理。注意到矩阵 $\boldsymbol{H}$ 的秩依概率 1 等于 N_T（在 V-BLAST 结构中，$N_T \leqslant N_R$），其 Moore-Penrose 逆 $\boldsymbol{y} = \boldsymbol{H}^+$ 满足

$$\boldsymbol{H} \cdot \boldsymbol{y} = \begin{bmatrix} \boldsymbol{h}_1 \\ \vdots \\ \boldsymbol{h}_{N_T} \end{bmatrix} \begin{bmatrix} \boldsymbol{y}_1 & \cdots & \boldsymbol{y}_{N_T} \end{bmatrix} = \boldsymbol{I}_{N_T}, \text{ 即 } \boldsymbol{h}_j \boldsymbol{y}_i = \delta_{ji}, \quad \text{其中}, \delta_{ji} = \begin{cases} 1, j = i \\ 0, j \neq i \end{cases} \quad (2\text{-}66)$$

式（2-66）中，矢量 $\boldsymbol{h}_j$ 与 $\boldsymbol{y}_i$ 分别是矩阵 $\boldsymbol{H}$ 与 $\boldsymbol{y}$ 的第 j 行与第 i 列，$\boldsymbol{I}_n$ 是 n 阶单位矩阵。式（2-66）恰是干扰抑制矢量所需要的性质。设某检测顺序 $\{k_1, k_2, \cdots, k_{N_T}\}$ 是（1, 2, …, N_T）的一个排列，N_R 维干扰抑制权（列）矢量 $\{\omega_{k_1}, \omega_{k_2}, \cdots, \omega_{k_{N_T}}\}$ 分别对应于待检测层 $\{s_{k_1}, s_{k_2}, \cdots, s_{k_{N_T}}\}$（一个检测层含有一个待检

测符号），并满足 $h_{k_j} \omega_{k_i} = \delta_{ij}$，$j \geqslant i$，即抑制掉所有未检测层对当前检测层的干扰。不难看出，矩阵 $h_{k_{i-1}}^+$ 的第 k_i 列（$h_{k_{i-1}}$ 表示将 H 的第 $k_1, \cdots, k_{i-1}$ 行置零后得到的矩阵）满足该条件，可作为 ω_{k_i} 使用。假设第 $1 \sim k_{i-1}$ 层均判决正确，则第 k_i 层的判决统计量可表示为

$$\hat{s}_{k_i} = \left(r - \sum_{l=1}^{i-1} s_{k_l} h_{k_l} \right) \omega_{k_i} = \left(\sum_{l=i}^{N_T} s_{k_l} h_{k_l} + w \right) \omega_{k_i} = s_{k_i} + w \omega_{k_i} \qquad （2\text{-}67）$$

该层对应的判决信噪比为

$$\rho_{k_i} = \frac{E \left| s_{k_i} \right|^2}{\left\| \omega_{k_i} \right\|^2 \sigma_n^2} \qquad （2\text{-}68）$$

从式（2-68）看出，为将误差传播减小到最小可能性，应使 $\{\| \omega_{k_1} \|^2, \| \omega_{k_2} \|^2, \cdots, \| \omega_{k_{N_T}} \|^2 \}$ 按升序排列，以保证较先检测层的信噪比大于较后检测层。文献 [32] 证明了这种排序方法可最大化各检测层的最小信噪比，在最小化误矢量符号率（即矢量 s 的错误检测概率）的意义下是最优的。

　　尽管文献中出现了众多改进措施不同程度地提高了 OSIC 算法的性能，但是由其反馈机制引入的误差传播问题是不可避免的，致使无论何种形式的改进都很难突破这个限制。图 2-41 所示为 LS 检测（式（2-65））、标准的 OSIC 算法、改进的 OSIC-MRC 算法[40] 以及 ML 检测（式（2-64））的性能比较，仿真中假设信道是慢衰落的，各天线上采用 QPSK 调制，$N_T = N_R = 4$。由图 2-41 可见，标准的 OSIC 算法较 LS 检测性能有显著提高，在误符号率为 10^{-2} 处有约 6 dB 的性能增益；而其改进的 OSIC-MRC 算法相对于标准的 OSIC 算法的性能提高却十分有限，在整个仿真信噪比范围内，只有约 1 dB 的性能改善。与 ML 检测相比，在误符号率为 10^{-2} 处，改进的 OSIC-MRC 算法仍有约 4.5 dB 的差距，且随着信噪比的增大，性能差异越来越大，在误符号率为 10^{-3} 时，两者性能差距近 8 dB。这一现象提示我们，为了提高检测性能，必须从算法结构上做根本的修改。即将讨论的球形译码算法便是一类能够克服误差传播、精确达到 ML 检测性能的方法，同时，它的复杂度与 OSIC 算法处于同一量级，因此更具有竞争力。

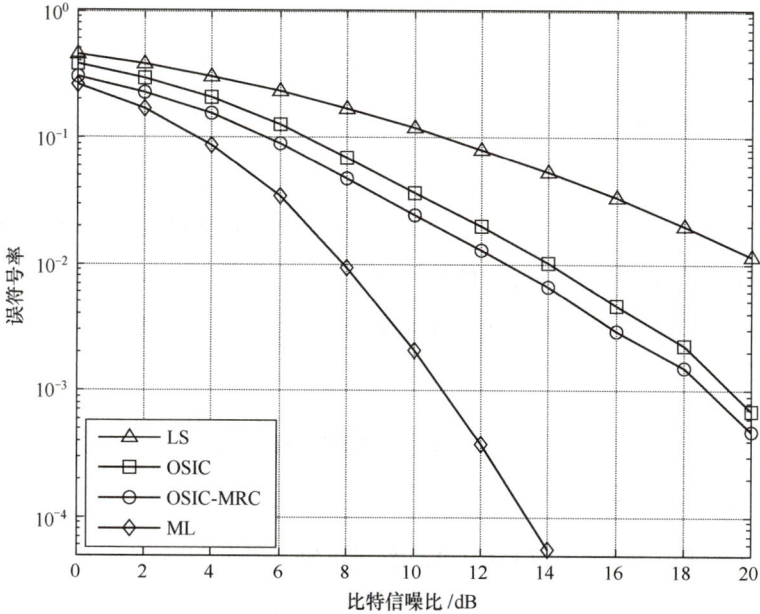

图 2-41　不同 V-BLAST 检测的性能比较（QPSK，$N_T=N_R=4$）

（2）球形译码算法

SD 算法的提出是为了解决格形理论中的最近点问题，它的计算复杂度与格形维数呈多项式关系[41]。所谓最近点问题是指，对于给定空间中一点，在给定格形中如何找到离该点最近的格形点的问题[42]。其算法原理的一种直观解释是，以给定点为球心，圈出一个适当大小的球，只对所有落入这个球内的格形点进行搜索，从而球内离给定点最近的格形点便是整个格形中离该点最近的点。在搜索过程中，如果发现位于球内的某格形点，那么将该点与给定点间的距离作为搜索球的更新半径，从而加快搜索进程，称之为收缩半径。在通信理论中，由于高斯信道下格形调制的最大似然检测问题等价于最近点问题，因此，它可以作为最大似然检测的一种有效快速算法[43]。近年来，SD 算法广泛应用于解决多用户检测、空时码译码与信源编码等问题。

1999 年，Viterbo 等[43] 将 SD 算法引入解决衰落信道下实数模型的格形码译码问题中，并给出了清晰的算法流程。2000 年，Damen 等[39] 将该算法用于 V-BLAST 信号模型中，作为最大似然检测的一种实现方法。已经证明，SD 算法可以获得复杂度随天线数呈指数增长的最大似然检测性能，而其复杂度在较宽信噪比范围内与信号维数仅呈多项式关系，并与每一维信号所采用的调制方式无关，在 **V-BLAST** 系统中，每一维信号对应于每一发射天线上的发送信号。这些先期工作已显示出 **SD** 算法的明显优势。

仍然采用式（2-59）表示的信号模型。信道矩阵 $\boldsymbol{H}^{\mathrm{T}}$（$\boldsymbol{H}^{\mathrm{T}}$ 表示矩阵 $\boldsymbol{H}$ 的转置）的 QR 分解记为 $\boldsymbol{H}^{\mathrm{T}}=\boldsymbol{Q}\boldsymbol{G}$，其中 $\boldsymbol{Q}$ 是具有标准正交列的 $N_{\mathrm{R}} \times N_{\mathrm{T}}$ 矩阵，$\boldsymbol{G}$ 是 N_{T} 阶上三角方阵，若限定其主对角线元素均为正实数，则该分解唯一。将 $\boldsymbol{r}^{\mathrm{T}}$ 右乘 $\boldsymbol{Q}^{\mathrm{H}}$ 得

$$\boldsymbol{r}' = \boldsymbol{Q}^{\mathrm{H}}\boldsymbol{r}^{\mathrm{T}} = \boldsymbol{G}\boldsymbol{s}^{\mathrm{T}} + \boldsymbol{Q}^{\mathrm{H}}\boldsymbol{w}^{\mathrm{T}} = \boldsymbol{G}\boldsymbol{s}^{\mathrm{T}} + \boldsymbol{w}' \tag{2-69}$$

其中，$E(\boldsymbol{w}'\boldsymbol{w}'^{\mathrm{H}}) = \boldsymbol{Q}^{\mathrm{H}}E(\boldsymbol{w}^{\mathrm{T}}\boldsymbol{w}^{*})\boldsymbol{Q} = \sigma_n^2\boldsymbol{I}_{N_{\mathrm{T}}}$。

式（2-69）与式（2-59）的最大似然解等价，记为

$$\hat{\boldsymbol{s}}^{\mathrm{ML}} = \underset{\tilde{\boldsymbol{s}} \in X^{N_{\mathrm{T}}}}{\arg\min} \left\| \boldsymbol{r} - \tilde{\boldsymbol{s}}\boldsymbol{h} \right\|^2 = \underset{\tilde{\boldsymbol{s}} \in X^{N_{\mathrm{T}}}}{\arg\min} \left\| \boldsymbol{r}' - \boldsymbol{G}\tilde{\boldsymbol{s}}^{\mathrm{T}} \right\|^2 \tag{2-70}$$

式（2-70）中，模 $\| \boldsymbol{r}' - \boldsymbol{G}\tilde{\boldsymbol{s}}^{\mathrm{T}} \|$ 表示 $\boldsymbol{G}\tilde{\boldsymbol{s}}^{\mathrm{T}}$ 到 $\boldsymbol{r}'$ 的距离。直接的最大似然检测算法采用穷尽搜索，对所有 $|X|^{N_{\mathrm{T}}}$ 个可能取值分别试验，选出使距离度量 $\| \boldsymbol{r}' - \boldsymbol{G}\tilde{\boldsymbol{s}}^{\mathrm{T}} \|^2$ 最小的 $\tilde{\boldsymbol{s}}$ 作为最大似然检测结果。而球形译码算法仅搜索落入以 $\boldsymbol{r}'$ 为中心，$\sqrt{c}$ 为半径的超球中的 $\tilde{\boldsymbol{s}}$，即仅对符合条件 $\| \boldsymbol{r}' - \boldsymbol{G}\tilde{\boldsymbol{s}}^{\mathrm{T}} \|^2 \leqslant c$ 的 $\tilde{\boldsymbol{s}}$ 进行试验。显然，若超球非空，则搜索到的使距离度量最小的试验 $\tilde{\boldsymbol{s}}$ 即为最大似然解。

SD 算法的执行需要解决两个问题，一是初始半径 $\sqrt{c}$ 的选择，二是如何枚举超球中的点。对于第一个问题，通常选取初始半径 $\sqrt{c}$ 使超球内包含发送矢量的概率达到某一预定值 P_0，P_0 可取 0.99，0.999 等。即

$$\Pr\left\{\left\| \boldsymbol{r}' - \boldsymbol{G}\boldsymbol{s}^{\mathrm{T}} \right\|^2 \leqslant c\right\} = \Pr\left\{\left\| \boldsymbol{w}' \right\|^2 \leqslant c\right\} = \chi_{2N_{\mathrm{T}}}^2\left((2/\sigma_n^2)c\right) = P_0 \Rightarrow c = \sigma_n^2/2 \cdot \chi_{2N_{\mathrm{T}}}^{2^{-1}}(P_0) \tag{2-71}$$

其中 $\chi_{2N_{\mathrm{T}}}^2$ 表示自由度为 $2N_{\mathrm{T}}$ 的 χ^2 分布函数，即 $\chi_{2N_{\mathrm{T}}}^2(y) = 1 - e^{-y/2}\sum_{k=0}^{N_{\mathrm{T}}-1}\frac{1}{k!}\left(\frac{y}{2}\right)^k, y > 0$，$\chi_{2N_{\mathrm{T}}}^{2^{-1}}$ 表示其反函数。

对于第二个问题，可以采用递推的方法，从第 N_{T} 维开始，逐维确定符合条

件 $\| \boldsymbol{r}' - \boldsymbol{G}\tilde{\boldsymbol{s}}^{\mathrm{T}} \|^2 \le c$ 的 $\tilde{\boldsymbol{s}}$ 的各维取值。具体来说，

$$\left\| \boldsymbol{r}' - \boldsymbol{G}\tilde{\boldsymbol{s}}^{\mathrm{T}} \right\|^2 = \sum_{i=1}^{N_{\mathrm{T}}} \left| r_i' - \sum_{j=i}^{N_{\mathrm{T}}} g_{ij}\tilde{s}_j \right|^2 = \sum_{i=1}^{N_{\mathrm{T}}} g_{ii}^2 \left| \tilde{s}_i - \frac{1}{g_{ii}}\left(r_i' - \sum_{j=i+1}^{N_{\mathrm{T}}} g_{ij}\tilde{s}_j \right) \right|^2 \le c \qquad （2\text{-}72）$$

式中，r_i' 为矢量 $\boldsymbol{r}'$ 的第 i 个元素，g_{ij} 为矩阵 $\boldsymbol{G}$ 中第 i 行第 j 列元素。取上式求和项中的后 $N_{\mathrm{T}}-i+1$ 项，显然满足

$$\sum_{l=i}^{N_{\mathrm{T}}} g_{ll}^2 \left| \tilde{s}_l - \frac{1}{g_{ll}}\left(r_l' - \sum_{j=l+1}^{N_{\mathrm{T}}} g_{lj}\tilde{s}_j \right) \right|^2 \le c, \quad i = N_{\mathrm{T}}, N_{\mathrm{T}} - 1, \cdots, 1$$

$$\left| \tilde{s}_i - \frac{1}{g_{ii}}\left(r_i' - \sum_{j=i+1}^{N_{\mathrm{T}}} g_{ij}\tilde{s}_j \right) \right|^2 \le \frac{1}{g_{ii}^2}\left(c - \sum_{l=i+1}^{N_{\mathrm{T}}} g_{ll}^2 \left| \tilde{s}_l - \frac{1}{g_{ll}}\left(r_l' - \sum_{j=l+1}^{N_{\mathrm{T}}} g_{lj}\tilde{s}_j \right) \right|^2 \right) \triangleq \frac{1}{g_{ii}^2}\left(c - T_i \right) \triangleq D_i$$

$$（2\text{-}73）$$

其中，$T_i = \sum_{l=i+1}^{N_{\mathrm{T}}} g_{ll}^2 \left| \tilde{s}_l - \frac{1}{g_{ll}}\left(r_l' - \sum_{j=l+1}^{N_{\mathrm{T}}} g_{lj}\tilde{s}_j \right) \right|^2$，$D_i = \frac{1}{g_{ii}^2}\left(c - T_i \right)$。

式（2-73）表明，$\tilde{s}_i$ 的取值范围可以在 $\tilde{s}_{i+1}, \cdots, \tilde{s}_{N_{\mathrm{T}}}$ 已选定的条件下确定。将 i 从 N_{T} 递减到 1 时，便可找到超球中的点。其中 T_i 可以利用下面递推式（2-74）得到

$$T_{N_{\mathrm{T}}} = 0$$

$$S_i = S_i\left(\tilde{s}_i \cdots \tilde{s}_{N_{\mathrm{T}}} \right) = g_{ii}^2 \left| \tilde{s}_i - \frac{1}{g_{ii}}\left(r_i' - \sum_{j=i+1}^{N_{\mathrm{T}}} g_{ij}\tilde{s}_j \right) \right|^2, i = N_{\mathrm{T}}, \cdots, 1 \qquad （2\text{-}74）$$

$$T_{i-1} = T_{i-1}\left(\tilde{s}_i \cdots \tilde{s}_{N_{\mathrm{T}}} \right) = \sum_{l=i}^{N_{\mathrm{T}}} g_{ll}^2 \left| \tilde{s}_l - \frac{1}{g_{ll}}\left(r_l' - \sum_{j=l+1}^{N_{\mathrm{T}}} g_{lj}\tilde{s}_j \right) \right|^2 = S_i + T_i, i = N_{\mathrm{T}}, \cdots, 2$$

对于每个超球内的点 $\tilde{\boldsymbol{s}}$ 有距离度量

$$d = d\left(\tilde{\boldsymbol{s}} \right) \triangleq \left\| \boldsymbol{r}' - \boldsymbol{G}\tilde{\boldsymbol{s}}^{\mathrm{T}} \right\|^2 = \sum_{i=1}^{N_{\mathrm{T}}} g_{ii}^2 \left| \tilde{s}_i - \frac{1}{g_{ii}}\left(r_i' - \sum_{j=i+1}^{N_{\mathrm{T}}} g_{ij}\tilde{s}_j \right) \right|^2 = S_1 + T_1 \qquad （2\text{-}75）$$

SD 算法在由式（2-72）定义的超球内选择具有最小距离度量 d 的 $\tilde{\boldsymbol{s}}$ 作为检测结果。

传统 SD 算法存在一些性能局限，主要包括：① 对于高维数信号应用 SD 算法导致较高的复杂度；② 复杂度随着信噪比的降低而升高，在低信噪比下，甚至会接近最大似然检测的复杂度。其中，问题①是由 SD 算法本身的复杂度与信号维数的关系决定的，这并不是 SD 算法本身所能解决的问题。传统 SD 算法的性能已经达到最优，因此，对它的改进集中于如何以尽量小的性能损失为代价换取尽量大地降低复杂度。

在 SD 算法中，枚举策略的设计与球半径的选取是影响 SD 算法复杂度的重要因素。枚举策略是指在 SD 算法所形成的搜索树中，以何种顺序去遍历球中的所有点，最为著名的是 F-P（Fincke-Pohst）[41] 与 S-E（Schnorr-Euchner）[44] 枚举。F-P 枚举对所有落入球内的点，以深度优先，自左至右顺序遍历。S-E 枚举虽然只对 F-P 枚举做了微小修改，但获得了显著的效果。S-E 枚举也遵循深度优先的原则，但与 F-P 枚举中自左至右的顺序不同，它以每一维搜索范围的中点为起点，以由内向外的顺序遍历符合条件的点。这样，虽然 S-E 枚举增加了排序操作，但是它会更快找到满足条件的点。

球半径的选取决定了 SD 算法的搜索范围，从而影响到算法复杂度。如果球半径选得过大，那么会有很多点落入其中，会增加搜索负担；如果半径选得过小，那么会经常出现空球，导致重新搜索，同样也会增大复杂度。因此，传统 SD 算法对球半径的选择比较敏感。在格形理论中，可以通过分析格形的几何特征来确定半径。而在通信理论中，主要有两种确定半径的方法：一是利用算法所应用信号模型的统计特征来确定半径，如利用式（2-72）确定半径；二是通过一些简单的检测算法（如式（2-65）所示的 LS 检测）找到格形中某个离给定点较近的格形点，称为 Babai 点，以该点与给定点间距作为球半径。

SD 算法除了可以用于单纯的检测问题之外，还在联合检测与译码的软检测器中有所应用。与单纯检测问题不同，在软检测中，有时要求 SD 算法在输出最优值的同时也输出若干个次优值，称为软 SD 算法或列表 SD 算法。例如，文献 [45] 建议在执行 SD 算法时不收缩半径，通过多次搜索找到若干个次优值。文献 [46] 对上述方法作了简化，直接将由一般 SD 算法找到的最优值附近的点作为次优值输出，也获得了良好的性能。

由于 SD 算法的复杂度是一个随机变量，其均值与信噪比有关，对它的复杂度分析一直是很困难的问题。文献 [47] 首先通过仿真指出，在低信噪比下，所需计算量最多为 $O(N_T^{4.5})$，在高信噪比下，所需计算量最多为 $O(N_T^3)$，这为该算法的有效性提供了有力依据。

最后指出，最近点问题，或对应于通信中的最大似然检测问题，一直被认为是 NP 困难问题（Nondeterministic Polynomially-Hard）问题。引用文献 [48] 中对 NP 困难问题的解释："NP 困难问题是指不但目前对此问题没有有效的解决方法，而且很有可能不存在一个有效的方法"。因此，SD 算法及其各种改进只是为解决该问题提供了一些途径，而对更新更好方法的寻求仍是一个值得长期探索的问题。

从本节的分析可以看出，虽然 OSIC 算法极大降低了采用穷尽搜索的最大似然检测的复杂度，且目前对它的研究也比较完善，但遗憾的是，这种算法本身结构限制了它的检测性能。而 SD 算法则是一类较具潜力的方法，它的复杂度与 OSIC 算法相当，但却能够达到或接近最大似然检测性能。

5. 其他空间复用结构

上面已经提到，D-BLAST 结构为形成分层对角信号结构必须在每个数据分组的开始和结束位置都留有一定开销，V-BLAST 结构不能达到慢衰落 MIMO 信道下的中断容量。为了克服这些限制，Sellathurai 等 [49] 将 Turbo 迭代原理用于分层空时结构的设计中，提出了 Turbo-BLAST（T-BLAST）结构。

图 2-42 与图 2-43 所示为 T-BLAST 的发送端与接收端结构。与所有的空间复用结构相同，T-BLAST 结构也将数据流串并变换成 N_T 个相互独立的子数据流供 N_T 副发射天线承载。然后分别对各子数据流进行信道编码（图中使用了线性分组码），再将所有编码比特送入一个随机空时交织器中，最后将交织器输出的信号进行调制并发送。随机空时交织器与输入的数据流无关，它的设计必须保证各独立编码数据流等尽可能地使用所有空间子信道。换句话说，从每路子数据流来看，随机空时交织器的作用是将非各态历经的慢衰落信道人工转化为各态历经的快衰落信道。在接收端，为了采用 Turbo 迭代原理进行联合检测与译码（如图 2-43 所示），将交织器之前对各独立数据流的编码看作"外码"，将

交织器之后的调制看作"内码"，通过软入软出检测器与软入软出译码器相互迭代交换可靠性信息（外信息）来不断提升系统性能。可见，T-BLAST 结构既避免了 D-BLAST 结构所需的时间和空间上的开销，又具有与 D-BLAST 结构类似的平均各数据流上信噪比的效果，克服了 V-BLAST 结构不能达到慢衰落信道下中断容量的缺陷。同时，利用 Turbo 迭代检测以可接受的复杂度获得了逼近最大似然检测的性能。另外，随机空时交织器与 Turbo 迭代处理的使用还使得 T-BLAST 结构对空间相关的 MIMO 信道也有很强的适应能力 [50]。

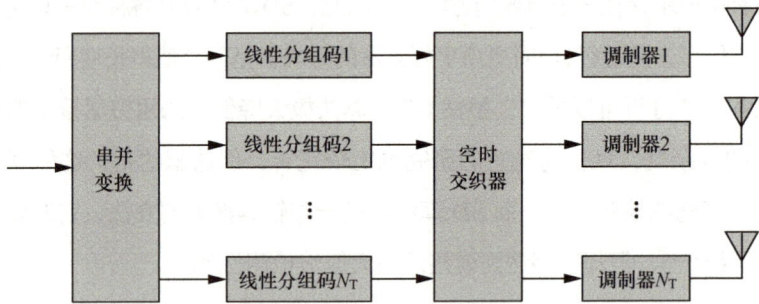

图 2-42　T-BLAST 发送端结构

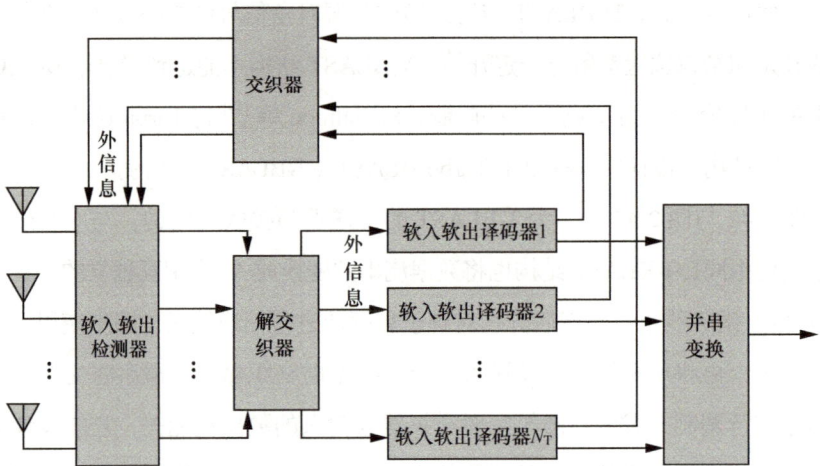

图 2-43　T-BLAST 接收端结构

更为通用的是空时分层结构螺旋 BLAST（Threaded-BLAST），其可灵活地在功率效率、带宽利用率、接收机复杂度之间寻求折中 [51]。为了在频率选择性信道下也能利用空间复用技术，可以采用 BLAST-OFDM 系统。即利用 OFDM 技术将宽带 MIMO 信道转化为若干个窄带并行 MIMO 子信道，在每个窄带 MIMO 子信道上再应用 BLAST 技术。这样，不但使系统结构更为清晰、处理复杂度更低，而且可以将已有窄带 BLAST 的研究成果直接应用于 BLAST-OFDM 系统中。

2.4.2 空时编码技术

在 2.4.1 节讨论的空分复用技术利用空间资源增加了系统容量，在某些战术通信应用中，如城市环境下的可靠通信，往往要求以较小的接收信噪比达到很苛刻的链路误码率要求，这时，对链路可靠性的要求高于对系统容量的要求，空间分集技术便可以在这种需求下发挥作用。

1. 空间分集技术简介

分集是抵抗信道深度衰落的重要技术。简单来说，分集就是为信息提供相互统计独立的多个传输信道进行传送，由于这些独立子信道同时恶化的可能性极小，从而保护了信息传输的可靠性。利用概率知识很容易得知，如果各子信道的差错概率相同，那么和信道的差错概率随独立子信道个数呈指数关系递减，这使信噪比－误码率曲线更加陡峭，极大改善了误码率性能。可见，利用分集技术提高传输可靠性的关键在于构造统计独立的子信道，而不关心这些子信道占用的是何种物理资源。独立子信道个数称分集阶数（也称分集增益），是衡量分集性能的一项重要指标。

根据独立子信道占用的物理资源不同，分集技术可分为时间分集、频率分集、空间分集等。在 20 世纪 60 年代，人们提出了 Rake 接收机，将接收信号中各多径分量分离出来，把多径作为提供"多条独立通道"的资源，这是最早出现的分集方法，称为多径分集。由于多径会引起频率选择性衰落，因此这种分集方法也属于频率分集的范畴。实现时间分集的方法主要有编码和交织，即对信息进行编码并将编码后的码元分散到不同的相干周期，从而使得码字的不同部分经历相互独立的衰落。最早利用空间资源获得分集增益的方法是接收分集，如在蜂窝网中，来自移动台的信号被两台基站接收，也称宏分集。

直至 20 世纪 90 年代 MIMO 技术提出之后，人们才开始探索发射分集方法——空时编码。最早在发射分集方面的努力是 Seshadri 与 Winters[52] 提出的延时分集（Delay Diversity）方法，它将第一副天线上的发射信号经不同延时后从其他天线发射出去，这样，从接收天线看来，信号似乎经历了多径信道，只要发射天线间隔足够大，这些路径就是相互独立的，可以达到分集的目的。从原理上讲，这种方法沿用了多径分集的方法，且在发射天线之间采用了一种简单的重复编码方法，因此人们并不将其作为一种空时编码策略。现在，普遍认为空时编码技术诞生的两个标志性工作是 1998 年 Alamouti[53] 提出的适用于两发射天线的正交空时块码（Space-Time Block Coding，STBC），即著名的 Alamouti 码，以及同年 Tarokh 等 [54] 给出的一类空时格码（Space-Time Trellis Coding，STTC）的设计准则与构造方法。

空时编码理论自提出以来，一直是无线通信领域的研究热点之一，近年来得到了很大发展。各国研究工作者针对不同的信道、不同的调制方式下空时码的构造和性能作了大量的探讨。Siwamogsatham 等 [55] 结合 STBC 和 STTC 提出了子集分割的正交空时格码的设计。Jafarkhani 等 [56] 总结了 Siwamogsatham 的工作并加以推广，提出了超正交空时格码的设计。文献 [57] 探讨了 Turbo 空时码，将 Turbo 码的交织编码和迭代译码应用到空时编码中。这些空时码都有一个共同的特点，即在接收端对接收的信息序列进行译码时，必须要对信道状态信息（CSI）进行精确的估计，因此，也称这些方案为相干空时码。对 CSI 进行估计可以采用发送导频序列或复杂的盲估计算法。然而，随着信道数的增加，发送导频序列必然降低频带利用率。当信道衰落系数相对于信息速率变化较慢时，尚能精确地估计 CSI。但在某些情况下，例如对流层散射通信或移动台在高速运动中，将很难精确地估计出 CSI，因此，在这些情形下研究接收端未知 CSI 条件下的非相干空时码显得尤为重要。

基于这些考虑，Hochwald 等 [58] 分析了在接收端未知 CSI 条件下独立同分布瑞利衰落的 MIMO 信道容量，并且得出了在发射天线数超过相干时间（指衰落系数保持常数的一段时间）内的码元个数时，信道容量并不能随之增加的结论。Hochwald 等在文献 [58] 中提出了一种称为酉空时调制（Unitary Space-Time

Modulation，USTM）的技术能够在接收端无 CSI 条件下获得信道容量，并在文献 [59] 中给出了酉空时星座的系统设计方法与非相干检测方案。这些工作是非相干空时码研究的典型代表。

以下分别介绍相干与非相干空时码的典型代表 Alamouti 码与差分酉空时调制技术。

2. Alamouti 码

Tarokh 等 [54] 已从理论上证明，一个 (N_T, N_R) 链路的独立同分布瑞利衰落信道最多提供 $N_T N_R$ 阶分集增益。Alamouti 码便是为具有两副发射天线的 MIMO 系统设计的一种空时块码，它巧妙地将最大比接收合并的概念搬移至发射端，

能够获得全空间分集增益（分集阶数为 $2N_R$）[53]。以 (2,1) 链路为例，介绍 Alamouti 码的原理。

如图 2-44 所示，将 Alamouti 方案分为 3 个步骤描述：发送序列编码、接收端合并、利用最大似然准则对合并后的信号做判决。

（1）发送序列编码

一个 Alamouti 码字由两个时隙构成。第一时隙发射天线 1 与发射天线 2 分别发送符号 s_1 与 s_2，第二

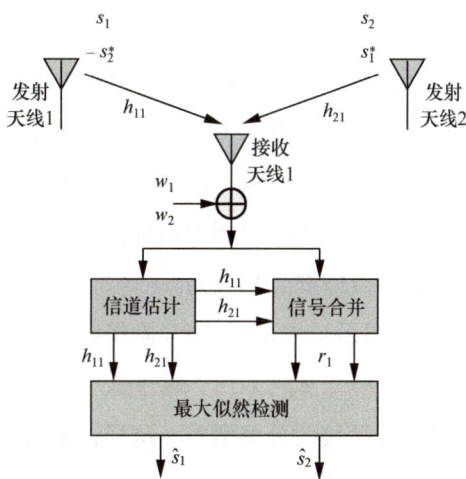

图 2-44　Alamouti 码的发射与接收 [53]

时隙分别发送符号 $-s_2^*$ 与 s_1^*。平均来看，与不加任何冗余的单天线传输一样，每时隙传送一个符号，具有这一特点的空时码称为是全速率的，即 $r_s=1$（码速率 r_s 是指不同发送符号的总数与发送这些符号所占用的总传输时间的比值）。注意到由两个时隙构成的发送码字矩阵 $\begin{bmatrix} s_1 & s_2 \\ -s_2^* & s_1^* \end{bmatrix}$ 是酉矩阵，因此 Alamouti 码是一种正交设计码。

（2）接收端合并

仍采用 2.4.1 节定义的符号，两相邻时隙的接收信号表示为

$$r_1 = h_{11}s_1 + h_{21}s_2 + w_1$$
$$r_2 = -h_{11}s_2^* + h_{21}s_1^* + w_2$$

（2-76）

记

$$\boldsymbol{r} = \begin{bmatrix} r_1 \\ r_2^* \end{bmatrix},\ \boldsymbol{H}_1 = \begin{bmatrix} h_{11} & h_{21} \\ -h_{11}^* & h_{21}^* \end{bmatrix},\ \boldsymbol{s} = \begin{bmatrix} s_1 \\ s_2 \end{bmatrix},\ \boldsymbol{w} = \begin{bmatrix} w_1 \\ w_2 \end{bmatrix}$$

将式（2-76）表示成矩阵形式

$$\boldsymbol{r} = \boldsymbol{H}_1\boldsymbol{s} + \boldsymbol{w}$$

（2-77）

注意到 $\boldsymbol{H}_1^H \boldsymbol{H}_1 = (|h_{11}|^2 + |h_{21}|^2)\boldsymbol{I}_2$（$\boldsymbol{I}_n$ 为 n 阶单位矩阵），将式（2-77）两边乘以 $\boldsymbol{H}_1^H$，并记 $\boldsymbol{r}_1 = \boldsymbol{H}_1^H\boldsymbol{r}$，$\boldsymbol{w}_1 = \boldsymbol{H}_1^H\boldsymbol{w}$，则

$$\boldsymbol{r}_1 = (|h_{11}|^2 + |h_{21}|^2)\boldsymbol{s} + \boldsymbol{w}_1$$

（2-78）

由于 $E(\boldsymbol{w}_1\boldsymbol{w}_1^H) = \boldsymbol{H}_1^H E(\boldsymbol{w}\boldsymbol{w}^H)\boldsymbol{H}_1 = (|h_{11}|^2 + |h_{21}|^2)\sigma_n^2\boldsymbol{I}_2$，因此 $\boldsymbol{w}_1$ 仍然是高斯白噪声。从式（2-78）可以看出，利用码字的正交性，在接收端可将 (s_1, s_2) 矢量检测问题分解为两个独立的标量检测问题（解耦合）。式（2-78）中 h_{11} 与 h_{21} 相互统计独立，其形式与具有两分支的最大比接收合并相同，因此各码元检测获得了分集增益为 2 的发射分集。

如果系统中采用了 N_R 副接收天线，可对每副接收天线接收的信号做类似式（2-77）、式（2-78）的处理，再将所有解耦合后的信号进行最大比合并，以获得 N_R 阶接收分集增益。这样，采用 Alamouti 方案的 $(2,N_R)$ 链路 MIMO 系统可获得全分集增益 $2N_R$。

（3）利用最大似然准则对合并后的信号做判决

码元 s_1 与 s_2 可以取自任何星座，对解耦合后的观测 $\boldsymbol{r}_1$（式（2-78））中各分量采用最大似然准则进行标量检测即可。

图 2-45 所示为 Alamouti 方案与采用最大比接收合并系统的性能比较。由图可见，在总发射功率相同的条件下，Alamouti 方案较两分支最大比接收合并有 3 dB 信噪比性能损失。这是因为，在 Alamouti 方案中，总发射功率平均分配到两副发射天线上，致使接收信号功率较单天线发射的情况降低了一半。另外，注意到 Alamouti 方案与相应的最大比接收合并所获得的误码率性能曲线是平行

的，这说明两者达到了相同的分集增益。

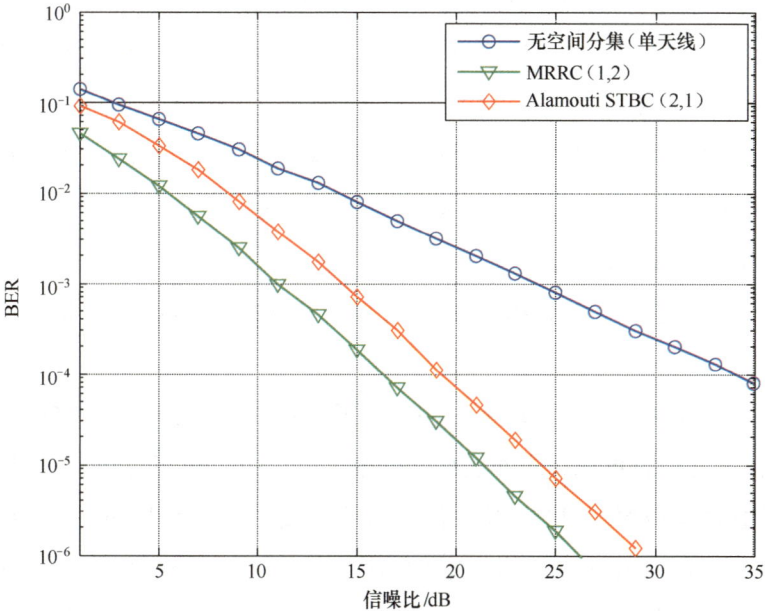

图 2-45 Alamouti 方案与采用最大比接收合并系统的性能比较 [53]

Alamouti 码的提出引起了很多学者的兴趣，他们从各个方面对该码进行了深入的分析。文献 [60-61] 研究了当信道状态信息存在一定估计误差时，Alamouti 码的性能表现，结果表明，采用上述译码方法会出现错误平层现象。文献 [62] 研究了将 Alamouti 码用于连续衰落信道的情形，由于快衰落信道引入了码间干扰以致破坏了信道 H_1 正交性，即使信道估计无误差也会造成性能损失。虽然这些非理想因素会对 Alamouti 码的性能造成一定影响，但由于它结构简单、译码复杂度低，仍然被 W-CDMA、CDMA-2000、IEEE 802.16 等众多标准所采纳。

从上述分析可以看出，利用码字正交性所设计的 Alamouti 码具有两个显著优势：能够获得全空间分集阶数；码字的正交性允许接收端将矢量信号检测问题转化为多个标量信号检测问题，从而大大降低了接收机复杂度。这是正交设计码带来的好处。1999 年，Tarokh 等 [63] 将这种正交设计概念推广到具有多副发射天线的情形，解决了一类空时编码的设计准则和构造问题，即正交空时块码（Orthogonal Space-Time Block Coding，OSTBC）。

Tarokh 等 [63] 指出，为了在瑞利衰落信道下获得全分集增益 $N_T N_R$，OSTBC 的设计必需满足分集准则（Diversity Criterion），即对于任意两个不同的码字 c 和 e，它们的差矩阵 e-c 是满秩的。进一步的研究表明，上述设计准则也适用于莱斯（Rician）信道。关于 OSTBC 的构造，文献 [63] 给出了如下主要结论。

① 对于实星座，任意数量的发射天线都存在全速率（r_s=1）的 OSTBC。

② 对于复星座，只有当发射天线数为 2 时，才存在全速率（r_s=1）的 OSTBC，即 Alamouti 码。

③ 对于复星座，当发射天线数为 N_T=3，N_T=4 时，存在码速率为 r_s=3/4 的 OSTBC。

④ 对于复星座，任意数量的发射天线都存在码速率为 r_s=1/2 的 OSTBC。

可见，虽然 OSTBC 能够获得全分集，但它的码速率受到了限制。为了进一步提高码速率，同时保持较低的译码复杂度，学者们又提出了准正交空时块码（Quasi-Orthogonal STBC，QOSTBC）。例如，较早提出的 EA-Style QOSTBC[64] 可实现全速率，但不能获得全分集，且不具备完全解耦合的检测算法；CR-QOSTBC[65] 通过星座旋转的方法使 QOSTBC 达到了全分集；MDC-QOSTBC[66] 在保持全速率特性的同时，实现了完全解耦合的检测方法，降低了译码复杂度；CIOD 码 [67] 同时具有全速率、全分集、完全解耦的特性。值得注意的是，目前同时具备全速率、全分集、完全解耦 3 种特性的 QOSTBC 都有发射天线数不超过 4 的限制，如果发射天线数大于 4，则这 3 个条件不能同时满足。

3. 差分酉空时调制

酉空时调制是最早出现的一类非相干空时码。与相干空时码的提出不同 [1]，它是在对 MIMO 信道容量分析的基础上提出的。1999 年，Marzetta 与 Hochwald[68] 利用 Shannon 信息理论首次推导了瑞利（Rayleigh）平衰落信道下，收发两端均未知信道矩阵时，多天线系统所能达到的信道容量，为非相干系统的设计奠定了重要的理论基础。他们研究的一个基本假设环境是，一个工作在 Rayleigh 平衰落信道下的 (N_T, N_R) 链路系统，各收发天线对之间的信道衰落系数

---

[1] 相干空时码是在对码字成对错误概率性能分析的基础上提出的 [54]。

是统计独立且未知的，它们在每一段相干时隙（设为 T 个符号周期）内保持不变，但在不同相干时隙之间统计独立（文献中称为静态信道或块衰落假设）。在这些假设下，关于信道容量的主要结论如下[68]。① 对 N_T 的限制：当 $N_T>T$ 时获得的信道容量与 $N_T=T$ 时获得的信道容量相同。也就是说，从增加信道容量角度上考虑，没有必要使发射天线数比信道的相干时隙还大。② 可达到信道容量的信号具有明确的结构：$T \times N_T$ 维发送信号矩阵有乘积 $S=\boldsymbol{\Phi D}$ 的形式，其中 $T \times N_T$ 维随机矩阵 $\boldsymbol{\Phi}$ 服从迷向分布（又称各向同性分布），其各列是标准正交的，与 $\boldsymbol{\Phi}$ 独立的 $N_T \times N_T$ 维随机矩阵 $\boldsymbol{D}$ 是非负实对角阵，其对角元素的联合概率密度不随变量的不同排列而改变。③ 渐近特性：对于固定数目的天线，随着相干时隙 T 的增大，信道容量趋近于接收端已知信道矩阵的相干系统容量。当相干时隙远大于发射天线数时，即 $T \gg N_T$ 时，设置 $\boldsymbol{D}$ 的所有对角元素为 $\sqrt{T}$ 时能够达到信道容量。Hochwald 等将这种发送矩阵满足形式 $S = \sqrt{T}\boldsymbol{\Phi}$ 的调制方式称为酉空时调制（USTM）。他们还证明了这种调制方式除了适用于上述 $T \gg N_T$ 的情况之外，还适用于 $T > N_T$ 且信噪比很大的情形[58]。

在关于上述信道容量的分析中，假设了位于不同相干时隙的信道衰落是统计独立的，显然这是一个非常理想的假设，而实际信道总是带宽有限的，不可能具有在某一时刻突变的性质。另外，酉空时星座具有酉变换不变性，也就是说，将星座中任意矩阵左乘某一相同酉矩阵，或右乘任意确定性酉矩阵，都不会改变该星座的错误概率[58]。这一性质可以直观地理解为，对星座中所有矩阵内部符号的发送顺序做相同调换，或任意改变某矩阵内部符号与发射天线的对应关系，都不会影响星座的性能[58]。为了进一步提高 USTM 的传输效率，Hochwald 等[58]在 2000 年又利用信道衰落的连续性与酉空时星座的酉变换不变性提出了差分酉空时调制（Differential USTM，DUSTM）的完整框架[2]。其具体做法是，将每个待发送的信息矩阵右乘由上一个由信息矩阵确定的酉矩阵，使之前半部分恰好与前一信息矩阵的后半部分相同，而对这两个重合部分只发送一次，如图 2-46 所示。同年，Hughes[70] 也通过对传统的差分相移键控技术作类比提出了差分空

---

[2] 事实上，文献 [69] 最早将差分的概念引入 MIMO 系统中，但它只对发射天线数为 2 的 Alamouti STBC 进行了讨论，没有给出该技术的系统框架。

时调制，并认为它是空时块码的分支。虽然这两者的阐述角度不同，但它们本质上是相同的。差分酉空时调制技术不要求接收端估计信道矩阵，非常适合于快衰落移动环境。

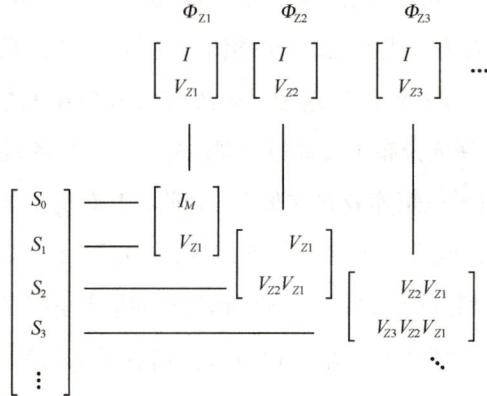

$$
\begin{array}{ccc}
\Phi_{Z1} & \Phi_{Z2} & \Phi_{Z3} \\
\begin{bmatrix} I \\ V_{Z1} \end{bmatrix} & \begin{bmatrix} I \\ V_{Z2} \end{bmatrix} & \begin{bmatrix} I \\ V_{Z3} \end{bmatrix} \cdots
\end{array}
$$

$$
\begin{bmatrix} S_0 \\ S_1 \\ S_2 \\ S_3 \\ \vdots \end{bmatrix}
\begin{bmatrix} I_M \\ V_{Z1} \end{bmatrix}
\begin{bmatrix} V_{Z1} \\ V_{Z2}V_{Z1} \end{bmatrix}
\begin{bmatrix} V_{Z2}V_{Z1} \\ V_{Z3}V_{Z2}V_{Z1} \end{bmatrix}
$$

图 2-46　差分酉空时调制示意

（1）差分酉空时调制信号模型及单符号差分检测

考虑有 N_T 个发射天线与 N_R 个接收天线的 DUSTM 系统，设 $l(k) \in \{0,1,\cdots,L-1\}$ 是信息序列，对应的 N_T 阶发送信息矩阵 $V(k) = V_{l(k)}$ 取自酉空时星座 $V = \{V_l, l = 0,\cdots, L-1\}$，其中 $L = 2^{RN_T}$（R bit/sample 为调制速率）。发送矩阵 $S(k)$（也称第 k 块）由对 $V(k)$ 做差分得到

$$S(k) = V(k)S(k-1), \quad S(0) \text{ 为任意酉矩阵} \tag{2-79}$$

设信道是准静态的，即在一个传输符号矩阵 $S(k)$ 内，信道衰落系数矩阵保持常数 $H(k) = [h_{n_T n_R}(k)]$。记 $W(k) = [w_1(k),\cdots,w_{N_R}(k)]$ 为 AWGN 矢量，服从 $CN(0,\sigma_n^2)$ 分布。则第 k 个接收符号矩阵为

$$R(k) = S(k)H(k) + W(k) \tag{2-80}$$

进一步假设两相邻信道系数矩阵相等 $H(k-1) = H(k) = H$，将差分式（2-79）代入式（2-80）得到

$$R(k-1) = S(k-1)H + W(k-1) \tag{2-81}$$

$$R(k) = V(k)S(k-1)H + W(k) \tag{2-82}$$

将式（2-81）代入式（2-82），得到

$$R(k) = V(k)R(k-1) + W(k) - V(k)W(k-1) \tag{2-83}$$

由于酉变换不改变噪声 $W(k-1)$ 的统计特性，因此 AWGN 矢量 $W(k) - V(k)$ $W(k-1)$ 中的元素服从 $CN(0, 2\sigma_n^2)$ 分布。式（2-83）可改写为

$$R(k) = V(k)R(k-1) + \sqrt{2}W(k) \tag{2-84}$$

由式（2-84）得到的最大似然检测器为

$$\hat{V}(k) = \arg\max_{\tilde{V}(k) \in V} \left\| R(k-1) + \tilde{V}^H(k)R(k) \right\|_F \tag{2-85}$$

式（2-85）中 $\|\cdot\|_F$ 表示矩阵的 F- 范数，$\tilde{V}(k) \in V$ 为试验信息符号矩阵。

考察式（2-84）可以看出，信息矩阵 $V(k)$ 似乎经历了信道矩阵为 $R(k-1)$ 且接收端已知、方差为 $2\sigma_n^2$ 的 AWGN 信道。因此，与接收端已知信道状态信息的相干 MIMO 系统相比会造成 3 dB 信噪比性能损失。

在 DUSTM 的研究中，最为核心的两个问题是差分酉空时星座（以下简称酉星座）的设计和高效高性能的非相干检测算法设计。好的酉星座必须具备优良的可分辨能力与系统构造方法。目前，已有大量文献深入研究了酉星座的系统设计，取得了丰硕成果。按照星座构造不同，大致可分为两类——群星座与非群星座。群星座，也是最早提出的星座，主要有对角星座（或称循环群星座）[59]、双循环群星座 [70] 与 FPF（Fix-Point Free）群编码 [71] 等。非群星座的主要代表有 Cayley 码与正交设计 [53, 63]。群星座对乘法的封闭性带来了很多处理上的方便。比如，将矩阵乘法简化为模加运算，使性能分析与星座设计的复杂度显著降低。然而，循环群结构限制了酉星座性能的发挥，这促进了非群星座的设计工作。合理的设计准则是酉星座具有优良性能的基本保证，上述大部分群或非群星座的设计准则均是基于"使最差情况下所能获得的分集增益最大"的想法。而 Chen 等 [72] 提出一种平均意义下的优化设计准则，即直接对星座所能取得的平均性能——误码率进行优化，并设计了一类具有系统构造方法的非群星座，它们比以往酉星座具有更优的性能与更高的调制速率。随着这些各具特征的酉星座的出现，设计与之配合的高效高性能检测算法来充分发挥 DUSTM 的优势成为

研究的热点和急需。

文献 [59, 70] 提出的单符号差分检测是 DUSTM 最早、最基本的差分检测算法，如式（2-85）所示。DUSTM 检测大多涉及矩阵运算，复杂度较高，很多学者利用一些酉星座的特殊结构设计了单符号差分检测的快速算法。文献 [73] 首次将对角星座的单符号差分检测转化为格形最近点搜索问题，并采用 Lenstra-Lenstra-Lovasz（LLL）算法 [74] 设计了接近最大似然检测性能的快速算法，但它的缺陷在于扩展了信号维数，即将式（2-85）表示的一维试验问题扩展成 $N_T \times N_R$ 维格形最近点问题。而文献 [75] 将信号维数降至 N_T，并利用球形译码算法设计了达到最大似然检测性能的快速算法。进一步，文献 [72] 通过找到扩展后各维上信号的关系将其还原成一维搜索问题，这种方法不但解决了文献 [73, 75] 中扩展信号维数的问题，而且避免了矩阵乘法运算。边界－交集检测器（Bound-Intersection Detector，BID）是脱离这种扩展信号空间思路的另一种快速检测算法，它考虑到最大似然判决度量可写为非负求和式，设置一个边界（Bound）用于生成发送信号的候选集，这些集合的交集（Intersection）组成全部解空间，对它反复裁减直到获得最优解 [76]，但这种方法只适用于对角星座参数为整数的情况，应用范围受限。对于正交设计星座，文献 [77] 设计了一种将正交设计星座与 DUSTM 相级联的形式，使解调变成解耦合的形式，从而降低了检测复杂度。

为了使 DUSTM 在衰落信道下发挥优势，近年来，人们提出了各种性能优良的多符号差分检测算法。这些算法大多基于两种假设：准静态信道假设与连续衰落信道假设。准静态信道假设是指信道衰落系数在每个 DUSTM 矩阵符号内保持不变，但在不同矩阵符号之间发生变化；而连续衰落信道假设是指信道衰落系数在每个接收采样符号均发生变化。显然，这两种假设均是对 Clarke 模型不同程度的近似，也是大部分多符号差分检测算法所采用的假设。对于工作频段较低、中速移动终端使用准静态假设已经足够；而对于工作频段较高、高速移动终端采用连续衰落假设更为合适。我们知道，模型的偏差往往导致算法不可容忍或不可恢复的性能恶化，误码平层就是这种现象在通信系统中的典型表现。当把在静态信道假设下设计的单符号差分检测用于准静态信道时，出现了严重的错误平层现象[78]，而当把准静态假设下的多符号差分检测用于连续衰落信道时，也同样会出现错误平层[79]，这说明，要得到适用于高速移动环境下的多符号差分检测算法必须直接基于连续衰落假设进行研究。

用于 DUSTM 的多符号差分检测按算法结构大致分为判决反馈差分检测（Decision Feedback Differential Detection，DF-DD）、采用维特比（Viterbi）搜索算法的非相干序列检测（Noncoherent Sequence Detection，NSD）与采用球形译码的多符号差分球形译码（Multiple Symbol Differential Sphere Decoding，MSDSD）算法。这 3 类算法均以最大似然准则为基础，通过不同的数学处理得到，它们在性能和复杂度上有所差异，并各具特点。为方便说明各类算法的基本原理和特点，假设多符号差分检测算法的观测窗口长度为 N。最先提出的 DF-DD 算法[80]是其中复杂度最低、性能最差的一类方法。它的基本原理是将前 $N-1$ 个已检测出的矩阵符号代入最大似然度量中，将 N 维搜索问题变成一维搜索问题，注意到这与单符号差分检测所面对的问题类似，因此用于单符号差分检测的快速算法也可以移植到 DF-DD 算法中。但 DF-DD 算法的痼疾——误差传播问题限制了它的性能。文献 [81] 的仿真表明，DF-DD 算法比最大似然多符号差分检测性能差约 4 dB。非相干序列检测算法[82]的复杂度最高，其性能最接近理想相干检测。它的基本原理是将最大似然度量写成顺序递增的形式，与 Viterbi 网格搜索的形式相匹配，从而采用 Viterbi 算法来解决最大似然搜索问题。必须指出，Viterbi 算法中网格图的输入是当前接收矩阵符号，状态由前 $N-1$ 个发送矩阵符号序列构成，虽然在度量递增计算中只用到了最近 N 个接收符号，但每个状态的度量却是网格图在整个生长过程中积累的结果，因此，检测器每输出一个检测符号实际上用了不止 N 个接收矩阵符号的信息（严格地说，这时 N 应称为截断窗口长度），这也是它性能最优的一个重要原因。另外，从网格图状态的构成来看，NSD 算法的复杂度与观测窗口长度呈指数增长关系。与所有的 Viterbi 算法一样，NSD 算法具有固定延迟、可连续输出检测符号的特点。多符号差分球形译码算法似乎是具有最佳性能与复杂度折中的一类算法。它的基本原理是将最大似然度量写成递推形式，等价为 $N-1$ 维最小 F- 范数问题[83]，从而利用球形译码算法来获得最大似然解。显然，这种方法的复杂度与观测窗口长度呈多项式关系。该算法严格执行了最大似然检测，且严格地使用了 N 个接收矩阵符号的信息。球形译码方法以观测窗口为单位进行检测，输出具有块延迟的特点。下面以准静态信道假设为例，介绍 3 种典型多符号差分检测算法的原理。

（2）差分酉空时调制的多符号差分检测

① 观测信号的似然函数

假设信道衰落的二阶统计特性如下：信道矩阵 $\boldsymbol{H}(k) = [h_{n_T n_R}(k)]$ 中元素 $h_{n_T n_R}(k)$ 服从 CN(0,1) 分布，且是空间不相关的，其时间自相关函数服从 Clarke 模型，即 $E[h_{n_T n_R}(k)h_{n_T' n_R'}^*(k+p)] = \delta_{n_T n_T'} \delta_{n_R n_R'} \varphi_h(p)$，其中 $\varphi_h(p) = J_0(2\pi B_f N_T p)$（$J_0(\cdot)$ 是零阶贝塞尔函数，B_f 为归一化衰落带宽）。设多符号差分检测的观测窗口长度为 N，考虑到多符号差分检测算法对每个观测窗口独立处理，为方便起见，省略每个观测窗口的时间起点标号。记某个观测窗口的接收信号为 $\bar{\boldsymbol{R}} = [\boldsymbol{R}^T(0), \cdots, \boldsymbol{R}^T(N-1)]^T$，发送符号为 $\bar{\boldsymbol{D}} = \text{diag}\{\boldsymbol{S}(0), \cdots, \boldsymbol{S}(N-1)\}$，信道矩阵为 $\bar{\boldsymbol{H}} = [\boldsymbol{H}^T(0), \cdots, \boldsymbol{H}^T(N-1)]^T$，高斯白噪声为 $\bar{\boldsymbol{W}} = [\boldsymbol{W}^T(0), \cdots, \boldsymbol{W}^T(N-1)]^T$，则该观测窗口接收信号的矩阵表示为

$$\bar{\boldsymbol{R}} = \bar{\boldsymbol{D}}\bar{\boldsymbol{H}} + \bar{\boldsymbol{W}} \tag{2-86}$$

可以推导出观测 $\bar{\boldsymbol{R}}$ 的似然函数为

$$p(\bar{\boldsymbol{R}} \mid \bar{\boldsymbol{D}}) = \frac{1}{\pi^{NN_T N_R} \det^{N_R}(\boldsymbol{B}(\bar{\boldsymbol{D}}))} \exp\{-\text{tr}(\bar{\boldsymbol{R}}^H \boldsymbol{B}^{-1}(\bar{\boldsymbol{D}})\bar{\boldsymbol{R}})\} \tag{2-87}$$

式中，

$$\boldsymbol{B}(\bar{\boldsymbol{D}}) = \bar{\boldsymbol{D}}((\boldsymbol{C}_h + \sigma_n^2 \boldsymbol{I}_N) \otimes \boldsymbol{I}_{N_T})\bar{\boldsymbol{D}}^H, \boldsymbol{C}_h = \begin{bmatrix} \varphi_h(0) & \varphi_h(1) & \cdots & \varphi_h(N-1) \\ \varphi_h(-1) & \varphi_h(0) & \vdots & \vdots \\ \vdots & \ddots & \ddots & \vdots \\ \varphi_h(-N+1) & \cdots & \cdots & \varphi_h(0) \end{bmatrix}$$

由于 $\bar{\boldsymbol{D}}\bar{\boldsymbol{D}}^H = \bar{\boldsymbol{D}}^H \bar{\boldsymbol{D}} = \boldsymbol{I}_{N_T N}$，

$$\det(\boldsymbol{B}(\bar{\boldsymbol{D}})) = \det((\boldsymbol{C}_h + \sigma_n^2 \boldsymbol{I}_N) \otimes \boldsymbol{I}_{N_T}) = \det^{N_T}(\boldsymbol{C}_h + \sigma_n^2 \boldsymbol{I}_N)$$

与 $\bar{\boldsymbol{D}}$ 无关。因此，由式（2-87）得到最大似然检测结果为

$$\hat{\boldsymbol{D}}^{\text{ML}} = \underset{\tilde{\boldsymbol{D}}}{\arg\min}\left\{\text{tr}(\bar{\boldsymbol{R}}^H \boldsymbol{B}^{-1}(\tilde{\boldsymbol{D}})\bar{\boldsymbol{R}})\right\} \tag{2-88}$$

式中，$\tilde{D} = \text{diag}\{\tilde{S}(0), \tilde{S}(1), \cdots, \tilde{S}(N-1)\}$ 为试验发送矩阵。由差分关系式（2-79）可知，将所有发送信息矩阵同时右乘相同酉矩阵不改变它们差分之后获得信息矩阵的结果，因此，不失一般性，可假设 $\tilde{S}(0) = I_{N_T}$。这说明，在多符号差分检测中，为了消除差分编码引入的旋转模糊，相邻两观测窗口必须重叠至少一个符号。

② 判决反馈差分检测

利用差分关系式（2-79），试验发送矩阵序列 $\tilde{D}$ 可表示为

$$\tilde{D} = \text{diag}\left\{ I_{N_T}, \tilde{V}(1), \cdots, \prod_{i=N-2}^{1} \tilde{V}(i), \prod_{i=N-1}^{1} \tilde{V}(i) \right\}$$

其中，$\prod_{i=a}^{b} A_i = A_a \cdots A_b$。为了降低最大似然检测的复杂度，多符号判决反馈差分检测的基本思路是将前 $N-1$ 个试验信息矩阵符号代换成检测结果 $\hat{V}^{\text{DF}}(k)$，从而得到只含有一个试验矩阵 $\tilde{V}(N-1)$ 的序列

$$\tilde{D}^{\text{DF}} = \text{diag}\left\{ I_{N_T}, \hat{V}^{\text{DF}}(1), \cdots, \prod_{i=N-2}^{1} \hat{V}^{\text{DF}}(i), \tilde{V}(N-1) \prod_{i=N-2}^{1} \hat{V}^{\text{DF}}(i) \right\}$$

将上述序列代入（2-88）中大括号内的最大似然度量中，得到逐符号判决反馈差分检测的判决式

$$\hat{V}^{\text{DF}}(N-1) = \arg\min_{\tilde{V}(N-1)} \left\{ \text{tr}\left(\overline{R}^{\text{H}} B^{-1}\left(\tilde{D}^{\text{DF}} \right) \overline{R} \right) \right\}$$

判决反馈差分检测将最大似然检测中的 $N-1$ 维搜索问题转化为一维搜索问题，但其固有的误差传播问题限制了它的性能。

准静态信道假设下 DF-DD 算法请参见文献 [80]，连续衰落信道假设下 DF-DD 算法请参见文献 [79]。

③ 非相干序列检测

与判决反馈差分检测不同，非相干序列检测将整个数据传送期看作一个整体。假设数据分组长为 N_w 个信息矩阵符号，则将式（2-88）中窗口长度 N 用 N_w 代替即得到考虑整个数据传送期的最大似然检测器。第 n 个接收矩阵符号对应的最大似然度量记为

$$\Lambda(n) = \text{tr}\left(\overline{R}(n)^{\text{H}} B^{-1}\left(\tilde{D}(n) \right) \overline{R}(n) \right)$$

式中 $\bar{R}(n) = [R^{\mathrm{T}}(0) \cdots R^{\mathrm{T}}(n)]^{\mathrm{T}}$，$\tilde{D}(n) = \mathrm{diag}\{I_{N_{\mathrm{T}}}, \tilde{S}(1), \cdots, \tilde{S}(n)\}$，也可用发送信息

矩阵表示为 $\tilde{D}(n) = \mathrm{diag}\{I_{N_{\mathrm{T}}}, \tilde{V}(1), \cdots, \prod_{i=n}^{1} \tilde{V}(i)\}$。上式可通过如下递增度量递推计算。

$$\Delta(n) = \Lambda(n) - \Lambda(n-1) = \mathrm{tr}\left(\bar{R}^{\mathrm{H}}(n)B^{-1}\left(\tilde{D}(n)\right)\bar{R}(n)\right) -$$
$$\mathrm{tr}\left(\bar{R}^{\mathrm{H}}(n-1)B^{-1}\left(\tilde{D}(n-1)\right)\bar{R}(n-1)\right)$$

为了限制复杂度，非相干序列检测引入了截断窗的概念。在计算递增度量时，只考虑最近 N 个接收矩阵符号，则采用截断窗计算递增度量的公式为

$$\lambda(n) = \mathrm{tr}\left(\bar{R}_N^{\mathrm{H}}(n)B^{-1}\left(\tilde{D}_N(n)\right)\bar{R}_N(n)\right) - \mathrm{tr}\left(\bar{R}_N^{\mathrm{H}}(n-1)B^{-1}\left(\tilde{D}_N(n-1)\right)\bar{R}_N(n-1)\right)$$

式中，

$$\bar{R}_N(n) = \left[R^{\mathrm{T}}(n-N+1) \quad \cdots \quad R^{\mathrm{T}}(n)\right]^{\mathrm{T}}, \tilde{D}_N(n) = \mathrm{diag}\left\{I_{N_{\mathrm{T}}}, \tilde{S}(n-N+2), \cdots, \tilde{S}(n)\right\}$$

从上式看到，递增度量 $\lambda(n)$ 仅与 $\{\tilde{V}(n-N+2), \cdots, \tilde{V}(n)\}$ 有关，因此，利用 $\lambda(n)$ 近似计算度量 $\Lambda(n)$ 的过程构成了格形图，这使得可以采用 Viterbi 算法搜索出最小化度量的试验信息矩阵序列作为非相干序列检测算法的检测结果。在该格形图中，由 $\{\tilde{V}(n-N+2), \cdots, \tilde{V}(n-1)\}$ 决定状态，$\tilde{V}(n)$ 作为输入，则格形图中含有 L^{N-2} 个状态，每个状态有 L 个输入分支和 L 个输出分支。因此，其复杂度与截断窗口长度呈指数增长。

准静态信道假设下 NSD 算法请参见文献 [82]，连续衰落信道假设下 NSD 算法请参见文献 [84]。

④ 多符号差分球形译码

多符号差分球形译码算法严格执行了式（2-88）所示的最大似然检测，可以认为是最大似然检测的一种快速算法。

式（2-88）中的最大似然度量可以推导成另一种形式

$$\mathrm{tr}\left(\bar{R}^{\mathrm{H}}B^{-1}\left(\bar{D}\right)\bar{R}\right) = \left\|\left(A \otimes I_{N_{\mathrm{T}}}\right)\bar{D}^{\mathrm{H}}\bar{R}\right\|_{\mathrm{F}}^2 = \sum_{i=0}^{N-1}\left\|\sum_{j=0}^{i}\frac{a_{i,i-j}}{\sigma_{ei}}S^{\mathrm{H}}(j)R(j)\right\|_{\mathrm{F}}^2$$

式中，

$$\left(C_h + \sigma_n^2 I_N\right)^{-1} = A^H A ,$$

其中，

$$A = \begin{bmatrix} 1/\sigma_{e0} & & & \\ a_{1,1}/\sigma_{e1} & 1/\sigma_{e1} & & \\ \vdots & \vdots & \ddots & \\ a_{N-1,N-1}/\sigma_{eN-1} & a_{N-1,N-2}/\sigma_{eN-1} & \cdots & 1/\sigma_{eN-1} \end{bmatrix}$$

为下三角矩阵，σ_{ei}^2 与 $a_{i,j}$ 分别是随机过程 $h_{n_T n_R}(k) + w_{n_R}(k)$ 的第 i 阶前向预测器的误差功率和第 i 阶前向预测误差滤波器的第 j 个系数，且 $a_{i,0}=1$。因此，式（2-88）所示的最大似然检测也可表示为

$$\left\{\hat{S}^{ML}(1),\cdots,\hat{S}^{ML}(N-1)\right\} = \underset{\{\tilde{S}(1),\cdots,\tilde{S}(N-1)\}}{\arg\min} \left\{ \sum_{i=0}^{N-1} \left\| \sum_{j=0}^{i} \frac{a_{i,i-j}}{\sigma_{ei}} \tilde{S}^H(j) R(j) \right\|_F^2 \right\} \quad (2\text{-}89)$$

记

$$\tilde{d}_n^{ML} = \sum_{i=0}^{n} \left\| \sum_{j=0}^{i} \frac{a_{i,i-j}}{\sigma_{ei}} \tilde{S}^H(j) R(j) \right\|_F^2 , \quad n = 0,\cdots,N-1$$

将式（2-89）进一步写成递推形式为

$$\tilde{d}_n^{ML} = \tilde{d}_{n-1}^{ML} + \left\| \sum_{j=0}^{n} \frac{a_{n,n-j}}{\sigma_{en}} \tilde{S}^H(j) R(j) \right\|_F^2 , \quad \tilde{d}_0^{ML} = \frac{1}{\sigma_{e0}^2} \left\| R(0) \right\|_F^2 , \quad n = 1,\cdots,N-1 \quad (2\text{-}90)$$

对比 2.2.3 节中式（2-74），递推式（2-90）表征了一种树搜索形式，可以采用球形译码算法进行求解，其复杂度与观测窗口长度呈多项式关系。

准静态信道假设下 MSDSD 算法请参见文献 [83]，连续衰落信道假设下 MSDSD 算法请参见文献 [85]。

以上讨论的酉空时调制是最早出现的非相干空时码，它的提出最初是以达到 MIMO 信道容量为目的的。此外，文献中也出现了其他一些研究思路。例如，Borran 等 [86] 建立了快衰落信道下的非相干空时星座设计，Zheng 等 [87] 的研究将非相干通信系统的设计等效为 Grassmann 球形装箱问题。在对 MIMO-OFDM 系

统中非相干空时频码的研究中，Borgmann 等 [88] 分析了非相干 MIMO-OFDM 系统的信道容量，量化了信道的不确定性和传输速率损失之间的关系；Borgmann 和 Bolcskei 从获取分集增益的角度系统化地提出了非相干空频编码的概念，并且分析指出了良好设计的非相干空频码也能获得与相干系统相同的分集阶数，为非相干空频码的研究奠定了理论基础。

2.4.3 自适应 MIMO 技术

2.4.1 和 2.4.2 两节分别讨论了空间复用和空间分集技术。它们分别代表了两种极端情况，即将空间资源全部用于提高传输效率或提高传输可靠性。事实上，战术通信系统通常需要这两者性能的折中。另外，在讨论空间复用和空间分集技术时，均假设了独立同分布瑞利衰落信道模型，如果信道相关性很强，则有可能使 MIMO 信道失去自由度增益和分集增益，从而不能使用空间复用和空间分集技术，因此，对多天线系统结构的选择也需适应实际的传播环境。本节将讨论自适应 MIMO 技术。首先从不同多天线传播环境所支持增益类型的角度，给出自适应 MIMO 系统所要遵循的基本原则，然后讨论几种自适应 MIMO 系统的实现技术。

1. 复用增益、分集增益和功率增益之间的权衡

使用自适应 MIMO 技术首先需要明确的问题是：不同的多天线信道传输环境本身所能提供的增益情况。

（1）功率增益与复用 / 分集增益之间的权衡

我们已经知道，(N_T, N_R) 链路独立同分布瑞利衰落信道有能力提供充分独立的并行传输信道，具有全自由度（复用）增益 $\min\{N_T, N_R\}$ 和全分集增益 $N_T N_R$，这种信道模型是在富散射环境且天线阵元间距足够大时的合理假设。然而，如果两收发天线阵列之间存在直射（视距）路径或几条明显的反射路径，那么会造成 MIMO 信道矩阵具有很强的相关性，此时有可能导致 MIMO 信道自由度增益和分集增益的损失。

为了说明这种情况，考察仅存在一条视距路径的天线阵列。假设发射天线

与接收天线均为线性阵列，且天线阵列的尺寸比发射机与接收机之间的距离小得多，此时，天线阵元之间的等间距转化为各阵元接收信号之间有规律的相位差，如图 2-47 所示。可以证明，该情形下信道矩阵 $\boldsymbol{H}$ 为具有唯一非零奇异值 $\lambda_1 = \sqrt{N_T N_R}$ 的秩为 1 的矩阵（设视距路径的衰减归一化），由式（2-62）可以得到在发射机未知 $\boldsymbol{H}$ 而接收机已知 $\boldsymbol{H}$ 的情况下，该信道的容量为

$$C_{\text{LOS}} = \log\left(1 + N_R \rho\right) \tag{2-91}$$

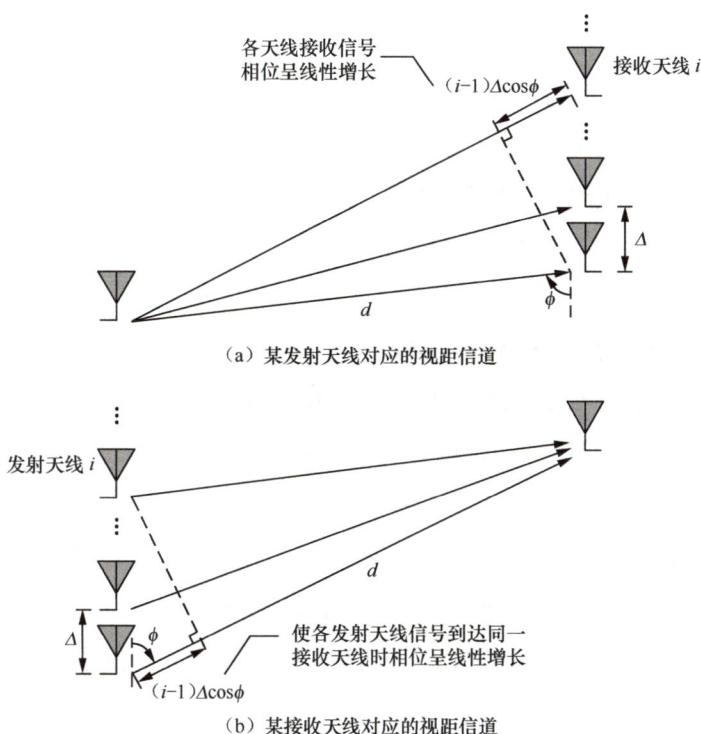

各天线接收信号相位呈线性增长

$(i-1)\Delta\cos\phi$

接收天线 i

Δ

d

ϕ

（a）某发射天线对应的视距信道

发射天线 i

d

Δ

ϕ

使各发射天线信号到达同一接收天线时相位呈线性增长

$(i-1)\Delta\cos\phi$

（b）某接收天线对应的视距信道

图 2-47 仅存在视距路径的 MIMO 信道

式（2-91）与熟知的 AWGN 信道容量表达式十分相似，不同之处仅在于信噪比参数 ρ 前增加了因子 N_R。因子 N_R 称该 MIMO 信道的功率增益。这说明，如果发射机未知信道状态信息，那么增加发射天线数不会给信道容量带来任何贡献，而接收机可采用最大比合并（接收波束成形）来获取功率增益。如果发射机也已知 $\boldsymbol{H}$，那么可以将所有发射信号能量都分配给 λ_1 这一特征模式，此时，

信道容量为

$$C_{LOS} = \log\left(1 + N_T N_R \rho\right) \tag{2-92}$$

因子 $N_T N_R$ 为该 MIMO 信道的功率增益。这说明，当发射机已知信道状态信息时，可通过发射波束成形获取功率增益。因此，在收发两端均已知信道状态信息时，对于任意数量的发射天线和接收天线，既可以受益于发射波束成形又可以受益于接收波束成形。另外，式（2-91）、式（2-92）也说明，在信道矩阵 **H** 仅存在唯一特征模式的情况下，即使使用多副发射和接收天线，也不会获得空间自由度增益或分集增益。

上述分析说明，在仅存在视距路径的环境下，MIMO 信道仅能提供功率增益，不能提供自由度增益或分集增益。因此，在这种信道环境下，可以利用波束成形技术来获取多天线所提供的功率增益，但 2.4.1、2.4.2 节所讨论的空间复用技术和空时编码技术却没有用武之地。

（2）复用增益与分集增益的折中

在富散射环境中，MIMO 信道矩阵具有充分的随机性，通过采用不同技术可获得复用增益或分集增益。实际上，分集增益的获得是以损失部分复用增益为代价的。例如，一个 (2,2)MIMO 链路所能提供的复用增益为 $\min(N_T, N_R)=2$，分集增益为 $N_T N_R=4$；如果采用 Alamouti 方案且接收机采用最大似然检测时，当获得的分集增益为 4 时，不能获得复用增益。这说明，该方案将所有空间资源均用于提高传输可靠性，而没有利用 (2, 2) 链路所提供的复用增益。事实上，分集增益与复用增益之间存在折中问题，定义分集 - 复用增益折中的公式化表示如下[89]。

如果数据速率

$$R = m \log \rho \tag{2-93}$$

且中断概率满足

$$P_{out}\left(R\right) \approx \rho^{-d(m)} \tag{2-94}$$

或差错概率满足

$$P_e \approx \rho^{-d(m)} \tag{2-95}$$

则可以在复用增益为 *m* 时实现分集增益 *d(m)*，曲线 *d*(·) 就是分集 - 复用增益折中。

从定义中可以看出，复用增益 m 与分集增益 d 均表征了频带利用率和中断概率（或差错概率）对信噪比变化的敏感程度。特别地，当 $m=0$ 时，即信噪比的变化不会引起频带利用率的变化时（称之为"固定速率"），所获得的分集增益 $d(0)$ 即经典分集增益。通常，可以利用式（2-94）推导出某一信道本身所具有的最优分集–复用增益折中（最优是指，在复用增益为 m 时能达到最大的分集增益），而利用式（2-95）推导出某一方案所达到的分集–复用增益折中。

对于独立同分布瑞利衰落的 (N_T, N_R)MIMO 链路，数据速率为 $R=m\log\text{SNR}$ 的最优复用–分集折中由中断概率得到

$$P_{\text{out}}^{\text{iid}}\left(m\log\rho\right)=\Pr\left\{\log\det\left(\boldsymbol{I}_{N_R}+\frac{\rho}{N_T}\boldsymbol{H}\boldsymbol{H}^{\text{H}}\right)<m\log\rho\right\} \qquad （2\text{-}96）$$

通过分析上面的表达式，可以计算出最优复用–分集折中 $d^*(\cdot)$ 为连接以下各点的分段线性曲线，如图 2-48 所示[89]。

$$\left(k,\left(N_T-k\right)\left(N_R-k\right)\right),\quad k=0,\cdots,\min\left(N_T,N_R\right) \qquad （2\text{-}97）$$

从图 2-48 中可以看到，当 $m\to 0$ 时，所实现的最大分集增益 $N_T N_R$ 是以牺牲复用增益为代价的；当 $m\to\min(N_T,N_R)$ 时，可以获得全部复用增益，但不存在分集增益。

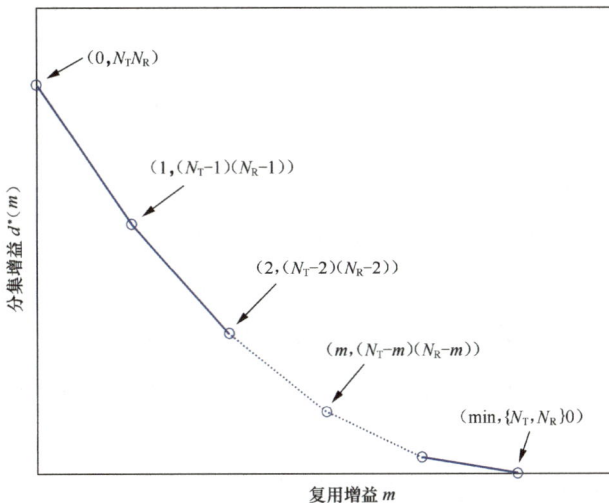

图 2-48　最优分集–复用增益折中[89]

以 (2,2) 链路为例，根据式（2-97）得到该链路最优分集－复用增益折中为

$$d^*(m) = \begin{cases} 4-3m, & m \in [0,1] \\ 2-m, & m \in [1,2] \end{cases} \qquad (2-98)$$

如图 2-49 中虚线所示。为方便比较，图 2-49 中也给出了采用 V-BLAST（OSIC）、V-BLAST（SD）、Alamouti 方案所获得的分集－复用增益折中。由图可见，除采用球形译码算法（可达到最大似然检测性能）的 V-BLAST 方案在 $m>1$ 时达到最优折中之外，所有方案都是次最优折中的。

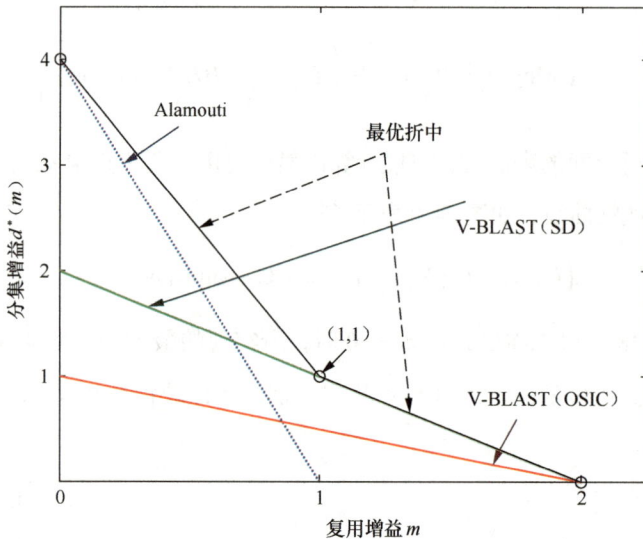

图 2-49 (2,2) 链路不同方案的分集－复用增益折中比较 [89]

综合上面的分析，得到如下结论。

① 多天线信道可提供功率增益、复用增益和分集增益。

② 当空间存在大量均匀分布的散射体时，即信道矩阵充分随机时，MIMO 信道具有提供复用增益和分集增益的能力；当空间存在一个或几个强度较高的视距或反射路径时，即信道矩阵具有明显的相关性时，多天线系统只具备提供功率增益的能力。

③ 如果 MIMO 信道具备提供复用增益和分集增益的能力，那么可依据用户需求和信噪比条件选择适当的系统配置模式来获取不同的复用增益和分集增益

的折中。

这些结论说明，多天线信道具有提供功率增益、复用增益和分集增益的潜能，但它们不可能同时获得。在战术通信中，不但要求通信系统对各种信道环境具有较强的适应能力，也要求它们能够满足用户的不同需求。因此，希望多天线系统能够自动选择不同的配置来适应各种多天线信道传播环境和用户服务质量需求。为了达到这一目标，人们开始从事自适应 MIMO 技术方面的研究。

2. 自适应 MIMO 的实现

实现自适应 MIMO 的一般过程是，首先定义一个指示信道质量的参数，然后跟踪这个参数的变化，依据某一策略选择一组合适的发送参数来适应信道的变化。从上面的分析可知，多天线系统利用空间资源获得增益的基本方式有 3 种：在信道空间相关性较高的情况下适合采用波束成形来获取功率增益，在信道空间独立且信噪比较高的情况下适合采用空间复用（Spatial Multiplexing，SM）结构来获得自由度增益，在信道空间独立且信噪比较低的情况下适合采用发射分集（Transmit Diversity，TD）技术来获得分集增益。除此之外，对应于不同发射天线的信号调制电平、编码速率等也是可选参数。为了说明自适应 MIMO 的工作原理和性能，我们举一个简单例子[90]。这里假设信道是空间独立的，只考虑 SM 与 TD 两种模式的转换。另外，寄生天线技术可将具有较强相关性 MIMO 信道矩阵修正为独立的 MIMO 信道矩阵[91]，使得这一假设具有更普遍的意义。

在本例中，选择接收信噪比为描述信道质量的参数。假设可供选择的信号调制电平和编码速率的组合有 6 种，再结合 SM 和 TD 模式，可供选择的发射模式共有 12 种，分别用 TDi 与 SMi，i=1,…, 6 来表示。以长时平均信噪比作为发送模式转换的依据，图 2-50 分别展示出了在非频率选择性和频率选择性信道（时延扩展为 0.5 μs）下采用自适应策略的系统所获得的频谱利用率与长时平均信噪比的关系，同时也绘出了每种可选发射模式对应的信噪比区域和频谱利用率。由图可见，如果不采用自适应策略，为了保证系统在大多数传输条件下的可靠传输，则需选择可靠性最高的 TD1 模式，此时所得到的频谱利用率将恒定在 0.5 bit·s^{-1}·Hz^{-1}，如图 2-50 中下方的虚线所示。而如果采用自适应策略，则系统会在信道条件较好时获得更高的频谱利用率。此外，在信噪比较高时，自适应策略还可利用由频率选择性带来的频率分集 / 复用增益。事实上，如果提高自适应策略的跟踪速率，还可以获得更高的频谱利用率。图 2-51 所示是在平衰落信道下、固定长时平均信噪比为 10 dB 条件下，频谱利用率与归一化自适应窗口之间的关系。定义归一化自适应窗口为 T_a/T_c，T_a 与 T_c 分别表示自适应窗口（即统计一次信噪比并进行一次发射模式选择所需的时间）和信道相干时间。如果自适应跟踪速率足够快，能够实时选择合适的发射模式以适应瞬时接收信噪比，那么所得到的频谱利用率接近 2 bit·s^{-1}·Hz^{-1}，如图 2-51 中最上方的曲线所示。虽然由于数据处理与反馈信道的时延，这种实时性在实际操作中是不可能做到的，但其性能可作为实际自适应策略的一个上限。图 2-51 中性能最差的曲线（最下方）是采用长时平均信噪比为发送模式选择依据时所获得的频谱利用率（对应图 2-50 中长时平均信噪比为 10 dB 的位置），它可作为自适应策略的性能下限。位于中间的曲线反映了自适应跟踪速率对系统所获得频谱利用率的影响。由图可见，较快的跟踪速率比较慢的跟踪速率所获得的频谱利用率增高接近一倍。

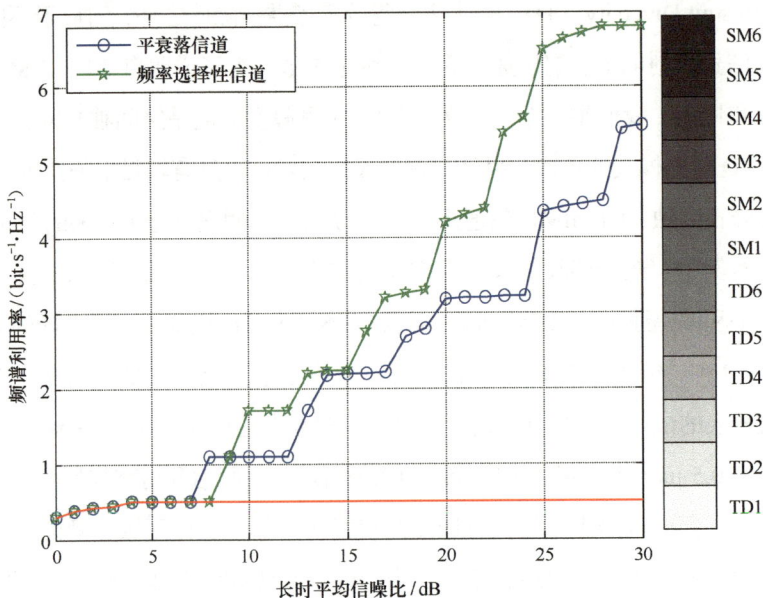

图 2-50　自适应策略的性能[90]

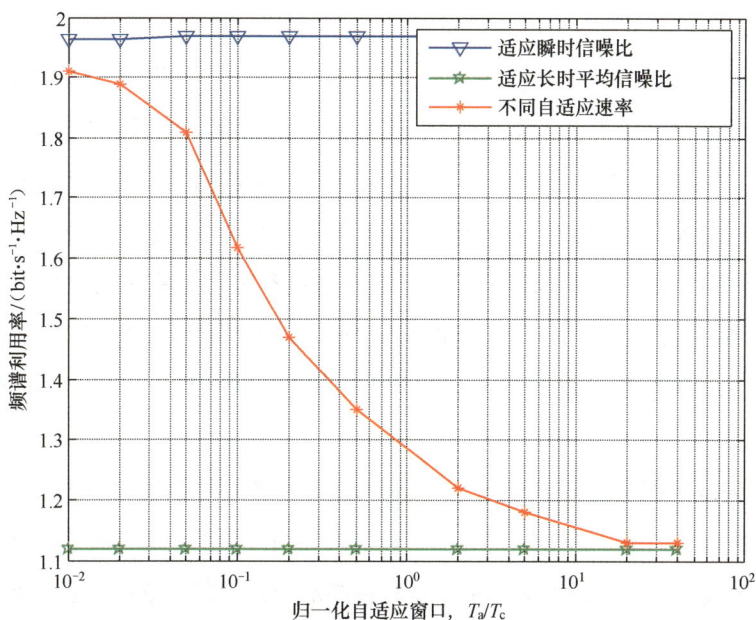

图 2-51　跟踪速率对自适应策略性能的影响 [90]

上面的例子说明，自适应 MIMO 技术不但使 MIMO 系统对环境的适应能力更强，而且可以显著提高系统的频谱利用率。设计一个可实现的、性能优良的自适应 MIMO 系统需要考虑如下很多问题。

① 自适应策略的选择。使用自适应 MIMO 策略的前提之一是发送端已知信道信息。如果发送端已知完整的信道状态信息，那么发送端可以为每个信道实现选择一种达到信道容量的发送模式，从而最大限度地利用信道容量。如果采用接收端估计信道并反馈到发送端的做法，那么当收发天线数较多时，需要消耗大量反馈信道资源。一种简单的替代方法是在接收端估计信道的相关程度以及接收信噪比，根据这两个指标直接选择一种发射模式通知发送端，如此便大大降低了对反馈信道的需求。但由于这种方法对自适应调整的粒度完全依赖于既定的发送模式，性能上往往不能达到最优。MITRE 公司的研究小组 [92] 提出的 Echo MIMO 技术从另一思路解决了这一问题。其基本思想是利用信道探测技术使发送端直接估计信道状态信息，也就是接收端将接收到的信号反射回发送端，发送端据此直接估计每对收发天线间的信道衰落系数。该技术受到了美国军方

的高度关注。

② 自适应参数的选取。在自适应 MIMO 系统中，可供调节的参数除传统单天线系统中调制电平、编码速率、信号功率等之外，还包括与空间资源相关的参数，如波束成形、空间复用、发射分集模式的选择。天线技术的研究进展也为自适应 MIMO 系统的设计提供了更大的空间。可重配置天线技术可以调节天线阵元间的间隔、辐射特性、极化方向等参数[93]，寄生天线技术可以控制天线周围的局部散射环境，从而改变 MIMO 信道矩阵以获取期望的信道容量[91]，这些天线技术将自适应 MIMO 的参数选择扩展到直接控制传播环境的程度。

③ 自适应跟踪速率的选择。自适应跟踪速率描述了自适应算法所跟踪信道的变化快慢。上例中图 2-51 也说明了较快的自适应跟踪速率有利于提高频谱利用率。较慢的自适应跟踪速率主要跟踪由终端地理位置、道路交通、季节等的变化引起的大尺度衰落；较快的自适应跟踪速率可以跟踪由时频选择性引起的小尺度衰落。但是，较快的自适应跟踪速率需增加处理复杂度和反馈信息量，这需要占据更多的带宽和时间资源。因此，必须考虑自适应跟踪速率与其所带来的代价之间的折中。

④ 反馈信息的设计。自适应算法的设计中，需要尽量减少反馈信息量，以降低它们所占用的带宽和时间资源。如果接收端反馈完整的信道状态信息，那么需要发送端利用这些信息做出采用哪种发射模式的判决。而如果让接收端来做这项工作，那么只需要将已选发射模式的信息反馈到发送端，在候选发射模式较少的情况下仅需要很小的反馈开销。另外，这种方法并不需要接收端每做一次预测都反馈信息，而只需要预测到需要变化发射模式时通知发送端，减少反馈信息的频度。

⑤ 对反馈时延、反馈错误、反馈数据的量化等非理想因素的适应能力。考虑反馈信道中的这些非理想因素，有利于设计出鲁棒性更高的自适应算法。学者们往往利用先进的信号处理算法来处理这三种非理想因素。例如，采用信道预测技术来弥补反馈时延带来的信道不匹配问题，采用具有一定容错性能的软重建技术来对抗反馈错误和反馈数据量化等[94]。

2.5 MIMO-OFDM 技术

在上面的讨论中，主要关注了 MIMO 技术在窄带系统中的应用。为了进一步提高信息传输速率，必须考虑宽带 MIMO 技术的应用，即如何在 MIMO 系统中处理信道多径影响的问题。正交频分复用（OFDM）技术遵循于频率选择性信道下的注水原理，能够获得接近信道容量的性能 [95]。在面向宽带 MIMO 传输系统中，MIMO-OFDM 技术也成为接近信道容量的有效途径 [96]。另外，MIMO-OFDM 技术还可将频率选择性信道分解为若干个并行平衰落子信道，不但极大简化了接收端处理复杂度，而且还能借鉴平衰落信道下的 MIMO 研究成果，为系统设计提供方便，因而 MIMO-OFDM 已成为宽带 MIMO 系统中被广泛研究与使用的方案。

在 2004 年，美国佐治亚理工学院（Georgia Institute of Technology）建立了 MIMO-OFDM 系统实验室原型机，它基于 IEEE 802.16 标准，并采用 TI 公司的 DSP 芯片 TMS320C6701 实现了实时处理 [97]。测试结果表明，在 (3,3) 链路的 MIMO-OFDM 系统中，传输速率为 281.25 Mbit/s 时的频谱利用率达到了 14.4 $\mathrm{bit \cdot s^{-1} \cdot Hz^{-1}}$。

本节首先给出 MIMO-OFDM 系统的信号模型，然后介绍 MIMO-OFDM 系统中的复用和分集。

2.5.1 信号模型

MIMO-OFDM 系统结构如图 2-52 所示。设系统中有 N_T 个发射天线，N_R 个接收天线，每路 OFDM 调制器包含 K 个子载波。在发送端，信息符号序列首先经串并变换成 N_T 路信号，分别进行 OFDM 调制后并行发射出去。在接收端，对 N_R 路接收信号分别进行 OFDM 解调，将解调后的信号送入检测器中。

设第 n_T 发射天线、第 k 子信道上的信号为 $s_{n_T}(k)(n_T=1,\cdots,N_T, k=0,\cdots,K-1)$，记 $s(k)=\left[s_1(k)\cdots s_{N_T}(k)\right]$ 为第 k 子信道上的符号矢量，$s_{n_T}=\left[s_{n_T}(0)\cdots s_{n_T}(K-1)\right]$ 为第 n_T 发射天线上的 OFDM 符号，$\bar{s}=\left[s_1\cdots s_{N_T}\right]$ 为一个频域 V-BLAST OFDM

发送符号。将 $\boldsymbol{s}_{n_{\mathrm{T}}}$ 分别作 IDFT 得到第 n_{T} 发射天线上的时域 OFDM 符号 $\boldsymbol{s}_{n_{\mathrm{T}}}^{t} = \boldsymbol{s}_{n_{\mathrm{T}}} \boldsymbol{F}^{\mathrm{H}}$（上标 t 表示时域量，$\boldsymbol{F}$ 为 K 阶 DFT 矩阵），这些 OFDM 符号组合起来构成一个时域 MIMO-OFDM 发送符号 $\bar{\boldsymbol{s}}^{t}$。

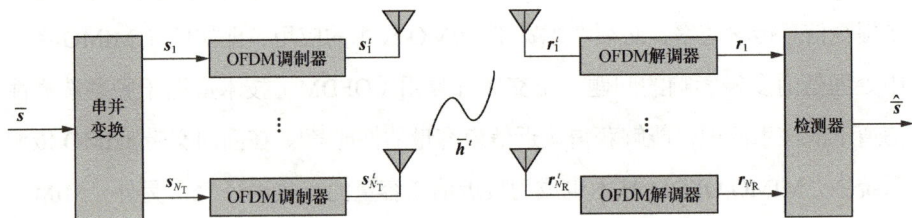

图 2-52　MIMO-OFDM 系统结构

$$\bar{\boldsymbol{s}}^{t} = \begin{bmatrix} \boldsymbol{s}_1^{t} \cdots \boldsymbol{s}_{N_{\mathrm{T}}}^{t} \end{bmatrix} = \begin{bmatrix} \boldsymbol{s}_1 \cdots \boldsymbol{s}_{N_{\mathrm{T}}} \end{bmatrix} \begin{bmatrix} \boldsymbol{F}^{\mathrm{H}} & & 0 \\ & \ddots & \\ 0 & & \boldsymbol{F}^{\mathrm{H}} \end{bmatrix} \triangleq \bar{\boldsymbol{s}} \boldsymbol{F}^{(N_{\mathrm{T}})\mathrm{H}}$$

$$\boldsymbol{F} = \frac{1}{\sqrt{K}} \begin{bmatrix} 1 & 1 & 1 & \cdots & 1 \\ 1 & \mathrm{e}^{-\mathrm{j}\frac{2\pi}{K}} & \mathrm{e}^{-\mathrm{j}\frac{2\pi}{K}\cdot 2} & \cdots & \mathrm{e}^{-\mathrm{j}\frac{2\pi}{K}\cdot(K-1)} \\ \vdots & \vdots & \vdots & & \vdots \\ 1 & \mathrm{e}^{-\mathrm{j}\frac{2\pi}{K}\cdot(K-1)} & \mathrm{e}^{-\mathrm{j}\frac{2\pi}{K}\cdot(K-1)2} & \cdots & \mathrm{e}^{-\mathrm{j}\frac{2\pi}{K}\cdot(K-1)(K-1)} \end{bmatrix} \text{为DFT矩阵} \qquad (2\text{-}99)$$

$$\boldsymbol{F}^{(N_{\mathrm{T}})} = \mathrm{diag}\left(\underbrace{\boldsymbol{F} \cdots \boldsymbol{F}}_{N_{\mathrm{T}}} \right)$$

设信道响应长度为 L_C+1，第 n_{T} 发射天线与第 n_{R} 接收天线间的第 l 条路径的信道增益为 $h_{n_{\mathrm{T}}n_{\mathrm{R}}}^{t}(l)(n_{\mathrm{T}}=1,\cdots,N_{\mathrm{T}}, n_{\mathrm{R}}=1,\cdots,N_{\mathrm{R}}, l=0,\cdots,L_C)$。假设信道是慢时变的，即在一个 MIMO-OFDM 符号周期之内衰落系数不变，又设循环前缀长度 L_{CP} 不小于信道响应长度，则第 n_{T} 发射天线与第 n_{R} 接收天线间的信道可表示成循环矩阵的形式

$$\boldsymbol{h}_{n_{\mathrm{T}}n_{\mathrm{R}}}^{t} = \mathrm{circ}\left(\underbrace{h_{n_{\mathrm{T}}n_{\mathrm{R}}}^{t}(0)\cdots h_{n_{\mathrm{T}}n_{\mathrm{R}}}^{t}(L_C), 0\cdots 0}_{K} \right) =$$

$$\begin{bmatrix} h_{n_T n_R}^t(0) & h_{n_T n_R}^t(1) & \cdots & h_{n_T n_R}^t(L_C) & \cdots & 0 \\ 0 & h_{n_T n_R}^t(0) & h_{n_T n_R}^t(1) & \cdots & \cdots & 0 \\ \vdots & \ddots & \ddots & \ddots & \ddots & \vdots \\ 0 & 0 & \cdots & h_{n_T n_R}^t(0) & \cdots & h_{n_T n_R}^t(L_C) \\ \vdots & \ddots & \ddots & \ddots & \ddots & \vdots \\ h_{n_T n_R}^t(1) & \cdots & h_{n_T n_R}^t(L_C) & 0 & \cdots & h_{n_T n_R}^t(0) \end{bmatrix}$$

由此得到 MIMO-OFDM 的时域信道分块矩阵表示形式为

$$\overline{h}^t = \begin{bmatrix} h_{11}^t & \cdots & h_{1N_R}^t \\ \vdots & & \vdots \\ h_{N_T 1}^t & \cdots & h_{N_T N_R}^t \end{bmatrix}$$

利用上述符号定义，一个时域 MIMO-OFDM 接收符号 r^t 可写成

$$\overline{r}^t = \overline{s}^t \overline{h}^t + \overline{w}^t \qquad (2\text{-}100)$$

其中 $\overline{w}^t$ 是 $N_R K$ 维复高斯白噪声，自相关矩阵为 $E\left(\overline{w}^t \overline{w}^{t\mathrm{H}}\right) = \sigma_n^2 I_{N_R K}$。记 $\overline{r}^t = \begin{bmatrix} r_1^t \cdots r_{N_R}^t \end{bmatrix}$，其中 K 维矢量 $r_{n_R}^t$ 是第 n_R 接收天线上的时域 OFDM 符号。

在接收端，分别对 $r_{n_R}^t$ 其作 DFT 得到 n_R 天线上的频域 OFDM 符号。

$$r_{n_R}^f = r_{n_R}^t F, \quad n_R = 1 \cdots N_R \qquad (2\text{-}101)$$

式中，上标 f 表示频域量。将这些符号连接起来，组成一个频域 MIMO-OFDM 接收符号为

$$\overline{r}^f = \begin{bmatrix} r_1^f \cdots r_{N_R}^f \end{bmatrix} = \begin{bmatrix} r_1^t \cdots r_{N_R}^t \end{bmatrix} \begin{bmatrix} F & & 0 \\ & \ddots & \\ 0 & & F \end{bmatrix} = \overline{r}^t F^{(N_R)} \qquad (2\text{-}102)$$

将式（2-99）与式（2-102）代入式（2-100），得到

$$\overline{r}^f = \overline{s} F^{(N_T)\mathrm{H}} \overline{h}^t F^{(N_R)} + \overline{w}^t F^{(N_R)} \triangleq \overline{s} \overline{h}^f + \overline{w}^f \qquad (2\text{-}103)$$

其中，$\overline{w}^f = \overline{w}^t F^{(N_R)}$，$\overline{h}^f = F^{(N_T)\mathrm{H}} \overline{h}^t F^{(N_R)}$。由于 $F^{(N_R)}$ 是酉矩阵，因此，$\overline{w}^f$ 与 $\overline{w}^t$ 的统计特性相同。以下考虑频域信道矩阵 $\overline{h}^f$ 的结构。

将 $\overline{h}^f$ 写成分块矩阵形式，并利用循环矩阵可被 DFT 矩阵对角化的性质，得到

$$\overline{\boldsymbol{h}}^f = \begin{bmatrix} \boldsymbol{F}^H \boldsymbol{h}_{11}^t \boldsymbol{F} & \cdots & \boldsymbol{F}^H \boldsymbol{h}_{1N_R}^t \boldsymbol{F} \\ \vdots & & \vdots \\ \boldsymbol{F}^H \boldsymbol{h}_{N_T 1}^t \boldsymbol{F} & \cdots & \boldsymbol{F}^H \boldsymbol{h}_{N_T N_R}^t \boldsymbol{F} \end{bmatrix} =$$

$$\begin{bmatrix} h_{11}^f(0) & \cdots & 0 & \cdots & h_{1N_R}^f(0) & \cdots & 0 \\ \vdots & \ddots & \vdots & & \vdots & \ddots & \vdots \\ 0 & \cdots & h_{11}^f(K-1) & \cdots & 0 & \cdots & h_{1N_R}^f(K-1) \\ \vdots & & \vdots & \ddots & \vdots & & \vdots \\ h_{N_T 1}^f(0) & \cdots & 0 & \cdots & h_{N_T N_R}^f(0) & \cdots & 0 \\ \vdots & \ddots & \vdots & & \vdots & \ddots & \vdots \\ 0 & \cdots & h_{N_T 1}^f(K-1) & \cdots & 0 & \cdots & h_{N_T N_R}^f(K-1) \end{bmatrix} \quad (2\text{-}104)$$

其中，$h_{n_T n_R}^f(k) = \sum_{l=0}^{L_C} h_{n_T n_R}^t(l) e^{-j\frac{2\pi}{K}lk}$，$k = 0, \cdots, K-1$，$n_T = 1, \cdots, N_T$，$n_R = 1, \cdots, N_R$ (2-105)

式（2-105）中，$h_{n_T n_R}^f(k)$ 表示第 n_T 发射天线与第 n_R 接收天线间第 k 子信道上的频率响应。选择恰当的置换矩阵 $\boldsymbol{\Pi}_T$、$\boldsymbol{\Pi}_R$，使其满足

$$\boldsymbol{\Pi}_T \overline{\boldsymbol{h}}^f \boldsymbol{\Pi}_R = \begin{bmatrix} \boldsymbol{h}^f(0) & & 0 \\ & \ddots & \\ 0 & & \boldsymbol{h}^f(K-1) \end{bmatrix}, \text{ 其中，} \boldsymbol{h}^f(k) = \begin{bmatrix} h_{11}^f(k) & \cdots & h_{1N_R}^f(k) \\ \vdots & & \vdots \\ h_{N_T 1}^f(k) & \cdots & h_{N_T N_R}^f(k) \end{bmatrix}$$

$$(2\text{-}106)$$

式（2-106）中，$\boldsymbol{h}^f(k)$ 表示第 k 子信道上的等价平衰落信道矩阵。对 $\overline{\boldsymbol{r}}^f$ 按 $\boldsymbol{\Pi}_R$ 做置换得到

$$\overline{\boldsymbol{r}}^f \boldsymbol{\Pi}_R = (\overline{\boldsymbol{s}} \boldsymbol{\Pi}_T^T)(\boldsymbol{\Pi}_T \overline{\boldsymbol{h}}^f \boldsymbol{\Pi}_R) + \overline{\boldsymbol{w}}^f \boldsymbol{\Pi}_R =$$

$$\begin{bmatrix} \boldsymbol{s}(0) \cdots \boldsymbol{s}(K-1) \end{bmatrix} \begin{bmatrix} \boldsymbol{h}^f(0) & & 0 \\ & \ddots & \\ 0 & & \boldsymbol{h}^f(K-1) \end{bmatrix} + \begin{bmatrix} \boldsymbol{w}^f(0) \cdots \boldsymbol{w}^f(K-1) \end{bmatrix} \triangleq \quad (2\text{-}107)$$

$$\begin{bmatrix} \boldsymbol{r}^f(0) \cdots \boldsymbol{r}^f(K-1) \end{bmatrix}$$

式中 $\boldsymbol{r}^f(k)$ 与 $\boldsymbol{w}^f(k)$ 分别为一个 MIMO-OFDM 符号内第 k 子信道上的接收信号矢量与白噪声矢量，由式（2-107）可知

$$\boldsymbol{r}^f(k) = \boldsymbol{s}(k)\boldsymbol{h}^f(k) + \boldsymbol{w}^f(k), \quad k = 0, \cdots, K-1 \quad (2\text{-}108)$$

显然，式（2-108）与式（2-59）所描述的平衰落信道下 MIMO 信号模型的形式相同，只不过这里标号 k 代表不同子信道，信号 $s(k)$ 承载在不同的子信道上。

上述推导证明，在慢衰落（信道至少在一个 MIMO-OFDM 符号时间内保持不变），信道最大多径时延不超过循环前缀长度的前提下，OFDM 将宽带 MIMO 信道转化为若干个并行平衰落（窄带）MIMO 子信道。这一特征表明，许多对窄带 MIMO 系统的研究成果均可作为 MIMO-OFDM 系统设计的借鉴。

空间复用 MIMO-OFDM 系统便是一个典型例子。与窄带 MIMO 相同，空间复用 MIMO-OFDM 系统中的复用增益为收发天线数中的最小值，且要求接收端已知信道状态信息但发射端未必已知。空间复用 MIMO-OFDM 系统中的每个子信道都可以看成是一个窄带 BLAST 系统，这样，在 2.4.1 节中介绍的所有 BLAST 检测算法都可以直接应用于空间复用 MIMO-OFDM 系统中的各个子载波上，解决该情形下的信号检测问题。虽然 OFDM 可以有效消除多径信道引入的码间干扰，但空间复用 MIMO-OFDM 系统的复杂度仍然很高。这是因为需要在每个子载波上对空间混叠的信号进行分离，这也是现行标准中空分复用 MIMO-OFDM 系统的数据子载波数大多在 48（如 IEEE 802.11a/g）至 1 728（如 IEEE 802.16e）之间的原因。在实际应用中，信道响应长度通常远小于子载波数，这使各子载波上的频率响应之间具有一定相关性，利用这一特点对各子载波矩阵统一地进行预处理操作，可以简化检测算法的设计。以窄带 V-BLAST 检测算法排序连续干扰抵消（OSIC）为例，利用子载波间的相关性可以对该算法中的预处理工作（包括预排序和对 MIMO 信道矩阵的 QR 分解，参见 2.4.1 节）进行一些简化。例如，文献 [98] 提出了分组排序连续干扰抵消算法，即将相关性较强的子信道分作一组，同组子载波均采用该组中间子载波 MIMO 信道矩阵的最优排序；文献 [99] 提出了插值 QR 分解算法，即只对少数子载波上信道矩阵进行 QR 分解，将它们插值得到其他子载波上矩阵的 QR 分解结果，从而降低了检测算法的计算复杂度。

2.5.2 空频编码技术

在单天线 OFDM 系统中，频率分集通过子载波间的联合编码与交织获得。

在频率选择性衰落 MIMO 信道中，可以利用的分集资源有两种：频率分集与空间分集。为了同时获取 MIMO-OFDM 系统中的这两种资源带来的分集增益，人们在对信号成对错误概率（Pairwise Error Probability，PEP）性能分析的基础上提出了在 MIMO-OFDM 系统的发送天线和子载波之间进行编码的方法，即空频编码。

1. MIMO-OFDM 系统中的相干空频编码

MIMO-OFDM 系统中空频编码最初的研究是在接收端已知信道状态信息假设下，这与空时编码的研究类似。在这一假设下，Bolcskei 等 [100] 首先利用切尔诺夫域方法得到了空频编码的一种成对错误概率分析方法，证明了相干空频码可获取的最大分集阶数是发射天线数、接收天线数和可分辨路径数三者的乘积，并指出将空时编码结构中的时域替换为频域后应用到 MIMO-OFDM 系统中未必能获得频率分集。在该作者的后续研究 [101] 中，提出了一种将输入符号向量乘以一个部分离散傅里叶变换矩阵来构造空频码的方法，这种方法可以获得全部空间和频率分集，其代价是牺牲了频谱效率。例如在一个 2 副发射天线、8 个子载波和 2 条散射路径的系统中，这种方法的编码速率只有 1/4。继而 Bolcskei 等 [102] 又提出了一种酉空频码，当多径信道的功率延迟谱均匀分布时可以获得全分集，并且空频码的编码增益由星座的最小欧几里得距离决定。与此同时，Su 等 [103] 提出了一种映射方法来构造空频码，即可在平衰落信道下获取全分集的空时码块在频率方向上进行重复得到新的空频码块，如要获取 L 条路径上的全分集效果，就需要将原空时码的每个发送向量在 L 个频率上都重复发送，通过对成对错误概率的分析证明了这种方法产生的空频码可以获得全分集。显然，这种方法将原空时码长度扩展了 L 倍，以降低频谱效率为代价获取了频率分集。为了进一步提高空频码的频谱效率，Su 等 [103] 又提出了全速率全分集的空频编码方法，在保证系统传输效率的同时获取全部空间和频率分集。Su 等在这项工作中利用了空频码与空时码在信号模型上具有相似性的特点，将 7 中已有的关于成对错误概率分析成果应用到空频编码的性能分析中，得到了更加细致的成对错误概率表达式，为空频码设计提供了更为完善的准则。

2. MIMO-OFDM 系统中的非相干空频编码

在 MIMO-OFDM 系统中，信道状态信息的获取更加困难，基于训练序列的方法会降低系统的传输效率，盲或半盲估计方法具有复杂度高、收敛速度慢的缺陷，这些对于短时突发通信应用非常不利。受平衰落信道下非相干通信系统的启发，人们提出了频率选择性衰落信道下的非相干 MIMO-OFDM 系统。Borgmann 等 [88] 首先分析了非相干 MIMO-OFDM 系统的信道容量，量化了信道的不确定性和传输速率损失之间的关系。继而，Borgmann 和 Bolcskei[104] 于同年发表在 *IEEE Journal on Selected Areas in Communications*（*IEEE JSAC*）上的文章 "Noncoherent space-frequency coded MIMO-OFDM" 从获取分集增益的角度系统化地提出了非相干空频编码的概念，并且分析指出良好设计的非相干空频码也能获得与相干空频码（即在接收端已知信道状态信息假设下所设计的空频码）相同的分集阶数，为非相干空频码的研究奠定了理论基础，该篇论文获得了当年 *IEEE JSAC* 最佳论文奖（the Award of Best Paper）。在该篇论文中，利用矩生成函数的方法通过切尔诺夫域获得了非相干空频码字成对错误概率的上界，但这个上界表达式比较松弛，且在形式上不能直观反映码字与分集阶数以及编码增益之间的关系。因此，作者只在假定非相干空频码字满足一定条件（酉性和相互正交性）的情况下分析了码字的性能和设计准则。在空频码字的构造上，Borgmann 等所提出的非相干空频码是将一个 OFDM 符号中的所有子载波都看作一个码块来进行分析，而在一些商用 OFDM 系统标准中，子载波数通常从 64 个（IEEE 802.11a/g）到 1 728 个（IEEE 802.16e）不等，这样势必导致码字巨大而带来不可实现的编译码复杂度，因此具有小码块结构的非相干空频码设计及其低复杂度译码方法成为空频码领域研究热点之一 [105]。

如果将 2.4.2 节中所讨论的差分酉空时调制中的时域替换为频域，或在差分酉空时调制的基础上引入频域，都可以得到一种非相干空（时）频码的特例——差分酉空（时）频调制。典型的空时频差分有两种形式：一是在若干 MIMO-

OFDM 符号之间进行差分调制，即将矩阵符号承载在若干个相邻 MIMO-OFDM 符号的相同子载波上[106]；二是在一个 MIMO-OFDM 符号内进行差分调制，即将矩阵符号承载在同一个 MIMO-OFDM 符号的不同子载波上[107-108]。第一种形式要求信道在若干个 MIMO-OFDM 符号内基本保持不变，并需要将第一个 MIMO-OFDM 符号全部用作参考符号。在该假设下，采用单符号差分检测便能获得较好的性能[106]。第二种形式不但只要求信道在一个 MIMO-OFDM 符号内基本不变，而且只需要将每个 MIMO-OFDM 符号中少数几个子载波用作参考符号。与第一种形式相比，这种形式对信道时变的适应性更强，且当子载波数较大时，它在系统开销方面也有优势。在这种形式下，当多径扩展较小时，可以认为相邻子载波上的频率响应相差不多，因此也可以采用单符号差分检测[107-108]。文献 [108] 还注意到各子载波间相关性并不一定随载波间距递增而递减，在发送端已知信道时延功率谱的前提下，在相关性较强的子信道之间进行差分调制，从而在衰落信道的频谱变化较剧烈时也获得了良好的性能。

2.6 协同通信技术

在 2.4 和 2.5 节中，研究了在发射端和接收端分别配置多副天线，利用空间复用或空时编码技术提高信道传输效率或质量的 MIMO 系统。在移动自组织（Ad Hoc）网络中，由于每个传输节点均为移动性较强的通信设备，一台设备通常只能配置一副天线，从而难以构成 MIMO 系统。如果将多个节点的天线看作是一个"虚拟"的天线阵列（Distributed MIMO，D-MIMO），利用节点之间的协作实现多个转发节点向目的节点协同传输来自源节点的信息，那么同样可以获得与传统 MIMO 系统类似的分集能力，大幅提高数据传输的可靠性。由于这种分集增益的获得是靠不同节点之间的协作，因此这种传输方式也称为协同通信（Cooperative Communication），所获得的分集增益称为协同分集（Cooperative Diversity）。

2.6.1 基本原理

协同通信的基本思想可追溯到 Cover 与 Gamal 在中继信道的信息论理论方

面的奠基性工作[109]。该工作分析了具有 3 个节点，即源节点、目的节点和中继节点构成网络的信道容量。假设所有节点均工作在同一带宽内，那么信道可分解为一个从信源看去的广播信道和从信宿看去的多接入信道。许多后来出现在协同通信相关文献中的思想都在本文献中做了最初的解释。

但是，所讨论的协同通信与文献 [109] 中的中继信道还是有很多不同之处。首先，很多协同通信方面的进展源于在衰落信道假设下对分集增益的分析，而文献 [109] 中的研究仅限于 AWGN 信道。其次，在中继信道中，中继节点仅充当辅助主要信道传输的角色，而在协同通信中，节点扮演着信源和中继两个角色。这些不同直接影响到对协同通信的信道容量分析与通信策略设计上。

Sendonaris 等 [5-6] 最初在蜂窝网的应用背景下首次提出了协同通信的概念，他们证明了即使在移动用户之间信道环境很差的情况下，协同通信也能提高容量，而且会使系统具有更强的鲁棒性，也即用户速率对信道时变的敏感程度降低。

上面已经提到，在协同通信系统中，一个节点既发送自身数据也充当另一个节点的中继，将这两个节点互称"协同节点"。一个典型的协同通信过程如图 2-53 所示，其中节点 1 与节点 2 互为协同节点，节点 3 为目的节点。假设需要完成节点 1 到节点 3 的信息传输。第一步，节点 1 发送信息，节点 2 和节点 3 都接收信息；第二步，节点 2 将收到的信息进行转发，节点 3 仍然接收信息；最后节点 3 将第一步与第二步接收到的信息进行合并处理得到最终的检测结果。类似地，节点 2 也在节点 1 的协同下向节点 3 传输信息。

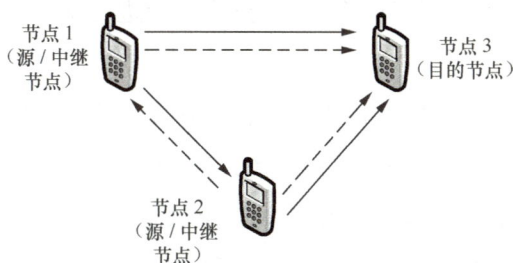

图 2-53　协同通信过程

上述协同通信的思想看似简单，但要设计一个行之有效的协同通信系统尚需考虑很多因素。首先，协同带来了功率与码率的折中问题。一方面，由于一个终端（指节点所使用的设备）需要为两个用户（指节点所服务的用户）服务，因此对一个终端来说增加了发射功率，另一方面，协同分集增益又可使所需要的发射功率降低。在这样的功率折中问题中，人们希望在其他条件保持不变的情况下能够获得净功率下降。对于系统码率也有类似的折中问题。由于一个终端不但要为本用户服务，还要为其协同用户服务，因此对于本用户来说，其数据速率降低了。但由于协同方式会使信道容量加大，因此每个用户的频谱利用率也相应提高，这便是码率折中问题。一些研究表明，在考虑协同带来代价的同时，仍然能获得系统性能的提高。

除了上述基本的折中问题之外，协同通信中还面临一些实现问题。

① 协同通信中的多址问题。在协同通信中，目的节点需要区别源节点与其协同节点发送的信息，这要求两者发送的信息是相互正交的。最直接的方法是时分多址（Time Division Multiple Access，TDMA）方式，也就是说，源节点与其协同节点在不同的时间段发送信息。另外，还可利用扩频码来区分节点，例如文献[6]就采用了CDMA方式。原则上，利用频率区分节点(频分多址(Frequency Division Multiple Access，FDMA)方式)也是可以的。不同多址方式会对节点的硬件要求产生影响。有些网络具有混合多址方式。例如，蜂窝网往往采用TDMA与FDMA的混合方式，也即上、下行链路占用不同的时隙和频段。如果在该网络中使用协同，那么要求移动用户不仅能接收下行链路的数据，也能接收上行链路的数据。这就要求终端增加输入滤波器与频率转换器等射频与中频部件。在Ad Hoc网络中，节点往往在同一频段上进行收发，便不存在上述增加硬件的问题。

② 对节点发射和接收能力的要求。在TDMA系统中，由于每次传输都是在互不混叠的时隙上进行，因此只要求节点具有半双工通信能力。但在其他多址方式中，例如CDMA方式，要求节点能够同时收发信号。发射信号电平可以比接收信号电平高出100 dB，这种情况下，节点不能利用定向耦合器来隔离接收信号。要解决这一问题有两种方法：一是在协同用户之间进行分时传输，即在协同用户小范围内采用小型TDMA方式；二是将协同用户的工作频带设在不同频段上。

③ 目的节点要处理协同问题所需的信道状态信息。目的节点所需信道状态

信息的多少与所采用的协同策略密切相关（参见 2.6.2 小节）。

最初促使协同通信概念的出现是传统 MIMO 技术，研究表明，在传统 MIMO 中利用空时码技术所提供的分集增益可为网络中的媒体接入层、网络层、传输层等带来性能提高。由于协同与空时码的作用一样，都是提供分集增益，因此可以推断，协同通信至少可获得与空时码相同的增益。与传统 MIMO 技术不同的是，协同通信不需要为每个用户终端配备多副天线，减小了单一终端的体积和复杂度，非常适合 Ad Hoc 网络或无线传感器网络中的应用。

协同策略的设计是协同通信中的一个基本问题，以下介绍 3 种典型的协同策略。

2.6.2 协同策略

以采用 TDMA 方式的协同通信为例，介绍检测－转发、放大－转发、编码协同 3 种协同策略。

1. 检测－转发方式

如图 2-53 所示，当以某种方式确定协同节点对后，在某次协同通信中，中继节点对所接收到的协同节点的信号进行检测、再生后转发出去。文献 [5] 给出了一个检测转发方式的实例，即在 CDMA 网络中执行检测－转发方式。设互为协同节点的两个用户各自被分配的扩频码为 $c_1(t)$ 和 $c_2(t)$，两用户分别需发送的信息比特为 $b_1^{(n)}$ 和 $b_2^{(n)}$，a_{ij} 表示每个发送比特分配的增益，用户 1 与用户 2 在 3 个时隙内发送的信号分别为

$$X_1(t) = a_{11}b_1^{(1)}c_1(t), \ a_{12}b_1^{(2)}c_1(t), \ a_{13}b_1^{(2)}c_1(t) + a_{14}\hat{b}_2^{(2)}c_2(t)$$
$$X_2(t) = a_{21}b_2^{(1)}c_2(t), \ a_{22}b_2^{(2)}c_2(t), \ a_{23}\hat{b}_1^{(2)}c_1(t) + a_{24}b_2^{(2)}c_2(t)$$
（2-109）

式（2-109）中，$\hat{b}_i^{(n)}$ 是某用户对其协同用户信息的估计值。由式（2-109）看出，第 1 和第 2 时隙每用户均发送其自身信息，然后各用户检测其收到的协同用户的信息，在第 3 时隙各用户发送其自身信息与检测转发信息的线性组合。式（2-109）中，通过调节 a_{ij} 可实现不同的功率分配。简单地讲，如果用户间信道条件较好，

那么可为协同部分分配更多功率，反之，可减少协同部分占用的功率。

显然，这种检测－转发方式存在误差传播问题。如果协同节点将待转发的信息检测出错，那么将会影响目的节点的最终检测结果。为了降低误差传播的影响，可采用一种性能更优的混合（Hybrid）检测－转发方式。该策略仅在协同用户接收到具有很高信噪比的信号时，才进行检测－转发，否则，将不会进行协同传输。相应地，将始终进行协同的方法称为固定检测－转发方式。

2. 放大－转发方式

每个节点都会接收到其协同节点带有噪声的信号副本，采用放大－转发方式的协同节点将这个有噪信号副本直接进行放大再转发出去。虽然协同节点放大了噪声，但目的节点可以收集两个经历独立衰落的信号副本进行合并检测（分集增益为 2），仍可获得更好的检测性能。

需指出的是，在放大－转发方式中，目的节点只有在已知协同用户之间的信道状态信息时才能进行最优检测。因此，在采用该策略时，必须考虑估计和传递这部分信息带来的开销。

3. 编码协同方式

在这 3 种策略中，编码协同方式是效率最高的，其基本思想是互为协同的节点互相为对方提供冗余信息。编码协同方式将协同集成到信道编码中，具体地，编码协同将一个节点的编码比特流分为两个部分，分别通过两个互为协同的节点发送。如果信道状况不允许进行协同，那么这些节点便转换为无协同的状态。

某节点将其要传送的信息序列划分为组，且对每组比特流增加 CRC 校验码。在编码协同中，该节点的编码比特被划分为长度分别为 N_1 和 N_2 的两段。例如，可以按如下方法进行划分：将长度为 N_1+N_2 的原始编码比特进行增信删余至长度为 N_1 的比特流，如此便得到第一段数据，显然它本身也是有效码字；剩余的部分便是第二段长度为 N_2 比特的数据。当然还可采用其他方法对编码比特进行划分，但这种方法给出了编码协同的直观想法。

数据传输过程也同样划分为两个阶段，传输时间分别对应于 N_1 与 N_2 个比特传输时间。在第一阶段，某节点传输长度为 N_1 比特的第一段数据，其协同节点对接收到的该节点的数据进行译码，如果译码正确（CRC 校验正确），那么在第二阶段传输中，对译码数据进行重新编码生成第二段长度为 N_2 比特的数据，然后发送；如果协同节点译码错误，那么该节点继续发送本身的 N_2 比特的编码数据。在第二阶段中，各节点在未知自己在第一阶段的信息传输是否被成功接收的情况下独立进行。在这一阶段有 3 种可能的协同方式：两个节点都传输其协同节点的信息；两个节点都传输自身信息；其中一个节点传输其协同节点的信息而另一节点传输自身信息。在这两个阶段的传输中，每个节点均发送了长度为 N_1+N_2 比特的编码数据。

从编码协同方式的传输过程来看，该策略高效的原因在于，各节点所需传输的数据均由所选择的编码方式自动确定，而不需要在节点间重复传输相同信息，其代价是增加了编译码复杂度。如果将检测－转发方式看成采用重复编码的编码协同方案，那么检测－转发也可纳入编码协同方式中。事实上，各种信道编码方法都可用于编码协同中。例如，信道编码可选用线性分组码、卷积码，或两者的结合等。码字的划分可选择增信删余或其他级联码形式。

在 2.6.1 节中，提到了目的节点要处理协同问题需要已知一些信道状态信息，而所需信道状态信息的多少与所采用的协同策略密切相关。对于检测－转发方式，目的节点需已知协同节点之间的信道特征才能进行最优检测。对于放大－转发方式，却不需要这一信息，这是因为目的节点可以采用传统的信道估计方法直接从接收信号中提取所需信息。对于编码协同方式与混合检测－转发方式，接收端不需要知道任何协同节点之间的信道信息，但是，由于协同是条件化的，因此目的节点需要已知此次传输是否进行了协同。也就是说，目的节点需要知道某节点在第二阶段传输中发送的是本节点的信息还是其协同节点的信息。

研究表明，除了固定检测－转发协议之外，其他所有协议都获得了全分集，即对于具有各态历经性的快衰落信道来说，其错误概率与 $1/SNR^2$ 成比例，对于慢衰落信道来说，其中断概率与 $1/SNR^2$ 成比例。而对于无协同的情况，上述两种概率仅与 $1/SNR$ 成比例。并且即使在协同节点之间的链路质量较协同节点至目的节点之间的链路质量更差的情况下，协同协议也能获得较非协同情况下更高的传输可靠性。此外，协同通信还具有对网络资源进行重新合理分配的能力。也就是说，如果两个节点到同一目的节点的链路质量相差较大，那么在这两个节点之间采用协同协议会减小两者向这一目的节点传输质量的差别。这些结论均显示出协同通信在网络应用中的技术优势。

2.6.3 仿真实例

为了给读者提供一个协同通信的直观印象，以一个仿真实例来结束本节的讨论。与 2.6.1 节中所描述的通信过程稍有不同，这里考虑协同节点仅作为中继的简单情况，仿真场景如图 2-54 所示[110]。

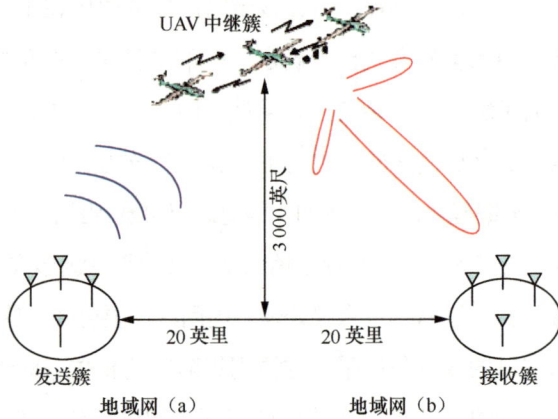

图 2-54　仿真实例场景[110]

随着近年来低成本小型无人机（UAV）技术的发展，人们产生了利用 UAV 做空中中继来扩展地域 Ad Hoc 网络通信范围的想法。图 2-54 所示为利用多架 UAV 做中继节点连接两个 Ad Hoc 地域网之间的通信。Ad Hoc 地域网（a）与（b）之间相距 40 英里，N 架 UAV 的飞行高度为 3 000 英尺，并位于两个 Ad Hoc 地域网中点位置。假设 UAV 之间的通信始终是可靠的。正如 2.6.2 节中所描述的，UAV 可以选择多种协同策略。表 2-2 列出了两种不同的协同策略。UAV 在接收信源节点的发送信号时采用分布式选择分集合并的方式，在转发所接收的信号时，有两种可选择的协同策略，一是发射波束成形（Transmit Beamforming，TxBMF），二是分布式正交空时块码（OSTBC）。

表 2-2　UAV 协同策略

源节点	中继节点	目的节点
广播	分布式选择分集合并 发射波束成形	无分集
广播	分布式选择分集合并 正交空时块码	正交空时块码的译码

图 2-55 所示为采用 2 个或 4 个 UAV，在不同协同策略下的误码率性能比较。仿真中采用 BPSK 调制，假设空地信道为平衰落莱斯（Rician）信道，K 因子为 4.77 dB，路径衰减因子为 2，接收机噪声为 −100 dBm，源节点的发射功率为 P_{Tx}=0 ～ 30 dBm，每个 UAV 的发射功率为 P_{Tx}/N dBm（N 为 UAV 的个数），并假定所有 UAV 无定时同步与频率同步误差，且 TxBMF 方案所使用的信道状态信息也无估计误差。作为参考，图中也展示出了从源节点到目的节点的直接链路对应的误码率性能曲线，假设直接链路信道为 Rayleigh 衰落，对应的路径衰减因子为 3。单 UAV 情况下的性能曲线是指作为中继的 UAV 对所接收信号进行检测，并以与源节点相同的发射功率转发信号。由图可见，仅使用一个 UAV 做中继节点时便能获得大幅误码率性能提高。这是因为，UAV 中继对应的空地

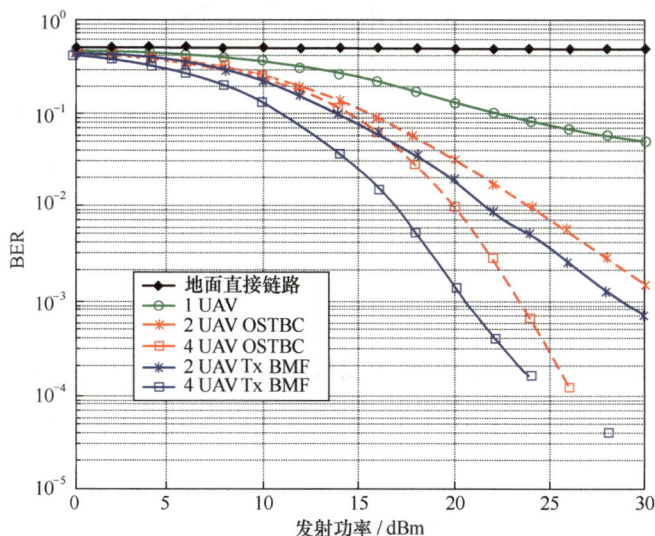

图 2-55　不同协同策略的误码率性能比较 [110]

信道的路径衰减因子以及信道衰落状况都远好于直接链路。当采用 4 个 UAV 进行协同传输时，在误码率为 10^{-1} 时，采用 TxBMF 方案较采用单 UAV 的方案可节省 11 dB 的发射功率，采用 OSTBC 方案可节省 8 dB 的发射功率。TxBMF 方案的性能要好于 OSTBC 方案，但前者需要目的节点向 UAV 中继反馈信道状态信息。

这个简单的仿真实例显示出，采用多个 UAV 做协同中继可以很大程度上扩展地域网的通信范围，提高其传输可靠性，非常适合战术通信场景中的应用。

2.7 本章小结

本章围绕高速传输技术的主题讨论了 OFDM、SC-FDE、MIMO（MIMO-OFDM）以及 D-MIMO 技术的基本原理与关键技术。OFDM 与 SC-FDE 的突出特点是具有很强的抗多径能力，即以可接受的复杂度适应了长度跨越上百个符号周期的严重多径衰落信道环境。OFDM 系统将频率选择性信道划分为若干个并行平衰落子信道，因此它对信号带宽内频率资源的使用非常灵活，可以方便地支持多址组网和多业务分配等应用，其缺点是对载波频偏敏感和峰均功率比高。SC-FDE 克服了 OFDM 系统中的这两个主要缺陷，适合单纯的抗多径衰落信道的应用。MIMO（MIMO-OFDM）技术引入了空间资源以进一步提高通信系统的传输有效性和可靠性，可以大幅提高通信系统的性能。作为 MIMO 技术的延伸，D-MIMO 适合诸如 Ad Hoc 网络等无线自组织网络中的应用，可以显著提高网络的性能。

参考文献

[1] WEINSTEIN S B, EBERT P M. Data transmission by frequency-division multiplexing using the discrete fourier transform[J]. IEEE Transactions on Communications, 1971, 19(5): 628-634.

[2] SARI H, KARAM G, JEANCLAUD I, et al. Frequency-domain equalization of mobile radio and terrestrial broadcast channels[C]//Proceedings of IEEE Global

Communications Conference. Piscataway: IEEE Press, 1994: 1-5.

[3] TELATAR E I. Technical memo: capacity of multi-antenna Gaussian channels[Z]. AT&T Bell Laboratories, 1995.

[4] FOSCHINI G J, GANS M J. On limits of wireless communication in a fading environment when using multiple antennas[J]. Wireless Personal Communications, 1998, 6: 311-335.

[5] SENDONARIS A, ERKIP E, AAZHANG B, et al. User cooperation diversity. Part I: system description[J]. IEEE Transactions on Communications, 2003, 51(11): 1927-1938.

[6] SENDONARIS A, ERKIP E, AAZHANG B, et al. User cooperation diversity. Part II: implementation aspects and performance analysis[J]. IEEE Transactions on Communications, 2003, 51(11): 1939-1948.

[7] ETSI. Broadband radio access networks, HIPERLAN type 2, physical layer[S]. [S.l.:s.n.], 2000.

[8] MULLERWEINFURTNER S H. Optimum Nyquist windowing in OFDM receivers[J]. IEEE Transactions on Communications, 2001, 49(3): 417-420.

[9] MHIRI R. Synchronization for a DVB-T receiver in presence of co-channel interference[C]//Proceedings of IEEE PIMRC. Piscataway: IEEE Press, 2002.

[10] MOOSE P H. A technique for orthogonal frequency division multiplexing frequency offset correction[J]. IEEE Transactions on Communications, 1994, 42(10): 2908-2914.

[11] LI Y, WEI J, ZHUANG Z. A low complexity residual frequency offset compensation algorithm for coherent QPSK/16QAM OFDM systems[C]//Proceedings of IEEE International Symposium on Microwave, Antenna, Propagation and EMC Technologies for Wireless Communications. Piscataway: IEEE Press, 2005: 991-995.

[12] WANG X, TJHUNG T T, WU Y, et al. SER performance evaluation and optimization of OFDM system with residual frequency and timing offsets from imperfect synchronization[J]. IEEE Transactions on Broadcasting, 2003, 49(2): 170-177.

[13] MAY T, ROHLING H. Reducing the peak-to-average power ratio in OFDM radio transmission systems[C]//Proceedings of IEEE Vehicular Technology Conference. Piscataway: IEEE Press, 1998: 2474-2478.

[14] VAN NEE R, PRASAD R. OFDM for wireless multimedia communications [M]. Norwood: Arthech House, 2000.

[15] PAULI M, KUCHENBECKER H P. Minimization of the intermodulation distortion of a nonlinearly amplified OFDM signal[J]. Wireless Personal Communications, 1997, 4(1): 93-101.

[16] WILKINSON T A, JONES A E. Minimisation of the peak to mean envelope power ratio of multicarrier transmission schemes by block coding[C]//Proceedings of IEEE Vehicular Technology Conference. Piscataway: IEEE Press, 1995: 825-829.

[17] MULLER S, BAUML R, FISCHER R F, et al. OFDM with reduced peak-to-average power ratio by multiple signal representation[J]. Annals of Telecommunications, 1997, 52(1): 58-67.

[18] MULLER S H, HUBER J B. OFDM with reduced peak-to-average power ratio by optimum combination of partial transmit sequences[J]. Electronics Letters, 1997, 33: 368-369.

[19] SHYNK J J. Frequency-domain and multirate adaptive filtering[J]. IEEE Signal Processing Magazine, 1992, 9(1): 14-37.

[20] OPPENHEIM A V, SCHAFER R W. Digital signal processing[M]. Upper Saddle River: Prentice Hall, 1975.

[21] FALCONER D, ARIYAVISITAKUL S L, BENYAMIN-SEEYAR A, et al. Frequency domain equalization for single-carrier broadband wireless systems[J]. IEEE Communications Magazine, 2002, 40: 58-66.

[22] WANG Z, GIANNAKIS G B. Linear precoded of coded OFDM against wireless channel fades[C]//Proceedings of IEEE International Workshop on Signal Processing Advances in Wireless Communications. Piscataway: IEEE Press, 2001.

[23] WANG Z, GIANNAKIS G B. Wireless multicarrier communications: where

Fourier meets Shannon[J]. IEEE Signal Processing Magazine, 2000, 47: 29-48.

[24] SARI H, KARAM G, JEANCLAUDE I. Transmission techniques for digital terrestrial TV broadcasting[J]. IEEE Communications Magazine, 1995, 33(2): 100-109.

[25] 吴伟陵 . 移动通信中的关键技术 [M]. 北京: 北京邮电大学出版社 , 2000.

[26] WANG Z, MA X, GIANNAKIS G B. OFDM or single-carrier block transmission[J]. IEEE Transactions on Communications, 2004, 52: 380-394.

[27] FALCONER D, ARIYAVISITAKUL S L. White paper: frequency domain equalization for single-carrier broadband wireless systems[R]. [S.l.:s.n.], 2001.

[28] BENVENUTO N, TOMASIN S. On the comparison between OFDM and single carrier modulation with a DFE using a frequency-domain feedforward filter[J]. IEEE Transactions on Communications, 2002, 50(6): 947-955.

[29] FOSCHINI G J. Layered space-time architecture for wireless communication in a fading environment when using multi-element antennas[J]. Bell Labs Technical Journal, 1996, 1(2): 41-59.

[30] 傅祖芸 . 信息论——基础理论与应用 [M]. 北京: 电子工业出版社 , 2001.

[31] WOLNIANSKY P W, FOSCHINI G J, GOLDEN G D, et al. V-BLAST: an architecture for realizing very high data rates over the rich-scattering wireless channel[C]//Proceedings of IEEE International Symposium on Signals Systems and Electronics. Piscataway: IEEE Press, 1998: 295-300.

[32] FOSCHINI G J, GOLDEN G D, VALENZUELA R A, et al. Simplified processing for high spectral efficiency wireless communication employing multi-element arrays[J]. IEEE Journal on Selected Areas in Communications, 1999, 17(11): 1841-1852.

[33] TSE D, VISWANATH P. Fundamentals of wireless communication[M]. Cambridge: Cambridge University Press, 2005.

[34] GOLDEN G D, FOSCHINI C J, VALENZUELA R A, et al. Detection algorithm and initial laboratory results using V-BLAST space-time communication architecture[J]. Electronics Letters, 1999, 35(1): 14-16.

[35] GANS M J, AMITAY N, YEH Y S, et al. Outdoor BLAST measurement system at 2.44 GHz: calibration and initial results[J]. IEEE Journal on Selected Areas in Communications, 2002, 20(3): 570-583.

[36] ADJOUDANI A, BECK E C, BURG A, et al. Prototype experience for MIMO BLAST over third-generation wireless system[J]. IEEE Journal on Selected Areas in Communications, 2003, 21(3): 440-451.

[37] SELLATHURAI M, HAYKIN S. T-BLAST for wireless communications: first experimental results[J]. IEEE Transactions on Vehicular Technology, 2003, 52(3): 530-535.

[38] GARRETT D, DAVIS L M, WOODWARD G, et al. 19.2 Mbit/s 4 × 4 BLAST/MIMO detector with soft ML outputs[J]. Electronics Letters, 2003, 39(2): 233-235.

[39] DAMEN O, CHKEIF A, BELFIORE J, et al. Lattice code decoder for space-time codes[J]. IEEE Communications Letters, 2000, 4(5): 161-163.

[40] SEZGIN A, JORSWIECK E A, JUNGNICKEL V. Maximum diversity detection for layered space-time codes[C]//Proceedings of IEEE Semiannual Vehicular Technology Conference. Piscataway: IEEE Press, 2003: 833-837.

[41] FINCKE U, POHST M. Improved methods for calculating vectors of short length in a lattice, including a complexity analysis[J]. Mathematics of Computation, 1985, 44(170): 463-471.

[42] AGRELL E, ERIKSSON T, VARDY A, et al. Closest point search in lattices[J]. IEEE Transactions on Information Theory, 2002, 48(8): 2201-2214.

[43] VITERBO E, BOUTROS J J. A universal lattice code decoder for fading channels[J]. IEEE Transactions on Information Theory, 1999, 45(5): 1639-1642.

[44] SCHNORR C P, EUCHNER M. Lattice basis reduction: improved practical algorithms and solving subset sum problems[J]. Mathematical Programming, 1994, 66: 181-191.

[45] Hochwald B M, Brink S. Achieving near-capacity on a multi-antenna

channel[J]. IEEE Transactions on Communications, 2003, 53: 389-399.

[46] BOUTROS J J, GRESSET N, BRUNEL L, et al. Soft-input soft-output lattice sphere decoder for linear channels[C]//Proceedings of IEEE Global Communications Conference. Piscataway: IEEE Press, 2003: 1583-1587.

[47] DAMEN M O, ABEDMERAIM K, LEMDANI M S, et al. Further results on the sphere decoder[C]//Proceedings of IEEE International Symposium on Information Theory. Piscataway: IEEE Press, 2001.

[48] HOCHBAUM D S. Approximation algorithms for NP-hard problems[M]. Boston: PWS Publishing Company, 1995.

[49] SELLATHURAI M, HAYKIN S. Turbo-BLAST for wireless communications: theory and experiments[J]. IEEE Transactions on Signal Processing, 2002, 50(10): 2538-2546.

[50] SELLATHURAI M, HAYKIN S. Turbo-BLAST: performance evaluation in correlated Rayleigh-fading environment[J]. IEEE Journal on Selected Areas in Communications, 2003, 21(3): 340-349.

[51] GAMAL H E, HAMMONS A R. A new approach to layered space-time coding and signal processing[J]. IEEE Transactions on Information Theory, 2001, 47(6): 2321-2334.

[52] SESHADRI N, WINTERS J H. Two signaling schemes for improving the error performance of frequency-division-duplex (FDD) transmission systems using transmitter antenna diversity[C]//Proceedings of IEEE Vehicular Technology Conference. Piscataway: IEEE Press, 1993: 508-511.

[53] ALAMOUTI S. A simple transmit diversity technique for wireless communications[J]. IEEE Journal on Selected Areas in Communications, 1998, 16(8): 1451-1458.

[54] TAROKH V, SESHADRI N, CALDERBANK A R. Space-time codes for high data rate wireless communication: performance criterion and code construction[J]. IEEE Transactions on Information Theory, 1998, 44: 744-765.

[55] SIWAMOGSATHAM S, FITZ M P. Improved high-rate space-time codes via orthogonality and set partitioning[C]//Proceedings of IEEE WCNC. Piscataway: IEEE Press, 2002.

[56] JAFARKHANI H, SESHADRI N. Super-orthogonal space-time trellis codes[J]. IEEE Transactions on Information Theory, 2003, 49(4): 937-950.

[57] STEFANOV A, DUMAN T. Turbo coded modulation for systems with transmit and receive diversity over block-fading channels: system model, decoding approaches and practical considerations[J]. IEEE Journal on Selected Areas in Communications, 2001, 9: 958-968.

[58] HOCHWALD B M, MARZETTA T L. Unitary space-time modulation for multiple-antenna communications in Rayleigh flat fading[J]. IEEE Transactions on Information Theory, 2000, 46(2): 543-564.

[59] HOCHWALD B M, MARZETTA T L, RICHARDSON T, et al. Systematic design of unitary space-time constellations[J]. IEEE Transactions on Information Theory, 2000, 46(6): 1962-1973.

[60] FENG X, LEUNG C. Performance sensitivity comparison of two diversity schemes[J]. Electronics Letters, 2000, 36(9): 838-839.

[61] GU D, LEUNG C. Performance analysis of transmit diversity scheme with imperfect channel estimation[J]. Electronics Letters, 2003, 39(4): 402-403.

[62] VIELMON A, LI Y, BARRY J R. Performance of Alamouti transmit diversity over time-varying Rayleigh-fading channels[J]. IEEE Transactions on Wireless Communications, 2004, 3(5): 1369-1373.

[63] TAROKH V, JAFARKHANI H, CALDERBANK A R. Space-time block codes from orthogonal designs[J]. IEEE Transactions on Information Theory, 1999, 45(5): 1456-1467.

[64] JAFARKHANI H. A quasi-orthogonal space-time block code[J]. IEEE Transactions on Communications, 2001, 49(1): 1-4.

[65] SU W, XIA X. Signal constellations for quasi-orthogonal space-time block

codes with full diversity[J]. IEEE Transactions on Information Theory, 2004, 50(10): 2331-2347.

[66] YUEN C, GUAN Y L, TJHUNG T T. Quasi-orthogonal STBC with minimum decoding complexity[J]. IEEE Transactions on Wireless Communications, 2005, 4(5): 2089-2094.

[67] KHAN M Z A, RAJAN B S, LEE M H. Rectangular coordinate interleaved orthogonal designs[C]//Proceedings of IEEE Global Communications Conference. Piscataway: IEEE Press, 2003.

[68] MARZETTA T L, HOCHWALD B M. Capacity of a mobile multiple-antenna communication link in Rayleigh flat fading[J]. IEEE Transactions on Information Theory, 1999, 45(1): 139-157.

[69] TAROKH V, JAFARKHANI H. A differential detection scheme for transmit diversity[J]. IEEE Journal on Selected Areas in Communications, 2000, 18(7): 1169-1174.

[70] HUGHES B L. Differential space-time modulation[J]. IEEE Transactions on Information Theory, 2000, 46(7): 2567-2578.

[71] SHOKROLLAHI A, HASSIBI B, HOCHWALD B M, et al. Representation theory for high-rate multiple-antenna code design[J]. IEEE Transactions on Information Theory, 2001, 47(6): 2335-2367.

[72] CHEN X, ZHOU K, ARAVENA J L. A new family of unitary space-time codes with a fast parallel sphere decoder algorithm[J]. IEEE Transactions on Information Theory, 2006, 52(1): 115-140.

[73] CLARKSON K L, SWELDENS W, ZHENG A, et al. Fast multiple-antenna differential decoding[J]. IEEE Transactions on Communications, 2001, 49(2): 253-261.

[74] LENSTRA A K, LENSTRA H W, LOVASZ L. Factoring polynomials with rational coefficients[J]. Mathematische Annalen, 1982, 261(4): 515-534.

[75] LING C, MOW W H, LI K H, et al. Multiple-antenna differential lattice decoding[J]. IEEE Journal on Selected Areas in Communications, 2005, 23(9): 1821-1829.

[76] CUI T, TELLAMBURA C. Bound-intersection detection for multiple-symbol

differential unitary space-time modulation[J]. IEEE Transactions on Communications, 2005, 53(12): 2114-2123.

[77] LIANG X, XIA X. Fast differential unitary space-time demodulation via square orthogonal designs[J]. IEEE Transactions on Wireless Communications, 2005, 4(4): 1331-1336.

[78] LIU D, ZHANG Q T, CHEN Q. Structures and performance of noncoherent receivers for unitary space-time modulation on correlated fast-fading channels[J]. IEEE Transactions on Vehicular Technology, 2004, 53(4): 1116-1125.

[79] LING C, LI K H, KOT A C. On decision-feedback detection of differential space-time modulation in continuous fading[J]. IEEE Transactions on Communications, 2004, 52(10): 1613-1617.

[80] BHUKANIA B, SCHNITER P. Decision-feedback detection of differential unitary space-time modulation in fast Rayleigh-fading channels[C]//Proceedings of Annual Allerton Conference on Communication, Control, and Computing. Piscataway: IEEE Press, 2002.

[81] LING C, LI K H, KOT A C. Decision-feedback multiple-symbol differential detection of differential space-time modulation in continuously fading channels[C]// Proceedings of IEEE International Conference on Acoustics, Speech, and Signal Processing. Piscataway: IEEE Press, 2003.

[82] CHIAVACCINI E, VITERTTA G M. Further results on differential space-time modulation[J]. IEEE Transactions on Communications, 2003, 51: 1093-1101.

[83] PAULI V, LAMPE L. Tree-search multiple-symbol differential decoding for unitary space-time modulation[J]. IEEE Transactions on Communications, 2007, 55(8): 1567-1576.

[84] LING C, LI K H, KOT A C, et al. Noncoherent sequence detection of differential space-time modulation[J]. IEEE Transactions on Information Theory, 2003, 49(10): 2727-2734.

[85] LI Y, WEI J, WANG X, et al. Multiple symbol differential detection based

on sphere decoding for unitary space-time modulation[J]. Science in China Series F: Information Sciences, 2009, 52(1): 126-137.

[86] BORRAN M J, SABHARWAL A, AAZHANG B. On design criteria and construction of noncoherent space-time constellations[J]. IEEE Transactions on Information Theory, 2003, 49(10): 2332-2351.

[87] ZHENG L, TSE D. Communication on the Grassmann manifold: a geometric approach to the noncoherent multiple-antenna channel[J]. IEEE Transactions on Information Theory, 2002, 48(2): 359-383.

[88] BORGMANN M, BOLCSKEI H. On the capacity of noncoherent wideband MIMO-OFDM systems[C]//Proceedings of IEEE International Symposium on Information Theory. Piscataway: IEEE Press, 2005: 651-655.

[89] ZHENG L, TSE D. Diversity and multiplexing: a fundamental tradeoff in multiple-antenna channels[J]. IEEE Transactions on Information Theory, 2003, 49(5): 1073-1096.

[90] CATREUX S, ERCEG V, GESBERT D, et al. Adaptive modulation and MIMO coding for broadband wireless data networks[J]. IEEE Communications Magazine, 2002, 40(6): 108-115.

[91] CETINER B A, JAFARKHANI H, QIAN J Y, et al. Multifunctional reconfigurable MEMS integrated antennas for adaptive MIMO systems[J]. IEEE Communications Magazine, 2004, 42(12): 62-70.

[92] TAYLOR R, WITHERS L. Echo-MIMO: a two-way channel training method for matched cooperative beamforming[C]//Proceedings of IEEE Asilomar Conference on Signals, Systems, and Computers. Piscataway: IEEE Press, 2005: 386-392.

[93] CETINER B A, QIAN J Y, LI G P, et al. A reconfigurable spiral antenna for adaptive MIMO systems[J]. EURASIP Journal on Wireless Communications and Networking, 2005, 2005(3): 382-389.

[94] HEIDARI A, KHANDANI A K. Adaptive modeling and long-range prediction of wireless channel fading: technical report[R]. Waterloo: University of

Waterloo, 2006.

[95] ZENG C, HOO L M, CIOFFI J M, et al. Optimal water-filling algorithms for a Gaussian multiaccess channel with intersymbol interference[C]//Proceedings of IEEE International Conference on Communications. Piscataway: IEEE Press, 2001: 2421-2427.

[96] BOLCSKEI H, GESBERT D, PAULRAJ A, et al. On the capacity of OFDM-based spatial multiplexing systems[J]. IEEE Transactions on Communications, 2002, 50(2): 225-234.

[97] XIANG W, WATERS D W, PRATT T G, et al. Implementation and experimental results of a three-transmitter three-receiver OFDM/BLAST testbed[J]. IEEE Communications Magazine, 2004, 42(12): 88-95.

[98] YAN W, SUN S, LEI Z, et al. A low complexity VBLAST OFDM detection algorithm for wireless LAN systems[J]. IEEE Communications Letters, 2004, 8(6): 374-376.

[99] CESCATO D, BORGMANN M, BOLCSKEI H, et al. Interpolation-based QR decomposition in MIMO-OFDM systems[C]//Proceedings of IEEE International Workshop on Signal Processing Advances in Wireless Communications. Piscataway: IEEE Press, 2005: 945-949.

[100] BOLCSKEI H, PAULRAJ A J. Space-frequency coded broadband OFDM systems[C]//Proceedings of IEEE Wireless Communications and Networking Conference. Piscataway: IEEE Press, 2000: 1-6.

[101] BOLCSKEI H, PAULRAJ A J. Space-frequency codes for broadband fading channels[C]//Proceedings of IEEE International Symposium on Information Theory. Piscataway: IEEE Press, 2001: 219.

[102] BOLCSKEI H, PAULRAJ A J. Space-frequency coded MIMO-OFDM with variable multiplexing-diversity tradeoff[C]//Proceedings of IEEE International Conference on Communications. Piscataway: IEEE Press, 2003: 2837-2841.

[103] SU W, SAFAR Z, LIU K J R. Full-rate full-diversity space-frequency codes

with optimum coding advantage[J]. IEEE Transactions on Information Theory, 2005, 51(1): 229-249.

[104] BORGMANN M, BOLCSKER H. Noncoherent space-frequency coded MIMO-OFDM[J]. IEEE Journal on Selected Areas Communications, 2005, 23(9): 1799-1810.

[105] WEI J, WANG X, LI Y. Sub-block noncoherent space-frequency coding with full-diversity for MIMO-OFDM[C]//Proceedings of IEEE Global Telecommunications Conference. Piscataway: IEEE Press, 2007: 3533-3537.

[106] WANG J, YAO K. Differential unitary space-time-frequency coding for MIMO OFDM systems[C]//Proceedings of IEEE Asilomar Conference on Signals, Systems and Computers. Piscataway: IEEE Press, 2002: 1867-1871.

[107] BAUCH G. Differential space-time-frequency transmit diversity in OFDM[C]//Proceedings of International Symposium on Wireless Personal Multimedia Communications. Piscataway: IEEE Press, 2003.

[108] SU W, LIU K J. Differential space-frequency modulation via smooth logical channel for broadband wireless communications[J]. IEEE Transactions on Communications, 2005, 53(12): 2024-2028.

[109] COVER T M, GAMAL A E. Capacity theorems for the relay channel[J]. IEEE Transactions on Information Theory, 1979, 25(5): 572-584.

[110] PALAT R C, ANNAMALAU A, REED J R. Cooperative relaying for ad-hoc ground networks using swarm UAVs[C]//Proceedings of IEEE Military Communications Conference. Piscataway: IEEE Press, 2005: 1588-1594.

第 3 章

CHAPTER 3

抗干扰技术

3.1 引言

在战术通信领域，"通得上"与"抗得住"是两个永恒主题。"通得上"就是要满足战场中用户数量及信息容量的不断增长，以及适应多种不同作战使用样式的需求，如数据链、移动自组织网等；"抗得住"就是要保证在恶劣电磁环境和强电子对抗条件下的可靠传输。

在现代战争中，战场的电磁环境非常复杂和恶劣，既有敌方释放的人为干扰，也有自然界存在的环境干扰，同时还有来自己方各种电子设备的干扰。在战场电磁环境中，干扰和抗干扰始终是矛盾的统一体。一方总是寻找另一方的弱点进行攻击，破坏其正常通信；另一方则尽量避开和减弱对方的攻击，保障正常的通信。两种技术此消彼长，相互制约又互相促进，共同存在于信息化战场中。在复杂的电磁环境中，要保证通信和信息传输的正常进行，单一的抗干扰技术往往是难以胜任的，有必要把各种抗干扰技术综合运用，才能确保战场信息传输的通畅。

从广义的角度来看，抗干扰技术涉及的内容很多，既有传统的扩谱（直扩、跳频）抗干扰，又有空域抗干扰（智能天线），也包括信号层面的调制和编码技术等。本章将从时、空、频域不同角度介绍战术通信抗干扰技术，主要内容安排如下：① 从频域抗干扰角度，重点介绍跳、扩频技术；② 从空域抗干扰角度，重点介绍智能天线技术；③ 从信号抗干扰角度，重点介绍信道编码技术。

3.2 扩展频谱技术

扩展频谱通信（Spread Spectrum Communications）简称扩频通信，是战术通信中最为重要的一类抗干扰手段。扩频通信是指在常规通信系统中再加入扩频调制和解调的一种通信方式，其最基本的特点是实际用于传输信息的信号带宽远远大于欲传输信息本身的带宽。由于扩展了信号的频谱，扩频通信具有一系列独特的优点，如抗干扰能力强，抗多径能力强，信号隐蔽，截获率低，可用于测距和容易实现码分多址等。扩频通信是目前在军事通信中应用最广泛的抗干扰技术。

扩展频谱技术的基本思想是用带宽换取通信信号在传送过程中对抗侦察和干扰的能力，其抗干扰处理增益可表示为：G_p= 射频带宽 / 信息带宽。可以说，世界各国的抗干扰技术体制几乎都是以扩展频谱技术为基础发展起来的。目前比较典型的扩展频谱技术体制有：直接序列（Direct Sequence，DS）扩频、跳频（Frequency Hopping，FH）、跳时（Time Hopping，TH）、线性调频和混合扩频（DS+FH、TH+FH）等。

在 20 世纪 70 年代的中东战争中，以电子对抗和反对抗为标志的电子战表现得十分激烈，促使各国军方加速研究扩频通信技术。20 世纪 70 年代末到 80 年代初，跳频技术已经普遍应用于各种战术通信系统中，美、英、德、以色列等国相继推出战术跳频电台，业界普遍认为：广泛使用跳频电台，是 20 世纪 80 年代战术通信发展的主要特征。1976 年，美军对 AN/URC-76 型电台进行了 20 跳 / 秒的实验；1978 年美军启动 SINCGARS 超短波跳频电台和 HAVE QUICK 机载跳频电台研制计划；1980 年英国 Racal 公司宣布美洲虎跳频电台问世并开始批量生产；1983 年英国马可尼公司投产大弯刀跳频电台。此后，以色列、法国、德国、意大利、苏联等国都相继研制和生产了类似的跳频电台。此外，美军在战术传输卫星系统、跟踪和数据中继卫星系统中也均采用了跳频技术。到 20 世纪 90 年代，跳频通信、直接序列扩频通信、自适应通信得到快速发展和广泛应用。在海湾战争中使用的联合战术信息分发系统、定位报告系统以及单信道地面机载无线电系统（SINCGARS）等均采用了跳频技术，在现代战争中发挥了巨大威力。

3.2.1　直扩

1. 基本原理

直接序列扩频技术（简称直扩）是将信号通过高速的伪随机序列进行调制，从而扩展信号传输带宽的传输技术。

直接序列扩频通信系统将要发送的窄频带信号用 PN 码序列扩展到一个很宽的频带上，扩频后的信号带宽主要由扩频码速率决定；在接收端，用与发送端相同的 PN 码序列对接收到的扩频信号进行相关解扩处理，恢复出原来的窄带信号。干扰信号与伪随机序列不相关，在接收端被扩频，就使落入信号频带内的干扰信号功率大大降低，从而提高了系统的输出信噪比，达到抗干扰的目的。

图 3-1 所示为典型的直扩系统调制 / 解调原理框图。

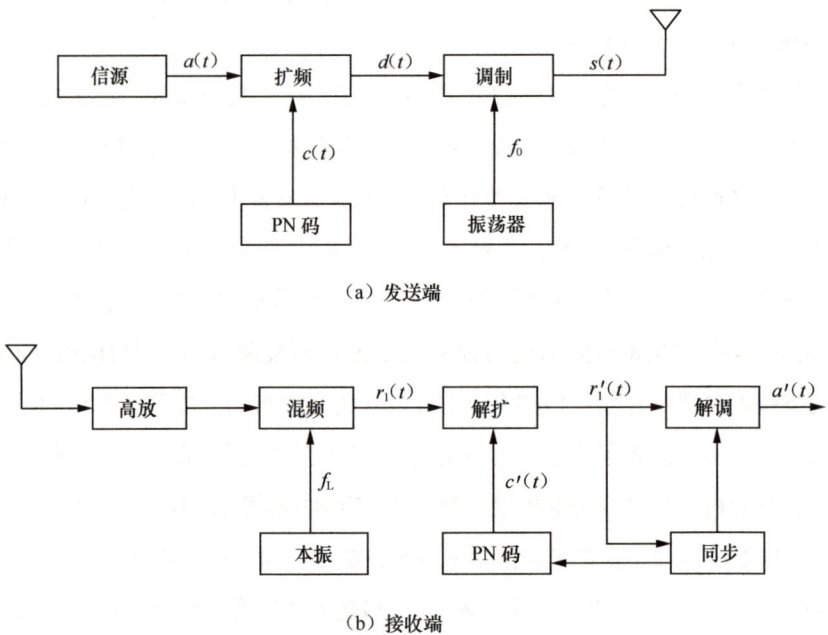

（a）发送端

（b）接收端

图 3-1 直扩系统调制 / 解调原理框图

在发送端，信源输出的信号序列 $a(t)$ 是码元持续时间为 T_b、取值为 ±1 的信息序列，扩频序列 $c(t)$ 为由伪随机码控制产生的持续时间为 T_c（$T_c \ll T_b$）、取值为 ±1 的矩形脉冲，T_c 称为码元宽度。然后将 $a(t)$ 和 $c(t)$ 作模 2 加，产生一速率与伪随机码速率相同的扩频序列，再用扩频序列去调制载波，就得到扩频的射频信号 $s(t)$。

在接收端，经过高放和混频后得到一中频扩频信号，用与本地同步的 PN 码序列对其作相关解扩，就可以恢复出有用信号，再对此信号解调即可得到信息序列。

图 3-2 所示为从频域角度给出的直扩系统抗干扰机理。

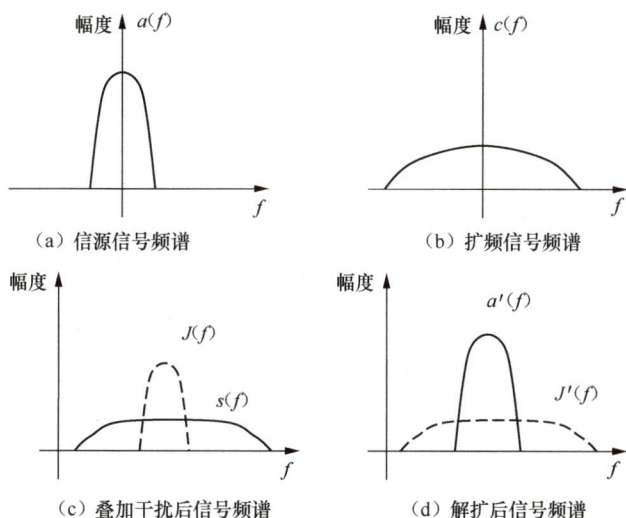

（a）信源信号频谱 　　　　　（b）扩频信号频谱

（c）叠加干扰后信号频谱 　　（d）解扩后信号频谱

图 3-2　直扩系统抗干扰机理示意

信息序列的频谱为 $a(f)$，扩频序列的频谱为 $c(f)$，射频信号的频谱为 $s(f)$，干扰信号的频谱为 $J(f)$。信息序列的频谱幅度比较大，经扩频码扩频后，有用信号的频谱幅度降低为 $s(f)$，但所占的频带明显变宽，接收到的叠加干扰后的信号如图 3-2（c）所示。经过相关解扩后，有用信号的频谱幅度还原为 $a'(f)$，而干扰的频谱幅度却降低为 $J'(f)$，但频带增宽，再经过一带通滤波器就可滤除大部分干扰。从图 3-2（a）、图 3-2（c）明显可以看出信号与干扰幅度之比（信干比）较低，而图 3-2（d）中的信干比已经较高，显然直扩系统可以有效对抗干扰的影响。

对直扩系统而言，敌方干扰主要有单频干扰、多频干扰、均匀频谱宽带干扰、瞄准式干扰、相关干扰及中继转发式干扰等。对这些干扰，直扩系统在一定程度上都能降低其影响，具体分析本书不作详述。

2. 直接序列扩频通信系统的主要优缺点

直接序列扩频通信系统的优势主要表现在以下几个方面。

（1）抗干扰性强

扩频系统通过相关接收，将干扰功率扩展到很宽的频带上，使进入信号频带内的干扰功率大大降低，提高了解调器输入端的信干比，从而提高了系统的抗干扰能力，这种能力的大小与处理增益成正比。另外，接收端需要扩频码进行相关解扩才能获得信号，所以即使存在同频段干扰，在不知道信号扩频码的情况下，干扰也可得到有效抑制。

（2）隐蔽抗截获

信号被扩展到很宽的频带，功率谱密度低，信号淹没在噪声之中，敌方难以发现信号的存在，因而信号不易被敌方截获、侦察、测向和窃听，加之敌方不知道扩频码，很难截取到有用信号。而且，极低的功率谱密度也可降低对己方其他通信设备的干扰。

（3）抗多径干扰

无线通信中对抗多径干扰一直是一个重要的课题，直扩系统的多径信号到达接收端后，由于利用了伪随机码之间的相关特性，只要多径时延超过伪随机码的一个码元宽度，通过相关处理后，就可消除多径干扰的影响。在接收端不但可以从多径信号中提取分离出最强的有用信号，甚至还可把多个路径来的同一码序列的波形相加使信号得到加强，从而达到更好的抗多径干扰效果。

（4）抗衰落能力强

直扩信号的频谱很宽，一小部分频带的衰落对整个信号的影响不大，系统具有较强的抗衰落能力，尤其是对频率选择性衰落的抵抗性能更好。

（5）易于实现码分多址

由于直扩通信需要用扩频码进行扩频调制发送，而接收时需要用相同的扩频码作相关解扩才能恢复信号，这就给频率复用和多址通信提供了基础。充分利用不同码型的扩频码之间的相关特性，分配给不同用户不同的扩频码，就可以区别不同的用户信号。只要配对使用自己的扩频码，就可以互不干扰地同时使用同一频率进行通信，从而实现频率复用，使拥挤的频谱资源得到充分利用。发送者可用不同的扩频码，分别向不同的接收者发送数据；同样，接收者用不同的扩频码，就可以收到不同的发送者送来的数据，实现多址通信。

虽然直接序列扩频通信系统具有众多优点，但也有一些不足之处。

（1）抗窄带瞄准干扰能力有限

部分频带干扰能量相对集中，对直扩系统的危害要比全频带干扰大，即在输入干扰总功率相同情况下，部分频带噪声干扰对直扩系统的影响要比全频带干扰严重。另外，直扩系统对干扰频率与其中心频率相近的瞄准式单频或窄带干扰的抑制能力比对宽带干扰的抑制能力低，当处理增益不够时，大功率单频或窄带干扰将对直扩系统产生严重的干扰。此时，通过采用自适应陷波和限幅等措施，可以在一定程度上提高系统性能。

（2）远－近效应的影响

在多址系统中，当一些用户的发射功率比较大时，它们将会淹没小功率有用信号，这就是远－近效应。对于直扩系统，由于各用户信号所用的扩频码并非完全正交，或者即使完全正交，但各用户地址码不同步或存在同步误差导致正交性的下降，此时，对于一个直扩系统来说，多址通信的各邻台信号都等同于一个宽带干扰，在进行多址通信时就出现远－近效应的问题。这种效应将极大地限制直扩通信系统的容量和通信质量，需要采取自动功率控制的方法来解决。

（3）组网能力弱

由于直扩系统存在上面提到的多址干扰和远－近效应，系统通信质量随用户数的增加而下降，导致同时工作的用户数量受到影响，这一点也是直扩系统相对后面提到的跳频系统的一个弱点。

3. 直接序列扩频通信系统的主要指标

处理增益和干扰容限是直扩系统的两个重要的抗干扰指标，也是分析直扩通信系统的重要参数，下面分别介绍。

（1）处理增益

处理增益 G_p 反映了扩频通信系统信噪比改善的程度，其定义为接收端相关处理器输出与输入信噪比的比值，即

$$G_p = \frac{输出信噪比}{输入信噪比}$$

通常用分贝数来表示

$$G_p = 10\lg\left(\frac{输出信噪比}{输入信噪比}\right)(dB)$$

显而易见，二进制直扩系统的处理增益也可定义为伪随机码速率与信号速率之比，也即直扩系统的扩频倍数。

在发送信息的带宽不变的条件下，要提高扩频系统的抗干扰能力，就应提高扩频系统的处理增益，也就是要提高扩频码的速率。但当码速率增加到一定程度时，会受到许多其他因素的影响，若再要提高码速率将非常困难，此时就只能用其他方法来提高处理增益。

（2）干扰容限

干扰容限是指在保证系统正常工作的条件下，接收机能够承受的干扰信号比有用信号高出的分贝数，其表达式为

$$M_j = G_p - (\alpha + S_0/N_0)$$

式中，G_p 为扩频处理增益，α 为系统损耗，S_0/N_0 为接收机正常工作要求的最低信噪比。

干扰容限直接反映了扩频系统接收机可能抵抗的极限干扰强度，只有当干扰机的干扰功率超过干扰容限后，才能影响扩频系统的正常工作，干扰容限往往比处理增益更能确切地反映系统的抗干扰能力。

4. 典型应用

直接序列扩频技术作为一种抗干扰手段，主要应用在微波等相对较高的频段，而在短波和超短波频段很少使用，主要原因如下。首先，短波和超短波频段的频谱资源有限，直接序列扩频信号占用的带宽较宽，势必对其他信号产生干扰。其次，直接序列扩频信号由于自身的带宽较宽，在短波和超短波频段上也容易受到其他通信信号和敌方强干扰的影响，尤其是瞄准式干扰和部分频带干扰，降低了直接序列扩频信号的扩频增益，影响通信效果。对于微波通信而言，频段相对较宽，可以获得较高的扩频增益，同时由于常常采用定向天线，受到的敌方干扰和其他系统干扰相对较小，因此微波通信中经常采用直扩方式。

随着功率控制技术（解决了直扩通信的远－近效应问题）、**Rake** 接收技术（克服了多径效应）等核心技术的突破，直扩技术在军事领域得到了广泛的应用，如微波接力设备和卫星通信设备等。

3.2.2 跳频

1. 基本原理

跳频系统是使信号的载频由伪随机码序列（PN 码序列）控制，在一个很宽的频率范围内不断地随机跳变，因此跳频调制后输出的信号占据了很宽的频带。与常规通信系统相比，跳频通信系统最大的差别在于其载波是跳变的。与直扩系统相比，跳频系统的伪随机序列是用来选择信道载频的，跳频信号虽然覆盖了较大的带宽，但任意时刻发送的都是一个相对窄带的瞬时信号。跳频系统的组成如图 3-3 所示。

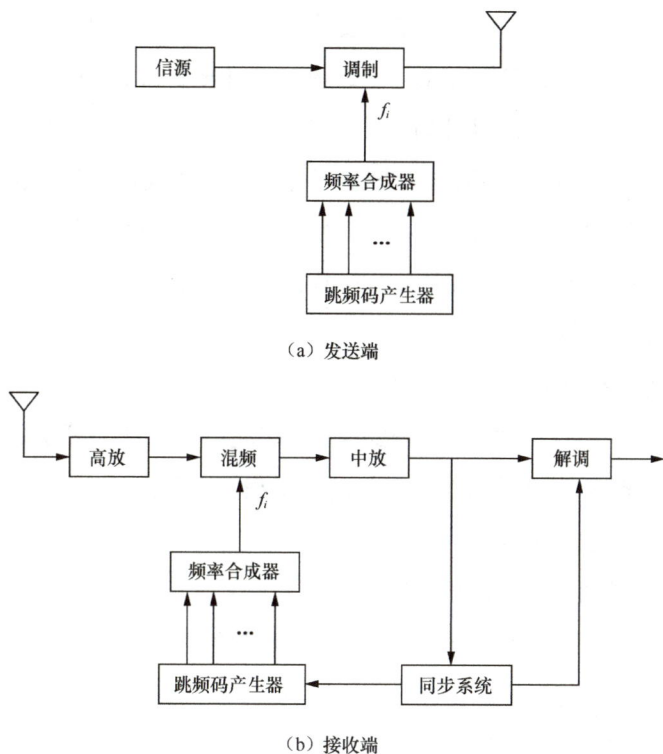

（a）发送端

（b）接收端

图 3-3 跳频系统的组成

在发射端，由跳频码产生器控制频率合成器，产生按规律跳变的载频，然后对信源进行调制，从而产生频带很宽的跳频信号。

在接收端，在同步系统的控制下，使收发双方的伪随机码同步，产生与发射端相同的 PN 码序列，从而使本地频率合成器产生与发射端跳变规律相同的频率，经混频器后得到中频信号，对此中频信号进行解调，就可恢复出发送的信息。对干扰信号而言，由于与本地频率合成器产生的频率不相关，不能进入中频信号，从而不能对跳频系统形成干扰，这样就达到了抗干扰的目的。跳频系统的核心部分是跳频码产生器、频率合成器和跳频同步器。

跳频电台从 20 世纪 70 年代开始，发展非常迅速，各国军队已装备了多种战术跳频电台，目前比较有代表性的有：美国的 SINCGARS ASIP，法国的 PR4G F@stnet，以色列的 CNR-9000 等，这些跳频电台在实际使用中都表现出了较强的抗干扰性能。

跳频是当前应对电子战威胁最重要的抗干扰手段，已在地面、空中和卫星等各类通信设备中得到广泛应用。跳频通信系统主要有如下特点。

（1）具有较强的抗干扰能力

在电子战环境中，跳频通信系统是一种抗干扰能力较强的无线电通信系统，能有效对抗频率瞄准式干扰。另外，只要跳变的频率数目足够多，跳频范围足够宽，就能较好地对抗宽频带阻塞式干扰；只要跳变速率足够高，就能有效地躲避频率跟踪式干扰。

（2）具有多址组网能力

利用跳频序列的正交性，可构成跳频码分多址系统，共享频谱资源。在通信网中，采用不同的跳频序列作为地址码，发射端可根据接收端的地址码选择通信对象。

（3）具有抗衰落能力

载波频率的快速跳变，具有频率分集的作用，只要跳变的频率间隔大于衰落信道的相关带宽，并且跳频驻留时间又足够短的话，跳频通信系统就具有抗频率选择性衰落的能力。

（4）具有抗远－近效应的能力

对于直接序列扩频系统和跳时系统，由于瞬时带宽很宽，很容易受到远－

近效应的影响。相比之下，跳频通信具有良好的抗远 - 近效应的性能，因为临近电台的信号在每次跳变时隙内几乎不可能恰好落在本地接收机的工作频道上，即使其发射功率非常大，对本地跳频系统也不会形成干扰。

（5）具有一定的抗截获能力

载波频率的快速跳变，使得敌方难以截获信息。即使敌方截获了某一载波频率，由于跳频序列的伪随机性，敌方也无法预测跳频电台将要跳变到哪个频率。

（6）具有与窄带通信系统兼容的能力

从宏观看，跳频通信系统是一种宽带系统。从微观看，它又是一种瞬时窄带系统。跳频通信系统使用固定的工作频率和相同的通信波形，就能与普通定频电台互通信息。

2. 跳频通信系统的主要性能参数

跳频通信系统的抗干扰技术性能主要有下列指标。

（1）跳频速率

跳频速率（跳速）是指每秒的频率跳变次数，它是衡量跳频系统性能的一项重要指标。一般来说，跳速越高，抗跟踪式干扰能力越强（请注意：跳速越高，抗干扰能力不一定越强）。跳频速率通常有两种划分方法。一种是在工程上习惯把跳速分为高速、中速和低速，低速跳频在 100 跳 / 秒以下，高于 1 000 跳 / 秒为高速跳频，而中速跳频则介于两者之间。另一种是以发送一个比特信息所使用的频率数为界，把跳频分为快跳频和慢跳频两种，快跳频是指发射一个比特信息使用不止一个频点，即跳频速率大于信息速率，反之则称为慢跳频。

随着跳速的提高，对同步的精度要求也越高，同步开销也就越大，同时高跳速还容易产生更多的寄生信号，造成电磁兼容设计的困难。基于这些考虑，目前各国研制的超短波战术跳频电台大多采用中、低速跳频体制。短波电台天线特性阻抗在全波段内变化较大，天线自动调谐时间一般需要几百毫秒，故目前短波电台一般采用低速跳频体制。

国外部分超短波跳频电台的跳速见表 3-1。

表 3-1　国外部分超短波跳频电台的跳速

型号	国家	工作频段 /MHz	跳速 /（跳·秒$^{-1}$）
PR4G	法国	30～88	400
JAGUAR-V	英国	30～88	150～200
SCIMIFAR	英国	30～88	150～200
P−163-50Y	苏联	30～88	小于 200
HYDRA/V	意大利	30～88	200
SINCGARS-V	美国	30～88	100
PRC-117A	美国	30～90	200
HAVE QUICK	美国	225～400	大于 200
BAMS	比利时	30～108	150～200
PRC-8600	荷兰	30～108	150～200

（2）跳频带宽

跳频带宽是指跳频电台最高频率与最低频率之间所占的频带宽度。可表示为 $N \cdot W_d$，其中，N 为跳频带宽内的信道数目，W_d 为信道间隔。跳频带宽越宽，则迫使敌方把有限的干扰功率分散到更宽的频带中去，干扰效果将减弱，因而抗干扰和抗截获的能力越强。

跳频带宽的限制因素是：射频发射频带越宽，对天线的宽带要求或天线的调谐能力要求越高。若天线采用宽带调谐系统，宽带噪声将变得严重；另外，跳频带宽越宽，所含的信道数就越多，在同等跳速条件下，所需的同步捕获时间也越长。

跳频电台的跳频方式通常有两种：一种是分段跳频，如 JAGUAR-V 跳频电台，将 30～88 MHz 频段分为 9 个子频段，在每一子频段 6.4 MHz 上的 256 个信道中跳变，其优点是便于频率管理，代价是牺牲了抗干扰性能；另一种是全频段跳频，例如 SINCGARS-V 跳频电台，它可以在 30～88 MHz 全频段 2 320 个信道中进行跳频。

（3）跳频码序列

用来控制载波频率跳变的伪随机码序列称为跳频码序列。正确地选择和设计跳频码序列对提高系统的抗截获、抗干扰和保密性能都有重要意义。跳频序列周期是指跳频码序列不出现重复的最大长度，长度越长，敌方破译越困难，抗截获的能力也越强。如果跳频序列周期不够长，敌方就有可能破译出跳频序列的构造方法，从而可以实施瞄准式干扰，甚至窃听通信方的信息。

常用的跳频码序列有m序列、M序列、里所码（Reed-Solomon Codes，RS码）等。其中，m序列为线性码，从一段子序列即可恢复出全序列，抗截获性能较差，所以一般不直接采用；M序列为非线性码，其抗截获性能大大优于线性码，同时自相关、互相关性能与m序列相同，在战术跳频电台中得到广泛应用；RS码具有优良的互相关和自相关特性，码字数目很多，如果电台有多址通信需求时，则可采用RS码。

（4）跳频频率数目

跳频频率数目是指跳频电台跳变时载波的频率点总数。跳频电台载波频率点的集合称为跳频频率集，也称为跳频频率表。在跳频码序列的控制下，信号的载波频率按PN码序列的规律进行跳变，这些按顺序出现的频率点序列称为跳频图案。在每次通信过程中，收发双方用于跳频的跳频图案都是预先设置好的。跳变的频率数目越多，抗单频、多频以及梳状干扰的能力就越强。

（5）跳频同步

与跳频同步有关的主要概念有：跳频同步概率、跳频同步虚警概率、迟入网时间、初始同步时间、同步保持时间和同步抗干扰能力等。

对跳频系统来说，同步是方案中最关键的因素之一，同步设计的缺陷将成为通信对抗中的薄弱环节，同步的失效将导致整个通信的失败。

收、发跳频电台之间的跳频图案同步包含跳频码相位同步和时钟信号同步。在战术跳频电台中，对同步的建立时间有较严格的要求，而同步建立的时间则与跳速和同步方法有关。

3. 跳频同步设计

跳频同步是跳频通信的关键技术之一，包含跳频图案同步、载波同步、码同步、帧同步等，本节只重点介绍跳频图案同步，下面提到的跳频同步都是特指跳频图案同步。跳频图案同步是指收发时间和跳频频率的时频两维捕捉和跟踪，要求收发双方在跳频频率和收发时间上都达到同步，跳频同步性能的好坏直接影响到整个跳频系统的抗干扰能力。跳频同步的基本要求是：能自动快速地实现同步；能抵抗敌方针对同步信号的灵巧干扰；网内的跳频电台任何时间入网都可以实现同步；失步后能迅速重新建立同步。

（1）同步性能好坏的衡量指标

主要考虑以下4个方面：同步的可靠性、同步信号的隐蔽性（抗侦察性能）、同步的抗干扰性、同步的抗欺骗性（抗假冒性能）。

① 同步的可靠性。主要包括同步建立时间和同步保持时间。一般来说，同步建立时间越短越好，而同步保持时间则越长越好。同步建立时间包括初始同步时间和迟入网时间。缩短同步建立时间的措施有：采取信道质量较好的频率作为同步频率；同步频率的个数不能过多；选择合理的同步信息格式设计等。同步保持时间指的是收发双方建立同步到失步之间的时间。由于收发双方时钟的漂移，跳频系统有可能发生失步，因此必须在数据流中插入同步校对信息。同步保持时间与电台的时钟稳定度有关。

② 同步信号的隐蔽性。对付敌方侦察同步频率的方法是进行同步频率的掩盖保护，同步频率应尽可能在整个跳频频率表上伪随机地变化。可采用以下措施来提高同步信号的隐蔽性：同步信号暴露的时间要尽量短，使敌方难以在很短的时间内发现同步信号；在多个同步频率上传送同步信息，增大同步频率的随机性；采用非同步频率的无用传输来混杂掩盖同步频率的传输；将同步信息加密置乱，使同步信息失去特定的结构特征。

③ 同步的抗干扰性。同步的抗干扰性包括抗人为干扰和抗噪声干扰的性能。采用跳频技术的目的就是要提高系统的抗干扰性，特别是在电子战环境中抗敌方有意干扰的能力。为了在恶劣干扰环境下保证通信的正常进行，要求同步概率尽可能高，虚警概率尽可能低。可采用以下措施来提高同步的抗干扰性：对同步信息进行差错控制，如纠错编码、多次重发、相关编码、交织等；采取同步认定算法控制策略，如经过多次同步检测后才认定跳频同步的策略，并选择最佳的同步检测次数；采取失步算法控制策略，如经过多次失步检测后才认定失去同步，并选择最佳的失步检测次数。

④ 同步的抗欺骗性。假冒同步信息干扰是指干扰方使用通信方的同步频率，向空间发射出速率、格式及信息结构等都相似的假冒信息，对通信方实施干扰。这种干扰有可能造成频繁的同步虚警，从而可以用较小的干扰功率来破坏跳频系统的正常工作（即灵巧干扰）。对抗假冒同步的策略是：对同步频率采取抗侦察措施；尽量使同步信息与通信信息的信号特征近似，使敌方难以区分；通过人为发射伪同步信息迷惑敌人，提高同步信息的保护能力。

（2）同步的过程

跳频同步一般分为两个过程：跳频图案的捕获以及跳频图案的跟踪。捕获是使本地参考跳频序列和接收到的跳频序列相位小于一跳的宽度，要求本地振荡器的中心频率精确到使解跳后的信号落在相关运算后相连接的滤波器的通带之内，保证解调器能很好地工作。跟踪是在捕获的基础上，尽量缩小收发双方的时间差，并不断调整自己的时钟，以保持一直处于同步状态。这两步中的关键还是捕获，一般情况下跳频同步多指跳频图案的捕获。如何快速地完成捕获，一直是跳频系统研究的重点。

跳频同步的一般原理如图 3-4 所示。

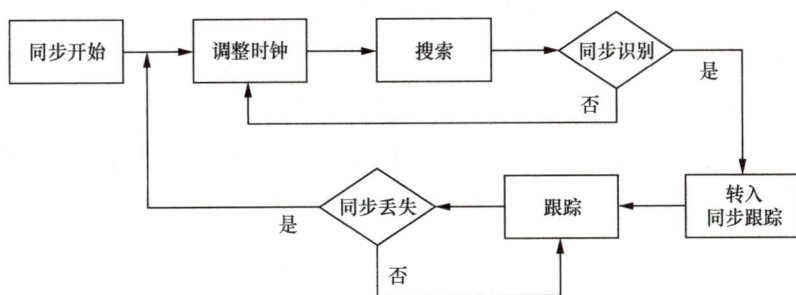

图 3-4　跳频同步的一般原理

（3）跳频同步的方法

下面简略介绍几种在跳频通信系统中常用的跳频同步方法。

① 参考时钟法。这种方法是在一个跳频通信网内设一个中心站，播发高精度的时钟信息，所有网内的电台都依照此标准时钟来控制收、发信机的频率合成器，使各电台的频率按照规定的跳频图案进行同步跳变，达到收、发双方跳

频图案的同步。这种同步方法要受到时钟稳定性及通信距离变化引起的不确定性因素的影响。采用参考时钟法进行跳频同步，由于利用了精确的时钟来减小收发双方伪随机码相位的不确定性，具有同步速度快、准确度高的特点，比较适合于固定台站通信系统。

② 自同步法。自同步法是接收端从接收到的跳频信号中提取有关同步信息来实现跳频同步。接收机利用本地频率合成器产生的信号与输入信号进行相关检测和滤波，适时调整本地伪随机跳频码相位，最终实现同步。依据提取同步信息手段的不同，又可分为自同步法、扫描法、匹配滤波法和频率估值法等。自同步法可自动地从接收到的跳频信号本身提取同步信息，不需要额外的同步信息，可节省功率，且有较强的抗干扰能力和组网灵活等特点。但其同步时间相对于其他同步方法要长，主要用于对同步建立时间要求不高的系统。

③ 同步字头法。发射端将含有同步信息的同步字头置于跳频信号的最前面，或在信息传输的过程中，不时地插入这种同步字头。接收端则根据同步字头的特点，从接收到的跳频信号中将它们识别出来，并调整本地时钟或伪随机码发生器，达到收发双方同步。采用这种方法时，接收机可在某一固定频率上守候同步头，也可以对同步头信息进行扫描搜索。

同步字头法具有同步搜索快、容易实现、同步可靠等优点，因此很多战术跳频电台都采用这种同步方法。采用同步字头法时，应设法提高同步字头的抗干扰性与隐蔽性，通用的方法是选择自相关特性好的序列作为同步码码字，并结合前向纠错编码。同步头信号可用所占频段的任一频道传输，可由基本密钥控制。同步信号是按周期传送的，但在时间间隔上是不规则的。同步字头法的主要弱点是，一旦同步字头受到干扰，整个系统将无法工作。

（4）典型跳频同步方案

同步字头法是当前战术跳频电台最为常用的同步方法，下面重点介绍同步字头法的同步方案。

同步字头法所传输的同步信号可以只包括同步头信息，也可以包括时间（Time of Day，TOD）参数。在战术跳频电台中，TOD 参数指的是跳频序列同步所需要知道的伪随机码发生器运行的实时状态。对于只传送同步头信息的电台，接收端收到同步头信号后，在约定好的预备状态上启动跳频码产生器与发送端同步跳频。这种方法的缺点是同步头信息重复使用，暴露时间长，易于被截获。为了避免这种缺点，可以将 TOD 参数引入电台同步，增强序列的使用的随机性，降低暴露概率。TOD 参数可以是发送端跳频码产生器的实时状态信息，或者是发送端电台内用数字形式表示的实时时钟信息。对于跳频码产生器级数不太长的电台，TOD 参数可以直接由跳频码产生器的实时状态构成，接收机收到 TOD 参数后，直接进入本地跳频码产生器中，实现与发送端的同步。但是当跳频码产生器级数较长时，准确收到全部状态信息的概率随着码比特数的增长而下降，这时 TOD 参数可以用实时时钟构成。若电台采用稳定度为 $\pm 10^{-6}$ 的晶振提供时间，日精度可以做到数秒，系统由此可以获得粗同步，在同步的发送期间再传送精确的 TOD 参数，即可获得准确的同步。

同步字头法的跳频同步方案中同步信号的发送主要有 3 种方式：突发同步、一次同步和连续同步。

① 突发同步。突发同步是指电台在每次通信之前，均先发送同步信号。即每次发送信息时，都进行一次同步信号的发送，接收机搜索同步信号后迅速建立起同步，并自动跟踪，直到本次通信结束。突发同步方式由于每一次通信都要进行一次同步发送，其同步过程的设计必须是快速的，因此采用了较短的同步码集中发送。突发同步具有系统实现简单，时钟稳定度要求较低，容易入网，模拟信号、数字信号都可以传输等特点。突发同步对于体积、重量受到严格限制的手持、背负电台是一种较好的同步方式。美国 Harris 公司的超短波跳频电台 PRC-117 就采用了这种突发同步方式，且在同步码中采用了前向纠错码，因而抗干扰能力很强。当跳速为 200 跳／秒，信噪比为 7 dB 时，即使有 70% 的频率被干扰，仍能建立同步，同步时间约为 200 ～ 300 ms。

② 一次同步。一次同步是指跳频电台只在网络建立时发送同步信号来建立系统的初始同步，而在通信过程中不再发送同步信号，系统的同步由时钟稳定度和同步跟踪电路来保持。当判定整个网络失去同步时，再重新进行同步发送。迟入网方式在规定时间内进行，如果操作人员在其他任何时间需要入网，必须向网内电台请求发送同步信号，网内电台收到请求后，由网内某一电台发送同

步信号将其引入。一次同步具有系统实现简单，节省发送同步信号的时间，模拟信号、数字信号都可以传送等特点。但是一次同步的迟入网困难，对晶振稳定度要求较高。一次同步对于跳速较低的短波电台是一种可取的同步方式。

③ 连续同步。连续同步是指跳频电台不仅在建立通信时发送同步信号来建立系统的初始同步，而且在整个通信过程中不断地把同步信号插入到信息中发送。由于连续存在同步信号，迟入网电台或失步电台在通信过程中可以随时入网，也可为短时间内无线电静默后的快速再同步提供同步校准信息。采用连续同步方式的电台，初始同步是主要的入网方式，因此初始同步设计非常严格，既要进行同步信号的隐蔽性设计，又要进行可靠性设计。设计复杂的同步信号，可采用较长的同步码，而且分散发送，重复多次发送等。连续同步系统实现较为复杂，并且只能进行数字信号的传输，对晶振稳定度的要求较高。但是与突发同步方式相比，可以获得可靠的初始同步，同步后，有可靠的措施保证系统同步，保持时间较长，其通信的可靠性更高。与一次同步方式相比，连续同步的迟入网方式灵活，通信过程中可随时入网，并且具有短时间无线电静默后的快速再同步的功能。因此可以说，连续同步方式是以系统的复杂度换取了同步的优越性能。

（5）跳频同步的跟踪

在系统完成同步捕获，即达到初始同步以后，为了使系统同步保持下去，同步系统立即进入跟踪状态，使接收机本地时钟速率随时跟踪输入信号的时钟速率。所谓同步跟踪的过程就是不间断地根据输入信息的时钟速率调节本地时钟速率，以使收发两端的时钟频率一致。在跟踪系统中，通常采用延迟锁定环法和 τ 抖动环法等，下面分别介绍。

跳频系统的同步跟踪延迟锁定环的结构如图 3-5 所示。

延时锁定环通过非线性的反馈环路来实现输出信号对输入信号的跟踪和同步。达到初始同步之后，将信号分两路送入 PN 码相位相差为一个较小固定值的相关器，利用 PN 码序列的相关特性来产生误差信号。如果某一路径的 PN 码序列与输入信号的相位差较小，则相关器有较大的相关输出；反之，如果相位差大，则输出很小。两路信号相加获得误差信号，再由此输出信号去控制压控振荡器

（Voltage Controlled Oscillator，VCO），改变振荡频率，就可进一步降低相位偏差，使系统的同步状态得以提高并继续保持。

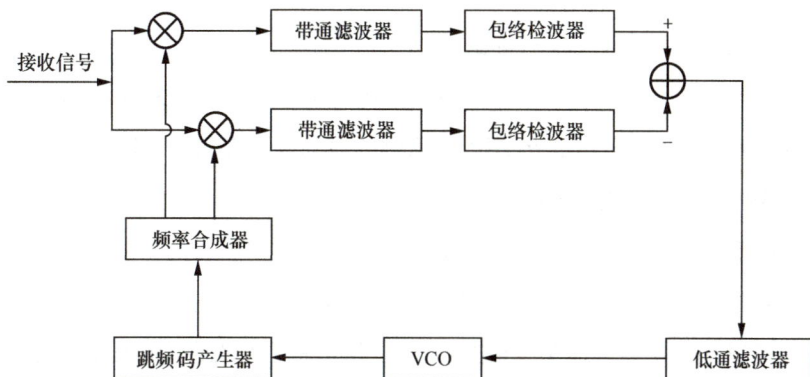

图 3-5　跳频系统的同步跟踪延迟锁定环结构

τ 抖动环结构如图 3-6 所示。

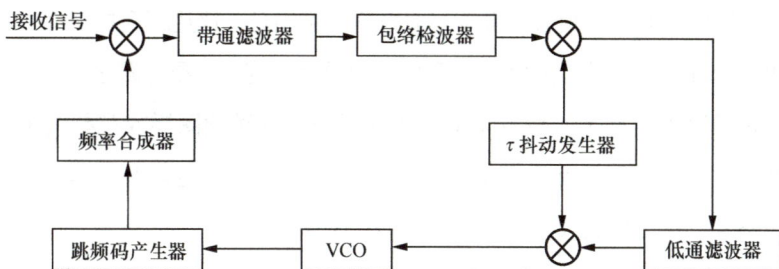

图 3-6　τ 抖动环结构

τ 抖动环跟踪的原理是：在 τ 抖动发生器处产生时间为 τ 的抖动，其时间比本地一跳时间小很多，从而使本地跳频序列产生超前或滞后的变化，使相关器输出信号的幅度也产生相应的变化，由此得到时间误差信号大小和正负反应收发双方时钟的偏离情况。通过该误差信号来控制 VCO，从而实现同步信息的跟踪。

上述两种跟踪环各有优缺点。延迟锁定环两个相关器通道在幅度上要求完全平衡，若有误差，则鉴相特性就要偏移，跟踪不到最优的相位位置。而采用 τ 抖动环后，由于只有一个相关器，所以不存在通道不平衡的问题，但付出的代价是噪声性能的降低。

4. 跳频序列设计

（1）跳频序列设计的基本原理

用来控制跳频系统载波频率跳变的序列称为跳频序列。跳频序列与直扩序列不同，直扩序列是一个二元序列，而跳频序列则是在每一跳时隙输出一个二元序列来控制频率合成器输出一个频率。

跳频序列的作用如下：控制频率跳变以实现频谱扩展，收发两端以同样的规律控制频率在较宽的频谱范围内变化，虽然瞬时信号的带宽较窄，但总的信号带宽却很宽，从而实现了频谱扩展；另外，跳频序列还可用来在跳频组网时作为地址码，为每个用户分配一个跳频序列，收发信机则根据地址码选择通信对象，当多个用户在同一频段同时工作时，跳频序列可以作为区分每个用户的标志。跳频序列的性能对跳频通信系统的性能有着决定性的影响，如果跳频序列设计得不好，即使跳频通信系统其他方面非常出色，也达不到抗干扰的目的。寻求和设计具有理想性能的跳频序列是跳频通信系统的重要课题之一。

在跳频序列控制下，载波频率跳变的规律称为跳频图样或跳频图案。跳频图案的产生过程一般是首先由 TOD 与密钥联合控制，经过复杂的非线性运算后产生频率号，然后控制频率合成器产生需要的载波频率。

（2）跳频序列设计的基本要求

在设计跳频序列时，要考虑以下几个基本要求：每个跳频序列都可以使用频率集合中的所有频率，以实现最大的处理增益；跳频序列集合中的任意两个跳频序列，在所有相对时延下发生频率重合的次数尽可能少，此重合次数称为汉明互相关；跳频序列集合中的每个跳频序列，与其平移序列的频率重合次数尽可能少，此重合次数称为汉明自相关；为了有更多的跳频序列可提供给用户使用，实现多址通信，要求跳频序列集合中的序列数目尽可能多，并且在实际应用中可以更换使用，以提高跳频系统的保密性能；为了使跳频系统具有良好的抗梳状阻塞式干扰性能，应使各频率在一个序列周期中出现次数基本相同，具有良好的均匀性；跳频序列应具有较好的随机性和较大的线性复杂度，以使敌人不能利用以前传输的频率信息来预测当前和以后的频率；跳频序列的产生电路要简单，以降低硬件复杂度；跳频序列的周期要非常长，使得实际应用中不能被敌方截获和破译。

下面分析跳频序列的设计、调制方式和系统性能三者之间的关系。

在给定频隙数目和序列长度条件下，汉明相关的下限值由频隙数目和序列长度决定，而频隙数目和序列长度由频率资源、调制信号带宽及跳频频率集配置共同决定。汉明相关的下限值决定了网络容量和碰撞概率，合理选择调制方式，增加频隙数目和序列长度，汉明相关的下限值将降低，使网络容量提高，碰撞概率下降。

在限定汉明相关值的条件下，序列数目和序列长度受频点数限制。选择高效的调制方式可使频点数增多，因而序列数目和序列长度也相应增加，这样就可在不增加碰撞概率的条件下增加用户的数量。

在给定序列长度的条件下，为了得到更多的序列以供用户使用，就要牺牲序列的汉明相关性能（即碰撞概率增加），为了避免碰撞，增加网络用户数，希望设计出较多的非重复跳频序列，而这个数量又受到频点数目的限制，因此，频点的数目是关键因素。选择调制带宽较窄的调制方式有利于增加频点数量，提高整个系统性能，因而高效的调制解调技术对战术跳频电台来说非常重要。用户数由频隙数和跳频序列的重合次数限定，在跳频工作带宽一定及系统碰撞概率相同时，选择合适的调制方式，增加频隙数，就可以增加系统的用户容量。

（3）基于 m 序列构造跳频序列

m 序列是最大长度线性移位寄存器序列的简称，它是由多级移位寄存器或其他延迟元件通过线性反馈产生的最大长度序列。通过级数为 n 的二进制移位寄存器可产生最大长度为 2^n-1 的 m 序列，m 序列具有容易产生、规律性强、性能优良等特点，因而在扩频通信中最早获得应用。

m 序列的产生方法简单。要构造一个产生 m 序列的线性移位寄存器，先要确定本原多项式。本原多项式的寻找是在所有 r 次多项式中去掉其中的可约多项式，在剩余的 r 次不可约多项式中，根据本原多项式的定义用试探的方法，查看其产生的序列是否为 m 序列。若产生的序列为 m 序列，则该多项式为本原多项式，否则就不是本原多项式，这一方法可用计算机编程来实现。找出本原多项式后，根据本原多项式可构造出 m 序列移位寄存器的结构逻辑图。

利用 m 序列构造跳频码同样非常简单，只需将 m 序列产生器在某一时刻各级寄存器的状态作为一个跳频码去控制频率合成器输出一个频率即可。直接用 m 序列构造的跳频码的汉明自相关性能较好，具有双值特性，但互相关性能相对较差。因此，为了获得较好的互相关性能，需要对基于 m 序列的跳频序列发生器进行针对性设计，改善互相关性能。但是，同一周期长度的不同 m 序列数目比较少，就限制了多址通信网中的用户数目，因此很少直接采用 m 序列来控制跳频。

（4）基于 M 序列构造跳频序列

M 序列是最长非线性移位寄存器序列的简称，它是由非线性移位寄存器产生的码长为 2^r 的周期序列。M 序列已达到 r 级移位寄存器所能达到的最长周期，所以又称为全长序列。

M 序列的构造可以在 m 序列的基础上实现。因为 m 序列已经包含了 2^r-1 个非 0 状态，只是缺少一个由 r 个 0 组成的全 0 状态。因此，由 m 序列构成 M 序列时，只要在适当位置插入一个 0 状态，即可使码长为 2^r-1 的 m 序列增长为码长为 2^r 的 M 序列。显然 0 状态应插入在状态 10…00 之后，还必须使 0 状态的后续为 00…01 状态。

M 序列的抗破译性能比线性序列好，具有良好的伪随机特性，相同周期的不同 M 序列的数目也非常多，远大于 m 序列的数量。但 M 序列自相关性能不如 m 序列的自相关性能好，因此通常不用它来进行多址组网。

（5）基于 Gold 码构造跳频序列

前面讨论了 m 序列，知道 m 序列的互相关性能不是很好，特别是使用 m 序列作为码分多址通信的地址码时，由 m 序列组成的互相关性能好的互为优选的序列集很小。而 Gold 序列具有良好的自、互相关性能，可以用作地址码的数量远大于 m 序列，而且易于实现、结构简单，因此在工程上得到了广泛的应用。

1967 年 Gold 指出："给定移位寄存器级数 r 时，总可以找到一对互相关函数值最小的码序列，采用移位相加的方法构成新码组，其互相关旁瓣都很小，而且自相关函数和互相关函数均是有界的。" Gold 序列是 m 序列的复合码序列，它由两个码长相等、码时钟速率相同的 m 序列优选对的模 2 加序列构成。每改变两个 m 序列相对位移就可得到一个新的 Gold 序列。当相对位移 2^r-1 个比特时，就可得到一族 2^r-1 个 Gold 序列，加上原来的两个 m 序列，共有 2^r+1 个 Gold 序列。

产生 Gold 序列的结构有两种形式。一种是乘积型，是将 m 序列优选对的两个特征多项式的乘积多项式作为新的特征多项式，根据此 2r 次特征多项式构成新的线性移位寄存器；另一种是模 2 加型，是直接求两个 m 序列优选对输出序列的模 2 加序列。可以证明，这两种形式是完全等效的。它们产生的 Gold 码序列的周期都是 $N=2^r-1$。Gold 码就其平衡性来讲，可以分为平衡码和非平衡码。平衡码序列中一周期内 1 码元和 0 码元的个数之差为 1，非平衡码中 1 码元和 0 码元的个数之差多于 1。在扩频通信中，对系统质量影响之一就是码的平衡性（即序列中 0 和 1 的均匀性），平衡码具有更好的频谱特性。码不平衡的系统破坏了扩频通信系统的保密性、抗干扰和抗侦破能力，因此在军事通信中要尽量使用平衡码。

（6）基于 RS 码构造跳频序列

RS 码是通信系统中应用广泛的一种非二进制的线性循环码，常用于信道纠错编码，具有较强的对突发误码的纠错能力。RS 码每一码元可取 q 个不同值，其中 $q=p^m$，p 可为任一素数，工程上为便于实现，通常取 $p=2$，m 表示每一码元比特数，RS 码一个码字的长度为 $n=q-1$，对于一个码长为 n，信息码元为 k 的 RS 码，其最小距离 $d=n-k+1$，达到了线性分组码的最大值，因此 RS 码是一种最佳的线性码。用 RS 码作跳频码时，最小距离 d 表示任意两个跳频码在一个周期中至少有 d 个码位是不相同的，不同跳频码的重合数小于等于 $n-d$，d 越大，重合数越少，跳频码的汉明互相关性能越好，用 RS 码作跳频码具有很好的汉明互相关性能。

在实际工程中究竟选择哪一种跳频码，要根据跳频通信系统的具体用途及环境而定。战术跳频电台常采用周期非常长且复杂的非线性伪随机序列（如 M 序列）作为跳频码，陆地移动多址通信和卫星多址通信则多采用 RS 码作为跳频码。

5. 频率合成器

频率合成器是将一个或多个参考频率源经过各种处理技术生成大量离散频率的器件。参考频率源可由高稳定度和高准确度的晶体振荡器提供。

（1）频率合成器的主要性能指标

① 频率范围。频率范围是指频率合成器的工作频率范围，或频率合成器输出信号的频率范围。通常要求在规定的频率范围内，在任何指定的频率（频道）上，频率合成器都能正常地工作，并且其电气性能都能满足质量的要求。频率范围越大，可供选取的频率数就越多，跳频信号的频谱扩展得越宽，扩频处理增益越大。

② 频率分辨率。频率合成器的输出信号的频谱是不连续的，两个相邻频率之间的最小间隔即频率分辨率，其应满足跳频系统对跳频间隔的要求。

③ 频率转换时间。频率转换时间是频率合成器输出信号的频率改变后，达到稳定工作所需要的时间。在跳频系统中，对频率转换时间有严格的要求，特别是在快速跳频系统中。频率转换时间越短，可支持的频率跳变速率就越高。

④ 频率稳定度与频率准确度。频率稳定度是指在给定的时间间隔内，频率合成器输出信号的频率偏离规定值的数值。频率准确度是指输出信号频率的实际值偏离规定值的大小，即频率误差。有些文献将频率稳定度称为相对频率稳定度，频率准确度称为绝对频率稳定度。在工程上通常将这两个指标合并，统称为频率的稳准度。

⑤ 频谱纯度。频率合成器输出信号的频率不稳定性在频域表现为信号的频谱不纯。一般要求跳频频率合成器输出的频谱要纯，具有低的噪声电平，特别是低的相位噪声。相位噪声是频率合成器重要的质量指标，主要取决于环路中压控振荡器性能的优劣和环路的等效噪声带宽。相位噪声是频率瞬间稳定度的频域表示，在频谱图上呈现为主谱两侧的连续噪声频谱。相位噪声的大小可用频率轴上距主谱处 1 Hz 带宽内相位偏差的均方值来表示，也可用主谱处的噪声功率谱密度来表示。

跳频系统的频率合成器还必须要满足下面两个要求：一是输出信号频率受跳频指令的控制；二是能足够快地改变输出信号的频率，使系统能很快地从一个频率跳到另一个频率，躲避来自敌方的跟踪式干扰。

（2）跳频频率合成方法

跳频系统使用的频率合成器有直接式频率合成器（用混频、分频、倍频来合成）和间接式频率合成器（用锁相环）以及直接数字合成方式等。

① 直接式频率合成器。最简单的直接式频率合成器是用一系列频率信号 f_1，f_2，$\cdots$，f_m 经和频与差频（利用混频滤波的方法）获得所需的合成频率。使用混频方法必须用滤波器来取出和频与差频，合成频率数多，滤波器数就多，以致滤波器数目太多，在工程上无法实现，所以实际上这种形式的频率合成器是很少使用的。另一种既能产生很多频率又能快速跳变的直接式频率合成器则是利用相同的和频–分频基本单元级联而成，其能提供随机选取的上千个以至上百万个跳变频率。

直接式频率合成器的跳频速率主要受限于带通滤波器对跳频信号相位跳变的响应速度。直接式频率合成器需要通过带通滤波器滤除寄生信号，带通滤波器的响应限制了信号相位的变化速率。带通滤波器的带宽和边缘响应直接影响频率合成器输出噪声的电平，在直接式频率合成器的设计中，必须在跳频速率和输出噪声之间进行一定程度的折中。带通滤波器的带宽越窄，输出噪声越小，跳频的响应时间越长。

② 间接式频率合成器。跳频用的间接式频率合成器均由锁相环实现，与一般锁相环相似，但跳频通信系统希望输出信号的频谱要纯并且频率的转换要快，这两个基本要求正好和锁相环路的环路滤波器的基本特性是矛盾的，环路滤波器的带宽越窄，输出信号的相位噪声越小，但环路的捕获时间就要加长，增加频率合成器的频率转换时间。为此，通常采用以下几种措施来保证在低相位噪声的情况下缩短频率的跳变时间。

一是使用取样环路滤波器代替环路滤波器，取样环路滤波器可以降低由鉴相器产生的抖动，从而减少环路的捕获时间，提高跳频速率。

二是利用跳频序列控制指令，把 VCO 的工作频率预置在输出频率附近，缩短环路锁定时间。可以通过数模转换器将控制频率的跳频指令信号转变成一个直流电压来作为 VCO 的控制信号，此控制电压的数值恰好能将 VCO 输出频率粗调到所要求频率的附近。这相当于降低了环路的开环增益，相位抖动也相应降低。

三是采用多环技术，几个锁相环顺序输出不同的频率，由门电路控制，根据跳频指令选取其中一个作为频率合成器的输出。由于作为跳频系统频率合成器的锁相环是通过改变环路中分频器的分频系数来改变输出信号频率的，利用控制频率的跳频指令顺序改变各个环路的分频系数，从而允许每个环路的频率转换时间加长。单个锁相环的频率锁定时间一般不大于频点驻留时间的 1/10，限制了跳频速率。若采用双环技术，两个锁相环轮流输出，跳频速率可提高 5 倍以上。

间接式频率合成器采用上述措施提高跳频速率，但跳频速率仍比直接式频率合成器低，只适用于慢速、中速跳频系统。

③ 直接数字合成法。目前在跳频系统中较常用的是采用直接数字合成技术来实现频率合成器。1971 年美国学者 Tierney 等首次提出了直接数字合成法，它采用全数字技术，是从相位概念出发直接合成所需频率的一种频率合成技术。它的基本原理是利用采样定理，通过查表法产生输出信号的波形。但限于当时的技术和器件水平，它的性能指标尚不能与已有的频率合成技术相比，故未受到重视。近几十年间，随着微电子技术的迅速发展，直接数字频率合成器得到了飞速的发展，它以有别于其他频率合成方法的优越性能和特点成为现代频率合成技术中的佼佼者。

采用直接数字合成技术构成的频率合成器，优点主要体现在相对带宽较宽，频率转换时间短，频率分辨率高，输出相位连续，可产生宽带正交信号及其他多种调制信号，可编程和全数字化，控制灵活方便等方面，这些都是传统频率合成技术所不能比拟的。由于采用数字合成技术，该类频率合成器适合于数字电路的实现，特别适合数字信号处理（Digital Signal Processing，DSP）或现场可编程门阵列（Field Programmable Gate Array，FPGA）的实现。它的不足之处是最高工作频率受限，噪声和杂波的抑制不够理想，如相位累加器的相位舍入误差，幅度的量化误差和数模转换器的非理想特性等，都将增大输出信号的相位噪声和杂波。

6. 跳频组网

跳频电台的引入使得无线通信的抗干扰能力有了很大的提高。但在同一作战地域内存在多个跳频网同时工作的场景，这样就可能发生两个或更多个跳频信号在某一跳时隙工作在相同的频率上，形成自干扰。为减少跳频网自身的相互干扰，需要比定频通信更为严格的频率管理机制。

跳频组网按跳频图案可分为如下两种。① 正交跳频网：即按各跳频图案跳变工作的全部通信网，在同一时钟控制下，进行全同步跳频。正交跳频在实际应用中受到诸多限制。一是仅适合于跳速较低、电台运动速度较低的场合；二是保密性差，好的正交跳频码序列少，严格正交的跳频码易被识别。② 非正交跳频网：即各跳频网独立工作。非正交跳频组网更加适合战术通信网结构复杂、多变的特点。

跳频组网按跳频方式可分为如下两种。① 频分多址结合码分多址（FDMA+CDMA）方式，一般适合中、低速跳频电台组网。② 时分多址结合码分多址（TDMA+CDMA）方式，采用宽带时分多址体制或时分多址结合码分多址的混合体制。例如，美军联合战术信息分发系统采用时分多址方式，网内用户在所有时间内都能按各自的时隙自动发送信息，是高速跳频电台通信组网的主要方式。

跳频电台的组网方法主要有同步组网和异步组网两种。

（1）同步组网

同步组网中所有的网都在统一的时钟下使用同一个跳频图案进行同步跳频，但每个网的频率顺序不同，因此在每个时刻不同的网络发射的频率都不同，这样在任一瞬间均不会发生频率碰撞。同步组网的主要特点如下。

① 频率利用率高。各网都使用同一张频率表（但频率顺序不同）。理论上讲，有多少个跳频频率就可组成多少个正交跳频通信网。

② 不存在网间干扰。任一时刻，网间不会发生频率重叠，因而不会发生网与网之间的干扰。

③ 建网速度比较慢。同步组网方式实际上是将各网组成一个大的群网，建

网时需要所有子网内的电台都响应同步信号才能将各电台的跳频图案完全同步起来，因而建网速度比较慢。

④ 安全性能差。同步组网必须使用统一的密钥，一旦泄密，整个群网的跳频图案都会被暴露无遗。各网必须"步调一致"，否则，只要有一个网不同步，将会造成全网失步而瘫痪。

⑤ 频率表的选择难度大。一旦某个频率受到干扰或效果不佳，则换频必须是全局性的。

⑥ 实现难度大。需要高精度的时间基准，实现难度较大。

总体而言，同步组网的缺点是组网比较复杂，建网时间长。另外，所有的电台都使用同一密钥，具有相同的同步状态，敌方只需获得一部电台的参数就可以监听网内所有的通信，安全性较低。

（2）异步组网

对于异步组网，系统中没有统一的时钟，由于各用户互不同步，会产生网间的频率碰撞，形成自干扰。需要精心选择跳频图案和控制入网的电台数，将网间频率碰撞概率减少到可以接受的水平。异步组网的特点如下。

① 组网速度快。由于异步组网不需要全网的定时同步，同步实现比较简单方便。

② 抗干扰能力强，保密性能好。每个网的密钥相互独立，每个网都有各自不同的跳频图案。

③ 定时精度要求低。异步组网不需要全网的定时同步，用户入网方便以及组网灵活。

④ 频率表选择复杂。由于可能存在频率碰撞问题，因此各网的频率表选择难度大。

⑤ 抗干扰性能受限。由于各跳频网使用相同的跳频图案，并且没有统一的时间基准，多个网络可能在同一时间使用同一频率而互相干扰。随着同时工作的网络数量增加，网络之间的互相干扰随之增大。

⑥ 实现难度较低。异步组网对时间精度要求较低，实现难度小。

采用异步组网时，各网按各自的时钟和跳频序列工作。由于各跳频网之间没有统一的时间标准，如果多网采用同一频率表，频率顺序虽不同，但也有可能发生频率碰撞。显然，这种频率碰撞的机会是随着网络数量的增加而增多的。因此，在异步组网工作时，为了降低多网之间频率碰撞，频率表的选择以及频率序列（即密钥）的选择就成为关键因素。

跳频组网的数目与工作地域的大小也有着密切的关系。在电台分布密集时，VHF 跳频电台同步组网的数目一般不超过跳频频率数的 50% 左右，而异步组网的数目一般不超过跳频频率数的 30% 左右。

3.3 智能天线技术

在战场空间内分布着大量的各种类型的干扰信号，通常干扰和有用信号是可以通过空间方位来区分的，而传统的抗干扰技术主要集中在时域和频域两方面，却忽视了空域处理的潜力。若将信号的空域信息认为是边信息的一种，它独立于信号承载的信息本身而存在，受干扰的影响较小，因而如果能提取信号的空域信息，并充分利用这些信息，就可以有效对抗干扰，这就是空间抗干扰技术，又称为空间处理技术。

空间抗干扰技术主要包括空间分集、空时编码、智能天线以及这些技术的组合。其中，智能天线技术全面利用了电磁信号的空域信息，抗干扰增益高，而且可以与时域、频域等技术相结合，不受传输速率的影响，因而成为军用通信中很有发展前途的空间抗干扰技术。

智能天线技术的研究重点主要包括智能天线的接收准则及自适应算法、宽带信号波束的波束成形处理等。

3.3.1 基本原理

智能天线技术抗干扰的基本原理如图 3-7 所示，该技术通过多个天线阵元的组合，并对各阵元的信号进行加权处理，控制各信号的幅度和相位，动态调整天线方向图，将无线电信号导向特定的方向，产生空间定向波束，使天线主波束对准用户信号到达方向（Direction of Arrival，DOA），旁瓣或零陷对准干扰信号到达方向，达到高效利用有用信号、删除或抑制干扰信号的目的。同时，利用各个用户间信号空间特征的差异，通过阵列天线技术在同一信道上接收和发射多个用户信号而不发生相互干扰，使无线电频谱的利用和信号的传输更为有效。智能天线技术使通信抗干扰技术不再局限于时域和频域，而是充分利用了通信信号和干扰信号的空间特征，是一种非常有效的抗干扰技术。

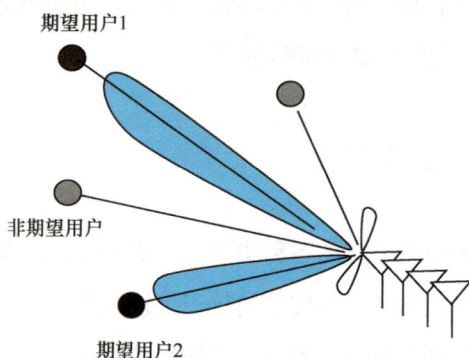

图 3-7　智能天线技术抗干扰的基本原理示意

智能天线系统涉及的关键技术包含天线及阵列结构、波束成形、DOA 估计、信号数目估计及分离、自适应算法、阵列校准和数字信号处理技术等。此外，系统还需要考虑媒体访问控制（Medium Access Control，MAC）层技术、网络层技术的跨层设计问题。

N 元智能天线的结构如图 3-8 所示，主要由天线阵、波束成形网络、智能算法控制器 3 部分构成。智能天线是一个由天线阵和实时智能信号接收处理器所组成的一个闭环反馈控制系统，它通过反馈环路自动调整天线的方向图，使它在干扰方向形成零陷，将干扰信号抵消，并且可以使有用信号得到加强，从而达到抗干扰的目的。

必须要注意的是，智能天线阵技术与天线分集有着本质的区别。天线分集是在接收端架设多副天线，天线的空间间隔足够远（一般至少有 10 个波长以上的距离），从而可以认为它们所接收的信号所受到的衰落是不相关的，这些天线可以用来进行分集接收，克服衰落的影响。而智能天线的阵元间距要小得多，最理想的情况是半个波长，通过加权控制各阵元信号，达到控制天线方向图的目的。

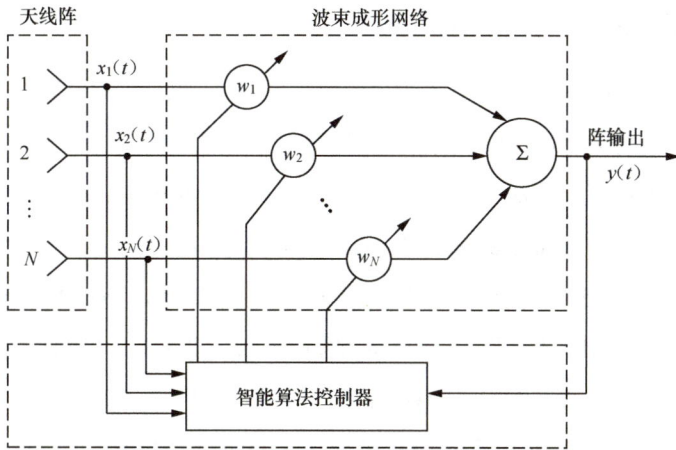

图 3-8　N 元智能天线结构框图

智能天线的实现主要可分为两个分支：波束切换技术和数字波束成形技术。

波束切换天线具有有限数目预定义的天线方向图，通过对预定义波束的选择和切换，达到提高特定方向的天线增益，提升通信容量和可靠性的目的。在特定的方向上提高增益，从而提高通信容量和质量。波束切换天线具有结构简单和不需要估计用户信号到达方向的优势。由于每个波束都是事先定义的，而非通过实时空间信号处理产生，波束切换天线增益在方位角上并不是均匀分布的，用户信号未必落在波束中心。当用户信号在波束边缘，干扰信号在波束中央时，接收效果就会很差。因此，与自适应天线阵比较，波束切换天线很难完全对干扰信号消零，实现最佳的信号接收。

数字波束成形技术是利用数字信号处理算法，根据通信和干扰信号的情况，在数字域对各天线阵元信号的幅度和相位进行加权控制，动态调整天线方向图，使天线方向图的最大增益方向对准通信方向，而在干扰方向形成零陷，将干扰信号抵消，从而达到抗干扰的目的。

基于波束切换的智能天线系统结构简单，易于实现，目前在工程上应用较多；数字波束成形天线需要多路信号的收发和多个信道的幅度及相位的精确测量校准，实现比较复杂，但其能够实现波束的精确成形，性能上可以达到最优，随着信号处理技术和器件的发展，应用前景更为广阔。

3.3.2　度量准则及优化算法

智能天线的性能度量准则主要有：均方误差准则、信噪比准则、约束最优化准则（噪声方差准则）和似然性能准则等。

智能天线的优化算法主要有：最小均方（Least Mean Square，LMS）算法、递归最小二乘（Resursive Least Squares，RLS）算法、自适应恒模（Constant Modulus，CM）算法和取样协方差矩阵的直接求逆（Direct Matix Inversion，DMI）算法等。LMS算法具有简便灵活的特点，又易于实现，虽然收敛速度较慢，还是得到了较为广泛的应用；DMI算法的收敛速度最快，但计算量过大，一般用于理论分析；RLS算法兼具LMS算法和DMI算法的优点，具有广阔的应用前景；CM算法异军突起，是当前研究最多的智能算法之一。

智能天线技术可以带来诸多优点，但在工程应用过程中也面临着一些挑战。

① 阵元数目。智能天线的性能与阵元数目直接相关，阵元数目越大，系统性能越好，但系统的软硬件复杂度也随阵元数目的增加而急剧增加。

② 阵元配置。智能天线的阵元配置有很大的灵活性，一般配置成圆形天线阵或直线阵，相邻阵元的间距一般取为接收信号中心频率波长的一半。阵元间距过大，天线阵的旁瓣将加大，影响对干扰抑制的效果；而间距过小则降低了天线的分辨能力。

③ 运算复杂。复杂度高是智能天线的明显缺点，自适应波束成形、波束角度估计以及移动用户跟踪都需要很大的计算量。

④ 资源管理。采用智能天线技术增加了系统资源管理的复杂度。空间角度也成为一种资源，物理信道的概念得到了扩展。在频率、时隙和扩频码都相同的情况下，不同的空间角度可以构成独立的物理信道。

⑤ 自动校准。在使用智能天线时，需要对智能天线进行实时的自动校准。使用智能天线时一般是根据电磁理论中的互易定理，直接利用上行波束成形系数来进行下行波束成形。但在实际工程中，每条射频通路的特性不可能是完全相同的，而且其特性参数还可能随工作时间和环境条件等因素发生变化。因此，自动校准对下行波束成形的影响很大。

3.4 信道编码技术

1948 年，香农（Shannon）在他的著名论文 "A mathematical theory of communication" 中开创性地提出了无线通信系统的一般模型以及一系列通信理论。这篇论文中除了以概率论为基础定义了通信的基本模型外，还精确定义了信源信道编译码的概念。通过在通信系统的发送端往传输信息序列中添加冗余符号，使得传输符号之间具有一定的相关性，接收端利用这种相关性来消除传输中的差错，从而实现高可靠的信息传输，这个过程就是信道（源）编译码技术。信道编码技术也称纠错编码技术。

在民用通信领域，如有线传输、个人移动通信、卫星通信中，纠错编码技术已经被广泛应用，并显著提高了系统传输的可靠性。在战场环境下，采用纠错编码使得在恶劣条件下的可靠通信成为可能，纠错编码技术成为一种重要的抗干扰技术。

3.4.1 基本原理

无线信道的传输特性十分复杂，会导致信号波形畸变，在接收端可能发生码元错误判决。当误码率达到一定程度时，就无法进行正常通信，因而在无线通信系统中一般都要采用一些降低误码的措施。信道编码就是一种有效的方法，无论是民用通信还是军用通信，信道编码技术都得到了广泛应用。

信道编码实现检错和纠错的基本原理是在发送端的信息码元中加入一定的监督码元，这些监督码元与信息码元之间存在着特定的关系，用来指示信息码元有无错误。在接收端利用这些监督码元来检测并纠正信息通过信道传输后产生的错误。下面介绍几种代表性的信道编码方法。

1. 线性分组码

分组码是把信息码元序列以 k 个码元为一组进行分段，每一组中的 k 个信息码元按一定规则再产生 r 个监督码元，从而得到长为 $n=k+r$ 的一个码字，分组码

常用符号 (n, k) 表示。在分组码中，把 n 位码元中 "1" 的数目称为码字的重量，而把任意两个码字中对应位上数字不同的位数称为码字的距离，简称码距。把编码中各个码字间距离的最小值称为该码组的最小码距，用 d 表示，最小码距 d 的大小直接关系着这种编码的检错和纠错能力。为了检测 e 个错码，要求最小码距 $d \geqslant e+1$；为纠正 t 个错码，要求最小码距 $d \geqslant 2t+1$；为纠正 t 个错码，同时检测 e 个错码，要求最小码距 $d \geqslant e+t+1(e>t)$。若满足 $2^r-1 \geqslant n$，则至少可以纠正一位以上的错码。分组码可根据信息码元和监督码元间的关系分为线性分组码与非线性分组码。

线性分组码是指信息码元和监督码元间的关系为线性关系，即它们可以用一组线性方程来表示，并且任意码字的线性组合仍是码字，具有封闭性。线性分组码的最小码距等于所有码字中非全 0 码的最小重量。线性分组码是分组码中最重要的一类，在无线通信系统中应用十分广泛。

以 $(7, 4)$ 线性分组码来说明线性分组码的特点，显然，$r=7-4=3$，$2^3-1 \geqslant 7$，所以此线性码可以纠正一位误码。设其码字为 $A=[a_6, a_5, a_4, a_3, a_2, a_1, a_0]$，其中前 4 位是信息码元，后 3 位是监督码元，则可用下列线性方程组来描述该线性分组码。

$$\begin{cases} a_2 = a_6 + a_5 + a_4 \\ a_1 = a_6 + a_5 + a_3 \\ a_0 = a_6 + a_4 + a_3 \end{cases}$$

显然，此 3 个方程是线性无关的，由 4 位信息码元的不同取值可计算出 $(7, 4)$ 线性分组码的全部码字，见表 3-2。

表 3-2 $(7,4)$ 线性分组码

序号	信息码元 a_6 a_5 a_4 a_3				监督码元 a_2 a_1 a_0			序号	信息码元 a_6 a_5 a_4 a_3				监督码元 a_2 a_1 a_0		
0	0	0	0	0	0	0	0	8	1	0	0	0	1	1	1
1	0	0	0	1	0	1	1	9	1	0	0	1	1	0	0
2	0	0	1	0	1	0	1	10	1	0	1	0	0	1	0

序号	信息码元				监督码元			序号	信息码元				监督码元		
	a_6	a_5	a_4	a_3	a_2	a_1	a_0		a_6	a_5	a_4	a_3	a_2	a_1	a_0
3	0	0	1	1	1	1	0	11	1	0	1	1	0	0	1
4	0	1	0	0	1	1	0	12	1	1	0	0	0	0	1
5	0	1	0	1	1	0	1	13	1	1	0	1	0	1	0
6	0	1	1	0	0	1	1	14	1	1	1	0	1	0	0
7	0	1	1	1	0	0	0	15	1	1	1	1	1	1	1

经计算，此 (7, 4) 线性分组码的最小码距 $d=3$，故它能纠正一个误码或检测两个误码。

奇偶监督码是线性分组码中最简单的一种，其在信息码元后面再附加一位监督码元，使得码字中"1"的个数是奇数或偶数，能监督奇数或偶数个错误。

循环码则是一类非常重要的线性分组码，除了具有线性分组码的一般特性外，它还具有循环性，即循环码组中任一码字经循环一位后所得的码字仍然是该码组中的一个码字。循环码具有更多的结构对称性，编码和译码复杂性比一般的线性分组码更低，因而应用更广泛。比较重要的循环码有汉明循环码、BCH 码、RS 码等。

2. 卷积码

卷积码是另一类应用非常广泛的纠错码。卷积码是把信息码元序列以 k 个码元为一组进行分段，通过编码生成长为 n $(n>k)$ 的一个码字，与分组码不同，卷积码码字的 $n-k$ 个监督码元不仅与本组的信息码元有关，而且还与其前的 m 段信息码元有关，m 称为编码存储，卷积码常用符号 (n, k, m) 表示。

前面讨论的 (n, k) 分组码，编码时把 k 个信息码元变换成 n 个输出码元，增加了 $(n-k)$ 个监督码元，每个码字的 $(n-k)$ 个监督码元仅与本码字的 k 个信息码元有关。分组码为了达到必要的纠错能力和编码效率，通常 n 和 k 的取值都比较大，导致时延随着 n 的增大而增加，还需要较大的存储空间。卷积码编码时，

也是每输入 k 个信息码元，编码器输出 n 个码元（$n>k$）。与分组码不同的是，n 个输出码元不仅与本次输入的 k 个信息码元有关，而且还与前面 $(m-1)$ 次输入的 $(m-1)$ k 个信息码元有关，$m=1$ 时就是线性分组码的情形。通常卷积码的 n 和 k 取值都较小，m 取值适中。卷积码在解码时充分利用了前后输出码字的相关性，其性能通常优于分组码。

卷积码的编码器描述方法很多，下面以图 3-9 所示为例来说明卷积码编码器的基本原理。

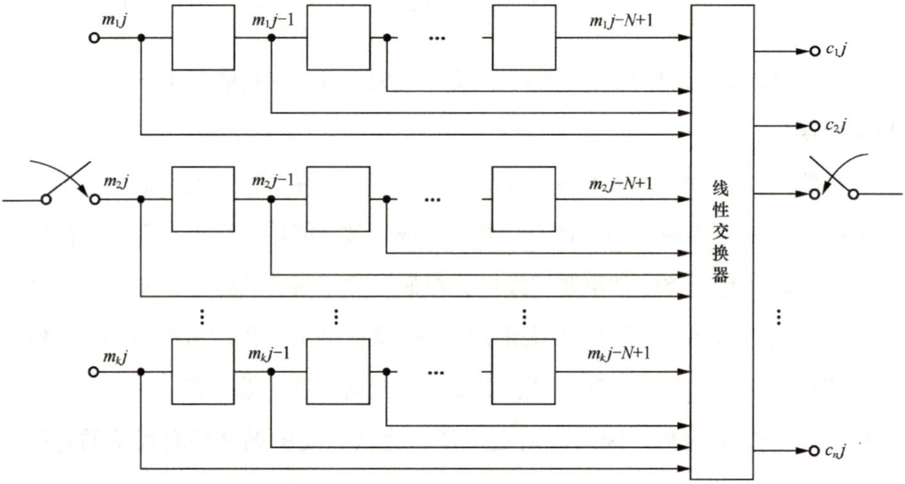

图 3-9 (n, k, N) 卷积码编码器的基本结构

在图 3-9 中，输入端的开关把 k 个一组的串行信息码变换成并行码，开关后的每一行都是一个至多 $N-1$ 阶的移位寄存器，每个移位寄存器都将各自的值输出到线性变换器，经过一系列线性运算后输出 n（$n>k$）个码元，从而完成 k 个信息码元到 n 个卷积码的转换。输出端的开关再对 n 个并行码作并 / 串变换，得到一组 n 个码元的串行码，从而完成编码。显然，输入移位寄存器中的 k 个信息码元，不仅影响本次的 n 个输出码，而且还将影响以后 $(N-1)$ 次的 n 个输出码。图中 k 个移位寄存器的级数可以相同也可以不同，级数的最大值为 $N-1$。输出端的线性变换器把 k 个输入及移位寄存器的各个输出线性组合为 n 个输出，因此卷积码也是一种线性码。编码过程相当于做卷积，所以称为

卷积码。

3. 级联码

级联码是由短码构造长码的一种方法，通过内码和外码的两个短码复合组成一个长码，编译码的结构简单，编码时延小。

级联码的原理如图 3-10 所示，级联码由内码 (n_1, k_1) 和外码 (n_2, k_2) 两个短码串联而成。

```
→ 外编码器 → 内编码器 → 信道 → 内译码器 → 外译码器 →
```

图 3-10 级联码原理

级联码的外码一般设计成纠错能力较强的码，常用的是 RS 码，内码一般设计成纠错能力一般的较简单的码，常用的是记忆长度较短的卷积码。一般情况下，级联码用在干扰比较严重的组合信道中，内码中的某些码字内错误很多，往往超过内码的纠错能力。所以内码通常仅用来纠正少量的错误，而大部分能力用来检错，指出错误位置，纠错的任务则由外码来完成。这样两级译码的结果是使得内、外译码器均比较简单。若内码最小距离为 d_1，外码最小距离为 d_2，则由两者串联成的级联码的最小距离为 $d_{min}=d_1d_2$。实用的级联码一般要与交织码配合使用，主要是为了分散内码编译器中的突发错误。根据交织器的不同，可将级联码分为串行和并行两种。若带交织器的级联码与最大后验概率译码算法结合使用，在中等误码率（如 $10^{-5} \sim 10^{-4}$）时的编码性能非常接近香农极限。

Turbo 码就是一种典型的、应用非常广泛的并行级联卷积码。

4. Turbo 码

Turbo 码是一种并行级联码，由法国 Berrou 等[1]于 1993 年在国际通信会议上提出。它将卷积码和随机交织器结合在一起，实现了随机编码的思想。当交织器比较大，误码率近似为 10^{-5} 时，具有近似香农极限的纠错能力。Turbo 码编码器结构如图 3-11 所示。

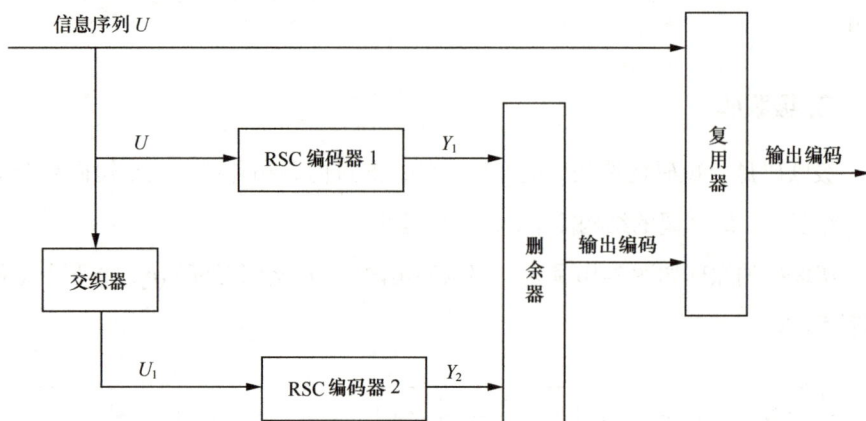

图 3-11　Turbo 码编码器结构

Turbo 码编码器由交织器、递归系统卷积码（RSC）编码器、删余器和复用器构成。其工作流程是，信息序列$U = \{u_1, u_2, \cdots, u_N\}$经过一个 N 位交织器，形成一个新序列$U_1 = \{u_1', \ u_2', \cdots, u_N'\}$（仅重新排列原信息序列的各比特的位置）。然后将 U、U_1 分别送入两个 RSC 编码器，一般情况下这两个编码器结构相同，生成序列 Y_1、Y_2。为了提高编码效率，序列 Y_1、Y_2 需要经过删余器，删除序列中的一些检验位。再与原信息序列 U 经过复用后，就生成了 Turbo 码序列。

Turbo 码的主要特点是：发送端交织器起到随机化码重的作用，使 Turbo 码最小重量尽可能大，将有突发错误的衰落信道转化为随机错误信道。同时，由于级联编、译码起到利用短码构造长码的作用，再加上交织的随机性使级联也具有随机性，从而克服了固定式级联渐近性能差的缺点。随着迭代次数的增加，Turbo 码误码率能迅速减小，可获得近似香农极限的性能。

5. LDPC 码

LDPC 码是一种具有稀疏校验矩阵的线性分组码，最早由 Gallager[2] 于 1963 年提出。1996 年，MacKay 等 [3] 研究发现 LDPC 码具有超越 Turbo 码的优良性能，使得 LDPC 码成为纠错编码领域新的研究热点。研究表明，LDPC 码的性能非常接近香农极限，在高斯白噪声信道中，已找到的 LDPC 码与香农极限仅有 0.004 5 dB 的差距。

LDPC 码是一种特殊的线性分组码。线性分组码由生成矩阵或校验矩阵唯一决定，而 LDPC 码是由校验矩阵来定义的，其校验矩阵是一个稀疏矩阵，只有很少的元素是 1，其余大部分元素为 0。

Gallager 最早构造的 LDPC 码，其校验矩阵具有如下特性：每一行和列分别有 k 和 j 个 1；任意两列对应位置具有 1 的个数不大于 1；k 和 j 与校验矩阵的列数和行数相比很小。LDPC 码与其他线性分组码的编码方式不同，它没有固定的构造方法，也没有严格的代数结构，只要一个线性分组码的校验矩阵中 1 的密度足够低，就可以称为 LDPC 码。

随机构造的 LDPC 码，在长码时具有很好的纠错能力，然而由于码长过长，以及校验矩阵与生成矩阵的不规则性，编码过于复杂，硬件实现复杂度高，而且编码时间过长也限制了其在实时系统中的应用。结构化构造的 LDPC 码，在中短码长时具有相当强的纠错能力，性能接近随机构造的 LDPC 码，硬件实现也非常简单，具有很好的应用前景。

LDPC 码的研究重点是如何在保证编码性能的基础上降低编码复杂度，以利于工程实现，通常的方法是采用结构化编码算法替代随机构造编码算法。由于 LDPC 码性能优异，目前已在民用移动通信系统中得到应用，在战术通信领域也有广阔的应用前景。

3.4.2　战术跳频通信系统不同编码方案性能仿真

战场电磁环境非常恶劣，通信系统常常会受到各种干扰的影响。其中，部分频带阻塞干扰是一种常见的干扰模式，它通过动态选择压制阻塞一定比例的关键通信频点，使得通信传输出现严重的差错而无法正常工作。为实现战术通信系统在部分频带受阻塞干扰条件下的可靠信息传输，将跳频抗干扰措施与纠错编码相结合是一种有效的方法。

本节以跳频通信系统分别采用 RS/BCH 级联码和 LDPC 码为例，对系统在受到部分频带阻塞干扰情况下的抗干扰性能进行仿真分析和比较 [4]。

1. 系统模型

假定跳频系统的跳速为 P 跳 / 秒，每跳传送 Q bit 数据。存在的部分频带阻塞干扰情况为：被阻塞干扰跳比例最大为 60%，一般考虑小于 30%。被阻塞干扰跳频点（简称坏跳频点）的误比特率为 50%，未被阻塞干扰跳频点（简称好跳频点）解调误码率优于 10%。在下面的仿真中，假设部分频带阻塞干扰的概率为 1/3、1/2 和 2/3。对部分频带阻塞干扰信道建模如图 3-12 所示。

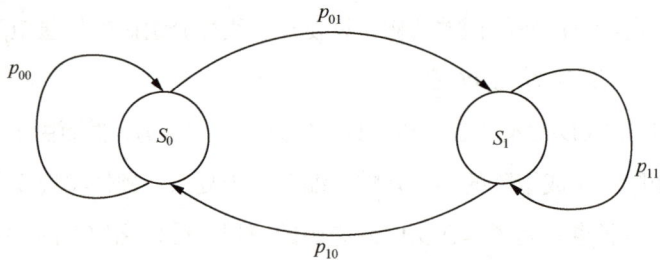

S_0：非阻塞状态，等效为低干信比信道 $\boldsymbol{P} = \begin{bmatrix} p_{00} & p_{01} \\ p_{10} & p_{11} \end{bmatrix}$

S_1：阻塞状态，输出信息量为零

图 3-12　部分频带阻塞干扰信道建模

信道有非阻塞状态 S_0 和阻塞状态 S_1，转移概率由矩阵 $\boldsymbol{P}$ 表示。

对于 1/3 部分频带阻塞干扰 $\boldsymbol{P}_{13} = \begin{bmatrix} 0.75 & 0.25 \\ 0.5 & 0.5 \end{bmatrix}$，1/2 部分频带阻塞干扰

$\boldsymbol{P}_{12} = \begin{bmatrix} 0.5 & 0.5 \\ 0.5 & 0.5 \end{bmatrix}$，2/3 部分频带阻塞干扰 $\boldsymbol{P}_{23} = \begin{bmatrix} 0.5 & 0.5 \\ 0.25 & 0.75 \end{bmatrix}$。

2. RS+BCH 级联码性能仿真

图 3-13 所示为跳频系统中的 RS+BCH 级联码信道编码方案。该方案采用了 RS 码和 BCH 码级联的编码方式，其中作为外码的 RS 码采用 RS(31,K) 码，用于纠正内码纠错后的残余误码，其中信息位的长度 K 不确定，根据应用环境的干扰强弱程度不同，选择合适的 K，以实现要求性能条件下的最高信息传输速率。RS 码的译码采用带有纠删功能的译码算法，为了实现 RS 码的纠删功能，

在 RS 码和 BCH 码之间，进行了偶校验 (6,5) 编码。通过偶校验编码，可以发现每 6 bit 中的奇数个错误，识别若干的删除位置，进行 RS 码的纠删译码，可以有效提高系统整体的纠错性能。作为内码的 BCH 码为纠正 2 个随机错误的 BCH(14,6) 码，该码是 BCH(15,7) 的缩短码，用于纠正部分信道随机差错。

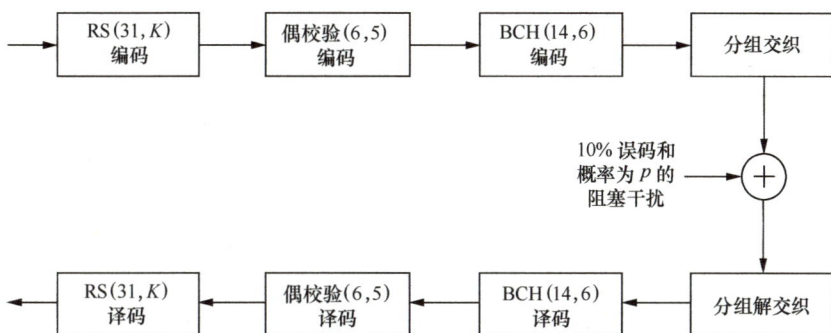

图 3-13　跳频系统级联码信道编码方案示意

这种 RS+BCH 级联码方案抗部分频带阻塞干扰性能的仿真结果如下。

（1）阻塞干扰概率 1/3 时级联码的性能

在阻塞干扰的概率为 1/3，没有受到阻塞干扰的好跳信道误码率为 10% 的条件下，RS 和 BCH 的级联码的性能如图 3-14 所示。可以看出，采用 RS+BCH 级联码的方案，在信息位的长度为 7 bit，即 RS 码为 RS(31,7) 时，可以达到 10^{-4} 的误码率。在这种情况下，系统整体码率为

$$R = \frac{7}{31} \times \frac{5}{6} \times \frac{6}{14} \approx 0.081$$

可见要达到 10^{-4} 的误码率，采用 RS+BCH 级联码方案，总码率要小于 0.081。

在相同的干扰和误码条件下，采用级联码方案，在信息位的长度为 5 bit，即 RS 码为 RS(31,5) 时，可以达到 10^{-5} 以下的误码率。在这种情况下，系统整体码率为

$$R = \frac{5}{31} \times \frac{5}{6} \times \frac{6}{14} \approx 0.057\,6$$

可见要达到 10^{-5} 的误码率，采用 RS+BCH 级联码方案，总码率要小于 0.057 6。

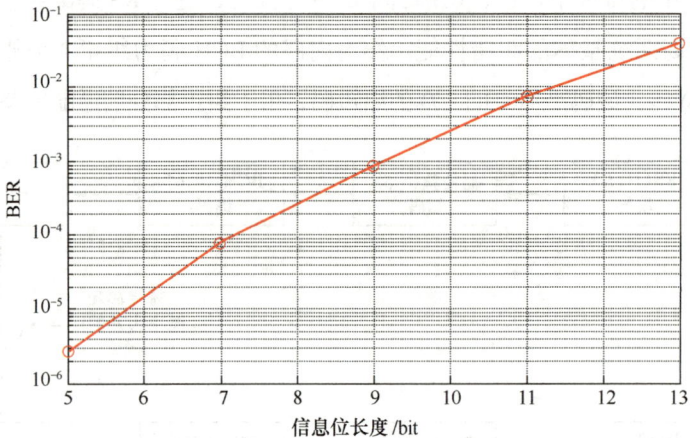

图 3-14　误码率和信息位长度的关系（阻塞干扰概率为 1/3，好跳 BER 为 10%）

RS 码信息位的长度和系统输出误码率的关系见表 3-3，可以看出，要使输出的误码率低于 10^{-5}，信息位的长度小于 5 bit。

表 3-3　系统误码率和信息位长度的关系

系统的误码率	10^{-2}	10^{-3}	10^{-4}	10^{-5}
要求的信息位长度 /bit	11	9	7	5

下面进一步给出阻塞干扰的概率为 1/3、好跳频点误码率为 5% ～ 10% 时的性能仿真结果和分析，如图 3-15 所示。

从图 3-15 可以看出，当要求系统误码率为 10^{-5} 时，若好跳误码概率为 5%，信息位长度小于 9 bit；如果好跳误码概率为 10%，信息位长度要小于 5 bit。由此可见，如果能改善好跳误码率，在给定系统整体误码条件下，可以有效提高跳频系统的信息传输效率。

（2）阻塞干扰概率 1/2 时级联码的性能

图 3-16 所示为阻塞干扰概率为 1/2 的条件下，RS 码的信息位长度和输出误码率的关系。仿真结果表明，当阻塞干扰的概率高达 1/2 时（即一半跳频频点被阻塞干扰），采用这种 RS+BCH 级联码方案，当信息位长度 $K \geqslant 3$ bit 时，系统

输出误码率无法低于 10^{-5}。

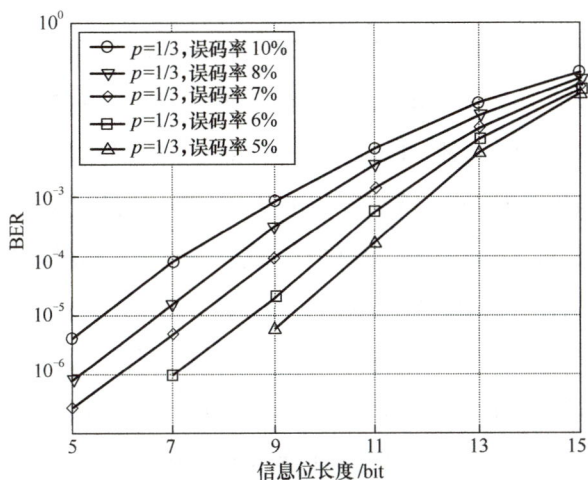

图 3-15　误码率和信息位长度的关系
（阻塞干扰概率为 1/3，好跳 BER 为 5% ~ 10%）

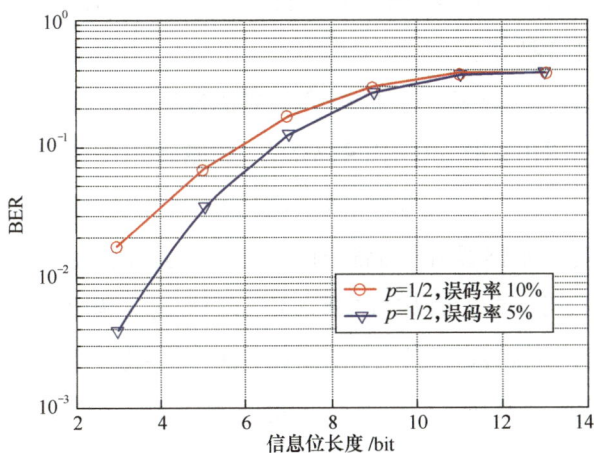

图 3-16　误码率和信息位长度的关系（阻塞干扰概率为 1/2）

3. LDPC 码性能仿真

LDPC 码具有强大的纠错能力，通常应用于传输速率高、编码码率高的系统。下面的仿真结果表明，与低速战术跳频电台结合，低速率、低码率 LDPC 码也可获得的良好性能。

（1）仿真模型和参数

在下面仿真中，LDPC 码的码长为 10 240 bit，信息位的长度为 512 bit，信道编码的码率为 1/20，该 LDPC 码的检验矩阵为 10 240×9 728。

译码算法采用置信传播（Belief Propagation，BP）迭代算法，最大的迭代次数为 100。在软判决解调输入条件下，迭代译码算法可获得良好译码性能，但运算复杂度较高，对解调器的输出量化要求高。在硬判决解调输入条件下，译码复杂度较低，但由于没有利用跳频信道的状态信息，纠错性能存在一定损失。改进的办法是采用纠删的迭代译码方案（简称纠删译码），该方案基于解调中对各个跳频点进行信道检测，获得信道状态信息，可以确切知道某个跳频点是否受到阻塞干扰的影响，译码器就可以利用信道状态信息去优化 LDPC 码的译码性能。但这种译码方法需要用其他手段来确定跳频信道的状态信息，也使得系统实现复杂度略有增加。

综上所述，根据利用解调信息的不同情况，即译码器输入信息不同，将译码算法分为以下 3 种。

① 硬判决，标准译码。这种方案解调判决为硬判决，译码没有利用跳频信道的状态信息，采用标准 BP 迭代译码算法，性能上存在一定损失。

② 硬判决，删除译码。这种方案解调判决也采用硬判决，但是译码利用了部分的信道信息。根据解调中对各个跳频点的信道检测，获得跳频点解调是否成功的信息，利用该信息可以使 LDPC 码的译码性能获得一定改善。

③ 软判决，标准译码。这种方案解调判决为软判决，可以获得准确的信道信息，利用信道信息译码，可以使译码性能显著提高。

下面在不同程度部分频带阻塞干扰的情况下，对采用不同译码算法的 LDPC 码性能进行仿真。在仿真中，对于没有受到干扰的频点，假设信道噪声服从高斯分布，信道误码率可以用下面的公式表示。

$$P_e = \frac{1}{2}\mathrm{erfc}\left(\sqrt{\gamma}\right)$$

其中，γ 为高斯信道的信噪比，$\gamma = \dfrac{E_b}{N_0} = \dfrac{E_b}{2\sigma^2}$（$\sigma$ 为信道噪声的标准差）。

假设信号的功率是归一化的，可以得到误码率 P_e 和信道噪声的标准差 σ 的关系，见表 3-4。

表 3-4　高斯信道信噪比、噪声标准差和误码率的关系

信噪比 /dB	4.95	3.01	1.42	0.088	-1.07	-2.09	-3.01	-3.83
信道噪声（标准差）	0.40	0.50	0.60	0.70	0.80	0.90	1.00	1.10
误码率	0.006 2	0.022 8	0.047 8	0.076 6	0.105 6	0.133 3	0.158 7	0.181 7
信噪比 /dB	-4.59	-5.29	-5.93	-6.53	-7.09	-7.61	-8.11	-9.03
信道噪声（标准差）	1.20	1.30	1.40	1.50	1.60	1.70	1.80	2.00
误码率	0.202 3	0.220 9	0.237 5	0.252 5	0.266 0	0.278 2	0.289 3	0.308 5

对于受到阻塞干扰的频点，分别对 1/3、1/2 以及 2/3 部分频带阻塞干扰的条件下，LDPC 码不同译码算法性能进行仿真。

（2）仿真结果

图 3-17 所示为不同干扰情况下，硬判决的标准译码算法的纠错性能。可以看出，当采用硬判决的标准译码算法时，若要满足系统输出误码率低于 10^{-5} 的要求，在干扰概率为 1/3 时，好跳信道的信噪比要求达到 -2.1 dB 以上，即要求误码率达到 13.3% 以下；干扰概率为 1/2 时，已无法满足系统输出误码率低于 10^{-5} 的要求，即使要达到 10^{-4} 的误码率，好跳信道的信噪比也要求达到 7 dB 以上。因此，采用硬判决的标准译码算法，比较适合干扰概率小于 1/3 的条件。

图 3-18 所示为在不同干扰情况下，硬判决的删除译码算法的性能。可以看出，若采用硬判决的删除译码算法，要求系统输出误码率低于 10^{-5}，在干扰概率为 1/3 时，好跳信道的信噪比要求达到 -5.0 dB 以上，即要求误码率达到 21.3% 以下；在干扰概率为 1/2 时，好跳信道的的信噪比要求达到 -3.0 dB 以上，即误码率达到 15.8% 以下；在干扰概率为 2/3 时，好跳信道的的信噪比要求达到 4.1 dB 以上，即误码率达到 1.1% 以下。可见，采用硬判决的删除译码算法，如果好跳信道的比特误码率低于 1.1%，系统可以在干扰概率为 2/3 的条件下工作。若系统在干

扰概率为 1/2 的条件下工作，可以容忍的好跳信道比特误码率为 15.3%。而前面提到，在干扰概率为 1/2 时，RS+BCH 级联码很难满足要求。但是，采用删除译码算法时，系统必须提供信道状态信息，也即删除位置信息，需要在系统设计中增加导频信息等。

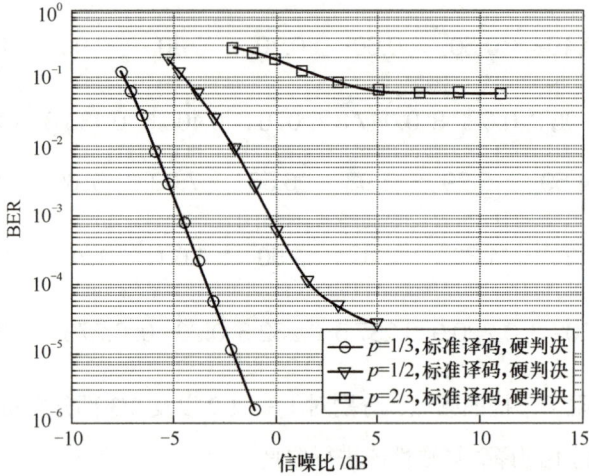

图 3-17　LDPC(10 240,512)，不同的干扰概率下，硬判决的标准译码算法的纠错性能

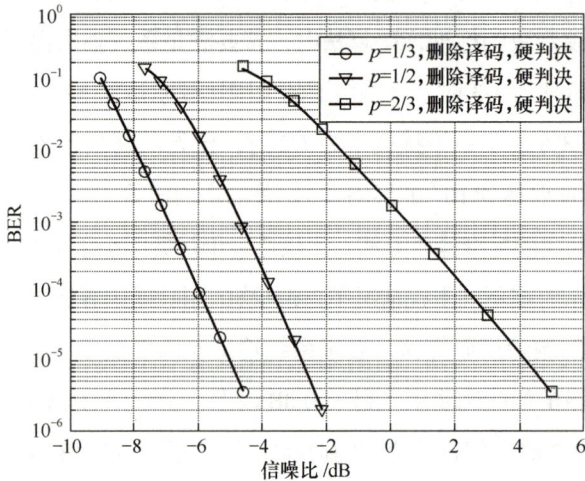

图 3-18　LDPC(10 240,512)，不同的干扰概率下，硬判决的删除译码算法的性能

图 3-19 所示为在不同干扰情况下，软判决的删除译码算法的性能。可以看出，

若采用软判决的删除译码算法，要求达到系统输出误码率低于 10^{-5}，在干扰概率为 1/3 时，好跳信道的信噪比要求达到 −7.5 dB 以上，即要求误码率达到 27.5% 以下；在干扰概率为 1/2 时，好跳信道的信噪比要求达到 −5.4 dB 以上，即误码率达到 21.4% 以下；在干扰概率为 2/3 时，好跳信道的信噪比要达到 4.1 dB 以上，即误码率达到 1.1% 以下。可见，采用软判决的删除译码算法，如果好跳信道的比特误码率低于 1.1%，则跳频系统可以工作在干扰概率为 2/3 的条件下。若系统工作在干扰概率为 1/2 的条件下，则可以容忍的好跳信道的比特误码率达到 21.4%。在干扰概率为 1/2 时，RS 码和 BCH 码的级联码远远无法满足要求。但前面已经提到，LDPC 码采用软判决的删除译码算法，系统必须提供信道状态信息、信道观测值和信噪比，系统实现复杂度有所增加。

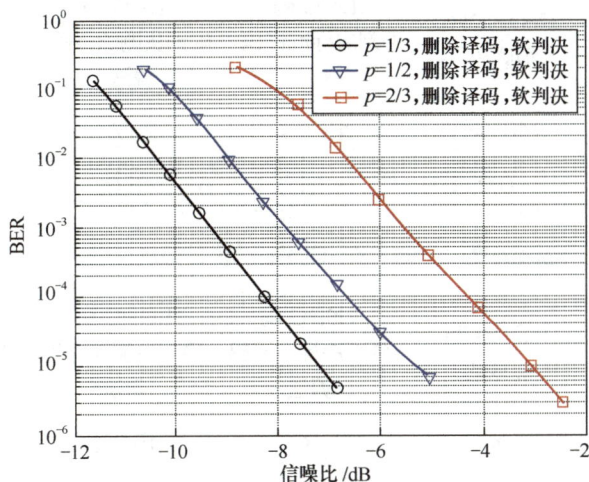

图 3-19 LDPC(10 240,512)，不同的干扰概率下，软判决的删除译码算法的性能

4. RS+BCH 级联码和 LDPC 码性能比较

根据以上仿真结果，下面对级联码和 LDPC 码在跳频系统中的纠错性能进行比较。

在部分频带阻塞干扰概率为 1/3，采用 RS+BCH 级联码方案，RS 码的信息位长度应小于 5 bit。当 RS 码的信息位长度为 5 bit 时，系统整体码率为

$$R = \frac{5}{31} \times \frac{5}{6} \times \frac{6}{14} \approx 0.057\,6$$

和 LDPC(10 240,512) 的码率基本相当。

在该条件下，若要求纠错编码输出的误码率低于 10^{-5}，采用级联码时，要求好跳信道的误比特率低于 10%；而 LDPC(10 240,512) 采用硬判决标准译码算法，要求好跳信道的误码率低于 13%；如果采用删除译码算法，要求好跳信道的误码率低于 20%；若采用软判决标准译码算法，可以承受的好跳信道误码率低于 27.5%。表 3-5、表 3-6 所示为不同编码方案在不同干扰概率条件下对误码率和信噪比的要求。

表 3-5　干扰概率为 1/3 时，不同编码方案的好跳误码率和信噪比门限

不同的编译码方案	RS+BCH 级联码	LDPC 码 硬判决标准译码算法	LDPC 码 硬判决删除译码算法	LDPC 码 软判决标准译码算法
误码率门限	10%	13%	20%	27.5%
信噪比门限	−0.9	−2.1	−5.0	−7.5

表 3-6　干扰概率为 1/2 时，不同的编码方案的好跳误码率和信噪比门限

不同的编译码方案	RS+BCH 级联码	LDPC 码 硬判决标准译码算法	LDPC 码 硬判决删除译码算法	LDPC 码 软判决标准译码算法
误码率门限	×	×	15.8%	22.3%
信噪比门限	∞	>7	−3.0	−5.4

由表可见，在部分频带阻塞干扰概率为 1/2 时，采用 RS+BCH 级联码方案，即使 RS 码的信息位长度小于 3，仍然不能满足系统性能要求，也就是说级联码不能工作在干扰概率为 1/2 的条件下；而 LDPC(10 240,512) 采用硬判决标准译码算法，若要求输出误码率低于 10^{-5}，由于存在平底效应，该算法也不能满足要求；但如果进一步采用删除译码算法，只需要求好跳信道误码率低于 15.8%；若采用软判决标准译码算法，好跳信道误码率可以低于 22.3%。

当干扰概率达到 2/3 时，LDPC(10 240,512) 硬判决的删除算法和软判决的标

准算法都可以满足系统性能要求。

通过前面对级联码和 LDPC 码的基本原理和性能仿真的分析，可以得出，即使在低速、低码率的战术跳频系统中，LDPC 码的纠错性能也优于传统的级联码方案，同时，仿真结果还表明，为了充分发挥 LDPC 码的纠错能力，可以将 LDPC 码和信道检测结合起来，从而使 LDPC 译码和受到部分频带阻塞干扰的信道更加匹配。但是，在实际工程应用中，除了考虑性能外，还要综合考虑系统实现的复杂度，LDPC 虽然性能优越，但实现复杂，目前在实际战术通信系统中还未得到广泛应用。

3.5 本章小结

本章重点介绍了扩展频谱、智能天线、信道编码 3 种抗干扰技术的基本原理，并分析比较了各种技术的性能特点。在此基础上，结合战术通信系统的特点及要求，进一步阐述了这 3 种抗干扰技术在实际工程中的应用情况及需要注意的一些问题。同时，举例介绍了跳频抗干扰和信道编码综合应用的方法和性能比较。

参考文献

[1] BERROU C, GLAVIEUX A, THITIMAJSHIMA P. Near Shannon limit error-correcting coding and decoding: turbo-codes(1)[C]//Proceedings of IEEE International Conference on Communications. Piscataway: IEEE Press, 1993: 1064-1070.

[2] GALLAGER R G. Low-density parity—check codes[M]. Cambridge: MIT Press, 1963.

[3] MACKAY D J C, NEAL RM. Near Shannon limit performance of low density parity check codes[J]. Electronics Letters, 1997, 33(6): 457-458.

[4] 王锐华 . LDPC 码关键技术研究及其在野战无线通信中的应用 [D]. 南京：解放军理工大学 , 2005.

第4章

CHAPTER 4

组网技术

4.1 引言

组网设计的主要内容包括网络体系结构设计和网络协议设计，前者主要解决网络拓扑结构、网络控制管理、协议体系结构等顶层设计问题，后者主要解决拓扑控制算法、管理协议、通信协议等底层具体技术的实现问题。算法和协议的性能表现是与其应用场景及条件密切相关的，在一定条件下表现优良的算法和协议在条件改变之后可能变得并不适用。因此，算法和协议优化需要根据应用场景来确定，没有普适的网络算法和协议。

战术通信系统通常处于相当恶劣的战场环境中，一般位于战斗前沿，时刻面临遭受敌方火力攻击或电磁干扰的危险，其抗毁生存能力显得非常重要。战术通信系统的网络结构直接关系到网络的抗毁性能和生存能力，在设计上必须采用具有良好抗毁性能的体系结构。传统的战术通信系统以指挥关系为基础，逐级组织专网或专向，指挥所既是指挥中心又是通信中心，其网络结构是树状的。这种网络结构有如下缺点：一是抗毁性能差，各级指挥所之间都是点对点通信，通常只有一条路由，一旦被毁则通信中断；二是通信枢纽与指挥所配置在一起使指挥所庞大臃肿，隐蔽性、机动性差，不适应信息化战争的要求。因此，战术通信系统的网络结构从最初的点对点结构发展为树状网、星形网和网状网等多种形态，向着扁平化、分布式、自组织的方向发展。

为了满足网络规模可扩展和指挥结构的需要，战术通信系统组网通常采用分层设计的方式，一般可分为信息采集网、信息接入网和信息传输网。用于战场信息采集的传感器网络，通常是由大量的密集型、低成本、随机分布的节点组成，在恶劣的战场环境中探测各类敌方攻击信息，它应具备较强的自组织能力，使其不会因为某些节点损坏而整个系统崩溃。用于实现战场各种战术分队信息交互的信息接入网，要求适应快速部署、高机动性、不需固定设施支持、节点动态接入网络、分布式无中心管理等使用要求，并具备很强的网络抗毁能力。信息传输网采用分布式架构，要求具有移动性好、抗毁性能强、组织运用灵活等特点，能够支持话音、数据、图像、视频等综合业务，构建宽带信息传送平台以满足信息交互呈爆炸式增长的需求。因此，无论信息采集网、信息接入网还是信息传输网，都必须采用与网络结构相适应的组网技术。

战术通信系统主要功能要求包括以下几方面。

① 战术移动环境下，通信网要整体同步移动，以适应作战部队的高度机动性和快速展开部署。因此，战术通信系统应具有移动自组织功能而不需过多事先规划。

② 传统无线组网采用单跳长距离方式构建链路，导致固定的网络节点易被敌方监听和攻击。因此，战术通信系统应具有短距离多跳多路由转发能力，实现网络级的抗干扰。

③ 战术通信系统需要有较强的抗干扰与抗毁性能，并具有自愈（Self-Healing）能力，网络不会因为某个节点的故障而瘫痪。因此，战术通信系统应具备分布式、无中心组网的抗干扰、抗毁能力。

④ 战术通信系统应满足恶劣战场条件下的服务质量（Quality of Service，QoS）要求，如时延、时延抖动、误码率、传输速率等。

自组织组网（自组网）技术是一种能够临时快速自动组网的无线通信网络技术，在没有基础设施的情况下不需过多人为干预就能够通过组网协议使所有节点完成网络的自主构建、自主维护、自主管理，并通过多跳转发实现网络节点间的信息交互，网络应具有良好的抗干扰能力和抗毁生存能力[1]。

本章以移动 Ad Hoc 网络（Mobile Ad Hoc Network，MANET）技术为重点，介绍基于自组网技术的网络结构、协议体系结构设计问题。在此基础上，简要描述无线传感器网络（Wireless Sensor Network，WSN）和无线 Mesh 网络（Wireless Mesh Network，WMN）技术，为整个战术通信系统的组网提供设计方法。

4.2 网络体系结构

4.2.1 网络拓扑结构

网络拓扑结构是指为构成通信系统组织结构而建立的系统节点的布局及其

相互间的结构方式（连接关系）。网络拓扑结构规划通常需要考虑网络规模、业务强度及类型、网络控制管理效能、对节点间连接关系动态变化的适应能力等。目前，比较典型的网络拓扑结构主要有平面结构和分级结构。

在平面结构网络中，各节点的功能和地位平等，不需复杂的网络结构维护过程。同时，由于网络中各节点地位对等，没有中心节点，组网灵活，比较健壮，对网络使用环境的适应能力也比较强。但平面结构网络中，当网络规模加大时维护这些动态变化的路由状态需要大量的控制消息，路由维护的开销呈指数增长而消耗掉有限的带宽。随着用户增多，移动性加强，平面结构网络需要维护的控制开销快速增加，网络性能急剧下降。因此，平面结构网络的可扩展性较差，主要适用于网络规模较小的应用场景。

在分级结构网络中，网络通常被划分为若干群，每个群由一个群首和多个群成员组成。群首节点负责群内节点管理，实现群间数据转发。群首形成高一级的网络拓扑，依次可以形成多级拓扑结构。在分级结构网络中，群首可以预先指定，也可以由节点使用分群算法自动选举产生，并根据节点连接关系的变化重新分群以构建网络拓扑。在分级结构网络中，群成员不需要维护复杂的路由信息，大大减少了网络中路由控制消息的数量，网络可扩展性好，路由算法设计也较为灵活，可采用先验式和反应式路由协议相结合的方式提高路由算法性能。战术通信系统具有规模大、分级编配的特点，非常适合采用分级结构进行组网应用。

综上分析，当网络规模较小时，可采用平面结构进行组网；当网络规模较大时，可采用分级结构进行组网。

战术通信系统的应用场景和使用需求分析表明，战术通信网络需要满足部队不同层次、不同要素、不同战术使用要求，适应不同层次、不同要素业务流量的非对称性、节点移动性以及由此导致的动态路由和网络顽存性问题。因此，战术通信系统网络拓扑可采用分级结构，拓扑规划采用预先部署与网络自适应调整相结合的方法进行。预先部署通过事先规划，完成优化的系统框架构建。网络自适应调整则通过分群算法实现拓扑结构对使用环境动态变化的自适应局部调整，满足网络的抗毁性要求。

战术通信系统可以由战术骨干网和战术用户网两级拓扑构成。战术骨干网

（如地域通信网）由大容量固定和机动通信链路实现组网及对上无缝连接，例如采用宽带卫星网、无人机无线中继、高容量干线无线电（High Capacity Trunk Radio，HCTR）和移动干线（Mobile Trunk，MT）等。战术用户网接入战术骨干网包含战术电台互联网（移动 IP 体系结构）、个人通信系统（码分多址体系结构）、无线局域网（IP 体系结构）等，每个子系统内部还可以根据网络规模扩展的需要进一步采用分级构建方式设计。

图 4-1 所示为采用分级分布式方式构建的战术通信系统网络结构，主要包括 3 个部分：WSN，为战术通信系统中最末端的信息感知网络；MANET，为系统的接入网络；WMN，为系统的骨干网络。在该结构中，WMN 作为战术骨干网构成了上一级网络，WSN 和 MANET 作为战术用户网构成了下一级网络。根据不同组网规模及实际使用要求，各个不同 WSN、MANET、WMN 内部还可以进行进一步分群，分别在各个子网内部构建出分级的网络架构。

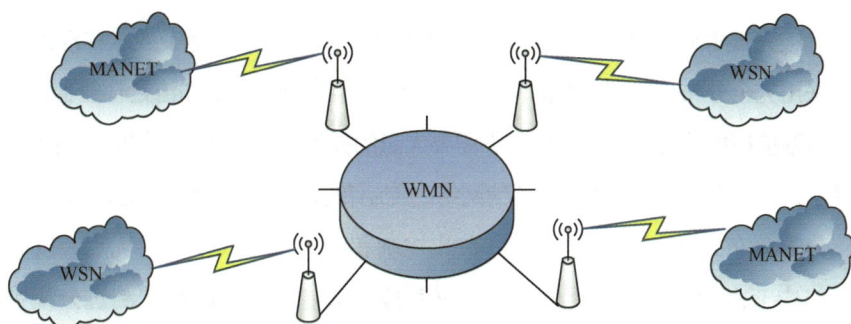

图 4-1　分级分布式战术通信系统网络结构

图 4-1 中，WSN 实现各类传感器系统（情报侦察、预警探测）互联，对采集到的态势感知、情报侦察等信息进行传输和融合，并通过与 WMN 的互联，为指挥控制、战术部队和武器平台提供及时的信息感知服务。MANET 为各种战术部队（飞机编队、舰艇编队、装甲编队和战术分队等）提供网络接入，主要包括战术电台互联网、单兵通信系统和战术数据链等，为战术部队内各作战单元提供信息传输和交换服务。WMN 作为骨干传输网络，主要包括由战术卫星通信、升空平台中继通信构成的空基 WMN 骨干网和野战地域通信系统构成的地

面 WMN 骨干网，采用栅格状网络结构，为各战术部队、指控系统、武器平台之间的信息交互提供大容量的传输链路，实现整个战术通信系统的纵横、交叉互联互通。采用这种组网方式，指挥所只要携带少量的通信装备即可在任何地点就近与通信枢纽相连，实现与网内任何用户的通信。此外，网内用户既有直达路由，又有迂回路由。即使干线节点被摧毁或某些信道被干扰，网络也会自动选择迂回路由，保证通信的不间断，大大提高了网络的抗毁性和灵活性。

在战术通信系统中，网络节点的移动或被毁往往造成网络拓扑结构发生变化，为了使这种变化不会对网络性能造成太多负面的影响，需要建立与网络拓扑结构相适应的有效、稳定的网络控制结构，以提高网络的抗毁性能，实现网络的正常通信。目前，对可变拓扑结构网络的管理有 4 种基本控制结构：中心式控制、分层中心式控制、完全分布式控制和分层分布式控制。前两种属于集中式控制，普通节点的通信设备比较简单，中心控制节点负责普通节点的网络接入、路由选择及流量控制。集中式控制要求中心节点具有很强的处理能力，而中心控制节点一旦被发现摧毁，会导致全网瘫痪，因此集中式控制不适用于战术移动通信。

采用完全分布式控制结构的网络中，所有节点在网络控制和流量管理上是平等的，但维护拓扑动态变化的路由状态需要大量的控制消息，这种结构的网络可扩展性较差，一般适用于中小型战术通信网络的控制和管理，例如战术小分队接入网络。

分层分布式控制采纳了完全分布式控制和分层中心式控制的优点，既减少了网络中节点间需交换的组网信息，又克服了集中式组网路由控制过分集中的缺点。这种管理结构比较适合战术应用的层次性组织结构，在相同网络规模条件下管理信息开销要比完全分布式控制结构的小，网络规模易于扩充。当网络节点数较多时，可将网络按照作战单元划分成若干互联的群，每个群又由控制节点（群首）和许多普通节点组成。从网络管理角度来看，通过增加群的个数或级数来适应不同战术应用情况下的网络规模扩展，适合节点规模较大的战术通信系统组网对网络容量和覆盖范围的要求。

4.2.2　协议体系结构

目前，在计算机通信网领域内，最权威的标准是国际标准化组织（International

Organization for Standardization，ISO）提出的开放式系统互联参考模型（Open System Interconnection Reference Model，OSI/RM）。OSI/RM 把计算机网络在功能上分为 7 个层次，每一层都执行特定的功能，相邻的上下两层之间通过层间的服务访问点（软件接口）进行通信，上一层利用下一层功能提供的服务。当前，各国信息作战网络构建过程中所共同采用的网络协议模型，就是开放式系统互联的七层参考模型。例如，美国国防部 1996 年 8 月公布的《联合技术体系结构（JTA）》就十分明确地强制规定，信息传送采用互联网和国防信息系统网（DISN）中采用的开放式系统互联（Open Systems Interconnection，OSI）标准。

战术通信系统的协议体系结构设计，在遵循开放式系统互联协议模型的同时，还要结合战术应用场景的系统服务需求进行改进。与网络拓扑结构相适应，分级结构战术通信网络的协议体系结构应包含多个协议栈，涵盖各级网络内部组网协议栈、各级网络互联协议栈、战术多网网关协议栈等，从而实现整个战术通信系统的网络建立、网络维护和网络管理功能，满足战术通信使用要求。典型的战术互联网协议栈参考结构见表 4-1，在该参考结构下，可进一步定义战术互联网中互联路由器的协议栈结构（参考结构见表 4-2）。

表 4-1　战术互联网协议栈参考结构

应用层	OSPFv2	BGP4	SNMP	EPLRS	网管代理
				WDN	
传输层		TCP	UDP	分段重组	
				可选择直接广播	
网络层	互联网	IP			
	内部网	内部网、拓扑修订			
数据链路层	PPP	ATM	宽带网协议	窄带网协议	X.25 协议	IEEE 802.3
物理层	RS232，RS422，RS423，RJ45				

注：SNMP 为简单网络管理协议，EPLRS 为增强型内部网关路由协议，OSPF 为开放最短通路优先协议，BGP4 为边界网关协议，TCP 为传输控制协议，UDP 为用户数据报协议，IP 为互联网协议，WDN 为宽带数据网，PPP 为点对点协议。

表 4-2　战术互联网互联路由器协议栈参考结构

应用层	SNMP		EPLRSAGENT		
传输层	内部网：OSPFv4		TCP	UDP	分段重组
	外部网：BGP4				
网络层	IP				
数据链路层	PPP	宽带网协议	窄带网协议		X.25 协议
物理层	RS232，RS422，RS423，RJ45				

注：① EPLRSAGENT 为定位报告系统代理。
　　② PPP 应用于主计算机或接入战术多网网关；宽带网协议和窄带网协议应用于无线分组子网、互联网路由器、战术多网网关；X.25 协议应用于定位报告系统、战术多网网关。

4.3　移动 Ad Hoc 网络技术

"Ad Hoc"一词源自拉丁语，原意为"for the specific purpose only"，即"特别的、临时的"。移动 Ad Hoc 网络（MANET）就是由一组无线移动节点组成的、能快速部署的、自组织的临时性分布式网络。移动 Ad Hoc 网络的前身是分组无线网（Packet Radio Network，PRNET），到目前为止，已经有 50 多年的发展历史。图 4-2 所示为简单描述的移动 Ad Hoc 网络的发展概况。

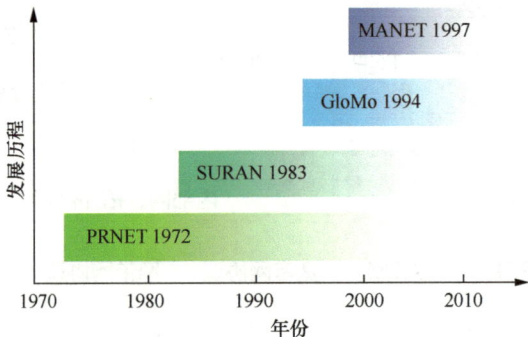

图 4-2　移动 Ad Hoc 网络的发展概况

早在 1972 年，源于对军事通信的需要，美国国防部高级研究计划局（DARPA）

就启动了 PRNET 项目，研究目标是将数据分组交换技术引入无线环境中，开发军用无线数据分组网络。PRNET 采用分布式体系结构，采用主动多跳路由技术，支持 ALOHA 与载波监听多路访问（Carrier Sense Multiple Access，CSMA）两种媒体访问控制（MAC）协议，支持动态共享广播无线信道。1983 年，DARPA又启动了抗毁性自适应网络（Survivable Adaptive Network，SURAN）项目，主要是将 PRNET 项目的成果加以扩展，以支持更大规模的网络。1994 年，为了使全球信息基础设施支持无线移动环境，DARPA 启动了全球移动信息系统（Global Mobile Information System，GloMo）计划。目标是支持无线节点之间随时随地的多媒体连接，解决移动 Ad Hoc 网络的 3M 问题：移动（Mobile）、多跳（Multihop）以及多媒体（Multimedia）。目前，DARPA 正在支持的多个研究项目，如未来战斗系统（Future Combat System，FCS）、联合战术无线电系统（JTRS）等，都针对移动 Ad Hoc 网络技术进行了研究。1997 年 6 月，互联网工程任务组（Internet Engineering Task Force，IETF）成立了 MANET 工作组，主要致力于移动 Ad Hoc 网络路由协议的标准化工作，极大地推进了商用移动 Ad Hoc 网络的研究与开发。

MANET 不需要固定基站支持，实现分布式的无中心组网和管理，可临时组织，具有高度移动性，网络抗毁与快速部署能力强，适合战术通信的使用要求。

与其他类型的无线网络（如蜂窝网、卫星网）相比，MANET 具有下列显著特点。

① 全分布式。MANET 完全由无线节点组成，没有任何固定中心基站。网络的运行、组织和管理都是分布式的，且可以自组织。

② 动态拓扑。节点可以随机移动，网络拓扑在任意时刻可能发生不可预知的变化。

③ 多跳拓扑。无线节点通信距离有限，当目标节点超出源节点通信范围时，需要中间节点进行中继转发，这就构成了多跳拓扑。

④ 带宽有限且易变。无线链路的用户带宽有限，尤其在野战环境下，由于复杂地形引起的多径、衰落、噪声以及敌方干扰的影响，无线链路容量有限且容易发生变化。

⑤ 能源有限。无线节点主要是依靠电池或其他可耗尽能源来供电，这使得节点的能源有限，也限制了节点的通信和计算能力。

总之，MANET 是一种移动、无线、多跳的分布式网络。这些特点使得开展MANET 组网技术研究面临许多挑战。目前，MANET 的研究内容主要包括以下几个方面。

（1）MAC 技术

MAC 技术是无线网络组网协议的基础，它用于解决各用户无冲突地访问无线信道、传输数据的问题。对于共享广播信道的 MANET 而言，MAC 协议对网络整体性能起着决定性作用。由于 QoS 保障要求、分布式多跳环境等原因，以及隐藏终端和暴露终端的存在，它的设计复杂性也远超过一般的集中式单跳无线网络。在评估 MANET 的 MAC 协议时，一般需要考虑的性能指标有：吞吐量、时延、公平性、能量效率以及 QoS 支持等。

（2）路由协议

路由协议是 MANET 的核心问题。由于节点移动、动态拓扑、无线链路带宽窄且易变等原因，有线网络的路由协议难以满足 MANET 的要求。评估MANET 路由协议的性能指标一般包括：端到端的数据吞吐量与时延、路由建立时间、协议开销、单向链路支持、收敛速度以及 QoS 支持等。

（3）分群算法

网络分群是分级网络结构需要重点考虑的问题。网络分群协议包括移动分群算法和分群保持策略。分群算法的性能评价主要在一定网络节点规模和节点无线覆盖距离情况下，通过分群数目、网关数目、节点到节点之间的跳数、连通性、群的平均大小、平均邻居节点数等参数进行综合考察。

（4）QoS 保障问题

随着应用的不断扩展，MANET 需要支持话音、图像等多媒体业务，从而对带宽、时延、时延抖动等 QoS 保障提出了很高要求。MANET 不可预测的无线链路特性以及节点移动性，都为其 QoS 保障带来了比有线网络更复杂的挑战，使得 QoS 保障问题成为 MANET 的一个研究热点。MANET 的 QoS 保障问题是一个系统性问题，需要各层都提供相应的保障机制。如 MAC 层要提供资源预留，网络层要提供 QoS 路由，应用层要提供自适应编码与压缩技术等。

4.3.1　MAC 技术

由于无线信道的广播特性，两个或多个用户同时传输可能会引起冲突，导致分组重传而增加时延甚至丢失。MAC 技术用于解决各用户无冲突地访问无线信道、传输数据的问题，从而保证网络整体性能。它是移动无线网络领域最活跃的研究方向之一。MAC 协议是 Ad Hoc 网络的重要组成部分，其性能的优劣直接影响无线信道利用率，对整个网络性能的发挥非常重要。随着 MANET 的发展，在 MAC 层考虑 QoS、节能、跨层设计以及完全解决隐藏终端和暴露终端问题是其研究的重点。

1. MAC 技术的关键机制

经过多年对 Ad Hoc 网络的研究，已有许多 MAC 协议被提出。各种协议的设计目标不同，体现在实现目标的各种关键机制改进方面，主要包括信道预约机制、退避算法和时隙分配算法。

信道预约机制是 MAC 协议重要的组成部分，主要分为无信道预约、载波监听、载波监听／冲突避免、请求发送／允许发送（Request to Send/Clear to Send，RTS/CTS）控制报文预约。无信道预约是分组网络早期的 MAC 协议所采用的，如 ALOHA 协议。当节点想要发送数据时，它就直接发送。因为没有采取任何的载波监听和冲突避免措施，这类协议简单，但随着业务量的增加性能急剧下降。物理层技术的发展使得节点能够监听到信道的信号波形，为了降低分组冲突概率，提高分组传输成功率，载波监听机制在 MAC 协议设计中被采用。CSMA 协议是首次使用载波监听的分组无线网信道接入协议，节点在发送数据之前，首先对信道进行载波监听，如果信道空闲，则发送数据，如果信道忙，则退避。尽管载波监听有效降低了分组冲突，但 MANET 的隐藏终端和暴露终端问题并没有解决，利用控制分组预约信道机制被提出，典型应用如 RTS/CTS 机制。多址访问冲突避免（Multiple Access with Collision Avoidance，MACA）协议是第一个使用 RTS/CTS 控制分组握手来解决 MANET 中隐藏终端和暴露终端问题的信道接入协议。节点在发送数据之前，首先通过RTS和CTS控制分组进行信道预约。MACA协议只部分解决了隐藏发送终端问题，隐藏终端和暴露终端问题仍然没有解决，通过研究发现，单信道条件下不能有效解决隐藏终端和暴露终端问题。随着物理层技术的发展，双信道和多信道MAC协议被相继提出，利用数据信道收发数据，利用控制信道收发控制信号进行信道预约，实现节点对信道的有效接入。

在随机接入协议中，有效的退避算法是衡量协议性能的一个关键因素，研究方向主要包括指数退避、线性退避以及指数与线性退避的结合。二进制指数退避（Binary Exponential Backoff，BEB）算法广泛应用于随机接入的网络中，由于BEB算法每一次冲突发生后，其竞争窗口都增加一倍，该退避算法中，成功传输的节点初始退避窗口返回到最小值，这样成功传输的节点总能占用信道的概率比竞争失败的节点要高，带来了接入的不公平性，且随着网络规模的增加，算法导致接入协议的性能快速下降。为了降低不公平性，乘性递增线性递减（Multiplicative Increase Linear Decrease，MILD）退避算法被提出，当每次退避时，竞争窗口以1.5的乘性因子递增，当传输成功后，初始竞争窗口按线性递减，线性递减使网络的公平性得到了较好的提高。为了提高不同网络环境下的随机接入协议的性能，出现了一些其他基于指数退避和线性退避的改进性退避算法。同时为了使网络性能达到最优，一些文献对不同退避算法的最小竞争窗口、动态竞争窗口偏移参数进行了优化。

在MANET中，不同的时隙分配算法都具有两个设计目标：高时隙复用度和低实现复杂度，但这两者很难同时达到最优，通常需要进行性能折中。研究证明生成一个优化的时隙分配算法是NP完全问题，通常采用启发式方法实现次优的时隙分配。目前已有大量时隙分配算法被提出用于MANET的时分多址接入（Time Division Multiple Access，TDMA）协议时隙分配，主要分为集中式和分布式两种方式。集中式时隙分配算法主要通过利用图论知识提高时隙利用率，达到低时延和高吞吐量的目标。这类算法通常需要中央控制单元获知精确的全网状态信息，这对于带宽受限、拓扑动态变化的MANET来说，网络开销过大。分布式时隙分配算法主要有两类实现方式，一类是采用神经网络、模拟退火等算法思想，可以生成非常优化的分布式时隙分配方案，但这类算法复杂度高，工程实用性差。另一类是利用竞争机制实现时隙预留分配，这类算法能够及时对网络拓扑变化做出响应，实时性好，而且实现复杂度较低，当然通常难以达到最优的时隙分配方案。

2. MAC 技术分类

通常有两种方式对 MAC 协议进行分类。根据节点预约信道方式不同，分为分配类、竞争类和混合类协议。分配类 MAC 协议分为静态时隙分配和动态时隙分配两种，静态时隙分配协议采用集中式、静态的时隙分配方式，协议运行前为每个节点分配固定的传输时隙。相反，动态时隙分配协议采用分布式、动态的时隙分配方式，典型的分配类 MAC 协议有 TDMA、五阶段预留协议（Five-Phase Reservation Protocol，FPRP）、CDMA。竞争类 MAC 协议通常具有非退避和退避机制的区别。非退避机制的竞争协议通过简单的随机重传机制解决分组碰撞的问题。竞争类 MAC 协议大多具有退避机制，通过不同的信道预约方式实现对信道的竞争接入，采用不同的退避算法处理分组碰撞，典型协议有 CSMA、MACA、MACAW（CDMA for Wireless）、IEEE 802.11 DCF（Distributed Coordination Function）、实地捕获多址接入（Floor Acquisition Multiple Access，FAMA）[2]、无线基本接入协议方案（Basic Access Protocol Solutions for Wireless，BAPU）、双忙音多址接入（Dual Busy Tone Multiple Access，DBTMA）[3]、双信道多址接入（Dual Channel Multiple Access，DCMA）、功率控制下的动态信息分配（Dynamic Channel Allocation Power Control，DCA-PC）等。混合类 MAC 协议结合了分配类和竞争类 MAC 协议的特点，一个协议既需要进行时隙分配，同时对分配的时隙又需要竞争接入。典型的混合类 MAC 协议有混合 TDMA（Hybrid TDMA，HTDMA）以及 TDMA 和 CSMA 结合的协议等。

根据 MAC 协议使用信道数目的不同，Ad Hoc 网络 MAC 协议又可分为基于单信道、基于双信道和基于多信道协议。典型的基于单信道的 MAC 协议有 MACA、MACAW、IEEE 802.11 DCF、FAMA 等；基于双信道的 MAC 协议有 BAPU、DBTMA 和 DCMA 等；基于多信道的 MAC 协议有 DCA-PC、多信道

CSMA、多信道 MAC（Multi-Channel MAC，MMAC）等。

3. 分配类 MAC 协议

在 TDMA 接入协议中，有效的时隙分配策略是非常重要的，优化的分配策略既能保证节点无冲突接入信道，又尽可能提高时隙复用度。一个有效的时隙分配策略不仅可以高效利用网络带宽，还可以通过时隙预留为不同类型的业务提供良好的 QoS 保证。在多跳 Ad Hoc 网络中，生成一个优化的时隙分配策略是 NP 完全问题，通常只能采用随机方法或启发式方法获得次优策略。静态时隙分配策略复杂度较低，相对简单；动态时隙分配策略随着网络规模的增大，复杂度较高。TDMA 是常用的分配类 MAC 协议，以静态分配为典型应用，随着 Ad Hoc 网络的发展，出现了许多 TDMA 改进协议，以适应动态时隙分配的应用要求，如 FPRP 等。下面介绍典型的动态时隙分配协议——FPRP。

FPRP 是一个使用五阶段预留过程建立动态 TDMA 时隙分配的协议，时隙预留基于竞争机制建立，得到的 TDMA 时隙分配无碰撞概率高。FPRP 是完全分布式协议，每个节点预留时隙过程只与该节点的两跳覆盖半径内的节点有关，因此，同一时刻全网可以有多个节点同时进行时隙预留。FPRP 的可扩展性较好，适用于大规模 Ad Hoc 网络。

FPRP 的帧结构如图 4-3 所示。预留帧（Reservation Frame，RF）是信息帧（Information Frame，IF）序列，信息帧序列由多个信息帧组成。一个 IF 有 N 个信息时隙（Information Slot，IS），一个 RF 内也有 N 个预留时隙（Reservation Slot，RS），每个 RS 对应一个相应的 IS。一个节点若需要预留一个 IS，则在相应的 RS 内竞争。在一个 RF 内产生一个 TDMA 传输时隙调度方案，在随后的每个 IF 内使用该时隙调度方案，直到下一个 RF 产生新的 TDMA 传输时隙调度方案。

一个 RS 由 M 个预留周期（Reservation Cycle，RC）组成，M 的值采用启发式方法确定，每个预留周期由一个五阶段会话构成，在一个 RS 内，竞争节点与其相邻节点之间通过五阶段会话完成一个时隙预留。

一个 RS 过程包括如下 5 个阶段。

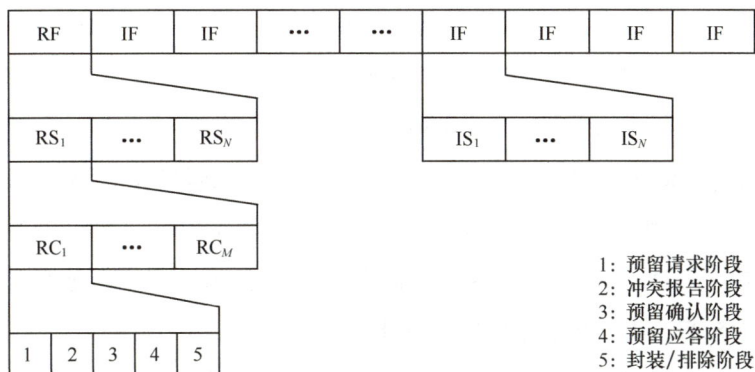

图 4-3 FPRP 帧结构

第一阶段，预留请求阶段（Reservation Request Phase）。在这个阶段，一个节点若需要预留时隙，则以概率 p 发送一个预留请求（Reservation Request，RR）分组，该发送节点称为请求节点（Requesting Node，RN）。在该阶段没有发送 RR 分组的节点处于监听状态，可以接收多个邻节点发送的 RR 分组。如果接收到多个 RR 分组，则认为所有的 RR 分组都被破坏，分组冲突被检测到。

第二阶段，冲突报告阶段（Collision Report Phase）。若一个节点在第一阶段收到多个 RR 分组，则发送一个冲突报告（Collision Report）分组，以表示在该节点处检测到一个冲突发生，否则，该节点处于静默状态。RN 节点通过监听到的任意冲突报告判断其发送的 RR 分组是否已与其他节点发送 RR 分组发生冲突。RN 节点若没有收到冲突报告分组，则认为其发送的 RR 分组已被所有邻节点正确接收，随后该节点成为一个发送节点（Transmission Node，TN），并在第三阶段进行时隙预留，被成功预留的时隙在随后的信息时隙中传输数据。

第三阶段，预留确认阶段（Reservation Confirmation Phase）。一个 TN 在该阶段发送一个预留确认（Reservation Confirmation，RC）分组，其邻节点接收到该 RC 分组后，得知这个时隙已被预留，这些邻节点在相应的信息时隙内接收这个 TN 发送的数据。

第四阶段，预留应答阶段（Reservation Acknowledgment Phase）。收到 RC 分组的节点通过向 TN 发送预留应答（Reservation Acknowledgment，RA）分组，表示其预留已经建立。若一个 TN 节点没有收到任何 RA 分组，则意味着其没有一跳范围的邻节点，是孤立节点，这样防止离网节点进行不必要的发送。

第五阶段，封装 / 排除阶段（Packeting/Elimination Phase）。一个 TN 如果通过前 4 个阶段成功预留一个时隙后，其所有两跳邻节点都发送一个封装分组（Packeting Packet，PP），接收到 PP 的节点学习到距离本节点三跳的 TN 已成功预留了一个时隙。此时，该 TN 的部分邻节点不再竞争同一时隙，通过调整其竞争概率，提高网络的收敛速率。可以得出，任何一个时隙可以被距离三跳的节点同时预留，从而提高网络的时隙复用度。

在第五阶段，每个 TN 以 0.5 的概率发送一个排除分组（Elimination Packet，EP），以解决非离网死锁问题，因为可能存在另一个 TN 是潜在的邻节点的情况。如果一个 TN 没有发送 EP，但收到了一个 EP，则知道存在一个死锁，该 TN 重新将该时隙标记为被其他 TN 所预留，并在其他时隙重新竞争。

FPRP 需要严格的定时同步，可以用于需要无冲突广播 TDMA 时隙调度的场合，FPRP 开销高于 CSMA/CA，但在网络拓扑变化间隔时间较大的情况下，发送节点可以连续占用同一时隙，降低了开销，性能明显优于 CSMA/CA。

4. 竞争类 MAC 协议

竞争类 MAC 协议设计的关键是信道预约机制，不同的信道预约机制对协议的吞吐量、时延性能影响不同，而且对隐藏终端和暴露终端问题的克服程度也不同。竞争类 MAC 协议除了 ALOHA 等少数协议外，大多都具有退避机制。以下为几种典型的竞争类 MAC 协议。

CSMA 协议较早地应用于 Ad Hoc 网络，具有载波监听机制。节点在发送数据之前，首先对信道进行载波监听，如果在假定的时间内信道空闲，则发送分组。如果检测到信道忙，则节点连续不间断地监听信道，当信道返回到空闲状态时，则立刻发送分组。CSMA 协议应用到多跳 Ad Hoc 网络中，则带来了隐藏终端和暴露终端问题。隐藏终端是指在接收节点的覆盖范围内而在发送节点覆盖范围外的节点。隐藏终端因听不到发送节点的发送而可能向同样的接收节点发送分组，造成分组在接收节点处冲突。暴露终端是指在发送节点覆盖范围之内而在接收节点覆盖范围之外的节点。暴露终端因听到发送节点的发送而延迟发送，但因为它在接收节点的通信范围之外，它的发送实际上并不会造成冲突，这就引入了不必要的时延。

MACA 协议是一种基于 CSMA/CA 的 MAC 协议，首次采用控制分组 RTS/CTS 机制来解决隐藏终端和暴露终端问题。其基本思想如下：节点在发送数据分组之前，先向接收节点发送 RTS 分组，接收节点收到 RTS 分组后，向发送节点发送 CTS 分组，收到 CTS 分组后，发送节点开始发送数据分组。收到 RTS 分组的节点在一定时间周期内不能发送任何分组，以保证接收节点成功接收数据分组。监听到 CTS 分组的非发送节点为隐藏终端，不能发送分组，解决了隐藏发送终端问题。监听到 RTS 分组的非接收节点为暴露终端，可以发送 RTS 分组，但无法接收 CTS 分组，暴露终端和隐藏终端问题都没有解决。如果发送节点在定时周期内收不到相应的 CTS 分组，则认为接入信道冲突，采取退避重传策略。MACA 协议采用二进制指数退避重传机制。

IEEE 802.11 DCF 协议是 IEEE 802.11 标准委员会制定的 WLAN 信道接入协议，可用于 MANET，是对 CSMA/CA 的扩展，既采用了 RTS/CTS 机制，又实现了链路层的确认（Acknowledgment，ACK）机制，其报文交互顺序为 RTS → CTS → DATA → ACK。

5. 混合类 MAC 协议

基于 TDMA 的 MANET 信道接入协议中，有效的时隙调度策略能够增加时隙复用度，但时隙冗余度较低。由于 MANET 拓扑结构的动态特性，时隙分配需要能够实时、动态地调整。为了满足应用需求，联合竞争和预留的混合类 MAC 协议被提出，这类协议的可扩展性较好，当网络规模很大、时隙分配需要实时调整时，利用竞争进行时隙预留是有效的。这类协议的优点是全分布式、并行运行，尽可能实时地进行无冲突的时隙分配，但时隙复用度未必是最有效的。下面介绍一种典型的混合类 MAC 协议——HTDMA 协议。

HTDMA 协议将信道时间分为竞争时间段和用户信息时间段，竞争时间段进行时隙预留竞争和更新，用户信息时间段传输用户数据。竞争时间段由 4 个时间片组成：第 1 个时间片是随机等待时间，通过随机延迟竞争避免多个节点同一时刻发送，降低冲突概率；第 2 个时间片用于发送节点的时隙请求，发送 RTS 时隙请求分组；第 3 个时间片用于接收节点的时隙应答，发送 CTS 时隙应答分组；第 4 个时间片用于广播时隙更新。在竞争时间段内，节点通过 RTS/ CTS 交互，完成对预留时隙的竞争，包括预留的时隙和数量。每个节点维护自己的时隙状态列表，以标识可用时隙和不可用时隙。

当节点需要预留时隙时，从时隙状态列表中选取需要的可用时隙，封装到 RTS 分组中。节点在竞争时间段经过随机时延后，如果监听到信道空闲，则发送 RTS 分组；如果信道忙，则退避到下一个竞争时间段。接收节点接收到 RTS 分组后，根据自己的时隙状态列表，对发送节点的可用时隙进行确认，可能存在 3 种情况：完全确认、部分确认和拒绝请求，接收节点根据这 3 种情况生成并发送 CTS 时隙请求应答分组，接收到 CTS 分组的节点更新各自的时隙状态列表。发送节点收到接收节点发送的 CTS 分组后，如果是完全确认，则确定其传输时隙，更新时隙状态列表，同时将更新的时隙状态列表进行广播，本次时隙请求成功；如果是部分确认，根据部分确认的时隙确定其传输时隙，更新时隙状态列表并广播该列表；如果是拒绝请求，更新时隙状态列表并广播该列表，本次时隙请求失败。如果发送节点在超时时间内没有收到接收节点发送的 CTS 分组，更新时隙状态列表并广播该列表，本次时隙请求失败，等待下一个周期重新进行时隙请求。

4.3.2　路由技术

MAC 协议考虑的是信道接入，分组转发仅考虑单跳情况，通常不涉及分组多跳转发，而要进行 Ad Hoc 组网，实现分组多跳转发，必须要有路由协议支持。路由协议是实现分组多跳转发的关键，对网络分组递交成功率、时延、开销具有显著影响，这些指标也是衡量一个路由协议是否可行的关键性度量指标。

1. 路由选择的关键机制

由于 MANET 自身的特点，有线网络和传统有中心无线网络环境下的路由协议不能直接用于 MANET，需要采用新的技术解决。根据 MANET 的特点，其路由协议设计重点需要考虑如下几个主要性能指标：低路由发现时延、优化的路由选择策略、及时路由修复、低网络开销和高可扩展性。为了实现优化的路由协议设计，已提出的各类路由协议都寻求在路由发现、路由度量、路由维护等关键机制方面获得突破以提高路由协议性能。

（1）路由发现机制

路由发现的目的是在网络中确定从源节点到目的节点进行分组转发的路径。MANET 的路由发现通常具有两种方式。一是在已知网络拓扑信息的情况下，节点可利用迪杰斯特拉（Dijkstra）或贝尔曼－福特（Bellman-Ford）算法直接计算源节点到目的节点的最短路径，如目的节点序列距离矢量路由（Destination-Sequenced Distance-Vector Routing，DSDV）等。二是在未知网络拓扑信息的情况下，采用反应式方式获得节点的路由。由于 Ad Hoc 网络的动态拓扑特性，反应式按需路由协议更适合 MANET。

反应式按需路由机制通常采用请求 / 应答方式获得路由。当源节点有数据要发送时，首先广播一个路由请求分组，中间节点转发该分组，目的节点收到该分组后，向源节点发送路由应答分组，源节点收到该应答分组后，一条可用路径便建立。在路由发现过程中，所有中间节点都可能转发该分组，可能会导致"广播风暴"问题，造成网络拥塞。为了降低路由发现开销，研究人员提出了一些改进措施降低开销，如采用扩展环搜索、路由缓存、基于概率转发等策略。

（2）路由度量机制

路由度量是通过某些性能指标比较，确定满足相应指标的最优路径。大多数 MANET 路由协议发现通常采用耗费作为选路度量指标，且耗费通常以最短跳数为典型指标。

对于具有 QoS 保障要求的路由协议来说，其性能度量指标一般包括带宽、时延、时延抖动、分组丢失率以及耗费等。如果将一个网络的模型看作一个图 $G=(V, E)$，其中 $V=\{n_1, n_2, \cdots, n_N\}$ 是节点的集合，E 是传输链路的集合。用 $m(n_1, n_2)$ 表示连接两个节点 n_1、n_2 间链路的 QoS 度量，用 $m(P)$ 表示路径 P 的 QoS 度量，那么对于任何一条路径 $P=(n_1, n_2, \cdots, n_i)$，QoS 度量可以分为 3 种类型。

① 可加性度量。如果 m 满足 $m(P)=m(n_1, n_2)+m(n_2, n_3)+\cdots+m(n_i-1, n_i)$。例

如时延、时延抖动和耗费等度量。

② 可乘性度量。如果 m 满足 $m(P)=m(n_1, n_2)m(n_2, n_3)\cdots m(n_i-1, n_i)$。例如分组丢失率，但它不是这种形式的直接表示，可以表示为

$$M(P) = 1-[(1-m(n_1, n_2))(1-m(n_2, n_3))\cdots(1-m(n_i-1, n_i))]$$

其中，$1-m(n_1, n_2)$ 表示链路 (n_1, n_2) 上的分组交付成功的概率，因此，$m(P)$ 表示了整个路径上的分组丢失率。

③ 取小度量。如果 m 满足 $m(P)=\min\{m(n_1, n_2), m(n_2, n_3), \cdots, m(n_i-1, n_i)\}$。例如带宽。

QoS 路由就是寻找满足一个或多个 QoS 度量约束的路由，现有的 MANET 具有 QoS 保障的路由协议基本上都是从时延约束和带宽约束两个方面来考虑路由性能的。

（3）路由维护机制

由于网络拓扑结构动态变化、网络业务阻塞等因素，会导致已成功建立的路由发生断裂或不可用，需要采取相应的路由维护机制重新建立路由。路由维护通常有两种实现方式。一种是周期性路由更新，网络节点周期性广播路由通告分组，更新网络节点的路由表，使路由处于最新状态，保证路由的时效性。另一种是链路状态检测，主要有以下两种方式：一是通过相邻节点间控制分组交互进行链路状态检测；二是根据链路预测等断裂链路发现算法检测两个节点间链路的状态。

当检测到链路中断时，反应式路由协议则通过路由表重新计算到达目的节点的路由，反应式路由协议有两种方法更新路由：一是通过查找缓存路由表，如果有缓存路由，直接启用；二是无缓存路由的情况下，通过局部或全网广播路由发现分组，进行路由重新发现。

2. 路由协议分类

MANET 路由协议主要包括单播路由和组播路由两大类[4]。单播路由协议根据发现路由的驱动模式不同分为主动式（Proactive）路由和反应式（Reactive）路由；根据路由发现方法不同分为表驱动（Table-Driven）路由和按需（On-Demand）路由；根据拓扑结构的组织方式不同又分为平面（Flat）路由和分层（Hierarchical）路由；利用地理位置信息的路由又称为位置辅助路由。典型的

MANET 单播路由协议的分类如图 4-4 所示。

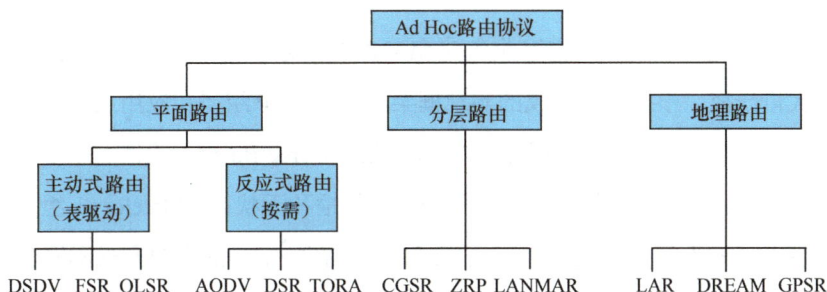

图 4-4　单播路由协议分类

　　主动式路由协议通常是每个节点维护所有可能到达的目的节点的路由表，并进行周期性更新，路由计算一般通过迪杰斯特拉（Dijkstra）或贝尔曼－福特（Bellman-Ford）算法产生，典型的主动式路由协议有 DSDV、鱼眼状态路由（Fisheye State Routing，FSR）、最优链路状态路由（Optimized Link State Routing，OLSR）协议等。反应式路由协议只有在节点需要发送数据时才进行路由发现和建立，典型的反应式路由协议包括动态源路由（Dynamic Source Routing，DSR）、自组网按需距离向量路由（Ad Hoc On-Demand Distance Vector Routing，AODV）和临时按序路由算法（Temporally Ordered Routing Algorithm，TORA）协议等。

　　随着网络规模的增加，平面路由协议由于网络开销的增加导致扩展性降低。因此对于大规模 Ad Hoc 网络来说，采用分层设计会使得网络的扩展性得到增强。典型的分层路由协议包括群首网关交换路由（Cluster Head Gateway Switch Routing，CGSR）、区域路由协议（Zone Routing Protocol，ZRP）[5]、地标自组网路由（Landmark Ad Hoc Routing，LANMAR）等。

　　传统路由算法很少考虑到节点位置，由于 MANET 拓扑结构的易变性，路由更新的频率很高，不考虑位置信息的传统 MANET 的路由算法在网络规模较大时性能明显下降。随着定位技术的发展，在移动终端配置 GPS 等定位设备变得可行，尤其对于军事应用来说，更是十分必要，设计基于位置信息辅助的路由协议是一种趋势[6]。典型的位置信息辅助路由协议包括位置辅助路由（Location-Aided Routing，LAR）和贪婪边界无状态路由（Greedy Perimeter Stateless Routing，GPSR）等。

随着传统互联网组播应用业务向 MANET 的发展，其组播路由协议同样得到了大量研究。根据组播协议的实现框架不同分为 IP 组播和应用层组播；根据组播协议的路由建立方法不同划分为基于树的（Tree-Based）组播、基于网格的（Mesh-Based）组播、结合树和网格的混合组播和无状态（Stateless）组播；按路由驱动模式不同分为主动式和反应式；根据拓扑结构的组织方式不同分为平坦结构的组播和分层结构的组播；利用地理位置信息的为位置信息辅助的路由方式。

基于树的组播协议沿用传统组播路由算法思想，由所有组成员及转发节点形成一个组播树。组播数据沿着建立的树路径传输，到达所有的组成员节点。组播树一般分为基于源树和基于共享树构建。基于树的典型组播协议有自组网按需距离向量组播路由（Multicast Ad Hoc On-Demand Distance Vector Routing，MAODV）、利用递增序号的自组网组播路由协议（Ad Hoc Multicast Routing Protocol Utilizing Increasing ID-Numbers，AMRIS）和轻量自适应组播路由（Lightweight Adaptive Multicast，LAM）等。

基于网格的组播协议是在所有组播成员之间建立共享转发网格，组播分组在这个网格中传输。与树结构不同，网格结构的组播路由协议在源节点和接收节点之间提供了多条路由，路径冗余度较高，在移动性情况下能够有效增强协议可靠性。但由于需要周期性地在全网泛洪维护网格的更新分组，导致网络开销较大。典型的基于网格的组播路由协议有按需组播路由协议（On-Demand Multicast Routing Protocol，ODMRP）和核心辅助的网格协议（Core Assisted Mesh Protocol，CAMP）等。

基于树的组播协议具有较高的数据递交率，但由于拓扑变化导致鲁棒性较差；基于网格的组播协议由于具有多个冗余的路由使得鲁棒性较好，却增加了转发开销和网络负载。因此如何结合树和网格的优点以提高组播路由协议的可扩展性是值得研究的。典型的结合树和网格的混合组播路由有组播核心提取分布式自组网路由（Multicast Core-Extraction Distributed Ad Hoc Routing，MCEDAR）

和基于移动性的混合组播路由（Mobility-Based Hybrid Multicast Routing，MHMR）等。

由于基于树或网格的组播协议在构建和维护树、网格时都需要额外开销，且维护开销随网络动态性增加而增加。因此，一种用于小群组通信的无状态组播受到关注。所谓无状态组播就是组播源节点直接将所有组播目的节点封装至数据分组的头部，依据单播协议的支持将分组路由至各目的节点。该类协议的特点是转发节点不需要维护任何路由结构和组播转发状态，大大节省了组播维护开销。典型的无状态组播是差异目标组播（Differential Destination Multicast，DDM）等。

位置信息辅助的组播路由协议是指有效利用节点地理位置信息进行辅助的组播路由协议。典型的位置信息辅助的组播路由协议包括位置引导树（Location-Guided Tree，LGT）等。

此外，应用层组播（Application Layer Multicast）技术得到了发展。应用层组播又称覆盖组播（Overlay Multicast），它保持了传统网络的"单播、尽力转发"模型，是一种主要通过主机终端在应用层实现组播通信的组播方案，参与组播通信的节点自组织地形成覆盖网络（Overlay Network），端系统根据覆盖网络执行应用层组播路由算法来确定虚拟逻辑组播路径，逻辑路径是两端系统之间由物理链路组成的通信路径，组播分组的转发由网络层单播路由协议进行。典型的 Ad Hoc 网络应用层组播路由协议包括无状态组播和自组网组播路由（Ad Hoc Multicast Route，AMRoute）等。

3. 典型的单播路由协议

（1）DSDV 协议

DSDV 协议是基于传统 Bellman-Ford 算法改进的主动式路由协议。网络中每个节点都维护一个路由表，记录其可能到达的目的节点地址、距离，即跳数。同时记录每个路由的目的节点序号，用以判断路由的新旧，避免环路的产生。每个节点周期性地向其邻居广播其完整路由表或部分变化的路由，收到路由通告的节点更新自己的路由表。DSDV 协议的周期性路由更新会消耗较多网络带宽，该协议不适应拓扑变化较快的 Ad Hoc 网络。

（2）DSR 协议

DSR 协议利用了源点选路技术，具有路由学习能力，能够将监听到的路由信息及时放入本地路由缓存表中。需要进行路由发现时，路由请求分组以广播方式在网络中传播。具有到目的节点路由的中间节点或目的节点收到请求分组后，向源节点发送路由应答分组。DSR 协议的优点是通过路由学习机制能够在本地缓存路由，这在低移动性的网络中是相当有利的，缺点是每个分组都携带了完整的路由信息，造成协议开销较大，可扩展性不强。

（3）ZRP

ZRP 结合了主动和按需机制的分层路由协议，其基本思想是每个节点以自己为中心预定义具有一定跳数的区域，区域内节点采用主动式路由方式，与区域以外节点通信采用按需路由方式。

主动式 / 反应式混合路由降低了路由开销，但当维护的区域较大时，区域内维护主动路由的开销增加，当维护的区域较小时，对于大的路由区域又具有反应式路由区域的弱点。

（4）LAR 协议

LAR 协议是利用位置信息限制泛洪开销，假定每个节点可以知道自己的位置信息，提出了两种位置信息辅助的路由方案：一是根据目的节点位置计算一个广播区域，限制了路由请求分组到达目的节点所经过的边界；二是在路由请求分组中存储了目的节点位置坐标，请求分组只能在离目的节点距离越来越小的方向上传播。通过这两种方案，LAR 协议限制了路由请求在网络中广播的范围，降低了路由开销。

4. 组播路由协议

（1）MAODV 协议

MAODV 协议是基于树的按需组播路由协议，在单播路由协议 AODV 基础上增加了基于共享树的组播功能。在 MAODV 协议中，当一个节点需要加入组播组时，首先广播路由请求分组，在请求分组广播传输过程中，中间节点建立一条到达加入节点的反向路由；当树成员节点收到路由请求分组且序列号比请求分组记录的序列号新，则通过请求过程中建立的反向路由向请求节点发送响应分组；当请求节点收到路由响应时，只保留具有最小序列号且跳数最少的路由。加入组播组的第一个成员节点为该组播树的核心节点，负责维护组序列号，并将该序列号广播给所有组成员。共享树通过核心节点周期性广播 Hello 分组进行维护，Hello 分组包括组地址以及组序列号，当组成员节点在一定时间内未收到 Hello 分组时，则重新发起加入组请求过程。

MAODV 协议在全网采用周期性广播 Hello 分组机制维护组播树，使得网络开销增加，限制了协议的可扩展性。随着网络节点移动性增强、网络中组播组数目的增加，其性能下降明显。

（2）ODMRP

ODMRP 是一种采用转发组（Forwarding Group，FG）概念的基于网格的组播协议。ODMRP 由组播源节点按需建立、更新组成员和路由信息。当组播源节点有数据要发送时，其在全网周期性地广播加入请求控制分组，以刷新组播成员信息和路由更新。当一个节点收到加入请求分组时，记录分组中的群组 ID、源节点 ID 和序列号，以进行分组重复检测。当一个节点收到非重复的加入请求分组，且其生存时间（TTL）值大于零，则转发该分组。

当组播组成员节点收到源节点的加入请求分组时，则构造路由应答分组，向邻节点广播。一个节点收到应答分组后，检查自己是不是其中的下一跳节点 ID，如果是，则表明其位于通往源节点的路径上，因此是转发组成员节点，设置转发组标识，然后修改应答分组并广播该应答分组。通过这种方法，每个转发组成员一直传输应答分组，直到通过选择的最短路径到达源节点。通过整个组播组的建立过程，就可以建立从源节点至所有成员节点的转发网格。转发网格建立后，源节点就可以在转发网格上向组成员节点发送数据分组。

当一个节点有数据向组播组成员发送时，则周期性广播加入请求分组；当一个节点作为接收节点想加入某个组播组时，其需要周期性发送加入应答分组至其邻节点。

ODMRP 的主要特点是节点加入和离开组时，不需要发送明确的控制分组。通过构建转发网格，当组播组的信源数较少时，在网络拓扑变化较快的情况下，协议具有较好的鲁棒性。但是源节点周期性广播加入请求分组，当组播源节点较多、网络规模较大时，会导致大量的网络开销，性能明显下降，协议的可扩展性较差。

（3）MCEDAR 协议

MCEDAR 协议是结合树和网格的混合组播路由协议，是对 CEDAR（Core Extracted Distributcd Ad Hoc Routing）单播路由的改进。首先利用 CEDAR 协议中的核心节点提取算法提取网络中的核心节点，然后由一部分核心节点组成一个网格。当一个节点想要加入一个组播组时，则向其核心节点发送请求，其核心节点进行加入请求操作。MCEDAR 协议中，数据分组的转发是在网格结构的基础上采用源树方式转发，降低冗余传输，提高转发效率，节约网络带宽。

（4）DDM 协议

DDM 协议是无状态组播路由协议，适用于小群组的组播通信，支持源节点对组播的分发，具有完全控制能力的组播业务，通常用于单源组播业务。源节点使用特定的 DDM 地址选项将组播目的节点的地址封装在数据分组的头部，使用 IP 层单播路由协议传输分组，不需中间节点维护组播会话的状态。

DDM 协议支持两种类型的操作：无状态和软状态。在无状态模式下，沿着路径进行数据分组转发，中间节点不需维护组播会话状态，一个中间节点收到数据分组后只需要查看其头部信息就可以决定如何转发。在软状态模式下，基于已知的路由信息，转发路径上的每个节点保存最近一次所转发数据分组的目的节点地址和下一跳节点信息。这样每个节点都缓存路由信息，源节点在后续的数据分组发送过程中不需要列出所有目的节点列表。如果 IP 层单播路由发生变化，上游节点只需通知下游节点转发的变化部分即可。

随着路径上节点数的增加，使用 DDM 协议的每个中间节点不得不维护大量目的节点的路由，这给中等移动速度下的单播路由增加了很重的负担。另外，随着目的节点数的增加，在无状态模式下，数据分组头部的长度增加，额外地增加了网络负载；在软状态模式下，中间转发节点的路由维护开销也会增加。因此，无状态组播一般适用于群组成员数较少的应用。

（5）LGT 协议

LGT 协议利用位置信息辅助，同时具有无状态组播和应用层组播的特性。LGT 协议也是利用数据分组封装的小群组组播协议。采用两种不同方法构建基于源的树：位置信息辅助的 K 数组（LGK）树和位置信息辅助的斯坦纳（Steiner）（LGS）树。

对于 LGK 树的构建，源节点首先选择最近的 k 个目的节点作为子节点，然后再分别以这些子节点为父节点，分别选择 k 个目的节点作为它们的子节点，依次重复，直至构建的树包含了所有的目的节点。然后计算好的树封装于数据分组发送，收到该分组的成员节点依据树结构进行转发，直到目的节点列表为空。

对于 LGS 树的构建，利用地理距离作为耗费来计算最小耗费 Steiner 树。协议使用位置信息更新达到成员更新的目的，包括带内、周期性更新。当节点有数据发送时采用带内更新，将自己的位置信息包括在数据分组的头部，这样其他成员节点能学习到源节点的位置信息；当节点没有数据发送时，则周期性发送自己的位置信息，以使其他成员节点能够获知群组中所有节点的位置信息，从而构建树。协议适应于小规模群组通信，随着组播成员数的增加，分组开销大大增加。

（6）AMRoute 协议

AMRoute 协议是一种采用覆盖网络的应用层组播路由协议，协议设计仅仅基于组播组成员节点组成的网格进行，非成员节点则不需要保持组播组的状态信息，利用底层的单播路由协议实现组播分组的转发。AMRoute 协议主要包括两个过程：网格建立和树创建。每个组播组至少有一个逻辑核心节点负责网格建立和树创建，非核心节点只作为被动的代理节点，对来自核心节点的消息进行响应，这样可以节省开销。为了建立由成员节点组成的网格，每个成员节点在第一次加入组播组时将自己作为一个核心节点，并利用扩展环搜索方法广播发送 JOIN-REQ 加入请求分组以发现群组成员。当一个核心节点收到来自同一组播组但不同网格的核心节点的 JOIN-REQ 分组时，发送 JOIN-ACK 应答分组，两个核心节点之间会形成一个双向 IP 隧道，并且在合并网格后它们中的一个会被选为新的核心节点。网格建立之后，核心节点周期性发送 TREE-CREATE 分组，周期性大小依据网格大小而定，该分组的传输通过网格成员节点间的单播 IP 隧道，只有组播成员节点才处理该分组。收到非重复 TREE-CREATE 分组的组播组成员节点在除了入向链路以外的链路转发该分组。如果某条链路不是树的一部分，它会丢弃 TREE-CREATE 分组，并向入向链路回送 TREE-CREATE-NAK 分组。一个组播成员节点要离开某个组播组，则向其邻居组播成员节点发送一个 JOIN-NAK 分组即可。

AMRoute 协议的优点是对网络底层的单播路由协议没有限制要求，任何单播协议都可用，可以跨越多个异构网络实现组播通信；由于网格作为支撑，只要网格成员节点之间的链路仍然存在，当网络拓扑结构改变时，组播树不需要更新，提高了组播树的鲁棒性。该协议的缺点是当网络拓扑频繁变化时，生成的多播树中可能含有非最优路径；在组播树建立过程中，可能会存在不同的单播 IP 隧道共享相同的物理链路，导致物理链路的冗余业务，降低效率。

4.3.3 网络分群技术

采用分群结构有利于进行路由选择、网络管理和功率控制，对于大规模的网络而言，实现整个网络的快速部署以及拓扑结构变化后的动态重建的最有效方法是采用分群算法。

目前，应用比较广泛的分群算法是最小 ID 分群算法和最大连接度分群算法。最小 ID 分群算法仅用 2 帧（即每个节点发送 2 次控制消息）的组网时间。而最大连接度分群算法总共需要 3 帧（即每个节点发送 3 次控制消息）发送的组网时间，这是因为节点必须知道邻居节点的连通性数目（即节点的邻居节点数）才能执行算法，而这需要两轮控制消息的交换才能做到，因此最大连接度分群算法并不是快速部署的。

在最小 ID 分群算法和最大连接度分群算法的基础上，研究者又提出了一些改进算法。下面分别介绍几种比较典型的分群算法。

1. 链路分群算法

链路分群算法采用分布式控制方式，其基本思想是首先通过节点间发送探询分组获得所有节点的邻居节点信息，在广播一个探询信号时，凡是监听到此信息的节点都向广播探询信号的节点发送一个应答信号。这样便得到一个表征网络拓扑结构的邻接矩阵，在此基础上就可以进行分群组网了。分群时，任意选取一个节点作为第 1 个群首，该节点所有邻居节点作为一个分群，加入所选择群首的群。之后，在网络剩余节点中再选择一个节点作为第 2 个群首，将其所有邻居节点加入到该群中。依此类推，当进行到每一个节点都成为某个群的成员后，链路分群划分过程结束。然后再为群与群之间选择网关节点，以便构成骨干网。

针对链路分群算法群首较多的缺点，有了改进的链路分群算法——最大连接度分群算法，这一算法借鉴了互联网选路方法，其原则是尽量减少群的数目。最大连接度分群算法的优点在于群的数目较少，从而减少了分组的投递时延。但由于群的数目较少，信道的空间复用率较低，且随着群成员节点数增加，网络性能明显下降。

2. 最小 ID 分群算法

每个节点分配一个不同的 ID，每个节点都广播自己的 ID，并且每个节点根据其听到的所有节点的 ID 号进行分群状态的确定。最小 ID 分群算法是指节点与相邻节点交换所听到的节点 ID，并且选择最小 ID 的节点作为它的群首。这种分群算法计算量小，实现方便，算法收敛较快。该算法的缺点在于，每个节点根据分得的 ID 号的大小和当前网络的拓扑节点情况成为群首，使得 ID 越小的节点，成为群首节点的可能性越大。算法倾向于选择具有较小 ID 的节点作为群首，将使这些节点消耗更多的电池能量，从而缩短整个网络出现分割的时间，并且该算法没有考虑负载平衡等因素。

3. 节点加权分群算法

节点加权分群算法基于节点适合作为群首的程度来为每个节点分配相应的权值，相邻节点中具有最高权值的节点成为群首，当权值相同时选择 ID 最小的节点作为群首。例如，根据节点的移动速率来为节点分配权值，节点移动速率越快，其分配的权值越低，因此也可以看作是最低移动性分群算法。在移动性较强时，这种算法可以明显减少群首的更新频率，它的缺点在于节点权值的更新较频繁，使得群首的计算开销较大。此外，它也没有考虑系统的负载平衡和节点的能量损耗等问题。

典型的算法是最大权值独立集（Maximal Weighted Independent Set，MWIS）算法和加权分簇算法（Weighted Clustering Algorithm，WCA）。在这些算法中，每个节点被赋予一个为正实数的权，例如速度或传输范围等，用于确定一个群首节点，而找一个群首节点就简化为一种在无线网络拓扑图中确定具有最大权值独立集的方法。MWIS 算法是分布的，意味着它在网络中的每个节点执行，为了在具有最大权值的独立集之间实现相互协作，邻居节点之间需要相互交换信息，信息的接收者将激活一个本地相应过程。

4. 被动分群策略

多数分群算法都需要所有参与分群的网络节点重复地广播其邻居信息，使得在 Ad Hoc 网络中收集邻居信息的开销太大。另外，几乎所有的现存分群方案都要求在网络层数据传输以前有一个初始化分群阶段。被动分群策略则利用听到的用户数据分组中的信息来进行分群，不需要显式发送周期性的控制信息；不需要先于数据传输阶段的初始分群过程；节点的移动不会引起重新分群，即不需要进行重新分群；在没有完整邻节点信息的情况下仍然可以进行分群。该策略与按需路由方案相兼容，可运用于各种按需路由协议。

被动分群策略由于利用了数据业务携带的信息，能够更好地解决逻辑隔离和断链问题。分群的稳定性和收敛时间是被动分群策略的两大优势，为了提高分群的稳定性、加速分群的收敛，算法采用了新的群首产生方法，即最先声明优先（First Declaration Wins，FDW）法则，用于初始分群和分群维护。

FDW 法则规定，首先发送分组的节点成为群首，并负责管理其无线覆盖范围内的其他节点。新群首的选举规则不要求重新分群以维护权重准则。另外，FDW 法则可以通过如下分布式方法解决隔离问题：如果在群内超过一段时间后仍然没有网关，则群首宣布放弃群首身份，群内其他节点则以竞争的方式获得群首身份。

当某个节点准备好做群首后，它将通过发送 MAC 层分组宣告其分群准备状态。由于被动分群不支持显式的控制分组或信令，因此准备好做群首的节点必须等到有数据流发送时才能发送其宣告消息。在新的志愿做群首的节点成功发送消息之后，其无线覆盖范围内的所有节点都可以通过监听而获知其存在并改变各自相应的分群状态。

4.3.4　QoS 保障技术

IETF 组织已经为互联网提出两种 QoS 模型，即集成服务（IntServ）模型与区分服务（DiffServ）模型。

IntServ 模型定义了两种服务：保证服务和控制负载服务。保证服务提供了确定的时延保证；控制负载服务为应用提供可靠的增强型尽力而为服务，在网络负载较轻的情况下，它提供的服务与尽力而为服务类似。在 IntServ 路由器中，IntServ 模型包括 4 个主要组件：信令协议、接入控制程序、分组分类器与分组调度器。其他组件如路由程序、管理程序，则采用路由器中原有的机制。资源预留协议（Resource Reservation Protocol，RSVP）作为一种信令协议来预留资源，建立和维护流。保证服务或控制负载服务在传输之前先利用 RSVP 进行资源预留。接入控制程序确定节点是否有足够的可用资源来提供所需的 QoS，接入控制通过 RSVP 向发出请求的应用进程报告 QoS 需求是否被允许。在数据传输时，分组分类器根据 IP 报头中的源和目的地址、源和目的端口号、服务类型（Type of Service，ToS）位以及协议类型决定每个分组的 QoS 类，并放入相应的队列。分组调度器则根据分组的 QoS 类对输出队列重新排序，以满足不同的 QoS 需求。

DiffServ 模型是用来克服在互联网骨干网中实现和部署 IntServ/RSVP 模型所遇到的困难而提出的。DiffServ 模型的基本思想是，采用基于相对优先级的软 QoS 保障机制。

DiffServ 模型在 IP 报头中定义一种标准化的区分服务码点（Differentiated Services Code Point，DSCP）来标记分组要求的 QoS。每个 DSCP 特定值对应一个性能等级，该值指定了分组在网络中转发的逐跳行为（Per-Hop Behavior，PHB）。PHB 可以通过访问资源优先权或通信性能特征来指定 PHB。进入

DiffServ 网络的业务流由边界路由器对 DSCP 字段进行标记，对分组进行分类、流量调节与控制。在 DiffServ 域的所有内部节点将根据分组的 DSCP 字段，按照相应的 PHB 进行转发。DiffServ 以用户和网络提供者之间商定的服务级别协定（Service Level Agreement，SLA）的形式进行隐式的资源预留，为每类聚合流提供定性的 QoS。

DiffServ 模型可能是 MANET QoS 模型的一个合适选择，原因如下。

① DiffServ 域内部节点的处理简单而快速，因为它取消了逐流状态和每跳信令。在 MANET 中，保持协议处理的简洁性非常重要，因为处于移动中的节点不应该承载过重的转发负担。

② DiffServ 模型的目标是在一个长时间量程内在聚合流之间提供服务区分。在 MANET 中，尽管拓扑和带宽会发生瞬时变化，但其移动性和链路性能在一个长时间范围内达到某种统计稳定状态。因此，对于动态的 MANET 而言，与时变条件保持时刻一致而提供短期 QoS 非常困难，但在一个长时间范围内提供 QoS 还是可能的。这正如 DiffServ 模型在互联网上所做到的一样。

尽管 DiffServ 模型在 MANET 中具有一定优势，但不能直接将 DiffServ 方法应用在 MANET 中。因为 DiffServ 模型是为固定而相对高速的网络设计的，应用在 MANET 中仍有不足，主要体现为以下两个方面[7]。

① MANET 的节点位置会发生变化，因此没有明确定义的边界路由器与内部节点。

② 为有线网络定义的 SLA 的概念也不适用于 MANET。SLA 是用户与服务提供商之间的一种契约，它指定了用户应当接受的转发服务。网络根据 SLA 所定义的业务规则提供有区分的服务。在完全动态、分布式的 MANET 中，很难协商或定义这种业务规则。

1. MANET 的 QoS 保障体系

随着多媒体技术在无线网络中的快速发展，对 MANET 提供 QoS 能力显得越来越重要，这不仅要考虑单跳情况下的 QoS 保证，而且还要保证无线多跳路径上的 QoS。另外，由于自组网自身的特点，基于互联网开发的用于固定网络的 QoS 保证机制难以直接运用到 MANET 中。MANET 中支持 QoS 要充分考虑以下因素：有限的网络资源、基于竞争的信道访问、动态拓扑。

目前，MANET 的 QoS 保障方法主要有 QoS 媒体接入控制和 QoS 路由。为了能够根据不同的业务需求，移动终端能够预留不同的网络资源（例如缓冲区空间、带宽），提供不同的信道接入和路由，按不同的业务优先级对用户服务，需要引入 QoS 信令，其属性是 QoS 控制分组，作用是用来预留和释放资源，建立、协商、拆除数据流路径。QoS 媒体接入控制主要指节点通过识别、标注不同业务的分组，根据不同的业务需求建立不同 MAC 接入机制；QoS 路由协议是设法寻找最大可能满足业务需求的路径。不同的 QoS 保障方法侧重点不一样，在实际运用中，为了更好地保障业务需求，通常把这些保障方法混合起来使用。

2. MANET 的 QoS 服务模型

MANET 的 QoS 服务模型不仅要满足拓扑改变频繁和时变链路的特点，同时还需保证移动自组网和互联网的"无缝"连接。

（1）集成服务 / 资源预留协议的结合

集成服务模型采用 RSVP 为每个流预留端到端的网络资源。网络中路由器采用相应的资源管理机制，如使用基于类的队列（Class Based Queuing，CBQ）来支持连接的 QoS 规范，从而提供定量的服务质量。但该模型以流为基本的 QoS 管理单元，每条流经过的中间节点都必须参与维护本地的流状态，并且流与用户数目成比例增长。因此，该模型扩展性较弱。

（2）区分服务模型

区分服务模型主要是重新利用了 IP 数据分组头中的 ToS 字段，使对资源预留协议的使用局限在用户网络一侧。中间节点只需检查数据分组中的 ToS 字段判断业务的类型，然后为不同的业务提供不同的 QoS 保障策略。这种模型不提供端到端的 QoS 保障，而将 QoS 限制在不同的域范围内加以实现，不同的域之间有一定的约定和标识翻译机制。

（3）集成服务和区分服务相结合

MANET 的 QoS 服务模型通常采用集成服务或区分服务来保证多媒体传输服务的 QoS，但它们支持移动的性能较差。研究人员扩展了传统的集成服务和区分服务模型，将集成服务模型的优点融入区分服务模型中，使其可以应用于无线网络。但二者的结合存在动态协商问题。

（4）跨层服务模型

现有的 QoS 保障机制往往是孤立的，没有考虑彼此的联系，效率不高，并且它们的目标可能相互冲突。另外，移动自组网不同于传统的有线互联网，前者的瓶颈是链路带宽，希望通过加强移动节点内各层之间垂直方向上的联系来减少节点间水平方向链路的数据传输。这意味着传统的分层设计方法不利于优化自组网的整体性能，而采用基于跨层设计方法的 QoS 保障体系，统筹考虑协议栈各层协议的交互和耦合特性，通过加强层间信息交互和联系来联合优化各层的 QoS 保障机制，适应自组网的动态特性。基于跨层设计的 QoS 服务模型如图 4-5 所示。模型中引入外围存储器存放每一层提取的网络信息参数 XLMs（X 层的信息参数），同时各层可以从存储器中查询、读取本层所需的信息参数，根据业务需求，进行正确决策保证 QoS 服务。

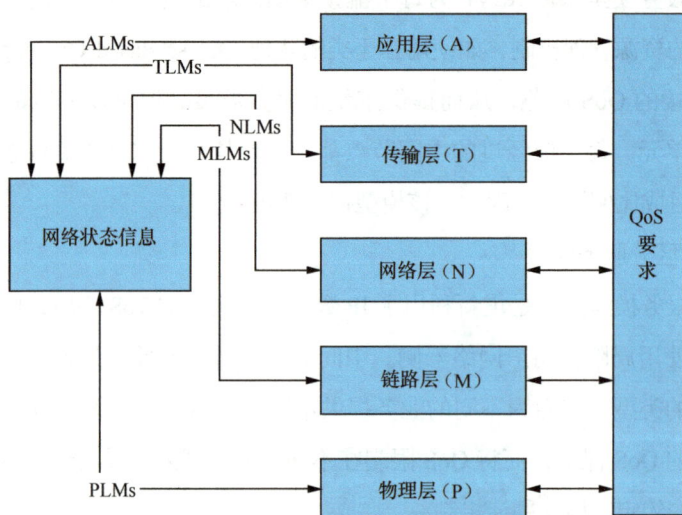

图 4-5　基于跨层设计的 QoS 服务模型

3. MANET 的 QoS 信令协议

QoS 信令协议用来预留、释放网络资源。它不是具体的网络协议，但它需要和其他的网络协议一起使用，帮助其他网络协议实现其功能。由于移动自组网节点带宽和能量有限，设计复杂的 QoS 信令协议是不可行的。

（1）带内和带外信令协议

带外信令协议使用控制分组来为网络提供丰富而强大的 QoS 服务。QoS 信令分组比数据分组有更高的优先级，并且不依赖于数据分组，所以带外信令协议可扩展性强。但带外信令需要传送额外的控制信息，挤占数据分组的传输信道，占用网络带宽。带内信令协议将控制信息放在数据分组中传输，这种方法是非常简单的。尽管带内信令或多或少地占用了一些网络带宽，但是它不会和数据分组竞争传输信道，这一点在无线网络中是十分重要的。

（2）RSVP

RSVP 是一种基于流的带外信令协议。传统的资源预留协议不能直接应用于移动自组网，但 Levine 等提出了阴影聚类（Shadow Cluster）的概念，预测所需的资源结合准入控制机制来限制切换处理的失败率，将 RSVP 应用于移动环境。不过 RSVP 的信令开销过重，控制分组和数据分组竞争传输信道，网络开销较大。

（3）INSIGNIA

INSIGNIA 是一种基于流的带内协议，也是一种专门为移动自组网设计的信令协议。其控制信息包含在 IP 数据分组的 INSIGNIA 选项内。INSIGNIA 模块负责实时流的建立、恢复、维护和拆除。它使用专门设计的快速流预留、恢复和维护算法来保障移动自组网中的实时服务。

4. MANET 的 QoS 保障机制

基于不同服务模型，移动自组网的动态服务质量保证机制主要分为 MAC 信道接入 QoS 和路由 QoS。

（1）MAC 协议设计中的 QoS 保障机制

MACA 协议引入 RTS 和 CTS 控制分组，在每次数据传输之前，节点之间需要采用 RTS 和 CTS 控制分组进行握手，在成功握手之后才开始数据传输。把原来数据分组之间的冲突转移到较小的控制分组之上，降低了数据分组发生冲突的概率。提高了信道使用效率和公平性，实现一定程度上的 QoS 服务保证。

组分配多址接入（Group Allocation Multiple Access，GAMA）是一种典型的提供 QoS 保证的 MAC 协议。该协议中，节点信道竞争阶段通过发送 RTS 和 CTS 控制分组进行握手为随后的无竞争数据传输阶段预留带宽，并且一个在无竞争阶段传送的分组可以为下一个循环周期预留带宽。根据不同的业务优先级预留不同信道带宽，实现 QoS 服务保障。

多址接入 / 分组预留（MACA/PA）类似于 GAMA，也是通过 RTS 和 CTS 控制分组来携带预约请求，请求目的节点为业务预留出合适的带宽，但是该协议要求在无冲突阶段发送一个 ACK 来通知相邻的节点，以便在下一个循环到来时获得下一个分组。

基于时隙按需分配的 QoS 保障协议中定义一个循环周期，由最大可能数量的时隙组成。在每个周期的开始，每个节点都知道其邻居节点的带宽要求，并且能够根据各个节点的带宽要求在邻居节点之间分配相应的时隙。节点占用时隙的顺序通过广播带宽请求时分组中携带的 IP 地址来决定。只有当业务量参数发生变化或者现有路径不能满足带宽要求时，节点才会重新广播带宽请求信息。因此，节点可以在协议实现时赋予实时业务更高的优先级并且确保无冲突的传送，从而保证较低的时延。

（2）路由协议设计中的 QoS 保障机制

由于 MANET 的拓扑结构的动态变化和链路状态的时变特性增加了提供 QoS 的难度，QoS 路由协议应具有鲁棒性较好、开销低、可扩展性好等特点。MANET QoS 基本框架如图 4-6 所示。

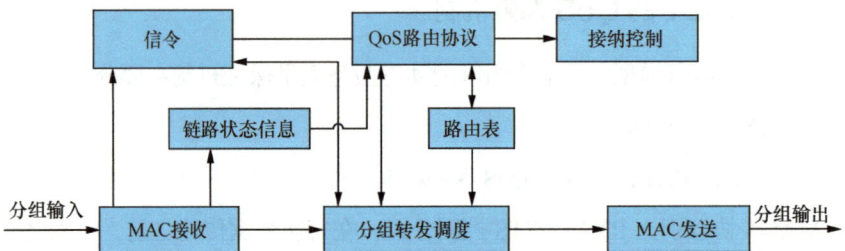

图 4-6　MANET QoS 基本框架

以下是几种典型的具有 QoS 保障机制的自组网路由协议。

① Q-AODV 协议。基于 AODV 的 QoS 路由协议 Q-AODV 的基本思想是在 AODV 协议按需发现路由的过程中，加入带宽、时延等 QoS 参数作为选路的依据，使得所选路由能保证业务的 QoS 需求。每个路由条目定义了 5 种状态：空闲（NONE）、接收路由请求（REQ）、已经预约（RESV）、上游断路（BRK-U）和下游断路（BRK-D），采用软状态保证了 QoS 的有效性，即为每个状态设置计时器，当计时器超时或收到路由控制消息时，节点便转移到另外一个状态。该协议减少了路由控制开销，而另一方面也增加了路由建立和恢复的时间。

② Q-OLSR 协议。OLSR 协议从减少冗余广播的角度对基本的链路状态路由协议进行了优化，提出了多点中继站（Multipoint Relay，MPR）集的概念。Q-OLSR 协议是一种先应式 QoS 路由协议，优点是有业务请求的时候立刻获得路由，路由建立的时延远小于按需的路由协议，而缺点是定期交换的路由信息给紧张的无线带宽资源造成较大负荷。

③ LBRM 协议。本地广播路由信息（Local Broadcast Routing Message，LBRM）协议是在基于"票订购"探询路由协议（Ticket Based Routing Protocol）基础上改进设计的。LBRM 协议通过长效链路的定义回避了因节点移动而带来的网络拓扑变化的影响，将动态变化的移动自组网作为一个固定网络来处理，解决了拓扑变化带来的不确定性问题。每个节点只维护本地链路的状态信息（时延、带宽、代价等），充分利用了局部广播特性，降低了算法的复杂度。

④ CEDAR 协议。CEDAR 协议是一种分级的路由协议，其目标是在自组网环境中构建一个稳定的虚拟骨干结构用于可靠有效的扩散路由信息。网络中的所有节点分成统治节点和从属节点两类，其中统治节点构成核心网。该协议引入了核心网的概念，结合反应式和先应式两种特点，按需进行路由建立和维护，利用核心网，把路由发现限制在少数核心节点范围内，降低了开销。

4.3.5 基于方向性天线的 Ad Hoc 网

在战术通信领域中，传统采用全向天线的 MANET 发展的一个颈瓶问题是网络容量有限，数字化战争的发展使得战场的各种信息量飞快增长，如何提升网络容量便成为急需解决的问题。随着战场电磁环境的复杂化，在敌我双方的交战过程中，信号的抗截获能力和抗干扰能力成为衡量通信系统性能的重要方面。通常情况下分组转发跳数越少，网络性能越好，过多的路由转发跳数会导致网络性能急剧下降。方向性天线的窄波束特性，能够有效提高战术环境下 MANET 的抗截获能力和抗干扰能力。传统基于全向天线设计的 MAC 和路由协议难以直接应用于采用方向性天线的 Ad Hoc 网络，需要设计相应的 MAC 和路由协议，以有效利用高空间复用度、高传输能力优势，提升 MANET 的性能。研究发现，方向性天线能够有效满足 MANET 对上述性能的要求，其性能优势主要表现在以下几个方面[8]。

（1）提高空间复用度，增加网络容量

采用全向天线的 Ad Hoc 网络随着业务的增长，容量正成为其发展的颈瓶。使用方向性天线可以从空间上分隔信号，有效减少接入协议的多址干扰，提高信道的空间复用度，使得同一时刻进行通信的节点数增多，从而提高网络容量。

（2）增强网络传输能力

在发射功率不变的情况下，相对于全向天线来说，方向性天线在特定方向的增益获得较大提高，从而增加节点的传输距离，增加了网络连通性。对于多跳 Ad Hoc 网络来说，降低了分组转发跳数，节约了网络开销。

（3）提高抗截获能力

在战术环境中，保证通信的信号不被敌人截获是非常关键的，因此抗截获技术研究一直是战术通信的一个重要课题。方向性天线可以在期望的方向形成窄波束，而在其他方向上增益很小，从而有效增强信号抗截获能力。因此，方向性天线在战术环境下对增强网络的抗截获能力具有独特的优势。

（4）提高抗干扰能力

当方向性天线作为接收机时，可以将主波束对准有用信号方向，将零陷对准干扰信号方向，从而在空间上将干扰信号滤除，起到很好的抗干扰效果。方向性天线的高抗干扰能力不仅增强了网络的可靠性，也等效地提高了网络容量。

方向性天线提供的高空间复用度、高传输能力、高抗截获能力、高抗干扰能力能够满足未来军用 Ad Hoc 网络对于这些方面性能的要求。因此，Ad Hoc

网络，尤其是军用 Ad Hoc 网络采用方向性天线十分必要。对于方向性天线在 MANET 中的应用研究主要集中在 MAC 协议和路由协议方面。

1. 采用方向性天线的 MAC 技术

对采用方向性天线的 MANET MAC 技术的研究主要集中在对传统 MAC 协议的改进上，主要从信道预约机制、载波监听机制、退避机制、传输链路调度等方面进行改进，大多体现在竞争类 MAC 协议研究方面，也有针对分配类 MAC 协议的研究[9]。

（1）信道预约机制

通常情况下，以全向天线传输 RTS、CTS 分组的信道预约模式称为 O-RTS（Omni-Directional RTS）和 O-CTS（Omni-Directional CTS），以方向性天线传输 RTS、CTS 分组的信道预约模式称为 D-RTS（Directional RTS）和 D-CTS（Directional CTS）。这样组合起来采用 RTS/CTS 握手机制进行信道预约的方式有 4 种：O-RTS/O-CTS、D-RTS/O-CTS、D-RTS/D-CTS 和 O-RTS/D-CTS，通常使用前 3 种预约方式。

（2）方向性虚载波监听机制

以方向性天线模式监听信道的载波监听机制分为方向性虚载波监听（Directional Virtual Carrier Sensing，DVCS）和方向性物理载波监听（Directional Physical Carrier Sensing，DPCS）。Takai 等提出了方向性虚载波监听机制，DVCS 具有 3 种实现机制：波达角缓存机制、波束锁定/解锁定以及有向网络分配矢量（Directional Network Allocate Vector，DNAV）机制，前两种机制都涉及自适应算法的实现，较为复杂。IEEE 802.11 DCF 采用网络分配矢量（Network Allocate Vector，NAV）实现虚载波监听（Virtual Carrier Sensing，VCS），为了尽可能减少物理层对 MAC 协议的影响，采用 DNAV 机制进行方向性虚载波监听是常用的方法。

如图 4-7 所示，任意节点 S 和节点 D 为正在通信的源节点和目的节点，信道预约方式采用 D-RTS/D-CTS，θ 表示节点 S、节点 D 的波束宽度。设 X 为任意收到节点 S 发送的 D-RTS 的节点，或收到节点 D 发送的 D-CTS 的节点，或同时收到 D-RTS 和 D-CTS 的节点，则节点 X 在节点 S 和节点 D 的 DNAV 所确定的占用某方向信道的剩余时间内与其他节点通信需满足以下条件。

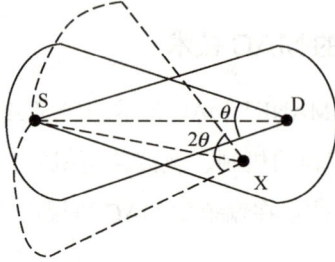

图 4-7　DNAV 覆盖区域示意图

① 在节点 S 与节点 D 的通信过程中，节点 X 发送分组的波束不能覆盖节点 S 或节点 D。

② 在节点 S 与节点 D 的通信过程中，节点 X 接收分组的波束不能被节点 S 或节点 D 发送分组的波束覆盖。

D-RTS/D-CTS 分组包含源节点和目的节点位置信息、各自波束序号、该波束方向占用信道的剩余时间。收到 D-RTS/D-CTS 的任意节点 X 将这些信息加入 DNAV 列表中，从而容易得出当前哪些方向信道不可用以及该信道被占用的剩余时间。以图 4-7 中节点 X 为例，节点 X 收到节点 S 发送至节点 D 的 D-RTS，则节点 X 在其波束覆盖节点 S 的最大 2θ 宽度内发送分组可能会对节点 S 产生干扰，而且在该波束宽度内，节点 S 向节点 D 发送的分组会对节点 X 产生干扰，所以当前该波束宽度内方向性信道不可用，但在这种情况下，节点 X 与节点 D 之间互不干扰。

（3）退避机制

方向性天线改变了 MANET 无线信道的共享方式，大大改进了信道的空间复用度。传统基于全向天线设计的退避算法直接应用会导致网络性能受限，不同的信道预约模式需要采用相应的退避机制，以使信道利用率得到优化。以 D-RTS/D-CTS/D-DATA/D-ACK 接入控制模式分析信道接入过程中分组发生冲突的情况，发生分组冲突的可能情况如下。

① D-RTS 分组：与其他节点发送的 D-RTS、D-CTS 在目的节点处冲突，或由于"听不见"问题，目的节点无响应 D-CTS，导致源节点超时退避。

② D-DATA、D-ACK 分组：因为 D-DATA 分组的发送是在成功利用 D-RTS/D-CTS 完成信道预约的情况下进行的。此时，发生 D-DATA 和 D-ACK 冲突的可能性相对较小，可能由于节点移动、信道条件急剧恶化等原因造成。

从上面的分析可以看出， D-RTS 分组冲突一般是多个节点同时发送分组所致，这种短分组冲突持续的时间相对较短，如果这些相互冲突的某个节点成功发送 D-RTS 后，其随后的 D-CTS 接收、D-DATA 及 D-ACK 发送不会再次与其邻节点的 D-RTS 发生冲突，这样使得某节点在成功发送 D-RTS 分组后的通信过程中，其邻居节点仍然可以接入信道，大大提高了信道空间复用度，这等价于在给定时间内，同时竞争信道的相邻节点数变少，信道可用概率变大。因此，用于设置接收 D-CTS 的定时器超时后，竞争窗口设置不需要太大，就可以达到较好的接入成功率。D-DATA、D-ACK 接收失败的原因可能是节点移动、信道条件急剧恶化，发生这种情况的退避竞争窗口随着重传次数增加，递增的步长应该较大，以降低频繁的接入信道失败导致网络资源的浪费。

（4）传输时隙调度

对采用方向性天线的 TDMA 协议研究主要集中在传输时隙调度机制方面。方向性天线在网络中的应用存在两类情况：一类是方向性天线具有多个波束，但同一时刻，只有一个波束用于发送或接收分组；另一类是多个波束可同时进行接收或发送。方向性天线的不同应用模式需要采用相应的传输时隙调度机制，为了保证传输时隙能够无冲突地有效复用，通常利用图论着色进行时隙调度优化，但算法一般具有较高的复杂度，工程实用性较差。利用启发式方法进行传输时隙调度通常具有较高的工程适用价值。

如图 4-8 所示，网络中存在任意 3 个节点 u、v 和 w，节点 w 的任意扇区天线波束覆盖节点 u、v，如图 4-8（a）～图 4-8（c）所示；或者节点 w 的任意两个波束分别覆盖节点 u、v，如图 4-8（d）～图 4-8（f）所示。这里将两个相邻节点间的传输链路称为方向性链路，设对于某一特定时隙 t_s，传输时隙调度存在 6 种时隙预留约束规则，其中预留是指源节点的预留发送时隙和目的节点的预留接收时隙。

规则 1：如图 4-8（a）所示，如果方向性链路 E_{wu} 和 E_{wv} 存在于节点 w 的波束相同，那么 t_s 不能同时被 E_{wu} 和 E_{wv} 预留。

规则 2：如图 4-8（b）所示，如果方向性链路 E_{uw} 和 E_{vw} 存在于节点 w 的波束相同，那么 t_s 不能同时被 E_{uw} 和 E_{vw} 预留。

规则 3：如图 4-8（c）所示，如果方向性链路 E_{uw} 和 E_{wv} 存在于节点 w 的波束相同，那么 t_s 不能同时被 E_{uw} 和 E_{wv} 预留。

规则 4：如图 4-8（d）所示，如果方向性链路 E_{wu} 和 E_{wv} 存在于节点 w 的波束不同，那么 t_s 不能同时被 E_{wu} 和 E_{wv} 预留。

规则 5：如图 4-8（e）所示，如果方向性链路 E_{uw} 和 E_{vw} 存在于节点 w 的波束不同，那么 t_s 不能同时被 E_{uw} 和 E_{vw} 预留。

规则 6：如图 4-8（f）所示，如果方向性链路 E_{wu} 和 E_{vw} 存在于节点 w 的波束不同，那么 t_s 不能同时被 E_{wu} 和 E_{vw} 预留。

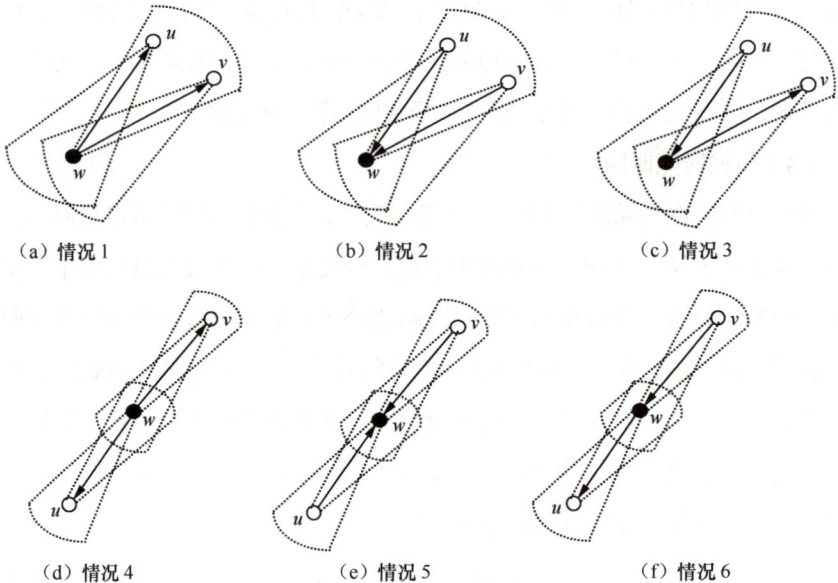

（a）情况 1　　　　　　　（b）情况 2　　　　　　　（c）情况 3

（d）情况 4　　　　　　　（e）情况 5　　　　　　　（f）情况 6

图 4-8　方向性链路调度约束示意

满足上述规则的动态时隙预留保证了预留时隙无冲突，充分利用了方向性天线的空间复用效果，从而使信道利用率和网络容量得到提高。

2. 采用方向性天线的路由技术

传统采用全向天线的 MANET 路由协议难以直接应用于采用方向性天线的

MANET。采用方向性天线后，路由协议需要在邻居发现、路由发现与维护、分组转发等关键机制方面针对方向性天线进行设计，以充分利用方向性天线的高传输能力和高空间复用度提升网络性能[10]。

（1）邻居发现

在采用方向性天线的 MANET 中，方向性邻居发现是必需的，有效的邻居信息是采用方向性天线的 Ad Hoc 网络 MAC 和路由协议运行的基础。采用方向性天线的 MANET 中，依据天线模式的不同，其邻居发现一般有 4 种实现方式：全向发送 / 全向接收、定向发送 / 定向接收、定向发送 / 全向接收、全向和定向发送结合 / 全向接收。

（2）路由发现策略

采用方向性天线的路由协议中，其路由发现根据路由请求分组的转发方式不同分为 3 类：一是采用传统全向天线广播路由请求分组；二是采用方向性天线扫描广播路由请求分组；三是采用方向性天线进行路由请求分组的贪婪转发。

采用传统全向天线广播路由请求分组的路由发现方式，适用于采用全向天线和方向性天线相结合的场合，这种路由发现方式与传统基于全向天线设计的路由发现方式相一致。该方式对于稀疏网络来说，不能有效利用方向性天线的高传输能力提高路由效率。

采用方向性天线扫描广播路由请求分组，当节点进行路由发现需要广播路由请求分组时，利用方向性天线形成的波束在 $[0, 2\pi]$ 范围内扫描发送，收到该路由请求分组的节点根据相应策略需要转发该分组时，采用同样的方式进行扫描发送。这种方式的路由发现导致扫描广播时延大和天线波束切换代价高的问题，同时由于扫描时延，同一路由请求分组到达目的节点的时间相差较大，会导致次优路由问题。

贪婪转发策略是在进行路由请求分组转发时，中间节点将分组转发到位于目的方向上的一个邻节点。贪婪转发具有很强的方向性特性，因为转发的下一跳节点选择通常都是基于源节点至目的节点方向上具有最大前程的邻节点，采用最大前程原则主要是为了缩短路由的跳数。方向性天线的高传输能力会使最大前程原则得到更加有效的利用，如图 4-9 所示，节点 X、Y 和 Z 为节点 S 到目的节点 D 方向上的邻节点，当节点 S 需要转发路由请求分组至目的节点 D 时，其会在节点 X、Y 和 Z 之间选择具有最大前程的节点 Y 作为下一跳转发节点，因为节点 Y 距离目的节点 D 最近。

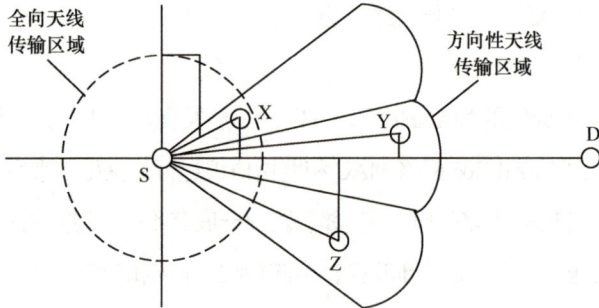

图 4-9　采用方向性天线的贪婪转发策略

（3）路由压缩策略

在采用方向性天线和全向天线相结合的 MANET 中，利用全向天线进行路由发现是常用的一种方式，为了在数据分组传输时充分利用方向性天线高传输能力的优势，需要对全向天线模式下发现的路由进行压缩，以缩短路由跳数。

以图 4-10 所示为例说明路由压缩过程，X → Y → Z 为源节点 S 至目的节点 D 路径的一部分，该路径的形成是通过泛洪方式在全向天线下形成的，那么路由压缩策略可通过如下方式实现。

① 为了实现路由压缩，在路由响应（Route Reply，RREP）分组中增加 NEXT_HOP 选项，该选项表示发送该响应分组的节点到达目的节点的下一跳节点，例如，节点 Y 向节点 X 发送 RREP 分组时，该分组中的 NEXT_HOP 选项为节点 Z。

② 当节点 X 收到节点 Y 的 RREP 分组时，提取 NEXT_HOP 选项，该选项为节点 Z。

③ 如果节点 X 的 D-O 邻居集包含节点 Z，则节点 X 以方向性天线模式向节点 Z 发送一个信标信号，并设置定时器。

④ 如果节点 Z 收到该信标信号，则向节点 X 发送一个信标确认信号。

⑤ 节点 X 收到节点 Z 的信标确认信号后，将路由表中到达目的节点 D 的下一跳转发节点设置为节点 Z。

⑥ 如果定时器超时，则节点 X 的路由压缩失败，节点 X 仍然将节点 Y 作为

到达目的节点 D 的下一跳转发节点。

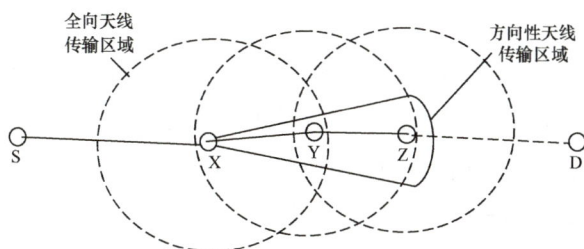

图 4-10 路由压缩示意

通过上述路由压缩策略，采用全向天线以泛洪方式发现的路由得到了有效压缩，降低了跳数。该方法避免了采用方向性天线以波束扫描方式泛洪路由请求而导致的路由发现时延、控制开销增加以及次优路由等问题。

（4）分区桥接策略

网络节点的非均匀分布或网络拓扑的动态变化，可能会导致网络中存在孤立节点和网络分区现象。这两种现象的存在，会导致使用全向天线以泛洪方式进行路由发现失败，如图 4-11 所示。在图 4-11（a）所示网络中，如果节点 S 为源节点，需要采用全向天线泛洪路由请求（Route Request，RREQ）分组至目的节点 D，由于节点 S 为孤立节点，在全向天线下与网络中其他节点不可达，所以路由请求会失败。但如果节点 S 以方向性天线模式向节点 A 发送了 RREQ 分组，那么该分组最终能够到达目的节点 D，也就是说路由请求会成功。在图 4-11（b）中，网络出现分区，源节点 S 使用全向天线以泛洪方式向目的节点 D 发送 RREQ 分组会失败，因为在全向天线下，网络分区一与网络分区二的节点互相不可达。但如果节点 A 以方向性天线模式向节点 B 转发了 RREQ 分组，则 RREQ 分组会被转发至目的节点 D。

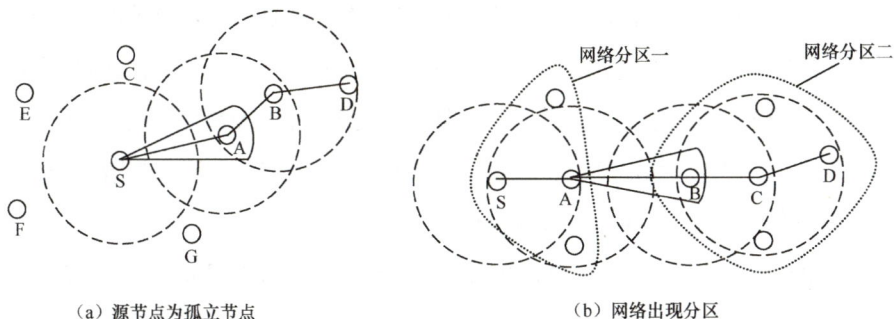

（a）源节点为孤立节点　　　　　　　　　　　（b）网络出现分区

图 4-11 孤立节点和网络分区现象

分区桥接策略是针对采用全向天线模式泛洪路由发现过程，以及在方向性天线模式下贪婪转发失败时采用全向天线进行局部泛洪路由发现过程而进行的。为了克服孤立节点和网络分区造成的影响，需要相应的方向性邻居发现算法建立各节点的方向性邻居集，使得孤立节点和网络分区边缘节点能够获知其方向性邻居集。因此，可以利用方向性天线进行分区桥接，以图 4-11 所示情况为例，分区桥接策略的具体过程如下。

情况 1：如图 4-11（a）所示，当源节点 S 有数据向目的节点 D 发送，且发现自己是孤立节点时，则查询自己的方向性邻居集。如果邻居集非空，则以方向性天线模式在有邻居的扇区内广播 RREQ 分组。

接收来自孤立节点发送的 RREQ 分组的节点在发送 RREP 分组时，也以方向性天线模式向孤立节点发送。

在图 4-11（a）所示的情况下，源节点 S 能够发现 S→A→B→D 的路由。

情况 2：如图 4-11（b）所示，当网络出现分区时，则边缘节点查询自己的方向性邻居集，如果具有由于网络分区发现的方向性邻居，则以方向性天线模式向这些节点广播 RREQ 分组。

接收来自网络分区边缘节点发送的 RREQ 分组的节点在发送 RREP 分组时，也以方向性天线模式向该边缘节点发送。

在图 4-11（b）所示的情况下，源节点 S 能够发现 S→A→B→C→D 的路由。

4.4 无线 Mesh 网络技术

无线 Mesh 网络（WMN）是基于 IP 的大容量、高速率、覆盖范围广的无线网络，通过呈网状分布的无线接入点（Access Point，AP）间的相互合作和协同，成为宽带接入的一种有效手段[11-12]。从某种意义上讲，WMN 更主要的是一种网络架构思想，主要功能体现在无中心、自组网、多跳连接和路由判断选择等，具有与现有无线网络的兼容性及互操作性。

WMN 由用户节点、无线 Mesh 路由器节点和网关节点组成。但根据网络具体配置的不同，WMN 不一定包含以上所有类型的节点。网关是高速连接外部网络的接入点。无线 Mesh 路由器一般移动性不强，它们通过长距离高速无线技术互相联通，以低得多的发射功率获得同样的无线覆盖范围，组成一个多跳的无线 Mesh 骨干网络。Mesh 用户之间互联构成一个小型对等通信网络，在用户设备间提供点到点的服务，这种结构实际上就是一个 Ad Hoc 网络，可以在没有或不便使用现有的网络基础设施的情况下提供一种通信支撑。Mesh 客户端既可以通过无线 Mesh 路由器接入骨干 Mesh 网络形成 Mesh 网络的混合结构，提供与其他一些网络结构的连接，增强了连接性，扩大了覆盖范围，也可以通过其他 Mesh 用户为其转发分组到达无线 Mesh 路由器。图 4-12 所示为典型的 WMN 结构，其中虚线和实线分别表示无线和有线连接。

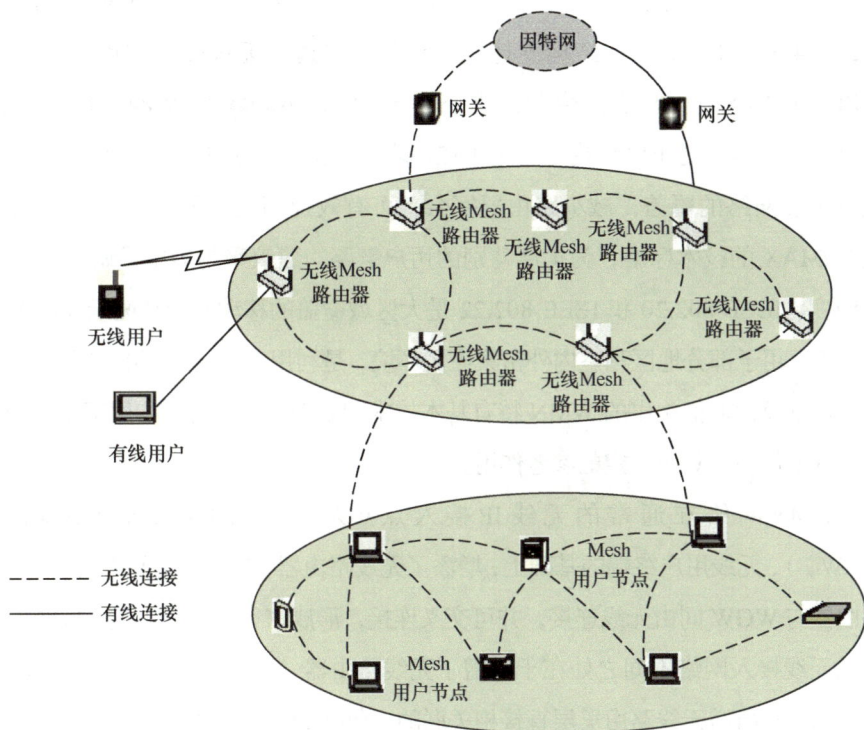

图 4-12 典型的 WMN 结构

战术通信系统通常采用 Mesh 网络混合结构，由 Mesh 客户端提供战术小分队之间的对等通信服务，由 Mesh 骨干网提供战术分队、指挥系统、情报采集系统之间的互联通信服务。

目前，IEEE 802.11s、IEEE 802.15、IEEE 802.16d/e 和 IEEE 802.20 等标准均规范了 Mesh 组网技术，在网络第二协议层中完成接入控制、网状组网、路由、链路拥塞控制、快速移动和切换支持以及安全认证等功能[13]。IEEE 802.11s 是为拓展 IEEE 802.11 的覆盖于 2004 年提出的，由英特尔（Intel）公司和思科（Cisco）公司积极主导的，兼容 IEEE 802.11a/b/g 的无线分布系统标准，可实现自动构建路径和自配置拓扑结构的多跳网络，同时支持广播和多播业务。IEEE 802.15.1 与 IEEE 802.15.4 是蓝牙（Bluetooth）和蜂舞协议（ZigBee）的标准，均有构建 WMN 的相关建议，其中 IEEE 802.15.1 趋向于支持个人周边区域的无线低速率通信，用简便硬件支持窄带宽的多跳分散网络，IEEE 802.15.4 采用 Mesh 拓扑结构支持低速通信，更适合无线传感器网络应用。IEEE 802.15.5 是一种更适合于无线个域网（Wireless PAN，WPAN）的 Mesh 网络拓扑标准，易于网络构建，用于在不增加发射功率和不影响接收灵敏度情况下拓展网络的覆盖，减小路由器冗余，可有效提高网络能力。IEEE 802.16 是 WiMAX 的技术标准，为扩展特别的用户链路，建议采用集中式调度和分布式调度。IEEE 802.20 和 IEEE 802.22 是大区域覆盖的移动宽带高速无线接入系统标准，用于部分地区和室内外密集应用环境，是利用 WMN 思想的技术标准。上述标准及由此衍生出的 WMN 特有基本技术和处理方法，对于构建基于 WMN 的战术通信系统具有一定的参考作用。

WMN 网络在通常的无线 IP 接入点（无线网关（Wireless Gateway，WGW））、无线用户终端的基础上，增添了无线路由器，各路由器间由无线连接，路由器与 WGW 间由无线连接，并可交叉连接，形成密集网络。可见，WMN 与常规无线接入网络不同之处在于新增了无线路由器，因此，其基本技术和处理方法都是与新增无线路由器层直接相关联的，包括 MAC 技术、路由技术等。

4.4.1　MAC 技术

WMN 中，MAC 协议的目标是在不可靠的无线信道上为用户提供可靠的数据传输，实现公平接入共享无线信道，并在此基础上尽量提高信道利用率。因此，

MAC 协议对于 Mesh 网络的性能优化有十分重要的作用。

基于现有 MAC 协议，WMN 无法随着节点和跳数的变化灵活调整，所以需要在此基础上，做适当的修改或者开发新 MAC 协议。目前，WMN 的 MAC 协议主要是在 MANET 和 WLAN 的 MAC 协议基础上，按照 WMN 对 MAC 的新要求，做进一步的扩展或者研究。WMN 的 MAC 协议按照信道可以分为基于单信道的 MAC 协议和基于多信道的 MAC 协议。

基于单信道的情况下，每个节点只有一个无线收发器，在任意时刻只有一个业务流，如何安排业务流，从而避免业务冲突，提高网络资源利用效率以及保证 QoS，是单信道要解决的问题。因此，在 WMN 中需要一种调度机制来控制接入点在与其信号覆盖范围之内的终端设备通信以及与其他接入点通信的协调工作，保证接入点能够根据时分的方式在不同的设备间交换数据。对于单信道 MAC 协议，除了解决隐藏终端和暴露终端问题，主要考虑解决多种业务和多优先级业务的公平接入信道问题，以提高系统的综合接入能力和 QoS，以及解决系统调度策略对于实时性要求较高的业务端到端 QoS 保障问题。

多信道 MAC 协议设计的基本思想是提高无线信道的数目，使不同的节点在不同的信道上同时通信。从信息论的角度上看，在带宽和能量一定的情况下，划分多个信道并不能提高系统容量，但是使用多个信道可以减少碰撞和干扰，从而提高系统的吞吐量。

多信道 MAC 协议包括两方面的问题：接入控制和信道分配问题。多信道是在单信道的基础上研究的，所以接入控制可以使用单信道的接入控制。对于多信道 MAC 协议，重点考虑信道分配问题。信道分配方式从不同角度分类，有不同的分类结果，包括：集中式信道分配和分布式信道分配，静态信道分配和动态信道分配。根据评估干扰度的不同，可以有不同的分类，具体测量网络节点之间的干扰是不现实的，所以只能近似评估，例如可以根据信道的使用率来评估。

下面根据所依赖的硬件平台的不同，对多信道 MAC 协议进行介绍。

1. 单收发器多信道 MAC 协议

在单收发器多信道 MAC 协议所针对的网络中，网络节点只有一个收发器，任意时刻每个网络节点上只能有一个活跃的信道，但不同的节点可以同时工作在不同的信道上，这样就增加了系统容量。如何协调各 Mesh 节点在多信道的条件下工作，是单收发器多信道 MAC 协议的研究重点。但是，节点通信时需要来回切换信道，信道切换产生的时延会导致系统性能迅速下降。此类协议的典型代表是多信道 MAC（Multi-Channel MAC，MMAC）协议和 SSCH（Slotted Seeded Channel Hopping）协议。

MMAC 协议使用多个信道，通过动态切换信道来增加网络容量。该协议中，每个节点都维护一张可选信道表（Preferable Channel List，PCL），来帮助节点选择最优信道。PCL 中记录了节点传输范围内信道的使用率。根据这个信息，信道分为 3 个状态：高优选（HIGH）状态，表示此信道在当前信标内正被节点使用，如果信道处于这个状态，则节点在下一次传输时，优先选取这个信道作为数据信道，这样，发送节点就不需要切换信道，减少时延；中优选（MID）状态，表示此信道在节点传输范围内还没有被使用；低优选（LOW）状态，表示此信道已被至少一个邻居节点选取。在节点初始化时，PCL 中所有信道都置为 MID 状态，如果源节点与目的节点协商了一个信道，在双方的 PCL 中将相应的信道记录为 HIGH 状态。通过动态改变信道的状态，实现信道的选择。在具体实现中，该协议将时间划分为多个同步信标区，每区包含 1 个通知传输指示消息（Announcement Traffic Indication Message，ATIM）信道协商窗口和 1 个数据发送区。在 ATIM 信道协商窗口中，打算发送数据的节点在公共信道（从可用数据信道中选出，交换 ATIM 报文的专用信道，在 ATIM 信道协商窗口外，仍作为数据信道使用）上预定信道。所有节点都在公共信道上监听，通过发送或接收的控制信息更新自己的 PCL，ATIM 信道协商窗口结束后，成功预定到信道的节点切换到该信道上，完成数据发送。

SSCH 协议将一组正交信道（频率上不相重叠的信道）分配给网络节点，节点的收发器按预先设定的信道跳变表，定时在不同的信道上切换，同一时刻只能在一个信道上接收或发送数据。但在同一通信区域内，可以有多对节点同时通信（工作在不同信道上），因此增加了网络容量。SSCH 协议中每个节点处理 3 方面的信道跳变工作：第一，维护信道跳变表，调度每一个信道的数据分组，其中信道跳变表包含了所有节点的信息，节点在连续时隙（即每个信道的使用时间）内依次切换的信道及切换信道的时间等，这些信息可以是过期的但一定要保证是准确信息；第二，向相邻节点及时传送最新信道跳变表，只有及时更新信道的变化信息，才能保证相邻节点之间的通信，避免发生碰撞；第三，通过更新节点信道表反映传输模式的改变。

MMAC 协议和 SSCH 协议的节点只需配置一块网卡，维护一个信道表（前者是可选信道表，后者是信道跳变表），并且不需要改变现有 IEEE 802.11 DCF 协议就能使用多信道，使网络容量提高。但它们仍存在一些问题：其一，两个协议都必须工作在 IEEE 802.11 DCF 协议中 RTS/CTS 开启的状态下，但 RTS/CTS 只是 IEEE 802.11 DCF 协议中的一个可选功能，RTS/CTS 的开销可能会增加分组时延；其二，节点通信时需要频繁切换信道，实际操作中信道切换的时间远大于 224 μs，由此带来的时延使系统性能下降；其三，两种协议都要求网络整体同步，这在多跳的 WMN 中很难实现。

2. 多收发器多信道 MAC 协议

多收发器多信道 MAC 协议中，1 个射频包含多个平行的射频端和可以支持多个同步的信道基带处理模块。在物理层之上，只有一个 MAC 层来协调多信道的功能。在单收发器多信道的方案中，不需要对 MAC 协议进行修改，而在多收发这种情况下，多信道方案相对复杂，要考虑修改 MAC 协议。

3. 多接口多信道 MAC 协议

多接口多信道 MAC 协议中，节点根据物理信道配置多个相应的独立 MAC 层，使得节点可以在多个不同信道上同时进行完全独立的通信。现有的多信道 MAC 协议中，动态信道分配（Dynamic Channel Assignment，DCA）协议、基于主信道分配的 MAC（Primary Channel Assignment Based MAC，PCAM）协议、多射频统一协议（Multi-Radio Unification Protocol，MUP）可归入这种类型。

DCA 协议中，总带宽分为 1 个控制信道和 N 个数据信道，每个信道具有相同带宽。控制信道用于解决信道冲突并为每个节点分配信道，数据信道用于传输数据。DCA 协议中使用了专用控制信道，导致信道利用率低。

PCAM 协议是有固定主信道和广播信道的多射频 MAC 协议。每个节点有 3 个接口卡，主接口卡和第二接口卡用来传输数据，第三接口卡用来收发广播消息。在特殊情况下，第三接口卡也可用于传输数据。第二接口卡主要用来发送数据，其信道分配是不固定的。假设信道 1 作为广播信道，当两个节点分配了不同的主信道时，发送端将第二接口卡切换到接收端的主信道上，与接收端进行数据传输。当两个节点有相同的主信道时，节点使用主接口卡进行数据传输。同时，第二接口卡不能在相同的信道上传输数据，因为将与主接口卡发生冲突。当接收端使用广播信道作为主信道时，接收端的第三网卡禁用或切换到其他信道上发送数据，发送端使用第三接口卡与接收端的主接口卡通信。因为主信道是提前分配的，这个方案不需要任何的专用控制信道来动态进行信道协商。但 PCAM 协议需要进行频繁的信道切换，节点要在一个公共广播信道上守候。

MUP 是在符合 IEEE 802.11 标准的硬件基础上开发的具备多块接口卡的多信道 MAC 协议，它在链路层实现，因此在不需要修改现有应用层协议和网络协议栈的上层协议的基础上，节点就能使用多信道。为了隐藏多接口卡的复杂性，MUP 用一个虚 MAC 地址代替多个无线接口卡的实际 MAC 地址。因此，MUP 称为多射频统一协议，从应用层角度看来，系统仍工作在单接口卡上。

多接口 MAC 协议 MUP、DCA 协议和 PCAM 协议使用多个接口支持多个射频信道，不需要频繁切换信道，也不要求网络整体同步，因此与 IEEE 802.11 DCF 协议相比，获得了更大的性能提升。但多接口 MAC 协议的节点需要配置多个接口，成本高。DCA 协议和 PCAM 协议中有专用控制信道，控制信道饱和会成为带宽利用率的瓶颈。

4.4.2 路由技术

WMN 是多跳网络，具有动态拓扑的特点，路由算法应该具有一定的鲁棒性：一方面，能够快速同步于网络拓扑结构的变化，并适应网络规模的不断扩展；另一方面，当某个节点或某个路径发生故障时，可以通过一个快速的恢复过程重新找到路由。在任意的源节点和目的节点之间有可能存在多条路径，选择哪条路径就成为一个关键问题，这将直接影响系统的性能。另外，由于 WMN 直接面向用户节点，当所有用户同时访问同一个热点资源时，网络中产生大量的冗余业务量，进而发生网络拥塞，因此 WMN 中的路由技术还需要支持组播功能。

评价网络层的路由协议性能，需要综合考虑多个指标，最终达到整个网络全局性能的最优化。例如，衡量分群的分级路由协议，要考虑它分群复杂性和不够灵活的缺点；衡量地理路由协议需要 GPS 或定位系统的辅助，这也会增加路由协议的代价和复杂度。因此，需要建立综合的性能指标进行衡量。鉴于网络层和 MAC 的紧密联系，设计路由协议与 MAC 协议联合考虑，将 MAC 层的性能指标引入网络层是一个非常有效的办法。

WMN 的路由协议可以参考 MANET 的相关协议，但 MANET 的路由协议不能充分发挥 WMN 的优势，因此业界提出了一些专门针对 WMN 的路由协议。这些协议基本都是在现有 MANET 路由协议的基础上，专门针对 WMN 的特点而做了相应的改进。典型协议包括：混合无线 Mesh 协议（Hybrid Wireless Mesh Protocol，HWMP）、多信道路由协议（Multi-Channel Routing Protocol，MCRP）和多无线链路质量源路由（Multi-Radio Link-Quality Source Routing，MR-LQSR）协议。这些新的路由协议都提出了对多信道的利用，以提高网络的容量。

1. HWMP 路由技术

HWMP 是 IEEE 802.11s 为了使 WMN 中的设备能够相互通信而采用的默认路由协议。

如果网络中没有根节点，采用按需路由方式：RREQ 和 RREP 机制建立源节点和目的节点之间的路由。RREQ 附加一个 metric 消息以获取源节点和目的节点路径的质量。RREQ 中的 metric 初始值为 0。每个中间节点根据它和相邻节点之间的链路质量来更新 RREQ 中的 metric 值。每个节点能收到多条来自不同路径的同一 RREQ 消息，节点根据其携带的 metric 判断源节点和自己间的最优路径，并对自己的路由表进行更新，然后继续将 RREQ 广播出去。由于在无线网络中链路质量的不稳定性，在通信过程中对路径的质量也可能发生改变。为了保证通信的连续性，在通信的过程中，源节点通过周期性 RREQ/RREP 来探测网络中链路质量的改变。对于目的节点返回的最优备选路由，源节点进行缓存，如果当前链路的质量下降，就可以立即查找缓存的路径继续保持通信的连续。

如果 WMN 中有根节点，采用树分层路由方式。对于网络的根节点，该节点首先广播以通知相邻节点自己的存在。收到根广播消息后，其他节点通过 RREQ 和 RREP 机制在路由表中维护着自己到根节点的路由。当节点 S 需要向目的节点 D 发送数据时，将首先在自己的路由表中查找到节点 D 的路由。如果路由表中有到达节点 D 的路由并且路由有效，则节点 S 就沿该路由发送数据。如果路由表中没有到达节点 D 的路由或者路由失效，节点将直接通过到根节点的路由将数据分组发送到根节点，然后由根节点对该数据分组进行转发。在 HWMP 中，采用的路径判据参数为

$$c = \left(O_{ca} + O_p + \frac{B_t}{r} \right) \frac{1}{1 - e_{pt}}$$

其中，O_{ca} 为信道接入开销，O_p 为协议开销，B_t 为数据分组的长度，三者在特定网络中为常量；r 为链路传输速率，e_{pt} 为分组丢失率，两者反映链路质量。可见，HWMP 采用了链路传输时间的单一判据，即寻找最小传输时延的路由。

HWMP 在对多信道网络的支持方面所做的假设为：如果节点采用多收发器多信道模型，该点在其所有的接口上收到同一条 RREQ 消息。对于这些来自不同接口的 RREQ 消息，节点通过判据参数的比较找出最优的接口并将该接口设置为反向路径的接口。

2. MCRP

MCRP 是一种在 AODV 路由协议基础上提出的单收发器多信道路由协议。该协议只有一个收发器，即节点在某一时刻只能工作在一个信道上。为提升网络的性能和路由发现的概率，部分节点需要在数据传输时进行信道切换，但是信道切换又将带来"盲区问题"。为了尽量避免"盲区问题"，对节点的信道切换进行如下限制：在同一条路径上的连续两个节点不能同时为切换节点，其中一个节点必须只工作在某个特定信道上；一个节点进行信道切换时，必须立即通知其邻节点；节点的信道切换不能过于频繁，比如不允许根据单个数据分

组进行信道切换；无论节点有多少可用信道，节点只能在有限信道之间进行信道切换。

在 MCRP 中，每个节点有 4 种可行状态。

① 自由状态。节点没有任何数据流业务，可以自由进行信道切换。

② 锁定状态。节点在某个信道上有 1 条数据流业务。

③ 切换状态。节点为多条流的交叉点，且多数据流工作在不同的信道上，此节点在多个信道之间切换。

④ 硬锁定状态。节点的上游节点或下游节点为切换状态，节点处于某数据流中，但节点不能切换到其他信道上。

协议的路由发现过程如下。当一个节点需要发送数据但又没有到达目的节点的路由时，它将通过广播 RREQ 来发起路由发现过程。多信道网络中的节点工作在不同的信道上，RREQ 消息必须在所有的信道上进行广播。假设网络有 n 条信道，节点 S 想要发现节点 D。节点 S 初始化在信道 1 上，那么 S 将在 n 条信道上分别广播 RREQ。节点 S 将返回到原来的工作信道 1。当一个中间节点收到该 RREQ 后，它将同样遍历所有的信道将该 RREQ 广播出去。广播结束后，中间节点将返回到原来的工作信道。由于 RREQ 将在所有信道上进行广播，无论节点 D 工作在哪条信道上，它都将收到此 RREQ 消息。RREQ 消息被转发时，中间节点将和 AODV 一样，设置一条到达源节点 S 的反向路径。

MCRP 协议把节点周围数据流的数目作为冲突的衡量准则。为了获得邻居节点的相关信息，MCRP 使用了 "HELLO" 消息。节点周期性地在所有信道上广播 "HELLO" 消息和自身的状态，并维护着一个数据流表，该表记录了节点与邻节点各信道上数据流的数目。当 RREQ 到达目的节点时，目的节点将知道路径中各信道的冲突情况，从而起到信道负载均衡作用。

通过路由发现，源节点获得到达目的节点的路由，即可进行数据发送。MCRP 为每一条数据流分配了公共信道，节点在公共信道上进行数据发送，不需要切换信道。但是因为节点不断地在信道间进行切换，所以与切换节点的通信变得相对复杂。如果切换节点在某信道上逗留时间过长，另一个信道上的发送节点多次发送失败后，将误判为该链路失败，从而导致分组丢失。所以邻居节点必须清楚地知道切换节点当前的工作信道。为了达到这个目标，切换节点可以使用 JOIN/LEAVE 消息来广播自身的信道状态。假设切换节点 B 需要从信道 i 切换到信道 j，在信道切换前，节点 B 需要再发送 LEAVE i 信道的消息。信道 i 的邻节点收到该消息后，将清除所有以节点 B 为下一跳的数据分组的 active 值。然后，节点 B 切换到信道 j 上。切换完成后，节点 B 需要再发送 JOIN j 信道的消息。信道 j 的邻节点收到该消息后，将设置所有以节点 B 为下一跳的数据分组的 active 值。

3. MR-LQSR 协议

MR-LQSR 协议是一种在 DSR 协议基础上提出的多收发器多信道 WMN 路由协议。DSR 协议采用最短路径判据，MR-LQSR 协议综合考虑了带宽等链路性能参数以及最小跳数值等因素作为路径判据。MR-LQSR 协议修改了路由发现与路由维护机制以使用链路缓存技术来支持链路质量判据。在邻节点发现和节点间信息传送方面，MR-LQSR 协议与 DSR 协议基本相似。

MR-LQSR 协议的路由发现机制支持链路信息的收集。当某节点收到一个路由请求后，将自身的地址和自身的信息附加到路由请求分组中。当目的节点发送路由回复时，通过路由回复将路径以及路径信息捎带至源节点。一旦路径存入链路，节点需要对缓存中的链路信息进行维护，使其保持一定的实时性和准确性。

MR-LQSR 协议使用反应式机制来维护正在使用的链路信息。当某节点发送一源路由分组时，中间节点将利用当前的链路信息更新该路由分组，从而保证从源路由分组携带了最新的链路信息。为了获得从目的节点至源节点的链路信息（主要用于路径质量估计），目的节点将回送一路由回复至源节点，将最新的链路信息发送至源节点。该路由回复将延迟 1 s，可以等待是否有机会利用捎带方式进行发送。对于未使用的链路信息的维护机制，节点利用任何可用机会来广播本节点与邻近节点间的链路信息。该链路消息包括源节点发出的所有链路信息，并且可以通过路由请求捎带被所有邻居节点收到。

MR-LQSR 协议支持 DSR 协议的"分组拯救"技术，也称为转发技术。在传输数据分组时，当某中间链路失效后，"分组拯救"技术允许中间节点改变原有路径，通过新的路径来传送该数据分组。当不允许对所有的数据分组都进行拯救操作时，协议只在某链路失效时才选用该技术。研究表明，在不常用路由上传输数据分组将比过时路由有着更大的分组丢失率，并且都能从拯救策略中获益。

MR-LQSR 协议中，路由维护同样受到基于链路信息的路由决策的影响。当路由维护发现某链路已不再工作（未收到 ACK）时，系统将对该链路的判据进行相应的处理，并同时发送路由错误消息。该路由消息将把链路最新消息捎带至源节点。

4. 路由协议比较

HWMP 结合了 AODV 按需路由的灵活性和利用根节点的树状分层先验路由高效性两者的优点。树状路由对于网络的分层避免了路由发现过程中的 RREQ 消息泛洪，降低了网络的开销。虽然提到了对多信道节点的支持，但是采用单一时延判据，没有考虑到信道间负载均衡的问题。此算法适用于中 / 小规模的网络。

MR-LQSR 协议中每个节点的多收发器能同时在正交的信道上通信，为提升网络容量提供了新的方法。首先，设计允许节点同时进行并发操作。其次，由于工作于不同频段的收发器拥有不同的带宽、传输范围和衰落特性，这在提升网络连通性与性能上达到一个折中。MR-LQSR 协议采用基于链路信息的路径判据，能更好地实现网络负载的均衡问题。当然，MR-LQSR 协议也带来了一定程度上的网络附加开销。首先，其路由更新方式与探测分组等操作带来了更多的网络开销。其次，在每个数据分组中的源路由和其他区域都增大了数据分组的大小。在可实现性方面，MR-LQSR 协议中节点采用多收发器，增加了设备的成本。

MCRP 中多信道使用能有效提升网络吞吐量，同时也带来了更多的网络开销。在其路由发现过程中，节点需要频繁地在所有信道上广播消息造成了更大的网络开销，频繁的信道切换也造成了通信的"盲区问题"和路由发现时延过长等问题。

在信道负载均衡方面，MR-LQSR 协议采用基于链路质量的判据，综合考虑了带宽等链路性能和最小跳数值等因素，能在吞吐量与时延之间获得一种平衡。MCRP 则只是从流的数目来判断信道的冲突情况，业务变化不大的网络能很好地均衡信道负载，达到较高的网络吞吐量。但是，在业务变化很大的网络中，流的数目就不能发挥信道负载均衡的优势，而且维护流表的网络开销也将导致网络性能的下降。

4.4.3　基于 Mesh 技术的网络融合

混合结构的 WMN 可以包括各种异构的无线 / 有线网络，如无线局域网、WiMAX、无线蜂窝网、MANET、WSN、因特网以及无线骨干网，实际上已经是 MANET 的超集，而 MANET 只是 WMN 的一个子集。混合结构的 WMN 囊括了 WMN 的所有优点，具有网络覆盖范围大、频谱利用率高、可靠性高、多跳路由、组网灵活、维护方便和支持与其他无线网络兼容和互操作等优点，可以应用到各种场景中。特别地，WMN 将成为未来无线核心网理想的组网方式，因此在这种网络覆盖情况复杂、多种技术并存的移动通信环境中，采用 Mesh 技术可以实现异构技术的有效融合与协同工作，实现异构资源的优势互补和协调管理，不仅是技术发展的必然趋势，也是实现最优资源使用的根本途径。

针对不同的无线频段特性、迥异的组网接入技术和多样的业务需求，不同无线技术所使用的空中接口设计及相关协议在实现方式上具有差异性和不可兼容性。无线网络及其通信系统的异构性主要体现在频谱资源异构、组网接入技术异构、业务需求异构和移动终端异构 4 个方面，这些异构特性存在交叉联系，相互影响构成了无线网络的异构性，也对网络的稳定、可靠和高效性带来了挑战，这种异构性带来的移动性管理技术、联合无线资源管理和端到端的 QoS 保证是未来无线通信系统亟待解决的问题。

由于异构网络相对独立自治，相互间缺乏有效的协调机制，造成了系统间干扰、重叠覆盖、单一网络业务提供能力有限、频谱资源稀缺、业务的无缝切换等问题无法解决。因此异构网络的融合已经成为网络各个层面的主要趋势，体现在网络融合、业务融合、终端融合以及管理融合，各种业务都被整合在一个网络的物理媒介（融合网络）中进行传输，传输控制协议 / 互联网协议（Transmission

Control Protocol/Internet Protocol，TCP/IP）的普遍采用，使得各种以 IP 为基础的业务都能在不同的网上实现互通。基于 Mesh 技术的融合需要从 4 个不同的层面来实现。

（1）核心网与接入网的融合

目前，基于 IP 分组的有线网络已经成为下一代网络的基础架构，这种网络将为各种接入网提供合适的有线网络基础结构。而不同的移动接入网络，覆盖不同的区域，具有不同的技术参数，提供不同的业务能力，执行不同的通信与控制协议，具有不同的网络结构，因此不同的接入网络之间需要具有一定的信息交互能力以支持基于 IP 的网络融合。同时终端的可重配置能力为接入不同网络提供了保障，而 IP 技术的广泛应用使得不同的接入网络将基于 IP 网络层进行融合。图 4-13 所示为一个 WMN 应用到无线城域网的实例，各种用户终端通过 Ad Hoc 方式相互连接，并根据其支持的协议选择与 Mesh 基站通信，而 Mesh 基站可以通过无线多跳与视距范围外的基站或互联网核心网建立联系。这里，Mesh 基站充当了 Mesh 路由器，承担融合的任务，并组成了无线 Mesh 骨干网，网络间的融合通过 IP 层来实现，Mesh 终端采用多模或重配置方式适应用户和业务的需求，最终实现整个网络的融合。

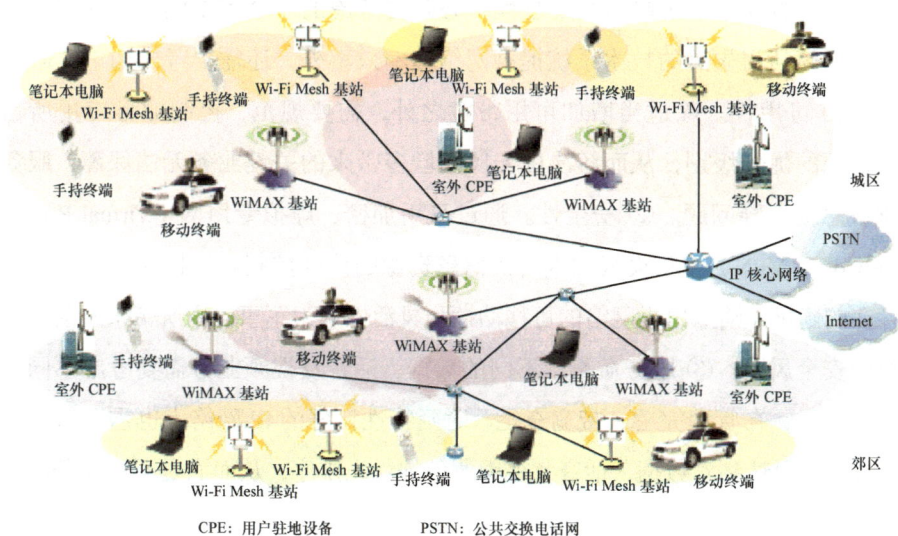

CPE：用户驻地设备　　　　PSTN：公共交换电话网

图 4-13　WMN 网络融合与协同（WMN 应用到无线城域网的实例）

（2）业务的融合

业务的融合指不同的业务网提供统一的平台、统一的用户账号和对用户隐藏的自动切换机制，让用户感觉无论在什么情况下都能进行畅通无阻的通信，享受最佳的多元化服务。通过多种接入技术，在不同业务支持能力的网络及终端限制条件下，使得业务同时向多个终端提供服务。

（3）终端的融合

异构网络条件下，在同一地点存在不同制式的无线网络交叠覆盖，不同网络将提供不同的业务和 QoS，此时终端的元件组成不会产生质的变化，但需兼容所有在当地存在的无线接入技术（Radio Access Technology，RAT），综合考虑多种无线接入技术的能力、网络覆盖情况、用户业务差异等方面。使用基于软件无线电的重配置技术可提高兼容性、减少体积、降低能耗和节约成本，多模可重配置移动终端的实现使得原本单一的移动终端具备了接入不同移动网络的能力。

（4）管理的融合

管理系统需要为用户提供统一的网络管理界面和网络服务界面，如统一的认证与鉴权服务。

网络融合是网络技术发展过程中必须要考虑的一个重要问题，除了需要考虑如何利用先进的技术系统提高网络传输效率外，还需要考虑如下实际问题。① 可用性。除适当增加可用带宽之外，需要规范、控制业务应用所占用资源的优先级别，从而解决由于应用增多带来的关键业务无法保障、服务质量急剧下降问题。② 安全性。通过采用加密、虚拟专用网（Virtual Private Network，VPN）和防火墙技术解决信息资源的访问控制和授权用户网络接入存在的隐患，消除由于网络的可移动性和灵活性等为军事应用所带来的前所未有的安全风险。③ 服务质量。不同的数据、话音及视频业务需要考虑不同的服务质量，在管理完善、带宽充足、时延特性良好的 IP 网络上也需要保障服务质量，以达到对数据、话音及视频业务的优先排序，从而满足不同业务服务的 QoS。

4.5 无线传感器网络技术

随机分布的集成有传感器、数据处理单元和通信模块的微小节点通过自组织的方式构成网络，借助于节点中内置的形式多样的传感器测量所在周边环境中的热、红外、声纳、雷达和地震波信号，从而探测包括温度、湿度、噪声、光强度、压力、土壤成分、移动物体的大小、速度和方向等信息。在通信方式上，虽然可以采用有线、无线、红外和光等多种形式，但一般认为短距离的无线低功率通信技术最适合传感器网络使用，称为无线传感器网络（WSN）。WSN 是信息获取（传感）、信息传输与信息处理领域技术相互融合的产物。

信息技术正助推新军事变革，信息化战争要求作战系统"看得明、反应快、打得准"，谁在信息的获取、传输、处理上占据优势（取得制信息权），谁就能掌握战争的主动权。WSN 以其独特的优势，可以协助实现有效的战场态势感知，能在多种场合满足军事信息获取的实时性、准确性、全面性等需求。

WSN 具有以下特点。

（1）电源容量有限

WSN 节点一般由电池供电，而且在使用过程中也不能给电池充电或更换电池。因此 WSN 设计的基本原则就是要以节能为前提。

（2）节点资源有限

传感器节点由于受到低成本、小体积和低能耗的限制，其硬件、软件资源非常有限。

（3）无中心、自组织

WSN 一般是一个对等式的网络。

（4）多跳路由

网络中节点通信距离有限，如果希望与较远的节点进行通信，则需要通过中间节点多跳路由来实现。

（5）动态拓扑

WSN 是一个动态的网络，节点可以随处移动，网络的拓扑结构会随时发生变化，因此网络应该具有动态拓扑组织功能。

（6）节点数众多，分布密集

为了对一个区域执行监测任务，传感器节点往往分布得非常密集，利用节点之间高度连接性来保证系统的容错性和抗毁性。

WSN 属于一种特殊的 Ad Hoc 网络，它虽然与传统的 Ad Hoc 网络有很多相似的地方，但是与传统的 Ad Hoc 网络相比，WSN 的节点分布更加密集，能量更加有限，WSN 中的传感器节点在大多数情况下是静止的。在 WSN 中，数据是被分散处理的，系统会根据需要尽早对数据进行处理，这样可以减少网络的流量，降低能耗并提高系统利用率。由于成本和能耗的限制，WSN 节点的硬件设备资源十分有限，数据的处理能力和存储能力都比较弱。这就决定了在设计 WSN 各层技术标准的时候都要以简单和节能为最重要的前提条件。

WSN 的协议分层结构基本采用传统网络的分层结构，即包括物理层、数据链路层、网络层、传输层和应用层。另外，能量、移动、任务等管理平台用于监控网络中的能量利用、节点移动和任务分配。这些平台能够帮助传感器节点在较低能耗下协作完成某些监控任务。图 4-14 所示为 WSN 的协议栈结构。

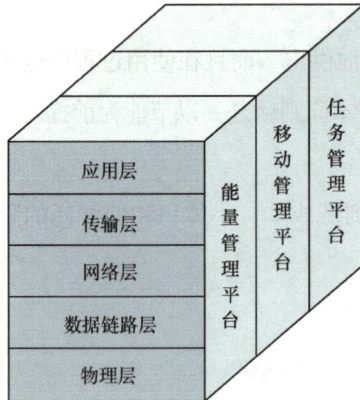

图 4-14　WSN 的协议栈结构

能量管理平台用来管理一个节点如何使用它的能量，例如，当一个节点收到一个邻居节点发来的消息之后，它可以将它的接收机关闭，避免接收到重复的消息。同样，当一个节点的能量极低时，它会向邻节点广播一条消息，告诉邻节点自己已经没有多少能量，不能再用来对消息进行传递了，这样它就可以不再接收邻节点发来的需要传递的消息，将能量都留给自己的消息发送。移动管理平台能够监测并记录节点的移动。任务管理平台用来平衡和规划某个区域的感知任务，安排哪些节点执行哪些感知任务，能量高的节点可以比那些能量低的节点多承担一些任务。有了这些管理平台，节点能够低能耗地协调工作，能够在移动的情况下传递数据，能够在节点之间共享资源。

4.5.1 链路层技术

WSN 中的 MAC 协议受到许多条件的制约，协议的设计者需要在不同的属性间取得权衡[14]。WSN 中主要的制约条件如下。① 高效节能。由于在大部分情况下 WSN 的节点由不可再生的电池供电，节点能量有限且难以补充，为了尽量延长网络的有效工作寿命，MAC 协议以减少能耗、最大化网络生存时间为首要设计目标。② 冲突避免。尽量减少网络中节点发送数据的碰撞率。③ 扩展性和适应性。由于 WSN 在网络大小、节点分布密度和网络拓扑方面千差万别，一个好的 MAC 协议需要能够适应网络的这种变化。④ 时延要求。时延反映了数据分组从发送节点到达目的节点所花费的时间，WSN 中对时延的要求取决于具体的应用，对于长期监测应用来说，时延的重要性可能相对低些，但是对于以目标监视和识别为主要目的的应用，传统无线网络关注的实时性、吞吐量及带宽利用率等性能指标成为次要目标。此外，WSN 节点一般属于同一利益实体，可为系统优化做出一定的牺牲，因此，能量效率以外的公平性一般不作为设计目标，除非多用途 WSN 重叠部署。

WSN 中的能量消耗主要包括通信能耗、感知能耗和计算能耗，其中通信能耗所占比重最大。因此，减少通信能耗是延长网络生存时间的有效手段。大量研究表明，通信过程中主要能量浪费存在于：冲突导致重传和等待重传；非目的节点接收并处理数据形成串音；发射、接收不同步导致分组空传；控制分组本身开销；无通信任务节点对信道的空闲监听等。此外，无线发射装置频繁发送、接收状态切换也会造成能量迅速消耗。

基于上述原因，WSN MAC 协议通常采用"监听/休眠"交替的信道访问策略，节点无通信任务则进入低能耗睡眠状态，以减少冲突、串音和空闲监听；通过协调节点间的监听/休眠周期以及节点发送/接收数据的时机，避免分组空传和减少过度监听；通过限制控制分组长度和数量减少控制开销；尽量延长节点休眠时间，减少状态切换次数。同时，为了避免 MAC 协议本身开销过大，消耗过多的能量，MAC 协议尽量做到简单、高效。当然，影响传统无线网络 MAC 协议设计的一些基本问题，如隐藏终端和暴露终端问题、无线信道衰减和无规律冲突问题等，在 WSN MAC 协议中依然需要解决。

WSN 与应用密切相关，研究人员从不同的方面出发提出多种 MAC 协议，但目前尚无统一分类方式。可根据信道分配方式、数据通信类型、性能需求、硬件特点以及应用范围等策略，使用多种分类方法对 WSN MAC 协议分类。

① 根据信道访问策略的不同可分为基于调度的 MAC 层协议（调度协议）、基于竞争的 MAC 层协议（竞争协议）和混合 MAC 层协议（混合协议）。竞争协议不需全局网络信息，扩展性好、易于实现，但能耗大；调度协议有节省优势和时延保障，但帧长度和调度难以调整，扩展性差，且时钟同步要求高；混合协议具有上述两种 MAC 协议的优点，但通常比较复杂，实现难度大。

② 根据使用单一共享信道还是多信道可分为单信道 MAC 协议和多信道 MAC 协议。前者节点体积小、成本低，但控制分组与数据分组使用同一信道，降低了信道利用率；后者有利于减少冲突和重传，信道利用率高、传输时延小，但硬件成本高，且存在频谱分配拥挤问题。

③ 根据数据通信类型可分为单播协议和组播/聚播（Convergecast）协议。前者适于沿特定路径的数据采集，有利于网络优化，但扩展性差；后者有利于数据融合与查询，但时钟同步要求高，且数据冗余，重传代价高。

④ 根据传感器节点发射器硬件功率是否可变可分为功率固定 MAC 协议和功率控制 MAC 协议。前者硬件成本低，但通信范围相互重叠，易造成冲突；后者有利于节点能耗均衡，但易形成非对称链路，且硬件成本增加。

⑤ 根据发射天线的种类可分为基于全向天线的 MAC 协议和基于定向天线的 MAC 协议。前者成本低、易部署，但增加了冲突和串音；后者有利于避免冲突，但增加了节点复杂性和能耗，且需要定位技术的支持。

⑥ 根据协议发起方的不同可分为发送方发起的 MAC 协议和接收方发起的

MAC 协议。由于冲突仅对接收方造成影响，接收方发起的 MAC 协议能够有效避免隐藏终端问题，减少冲突概率，但控制开销大、传输时延长；发送方发起的 MAC 协议简单、兼容性好、易于实现，但缺少接收方状态信息，不利于实现网络的全局优化。

此外，根据是否需要满足一定的 QoS 支持和性能要求，WSN MAC 协议还可分为实时 MAC 协议、能量高效 MAC 协议、安全 MAC 协议、位置感知 MAC 协议和移动 MAC 协议等。

1. 基于调度的 MAC 层协议

调度协议通常以 TDMA 协议为主，也可采用 FDMA 或 CDMA 的信道访问方式，考虑到成本和计算复杂度，在 WSN 中，后两种方式 MAC 协议较少。调度协议基本思想是：采用某种调度算法将时隙 / 频率 / 正交码映射作为节点，这种映射导致一个调度决定一个节点只能使用其特定的时隙 / 频率 / 正交码（1 个或多个）无冲突访问信道。因此，调度协议也可称为无冲突 MAC 协议或无竞争 MAC 协议。调度可静态分配，也可动态分配。为提高协议可扩展性和信道利用率，往往采用分布式算法实现信道重用，但设计高度信道重用有效调度是 NP 困难问题。

在 TDMA 协议中，时隙分配需要一定的全局视图，计算量较大。很多 TDMA 协议利用了分群网络便于管理维护、对系统变化反应迅速的特点，将时隙计算和分配任务交由群首节点承担，既能避免扩大计算规模，又有利于实现信道重用。下面几个协议就具有这样的特点。

ET-MAC（Energy-Aware TDMA-Based MAC）协议包含 4 个主要阶段。在数据发送阶段，活跃节点在分配的时隙根据转发表向网关节点发送 / 转发数据，非活跃节点保持睡眠，除非向群首报告状态或接收路由广播；在更新阶段，节点在分配的时隙向群首报告各自状态（剩余能量、位置等）；在基于更新的重路由阶段，群首根据接收信息重新计算时隙和更新转发表，并发布调度；在事件触发重路由阶段，当拓扑变化或某节点能量小于阈值时，群首产生新调度并发送给群内节点。协议提供两种时隙分配算法：宽度时隙分配法和深度时隙分配法。宽度时隙分配法为群内节点提供连续时隙，减少硬件切换次数；深度时隙分配法有利于数据及时上传，减小报文丢失概率。

在广播多路访问（Broadcast Multi-Access，BMA）协议中，节点根据剩余能量选举群首。当选群首广播当选通告，其余节点根据接收信号强度决定加入哪个群。稳定状态阶段由多个时间帧组成，每个时间帧又分成竞争时隙、数据传输时隙和空闲时隙 3 部分。节点在竞争时隙获得数据传输时隙，并在数据传输时隙向群首报告状态。群首收集成员节点状态信息并发布调度，每个有数据发送的节点获得一个确定的发送时隙，且只在发送时隙向群首节点发送数据，其余时间休眠。

固定的时隙分配调度虽然能够实现无冲突通信，但节点空闲监听的能耗很大，且网络负载越小，空闲监听比例越大。因此，很多 TDMA 协议加入流量自适应技术，动态调整占空比，进一步减少能量开销。

流量自适应媒体访问控制（Traffic-Adaptive MAC，TRAMA）协议的目的是保证节点根据实际流量使用预先分配的时隙无冲突通信，没有通信任务的节点转入睡眠状态，从而减少冲突和空闲监听导致的能量消耗。所有节点首先获得一致的两跳内邻居信息并同步。每个节点根据报文产生速率计算调度周期 SI，并根据报文队列长度使用基于模式提取算法的进化算法（Alopex-Based Evdutionary Algorithm，AEA）选择 [t,SI] 中具有两跳内最高优先权的若干个时隙，即获胜时隙（Winning Slot）。节点使用获胜时隙发送数据并使用位图指定接收者，最后一个获胜时隙用于广播下一次调度信息。AEA 使用邻居协议（NP）和调度交换协议（SEP）选择发送节点和接收节点。每个节点 u 在某一发送时隙 t 的优先权为 prio(u,t)=hash($u \oplus t$)。在某一时隙 t，如果节点具有两跳邻居内最高优先权并且有数据需要发送，则进入发送状态；如果节点是当前调度的指定接收方，则进入接收状态；否则，节点进入睡眠状态。TRAMA 时钟同步存在一定的通信开销，随机和调度访问交替进行增加端到端时延，协议对节点存储空间和计算能力要求很高，实现难度大。在 AEA 中，使用本地节点保存不完全的邻居节点两跳邻居信息，虽然不影响算法的正确性，但可能造成空闲监听，浪费能量。TRAMA 协议适用于周期性数据采集和监测等 WSN 应用。

Bush 等提出一个同时满足分布式、自稳定、无冲突和无全局时钟等特点的MAC 协议。其独特之处在于，节点帧长度不等且不需帧对齐。松散媒体访问控制（LooseMAC）执行于协议初始阶段，当所有邻居节点稳定后，执行紧密媒体访问控制（TightMAC），进一步提高吞吐量和减少时延。在 LooseMAC 中，节点帧长度相同，为不小于 $\min(\delta_1^3, \delta_2^2)$ 的最小的 2 的整数幂，其中 δ_1、δ_2 分别为直接邻居和两跳邻居数量上限；在每一帧节点随机选择一个数据发送时隙，并在该时隙将调度广播给邻居节点；若在接下来一帧时间内接收到冲突报告消息或监听到一次冲突，则重新选择一个未分配时隙，并重复上述过程；若调度分配成功，节点进入 ready0 状态。在 TightMAC 中，帧长度进一步缩小为

$$L_i = 2^{\log 6\phi_i}，\text{其中，} \varphi_i = \max_{j \in \Delta_2(i)} \delta_2(j) \approx \sum_{k \in \Delta_1(j)} \delta_1(k)，\phi_i \text{ 是节点 } i \text{ 两跳范围内两跳邻居}$$

数量的最大值，取近似值是为了减少通信量和存储开销。注意到 LooseMAC 和 TightMAC 中不同节点帧长度仍然是倍数关系，因此可以共存。该协议仅根据节点本地信息建立调度，能够较好地适应网络拓扑变化，扩展性得到显著提升。但在调度产生过程中，节点间的潜在冲突使协议收敛时间过长，影响效率。该协议假设基于单位圆盘（Unit Disc）模型，与实际使用中基于信噪比的冲突检测模型尚有差距，无法利用捕获效应改善性能。该协议更适合应用于流量稳定的网络应用环境。

Kvan-Wu 等借鉴了低轨道卫星系统中使用伪随机数机制建立 TDMA 信道的思想，提出了一个基于会合（Rendezvous）点的 MAC 协议——ArDeZ（Asymmetric Rendezvous MAC）协议。该协议因不需调度协商和严格的时隙界限，适合在大规模 WSN 中部署。

ArDeZ 协议为每对相邻节点间的上、下行链路分别建立两个占空比不同的独立时间信道。节点根据伪随机数种子计算不同信道的会合周期（Rendezvous Period），并决定信道访问时刻。然后不断循环迭代计算新的会合周期，避免周期调度协商，减少开销和时延。具体执行过程如下。节点首先保持活跃并监听链路，当接收到邀请消息并同时满足以下 3 个条件时成为受邀节点：① 可用邻居数或平均会合周期（MRP）小于给定阈值；② 与邀请节点之间尚无链路；③ 邀请节点和汇聚节点（Sink）之间有可达路径。邀请消息最初由 Sink 发送。如果邀请节点提供的两个种子和相应会合周期与受邀节点现有调度没有冲突，

则回复一个发送信道请求消息（CRM），请求采用邀请节点提供的种子建立信道，收到 CRM 的邀请节点则回复一个信道确认消息（CAM）。上行链路和下行链路的种子 Su 和 Sd 由邀请节点在 0 ～ 255 之间随机选取，并结合时间戳计算会合周期，本次会合周期的结束时刻成为下一次会合周期的种子。ArDeZ 协议的伪随机特性保证仅当相邻链路的会合周期重叠且都有数据发送时才会发生冲突，但这样的冲突概率很小。ArDeZ 协议可获得比 TRAMA 协议更好的节能特性，而且可根据网络流量调整会合周期，在时延和能耗之间平衡。该协议有利于上层路由协议（如 GPSR 等地理路由协议）的实现，但该协议端到端通信的特性不能较好地满足广播通信的要求；主路径上节点能量消耗较快。ArDeZ 协议更适用于环境监测等数据采集型 WSN。

2. 基于竞争的 MAC 层协议

竞争协议采用按需使用信道的方式，当节点需要发送数据时，通过竞争方式使用无线信道，若发送的数据产生了冲突，就按照某种策略重发数据，直到数据发送成功或放弃发送为止。在 WSN 中，睡眠 / 唤醒调度、握手机制设计和减少睡眠时延是竞争协议重点考虑的三大问题。一般而言，竞争协议对时钟同步精度要求没有调度协议高，但为了实现及时可靠通信并保证协议能量高效，仍需为睡眠 / 唤醒调度和控制分组安排合理的时序关系。

S-MAC（Sensor MAC）是一种专门针对 WSN 设计的、以节能为主要目的的 MAC 协议，具有良好的稳定性和冲突避免机制。S-MAC 协议将节点的工作周期划分为休眠状态和工作状态两个部分，节点在休眠状态时关闭无线单元，在工作单元监听信道。为了使节点协同工作，节点间定期发送同步分组以保持局部的时钟同步。针对传感器网络消耗能量的主要环节，S-MAC 协议采用了 3 种措施减少能耗：节点定期睡眠以减少空闲监听造成的能耗；邻近的节点组成虚拟群，使睡眠调度时间自动同步，既保证相邻节点调度周期同步，又满足可扩展性；用消息传递的方法减少时延。S-MAC 协议采取了类似 IEEE 802.11 的冲突避免机制，信道的访问控制通过 RTS/CTS 交互，在控制分组中捎带数据传输剩余时间，邻居节点据此计算网络分配矢量（NAV），并进入睡眠状态，直到长消息发送完毕为止。与 IEEE 802.11 相比，S-MAC 协议成功实现了周期睡眠调度，显著减少了空闲监听，并且可以根据流量情况在能量和时延之间折中，能够较好地满足 WSN 的节能需求。其后，大多数竞争协议延续这一思想，并将其作为基准协议进行比较。尽管如此，但 S-MAC 协议帧长度和占空比（Duty Cycle）固定，帧长度受限于时延要求和缓存大小，活跃时间主要依赖于消息速率，特别是在网络流量动态变化比较大的应用中，不能根据网络的负载动态地调节休眠与工作时间。周期睡眠造成通信时延累加。尽管 S-MAC 协议改进版本采用流量自适应监听机制将睡眠时延减少一半以上，但周期睡眠造成的传输时延仍然十分显著。另外，该协议实现起来很复杂，需要占用大量的存储空间，这在资源受限的 WSN 节点中显得尤为突出。

T-MAC（Timeout-MAC）协议针对 S-MAC 协议的上述缺陷进行改进。T-MAC 协议是在 S-MAC 协议基础上引入适应性占空比，来应付不同时间和位置上负载的变化。T-MAC 协议定义了 5 个激活事件，如果在定时提前（Timing Adrance，TA）时间内没有发生任一激活事件，则节点认为信道空闲，节点进入睡眠状态。每一帧中的活跃时间可根据网络流量动态调整，增加了睡眠时间。但随机睡眠带来早睡问题，增加了时延。T-MAC 协议为此提供两种解决方案：未来请求发送（FRTS）和满缓冲区优先（FBP）。但该方法仍存在缺陷：FRTS 可以减少时延和提高吞吐量，但 DS 分组和 FRTS 分组带来额外的通信开销；FBP 方法减少了早睡发生的可能性，并具有简单流量控制作用，但当网络流量较大时增加了冲突概率。可见，T-MAC 协议动态地终止节点活动，通过设定细微的超时间隔来动态地选择占空比，减少了空闲监听浪费的能量，但仍保持合理的吞吐量，其新颖之处正在于它动态地根据网络流量划分节点的工作和休眠周期，达到更优的节能效果。

S-MAC 协议和 T-MAC 协议通过精确的时序关系控制节点的睡眠调度，因此对时钟同步的要求较高。下面 2 个协议则更多地利用了竞争协议对无线信道的"抢占"原则，睡眠调度更具主动性，同时减少对时钟同步精度的依赖。

B-MAC（Berkeley-MAC）协议使用扩展前导和低功率监听（Low Power Listening，LPL）技术实现低能耗通信，采用空闲信道评估技术进行信道裁决。

节点在发送数据分组之前先发送一段长度固定的前导序列，为避免分组空传，前导序列长度要大于接收方睡眠时间。若节点唤醒后监听到前导序列，则保持活跃状态，直到接收到数据分组或信道变得再次空闲为止。B-MAC 协议不需共享调度信息，可以有效缩短唤醒时间。因此，在吞吐量和时延等方面优于 S-MAC 协议，但在减少能量消耗上并没有太大优势，较长的固定前导序列造成发送方和接收方能耗增加和发送方邻居节点串音。在前导序列结束后才接收到有效数据，平均接收时延为前导长度的一半。对 B-MAC 协议和 S-MAC 协议等协议的比较研究表明，B-MAC 协议更适合于时延要求不高的应用，在时延要求较高的情况下，S-MAC 协议等同步 MAC 协议更节能。

与 B-MAC 协议不同，WiseMAC 协议动态调整前导长度，通过前导码抽样检测技术来减少节点的空闲监听造成的能量浪费。接收节点在最近 ACK 报文中捎带下次唤醒时间，使发送方了解每个下游节点采样调度，进而缩短前导长度。为了减少固定前导冲突概率，采用随机唤醒前导。网络中的所有节点检测信道一段同样的时间，这个时间不依赖于网络中的实际流量。如果信道繁忙，接收节点一直检测信道，直到信道空闲，或数据分组到达为止。在发送方，节点发送数据前首先发送一个唤醒前导码，以保证接收方在数据到来前被唤醒。考虑到时钟漂移，前导长度 $T_p=\min(4L\theta,T_w)$，其中，θ 是节点时钟漂移速度，L 为从收到上次确认到现在的时间，T_w 是信道监听时间间隔。唤醒前导码会造成发送方和接收方能量的消耗，为了减少这种消耗，节点通过获知通信对方的调度时间来获得时间的补偿差值。WiseMAC 协议中采样调度表存储开销较大，当网络密度大时尤为突出。WiseMAC 协议使用非坚持 CSMA 减少空闲监听，无法克服隐藏终端问题。WiseMAC 协议宜用作网络负载较轻的结构化网络中下行链路 MAC 协议。

在基于竞争的 MAC 协议中，根据网络流量决定占空比是提高能量效率的有效手段，PMAC（Pattern-MAC）协议采用的方法提供了一种新的思路。

PMAC 协议根据网络负载和流量模式自适应调整睡眠调度。时间被分为连续的超时间帧（STF），每个 STF 包含两个子帧：模式循环时间帧（PRTF）和模式交换时间帧（PETF）。PRTF 由 N 个时隙和 1 个附加时隙组成，节点根据模式（Pattern）决定在每个时隙睡眠或唤醒，模式用一个比特串 0^m1 表示，表示连续 m 个时隙睡眠和 1 个时隙唤醒。在附加时隙，所有节点均唤醒。PETF 也分为多个时隙，用于与邻居节点交换模式。在首个 PRTF，每个节点均唤醒，即模式为 1。然后，在每个模式位为 1 的时隙考察是否有数据需要发送，如果没有，则采用类似于 TCP 慢启动算法的方法逐步增加模式中 0 位的数量，即增加节点休眠时间；如果有数据需要发送，则将模式恢复为 1。在 PETF 阶段，节点竞争信道并广播自己的模式，然后根据收集到的邻居节点模式计算下一个 PRTF 中的睡眠调度。在 PMAC 协议中，当网络流量较小时节点睡眠时间更长，能量浪费更少；模式交换保证只有传输路径上的节点需要唤醒以转发数据，减少了邻居节点过度监听和分组冲突。但通过广播交换模式增加冲突概率；邻居节点间协商产生睡眠 – 唤醒调度，收敛时间长；协议各时隙长度、模式位数、竞争窗口大小等参数未确定。

3. 混合 MAC 层协议

混合协议包含竞争协议和调度协议的设计要素，结合了两者的优点。当时空域或某种网络条件改变时，混合协议仍表现为以某类协议为主，其他协议为辅的特性。混合协议更有利于网络全局优化。

Z-MAC（Zebra MAC）协议是一种结合 CSMA 和 TDMA 机制的混合 MAC 协议。在低流量条件下使用 CSMA 信道接入方式，可提高信道利用率并降低时延；在高流量条件下使用 TDMA 信道接入方式，可减少冲突和串扰。与 TDMA 协议不同，Z-MAC 协议中节点能在任何时隙发送数据，但时隙拥有者优先级更高。当时隙拥有者不发送数据时，其邻居节点以 CSMA 方式竞争信道，获胜者借用该时隙。通过邻居发现，节点收集两跳内邻居信息，然后采用分布着色算法为每个节点分配时隙。与 LooseMAC 协议一样，节点帧长度必须是 2 的整数幂，邻居节点以 CSMA 方式竞争多余的时隙。当竞争较强时，节点发出明确竞争通告（ECN）消息，如果节点在最近 t_{ECN} 时间内收到某一两跳邻居发出的 ECN，则成为高竞争级（HCL）节点，否则为低竞争级（LCL）节点。LCL 节点可以竞争任何时隙，但在 HCL 状态下，只有时隙拥有者及其邻居节点可以使用该时隙，并且在时序上早于非拥有者发送。这种 ECN 技术具有一定的拥塞控制能力。Z-MAC 协议已经在 TinyOS 上实现。与 TinyOS 默认协议 B-MAC 相比，它在中、高网络流量下能够提供更高的吞吐量，能量消耗也更小；在低流量情况下，性能比 B-MAC 协议稍差。作为一种混合 MAC 层协议，Z-MAC 协议具有比传统 TDMA 协议更好的可靠性和容错能力，在最坏情况下，协议性能接近 CSMA。Z-MAC 协议存在的缺陷如下。① 在启动阶段需要全局时钟同步。② 在 HCL 模式下，节点只能在有限的时隙发送数据，增加了传输时延，在 LCL 模式下仍然存在隐藏终端问题。③ ECN 机制易产生内爆，为避免内爆增加了控制开销。④ 集中式调度分配算法只能在协议初始阶段为节点分配时隙，无法周期重运行，这也是 Z-MAC 协议性能不如下述 Funneling-MAC 协议的主要原因。

WSN 多跳聚播通信方式造成 Sink 附近分组易冲突、拥塞和丢失，称为漏斗效应（Funneling Effect）。Ahn 等为此提出一种混合协议 Funneling-MAC，该协议在全网范围内采用 CSMA/CA，漏斗区域节点（f- 节点）则采用 CSMA 和 TDMA 混合的信道访问方式，因此，f- 节点有更多机会基于调度访问信道。Sink 周期广播信标，接收到信标的节点成为 f- 节点，Sink 逐渐增加广播功率级别，直到网络达到饱和为止；f- 节点使用 CSMA 帧和 TDMA 帧交替访问信道，一个 CSMA 帧和 TDMA 帧合成为一个超帧，其中，TDMA 帧包含多个时隙，用于 f- 节点根据调度转发数据，CSMA 帧用于发送 f- 节点产生的数据以及路由和其他控制信息。Sink 产生的 TDMA 调度分组在信标之后发送，信标广播周期包含的超帧数量和长度固定，因此，f- 节点知道何时接收信标和调度分组，减少冲突概率，且未收到调度分组的节点仍可使用 CSMA 帧发送数据，保证了协议的可靠性。Funneling-MAC 协议以 CSMA 为主，对时钟同步要求不高。实验表明，其各种性能指标普遍优于 Z-MAC 协议和 B-MAC 协议，网络生存时间更长。但协议中时槽分配算法只提供松散的 TDMA 调度，无法消除隐藏终端问题；采用面向 Sink 的集中式 TDMA 调度算法，若 Sink 附近拓扑发生变化，则需重新部署，开销很大；无线通信中存在的无规律冲突问题，造成漏斗边界的不确定性，影响协议性能。因此，Funneling-MAC 协议目前还无法应用于大规模 WSN。

4. 跨层设计 MAC 协议

目前，大部分 WSN 研究仍然沿用传统的分层设计思想，虽然具有设计简化、网络稳定、兼容性好等优点，但协议栈各层往往关心不同的性能指标，缺少层间交互和信息的共享利用。事实上，单一性能参数的改善并不一定能带来系统全局效率的提高，比如，物理层链路质量好的节点可能剩余能量较小，缓冲区待发送分组队列较长，因此，MAC 协议不应该将该节点选作下一跳转发节点。目前，从跨层设计的角度研究 MAC 层与网络协议栈其他层之间的优化问题是 WSN MAC 协议的研究热点之一，如物理层和 MAC 层的交互、MAC 协议和路由的结合等，以期进一步提高 MAC 协议效率，实现协议轻量化，减少开销。

AIMRP（Address-Light Integrated MAC and Routing Protocol）基于 IEEE 802.11，集成了 MAC 和路由机制。其主要特点是：不需全局地址，MAC 协议也负责建立路由。该协议根据节点到 Sink 的跳数，形成一个以 Sink 为中心的多层环形结构，路由机制简化为数据分组从外环向内环逐层转发。节点采用 RTR（Request To Relay）/CTR（Clear To Relay）/DATA/ACK 握手机制实现信道访问控制，转发节点只响应直接上层节点的 RTR 请求。AIMRP 采用异步随机工作循环机制，实现节点休眠调度，其基本思想是：节点根据参数 σ 的分步决定睡眠时间长度 T_σ，参数 σ 根据端到端时延需求确定，如果节点在睡眠状态下检测到事件，则立刻进入监听状态；否则，在睡眠结束后保持等待状态 T_{on} 时间，负责转发上层节点产生的数据，T_{on} 远小于分组传输时间 T_{Data}，保证节点有充足的睡眠时间；之后再次进入睡眠状态，并重新计算睡眠时间，除非以下两类事件发生：① 新数据产生；② 接收到上层节点的 RTR 请求，但尚未接收到来自本层其他节点的 CTR 响应。由于节点睡眠 / 唤醒相互独立，不需要相互交换睡眠调度信息。AIMRP 实现了代价约束条件下的 MAC/ 路由跨层设计，但同步精度要求高；转发节点选择算法接近最优方案（集中式算法），虚拟拓扑动态适应性差；路由机制类似于 DSR 等地理路由协议，未考虑能量优化；未考虑节点失效和评估参数误差对算法的影响；握手机制增加时延和控制开销；确定最小代价转发节点需要多个竞争周期多次迭代。如减少竞争过程和竞争次数，则可进一步提高协议性能。AIMRP 针对典型聚播流量，更适用于事件检测等 WSN 应用。

Rossi 等研究了 MAC 和路由中分组转发的效率问题，提出了基于 CSMA 的 MAC/路由集成协议 SARA-M。与 AIMRP 不同，这是一个分布式协议，采用基于跳数的路由策略选择最佳分组转发路径。基本思想是：节点根据在线算法，在一个转发周期中选择合适的邻居节点（第 n 层节点 $N_i(n)$ 或第 $n-1$ 层节点 $N_i(n-1)$）作为转发节点，使代价函数最小，即

$$C_{\text{tot}}^{\min}(t) = \min_{0 \leqslant k \leqslant t} \{C_{\text{tot}}(k)\}$$

其中，转发周期是指从第 n 跳节点首次接收到数据分组到最终选择第 $n-1$ 跳节点作为转发节点的所有中间过程，节点代价只是一个"度"，代表剩余能量、队列长度等性能参数。一个转发周期的总代价分为第 n 层节点间转发的总代价和最终转发到第 $n-1$ 层节点的代价。这样，MAC 协议的目的就是提供握手机制，在源节点和转发节点之间建立链路。为实现分布化，转发节点根据概率函数决定是否响应转发请求，概率函数保证代价 c_i 最小的转发节点响应成功的概率很大，而其他节点响应成功的概率很小。

4.5.2 网络层技术

WSN 与 MANET 有着很多共同的特点，包括：两者都是多跳网络，网络中的节点既有可能是数据的产生者，也有可能是其他节点数据的转发者；两者都是自组织的网络，两者都具有动态拓扑属性，在 MANET 中，由于节点的移动性，网络的拓扑变化是很快的，同样，在 WSN 中，虽然节点相对来说移动性要小一些，但是由于节能的需要，节点会周期性地进入休眠状态，同样也造成了拓扑的频繁变化[15]。

针对 MANET 提出的很多路由算法在 MANET 中表现良好，但部分算法难以直接应用于 WSN 网络，主要原因如下。

① WSN 中节点在能源和计算能力、存储能力方面受到更多的限制。由于 WSN 一般属于一次性使用的网络，为了节省网络部署成本，网络中节点的运算能力、存储能力和能源水平一般都比较低。

② WSN 中节点的部署比较密集。为了提高 WSN 网络的覆盖度和有效工作寿命，WSN 一般采取密集部署，以大量冗余节点换来覆盖范围和生存时间的增加，因此，WSN 中的节点数一般远远超过 MANET 中的节点数。

③ WSN 的节点不一定具有全局唯一的地址。与 MANET 中的节点都有一个独立地址不同的是，由于 WSN 关心的重点在于数据而不是节点，所以 WSN 的

节点地址可能不是唯一的。

在 WSN 中，路由协议实行数据的融合，路由经过处理的数据到汇聚点。在设计路由协议时，应考虑两个问题：均匀使用节点能量和数据融合。从整个网络来看，应该平衡使用各个节点的能量消耗，否则某些节点过早地耗尽能量会导致缺少某些区域的信息或者网络瘫痪。另外，路由过程的中间节点并不是简单地转发所收到的数据，由于同一区域内的节点发送的数据具有很大的冗余性，中间节点需要对这些数据进行数据融合，只转发有用的信息，数据融合有效降低了整个网络的数据流量。

目前人们针对 WSN 做了大量的研究，提出了一系列路由协议。总体上看这些路由可以分为 3 类：平面路由、分层路由和基于地理位置和能量感知的路由。平面路由协议中，网络中所有节点没有从属关系，数据的产生和传输由这些具有同样地位的节点协同完成；分层路由协议中，节点被按照一定的方式分为不同的层次，层次低的节点从属于层次高的节点，源数据被一层层向上传递，最终到达用户；而在基于地理位置信息和能量感知的路由协议中，节点可以感知到自己的能量供应状况，并且可以利用定位设备或定位算法获得自己的物理位置，在数据的转发中，这些信息将作为转发数据的依据，尽量以最优的方式节省节点的能耗和网络负载的分配，延长网络的有效工作寿命。下面对这几种类型的路由协议进行介绍。

1. 平面路由协议

平面路由协议是指网络中所有节点具有相同的地位，节点间不存在从属关系，节点通过协同工作获得和传输感知数据的一种路由协议。最基本和最简单的平面路由协议就是洪泛（Flooding）协议，节点收到邻居节点转发来的数据分组后，向自己的所有邻居广播转发。这是一种通过在网络内以洪泛的方式传输数据的协议，节点不需维护路由表，也不需知道地理信息，甚至局部拓扑信息（邻居数目、下一跳节点等）也不需知道。此外，平面路由协议还有定向扩散协议、SPIN（Sensor Protocols for Information via Negotiation）协议等。

SPIN 是以数据为中心的自适应路由协议，通过协商（Negotiation）机制和资源定义来解决泛洪算法中的"内爆"和"重叠"问题。协商是节点间传输数据之前的行为，可以使接收节点有选择地接收来自发送节点的信息。为了区分不同的数据，以向接收节点提供可选择的余地，资源自适应（Resource Adaptation）技术使用了元数据（Meta-Data）来定义所要发送的信息。传感器节点仅广播采集数据的描述信息，当有相应的请求时，才有目的地发送数据信息。SPIN 协议中有 3 种类型的消息，即 ADV、REQ 和 DATA。节点用 ADV 宣布有数据发送，用 REQ 请求希望接收数据，用 DATA 封装数据。SPIN 协议有 4 种不同的形式。① SPIN-PP 采用点到点的通信模式，并假定两节点间的通信不受其他节点的干扰，分组不会丢失，功率没有任何限制。要发送数据的节点通过 ADV 向它的相邻节点广播消息，感兴趣的节点通过 REQ 发送请求，数据源向请求者发送数据。接收到数据的节点再向它的相邻节点广播 ADV 消息，如此重复，使所有节点都有机会接收到任何数据。② SPIN-EC 在 SPIN-PP 的基础上考虑了节点的能耗，只有能够顺利完成所有任务且能量不低于设定阈值的节点才可参与数据交换。③ SPIN-BC 设计了广播信道，使所有在有效半径内的节点可以同时完成数据交换。为了防止产生重复的 REQ 请求，节点在听到 ADV 消息以后，设定一个随机定时器来控制 REQ 请求的发送，其他节点听到该请求，主动放弃请求权利。④ SPIN-RL 是对 SPIN-BC 的完善，主要考虑如何恢复无线链路引入的分组差错与丢失。记录 ADV 消息的相关状态，如果在确定时间间隔内接收不到请求数据，则发送重传请求，重传请求的次数有一定的限制。

定向扩散（Directed Diffusion）模型是 Estrin 等专门为传感器网络设计的路由策略，是一种反应式路由协议，与已有的路由算法有着截然不同的实现机制，包括数据、兴趣和梯度 3 个要素。数据是根据属性值被命名的传感器感知到的周围环境的量化值。兴趣就是 Sink 下达的感知任务。梯度是网络中传感器节点相对于 Sink 的相对距离，这个距离不是指三维空间上的距离，而是综合了链路质量、能量消耗、跳数、服务质量等多种因素的相对权值。节点在内存中为每一个兴趣保存一个表项，表项中其中一项是收到这条兴趣的时间戳，同时表项中还有若干个梯度项，分别指向不同的邻居。每一个梯度项包含事件速率，从兴趣所要求的时间间隔得来，同时还可以通过兴趣的时间戳和持续时间得到这个兴趣的失效时间。当节点从邻居节点收到一条兴趣时，它首先检查自己的内存中是否存在着同一个兴趣，若没有，节点就将在内存中为这条新的兴趣建立一条记录，反之，节点将更新兴趣的时间戳、来自于哪一个邻居等信息，即建立指向兴趣来源的梯度。Sink 发出的查询业务用属性的组合表示，逐级扩散，最终遍历全网，找到所有匹配的原始数据。梯度变量与整个业务请求的扩散过程相联系，反映了网络中间节点对匹配请求条件的数据源的近似判断。节点用一组标量值表示它的选择，值越大意味着向该方向继续搜索获得匹配数据的可能性越大，这样的处理最终将会在整个网络中为 Sink 的请求建立一个临时的梯度场，匹配数据可以沿梯度最大的方向中继回 Sink。定向扩散模型的工作原理如图 4-15 所示。

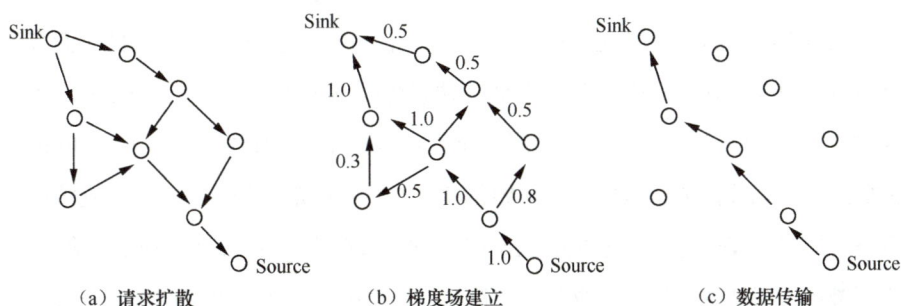

（a）请求扩散　　　　（b）梯度场建立　　　　（c）数据传输

图 4-15　定向扩散模型的工作原理

基于梯度的路由（Gradient-Based Routing，GBR）在定向扩散的基础上进行了改进，其核心思想是当兴趣在网络中扩散时，经过的每个节点都记住本节点距离 Sink 的跳数，这样，每个节点都知道本节点距离 Sink 的最少跳数，该跳数称为节点的高度。节点的高度和邻居的高度差就是这一条链路的梯度。数据分组转发时将选择梯度最大的链路。GBR 同样支持多径路由和数据的聚集。GBR 有 3 种不同的数据扩散方法。① 随机机制。当一个节点有若干个相同梯度的链路时，它将随机挑选一个作为数据扩散的路径。② 能量感知机制。当一个节点的剩余能量低于一定的阈值时，它将提升自己的梯度，使对应链路的梯度减少，从而减少别的节点向自己扩散数据的可能性。③ 基于流的机制。若一个节点处于别的数据流的扩散路径上，将拒绝一个新的数据流的扩散请求。这三种机制的主要目的是为了在整个网络上分担负荷，延长网络的整体寿命。

2. 分层路由协议

与平面路由协议相对应，分层路由协议主要是为了解决网络的可扩展性和路由的效率而提出来的。分层路由协议中节点被分成不同的层次，层次低的节点从属于层次高的节点。低层次的节点把自己的数据传送给高层次的节点，由高层次的节点完成数据的汇聚后再把数据转发给 Sink。路由的选择是由高层次的节点完成的。分层路由协议一般分成两个部分，第一个部分是层次划分阶段，第二个部分是数据传输阶段。低能耗自适应聚类层次（Low Energy Adaptive Clustering Hierarchy，LEACH）协议是麻省理工学院（Massachusetts Institute of Technology，MIT）的 Chandrakasan 等为 WSN 设计的低能耗自适应分群路由协议，在 LEACH 协议的启发下，人们又随后提出了一系列分层路由协议。

LEACH 协议是一种自组织、自适应、分布式的分级协议。与一般的平面多跳路由协议和静态分群算法相比，LEACH 协议可以将网络生命周期延长 15%，主要通过随机选择群首，平均分担中继通信业务来实现。LEACH 协议定义了轮（Round）的概念，一轮算法的执行被分为初始化建立阶段和稳定工作阶段，在建立阶段，网络中的节点被分为不同的群并选出相应的群首，在稳定阶段，节点开始传输数据。为了减小不必要的开销，建立阶段要比稳定阶段的时间短得多。群首的选择由节点分布式随机进行，并尽量保证群首由所有节点轮流担任，以避免由于群首的负担过重而过早死亡。在初始化阶段，传感器节点生成 $0 \sim 1$ 之间的随机数，如果大于阈值 T，则选该节点为群首节点。T 的计算通过如下方法确定。

$$T = \frac{p}{1 - p[r \bmod (1/p)]}$$

其中，p 为节点中成为群首的百分数，r 是当前的轮数。一旦群首节点被选定，群首节点便主动向所有节点广播该消息。根据接收信号的强度，节点选择所要加入的群，并告知相应的群首节点。基于时分复用的方式，群首为群中每个节点分配通信时隙。在稳定工作阶段，节点持续采集监测数据并传递给群首节点，进行必要的融合处理之后，发送到 Sink，这是一种减少通信业务量的合理工作模式。持续一段时间以后，整个网络进入下一轮工作周期，重新选择群首节点。

依照应用模式的不同，通常可以简单地将无线自组织网络（包括传感器网络和 Ad Hoc 网络）分为主动式（Proactive）和反应式（Reactive）两种类型。
主动式传感器网络持续监测周围的物质现象，并以恒定速率发送监测数据；而
反应式传感器网络只是在被观测变量发生突变时才传送数据。相比之下，反应
式传感器网络更适合应用在敏感时间的应用中。门限敏感的高效能传感器网络
协议（Threshold Sensitive Energy Efficient Sensor Network Protocol，TEEN） 和
LEACH 协议的实现机制非常相似，只是前者是一种适用于反应式网络的协议，
而后者属于主动式传感器网络。TEEN 与 LEACH 协议显著的不同在于，它未对
分群算法进行描述，而是定义了一种何时传输数据的方法。TEEN 规定了用户
定义的两个阈值：硬阈值（Hard Threshold，HT），这是一个限制节点的阈值，
只有当节点检测到的数据超出阈值范围时，节点才会打开传输单元把数据报告
给群首；软阈值（Soft Threshold，ST），当节点检测到的数值发生的改变超过
这个软阈值时，就会触发节点打开传输单元并传输数据。APTEEN（Adoptive
Periodic TEEN）是 TEEN 的改进，在群首的广播消息中又增加了两个参数：
Schedule 和 CountTime（Tc）。Schedule 是一个 TDMA 的时间调度器，为群内
每一个节点分配一个时隙，节点只有在自己的时隙内才能发送或接收数据。Tc
是一个节点连续两次成功传输之间的最大时间周期，用于定义节点传输数据的
频率。

3. 基于地理位置和能量感知的路由协议

WSN 中节点总是受到能量的限制，延长网络寿命的核心就是减少节点能量
的消耗，使能量消耗最少是路由协议设计所要达到的一个基本目标。在 WSN 中，
节点一般可以根据一定的设备或算法获得自己的物理位置信息和剩余能量，这
样在路由选择策略中，节点就可以根据这些信息估算出每条路由的能源消耗，
决定自己的最优数据转发策略，达到节点能量消耗最少或网络负载最均衡的目
的，从而延长整个网络的有效工作寿命。

能量感知路由（Energy Aware Routing，EAR）协议就是针对这种情况提出
的一种网络协议。EAR 协议是一种和定向扩散类似的反应式路由选择协议，
不同之处在于定向扩散找到所需路径以后，数据分组会在所有路径上传输，而

EAR 协议同样维护多条源节点到 Sink 的路径，但是有数据需要传输时随机选取其中一条，这样虽然每次不一定用最优的路径进行传输，但是可以把流量分摊到多条路径上，避免了过早地耗尽单条路径上的能量。

位置和能量感知的地理路由（Geographical and Energy Aware Routing，GEAR）协议所完成的任务是把一个查询请求发送给一定区域内的所有节点，它是一个基于能量感知和地理位置感知的路由协议。GEAR 协议假设每个请求都是针对一个区域的，并且在查询请求分组里包含有这个区域的信息，网络中所有节点都知道自己的地理位置，同时知道自己的剩余能量信息。GEAR 协议包含两个部分：目标区域之外的数据分组的转发和目标区域之内的数据分组的转发。在目标区域之外，当有邻居节点比自己更靠近目标区域时，节点从邻居节点中选取最靠近目标区域的一个，把数据分组转发给它；当没有邻居节点比自己更靠近目标区域时，节点按照一种可以使能量消耗最少的策略转发数据分组。在目标区域之内，节点大部分情况下按照一种基于地理位置的递归转发策略转发数据分组，但是当目标区域内节点的密度非常小时，将采取带有限制条件的洪泛来转发。

在节点能耗受限的 WSN 中，节能需贯穿于各层协议和算法的设计中。在 WSN 中，广播路由是必要的。一些 WSN 的典型应用，如紧急情况报告、节点将自己测得的数据与其他节点共享以及快速在全网中寻找一条或多条到达某一目的节点的路由等，均需要通过广播来实现。因此，设计一个适用于 WSN 的广播算法十分必要。最简单的广播算法就是泛洪，所有节点在第一次收到某一广播分组后，都将再次广播（Rebroadcast，转播）该分组，这种算法简单并能保证广播的覆盖率，但会产生广播风暴问题。为避免这一问题发生，研究人员提出了各种改进算法，这些算法仅考虑了广播本身，而没有考虑节点能耗受限的特点。现已提出的节能广播算法大都是中心式控制的，需要在每个节点处获取网络拓扑信息。另外一些算法通过在每个节点处维持全网拓扑信息，来计算一个最小能耗广播树，以此达到减小广播中消耗能量的目的。这种要在每个节点获取全网拓扑的中心控制算法，会给 WSN 带来严重的开销，为此人们提出了分布式的广播算法。这些算法大都需要在每个节点处维持所有两跳或两跳以上的拓扑或位置信息。有效延长网络寿命的广播机制依赖一跳邻节点的信息来完成全网广播。适用于传感器网络的广播算法（BPS）利用节点的位置信息完成广播，但是它在确定节点的转播效率时仅考虑了新增覆盖面积的因素，因而它只适用于节点密度均匀的网络中。考虑到 WSN 自身的特点，WSN 中广播算法应遵循以下设计原则。

（1）扩展性

扩展性对于大规模高密度网络是一项非常重要的指标，广播算法的性能不能随网络规模或节点密度的增加而恶化。大规模网络中，扩展性要通过分布式的算法来实现。广播算法不能依赖全网拓扑信息，且算法的性能不能随网络规模的增加而恶化。

（2）节能

考虑到便携性，现有的 WSN 节点大都由有限容量的电池供电，这使得电池电量成为 WSN 中稀缺而又昂贵的资源。算法的节能设计考虑对于一个 WSN 来讲是很必要的。对于广播算法来讲，节能就是要尽可能地减小发送次数。

（3）低复杂性

传感器网络节点内存较小，计算能力较弱，而且信道较窄，因此，广播算法应尽可能简单高效。

4.5.3　自定位技术

节点定位是 WSN 的一项关键技术，关于 WSN 的定位问题分为两类，一类是 WSN 对自身传感器节点的定位，另一类是 WSN 对外部目标的定位。节点准确地进行自身定位是 WSN 应用的重要条件。由于节点工作区域或者是人类不适合进入的区域，或者是敌对区域，传感器节点有时甚至需要通过飞行器抛撒于工作区域，因此节点的位置都是随机并且未知的。然而在许多应用中，节点所采集到的数据必须结合其在测量坐标系内的位置信息才有意义，否则，如果不知道数据所对应的地理位置，数据就失去意义。除此之外，WSN 节点自身的定位还可以在外部目标的定位和追踪以及提高路由效率等方面发挥作用。因此，实现节点的自身定位对 WSN 有重要的意义。

获得节点位置的一个直接想法是利用全球定位系统（GPS）来实现。但是，在 WSN 中使用 GPS 来获得所有节点的位置受到价格、体积、能耗以及可扩展性等因素限制，存在着一些困难。因此目前主要的研究工作是利用传感器网络中少量已知位置的节点来获得其他未知位置节点的位置信息。已知位置的节点称为锚节点，它们可能是被预先放置好的，或者采用 GPS 或其他方法得知自己的位置。未知位置的节点称为未知节点，它们需要被定位。锚节点根据自身位置建立本地坐标系，未知节点根据锚节点计算出自己在本地坐标系里的相对位置。

根据具体的定位机制，可以将现有的 WSN 自身定位方法分为两类：基于测距的（Range-Based）定位方法和不基于测距的（Range-Free）定位方法。基于测距的定位机制需要测量未知节点与锚节点之间的距离或者角度信息，然后使用三边测量法、三角测量法或最大似然估计法计算未知节点的位置。而不基于测距的定位机制不需距离或角度信息，或者不用直接测量这些信息，仅根据网络的连通性等信息实现节点的定位。

1. 基于测距的定位方法

常用的定位方法是基于测距的定位方法，在这种定位机制中需要先得到两个节点之间的距离或者角度信息，通常采用以下方法。

（1）信号强度测距法

已知发射功率，在接收节点测量接收功率，计算传播损耗，使用理论或经验的信号传播模型将传播损耗转化为距离。例如，在自由空间中，距发射机 d 处的天线接收到的信号强度由下式给出。

$$P_{\mathrm{r}}(d) = \frac{P_{\mathrm{t}} G_{\mathrm{t}} G_{\mathrm{r}} \lambda^2}{(4\pi)^2 d^2 L}$$

其中，P_{t} 为发射机功率；$P_{\mathrm{r}}(d)$ 是在距离 d 处的接收功率；G_{t}、G_{r} 分别是发射天线和接收天线的增益；d 是距离，单位为 m；L 为与传播无关的系统损耗因子；λ 是波长，单位为 m。由公式可知，在自由空间中，接收机功率随发射机与接收机距离的平方衰减。这样，通过测量接收信号的强度，就能计算出收发节点间的大概距离。

得到锚节点与未知节点之间的距离信息后，采用三边测量法或最大似然估计法可计算出未知节点的位置。三边计算的理论依据是，在三维空间中，知道了一个未知节点到 3 个以上锚节点的距离，就可以确定该点的坐标。

三边测量法在二维平面上用几何图形表示出来的意义是：当得到未知节点到一个锚节点的距离时，就可以确定此未知节点在以此锚节点为圆心、以距离为半径的圆上；得到未知节点到 3 个锚节点的距离时，3 个圆的交点就是未知节点的位置，如图 4-16 所示。

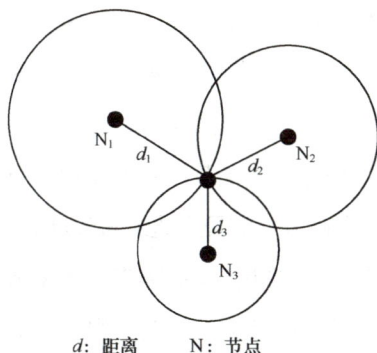

d: 距离　　　N: 节点

图 4-16　用三边测量法确定未知节点的位置

然而，上述 $P_r(d)$ 计算公式只是电磁波在理想的自由空间中传播的数学模型，实际应用中的情况要复杂得多，尤其是在分布密集的 WSN 中。反射、多径传播、非视距（Non Line of Sight，NLOS）、天线增益等问题都会对相同距离产生显著不同的传播损耗。因此这种方法的主要误差来源是环境影响所造成的信号传播模型的复杂性。信号强度测距法通常属于一种粗糙的测距技术。

还有一些其他算法：例如节点位置推测算法通过一种判决节点，利用收集到的锚节点的位置信息和节点间的距离信息，执行节点位置推测算法，推测出所有位置可确定的待测节点的位置。

（2）到达时间及时间差测距法

到达时间（Time of Arrival，TOA）技术通过测量信号传播时间来测量距离。在 TOA 方法中，若电波从锚节点到未知节点的传播时间为 t，电波传播速率为 c，则锚节点到未知节点的距离为 $t \times c$。TOA 要求接收信号的锚节点或未知节点知道信号开始传输的时刻，并要求节点有非常精确的时钟。

使用 TOA 技术比较典型的定位系统是 GPS，GPS 需要昂贵高能耗的电子设备来精确同步卫星时钟。在 WSN 中，节点间的距离较小，采用 TOA 测距难度较大，同时节点硬件尺寸、价格和能耗的限制也限制了 TOA 技术在无线自组网中的应用。

到达时间差（Time Different of Arrival，TDOA）测距技术通过记录两种不同信号（常使用无线电信号和超声波信号）的到达时间差异，根据已知的两种信号的传播速度，直接把时间差转化为距离。该技术受到超声波传播距离的限制和非视距问题对超声波信号传播的影响，不仅需要精确的时钟记录两种信号的到达时间差异，还需要节点同时具备感知两种不同信号的能力。

TDOA 定位是通过计算两种不同无线信号到达未知节点的时间差，再根据两种信号传播速率来计算得到未知节点与锚节点之间的距离。TDOA 定位与 TDOA 测距不同，TDOA 定位计算两个锚节点信号到达未知节点的时间差，将其转换成到两个锚节点的距离之差，未知节点通过到多组锚节点的距离之差得出自身的位置。

TDOA 定位在二维平面上的几何意义为：得到未知节点与两个锚节点的距离之差，即可知未知节点定位于以两个锚节点为焦点的双曲线方程上，通过测量得到未知节点所属的两个以上双曲线方程式，这些双曲线唯一的交点即为未知节点的位置。由于这种方法不是采用到达的绝对时间来确定节点的位置，降低了对时间同步的要求，但是仍然需要较精确的计时功能，在网络节点分布密集和无线通信范围小的情况下，这种方法实现起来难度较大。

（3）到达角定位法

到达角（Angle of Arrival，AOA）定位法通过阵列天线或多个接收机结合来得到相邻节点发送信号的方向，从而构成一根从接收机到发射机的方位线。两根方位线的交点即为未知节点的位置。

图 4-17 所示为基本的 AOA 定位法，未知节点得到与锚节点 N_1 和 N_2 所构成的角度之后就可以确定自身位置。另外，AOA 信息还可以与 TOA、TDOA 信息一起使用成为混合定位法。采用混合定位法或者可以实现更高的精确度，减小误差，或者可以降低对某一种测量参数数量的需求。AOA 定位法的硬件系统设备复杂，并且需要两节点之间存在视距（Line of Sight，LOS）传输，因此不太适合用于实际系统中节点的定位。

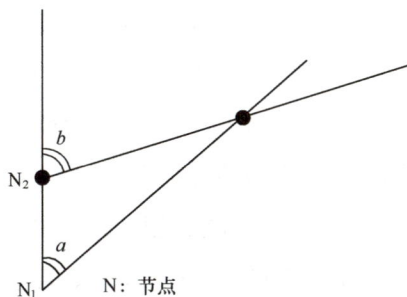

图 4-17　基本的 AOA 定位法

2. 不基于测距的定位方法

基于测量距离和角度的算法的缺点是使网络节点造价增高，消耗了有限的电池资源，而且在测量距离和角度的准确性方面需要大量的试验和研究。不基于测距的算法不需要知道未知节点到锚节点的距离或者不需要直接测量此距离，在成本和能耗方面比基于测距的方法具有优势。

以下对 4 种重要的分布式不基于测距的算法进行分析和性能比较，它们分别为多边形质心法、基于距离矢量计算跳数（DV-Hop）算法[16]、无定形（Amorphous）算法和近似三角形内点（APIT）算法。

（1）多边形质心法

多边形质心法是南加利福尼亚大学（University of Southern California，USC）Nirupama Bulusu 等提出的一种仅基于网络连通性的室外定位算法。该算法的中心思想是：未知节点以所有在其通信范围内的锚节点的几何质心作为自己的估计位置。具体过程为：锚节点每隔一段时间向邻居节点广播一个信标信号，信号中包含有锚节点自身的 ID 和位置信息。当未知节点在一段监听时间内接收到来自锚节点的信标信号数量超过某一个预设的门限后，该节点认为与此锚节点连通，并将自身位置确定为所有与之连通的锚节点所组成的多边形的质心。

多边形质心法的最大优点是它非常简单，计算量小，完全基于网络的连通性，但是需要较多的锚节点。

（2）DV-Hop 算法

DV-Hop 算法是由 Niculescu 和 Nath 等提出的。DV-Hop 算法的原理与经典的距离矢量路由算法比较相似。在 DV-Hop 算法中，锚节点向网络广播一个信标，信标中包含有此锚节点的位置信息和一个初始值为 1 的表示跳数的参数。此信标在网络中被以泛洪的方式传播出去，信标每次被转发时跳数都增加 1。接收节点在它收到的关于某一个锚节点的所有信标中保存具有最小跳数值的信标，丢弃具有较大跳数值的同一锚节点的信标。通过这一机制，网络中所有节点（包括其他锚节点）都获得了到每一个锚节点的最小跳数值。

为了将跳数值转换成物理距离，系统需要估计网络中平均每跳的距离。锚节点具有到网络内部其他锚节点的跳数值以及这些锚节点的位置信息，因此锚节点可以通过计算得到距其他锚节点的实际距离。经过计算，一个锚节点得到网络的平均每跳距离，并将此估计值广播到网络中，称为校正值，任何节点一旦接收到此校正值，就可以估计自己到这个锚节点的距离。如果一个节点能够获得到 3 个以上锚节点的估计距离，它就可以利用三边测量法估计其自身的位置。

DV-Hop 算法与基于测距的算法具有相似之处，就是都需要获得未知节点到锚节点的距离，但是 DV-Hop 算法获得距离的方法是通过网络中拓扑结构信息的计算而不是通过无线电波信号的测量。在基于测距的方法中，未知节点只能获得到自己射频覆盖范围内的锚节点的距离，而 DV-Hop 算法可以获得到未知节点无线射程以外的锚节点的距离，这样就可以获得更多的有用数据，提高定位精度。

（3）Amorphous 算法

Amorphous 算法与 DV-Hop 算法类似。首先，采用与 DV-Hop 算法类似的方法获得距锚节点的跳数，称为梯度值。未知节点收集邻居节点的梯度值，计算关于某个锚节点的局部梯度平均值。与 DV-Hop 算法不同的是：Amorphous 算法假定预先知道网络的密度，然后离线计算网络的平均每跳距离，最后当获得 3 个或更多锚节点的梯度值后，未知节点计算与每个锚节点的距离，并使用三边测量法和最大似然估计法估算自身位置。

（4）APIT 算法

在 APIT 算法中，一个未知节点从它所有能够与之通信的锚节点中选择 3 个节点，测试它自身是在这 3 个锚节点所组成的三角形内部还是在其外部；然后再选择另外 3 个锚节点进行同样的测试，直到穷尽所有的组合或者达到所需的精度。如果未知节点在某三角形内部，称此三角形包含未知节点；最后，未知节点将包含自己的所有三角形的相交区域的质心作为自己的估计位置。

APIT 算法最关键的步骤是测试未知节点是在 3 个锚节点所组成的三角形内部还是外部，这一测试的理论基础是三角形内点（Point-in-Triangulation，PIT）测试。PIT 测试用来测试一个节点是在其他 3 个节点所组成的三角形内部还是在其外部，其原理如图 4-18 所示。假如存在一个方向，沿着这个方向节点 M 会同时远离或者同时接近 A、B、C 3 个节点，那么 M 位于△ ABC 外；否则，M 位于△ ABC 内。这就是 PIT 测试的原理。

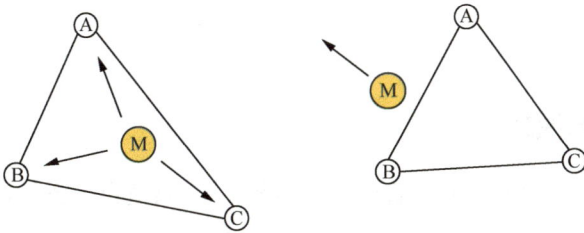

图 4-18　PIT 测试原理示意

在静态网络中，节点 M 固定，不能朝着不同的方向移动，此时无法执行 PIT 测试，为此定义近似三角形内点（Approximate PIT，APIT）测试：假如节点 M 的邻居节点中没有同时远离或同时靠近 3 个锚节点 A、B、C 的节点，那么 M 就在△ ABC 之内；否则 M 就在△ ABC 外，如图 4-19 所示。这种方法是利用网络较高的节点密度来模拟节点移动，根据给定方向上一个节点距离锚节点越远接收信号强度越弱的无线传播特性来判断距锚节点的远近。网络中邻居节点间互相交换信息，仿效 PIT 测试的节点移动。如图 4-19（a）所示，节点 M 通过与邻居节点 1 交换信息，得知自身如果运动至节点 1，将远离锚节点 B 和 C，但会接近锚节点 A，与邻居节点 2、3、4 的通信和判断过程类似，最终确定自身位于△ ABC 内，而在图 4-19（b）中，节点 M 可知假如自身运动至邻居节点 2 处，将同时远离锚节点 A、B、C，故判断自身不在△ ABC 中。

当节点 M 比较靠近△ ABC 的一条边，或者 M 周围的邻居节点分布不均匀时，APIT 测试的判断可能会发生错误，当未知节点密度较大时，APIT 测试判断发生错误的概率较小。

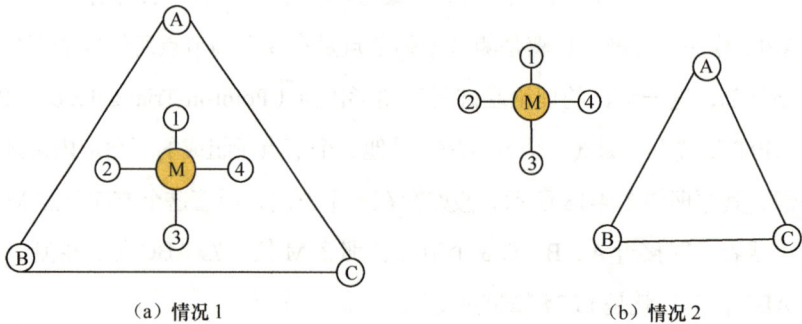

(a) 情况 1   (b) 情况 2

图 4-19   APIT 测试原理示意

4.5.4   应用模式

由于 WSN 具有密集型、随机分布的特点，非常适合于恶劣的战场环境中，包括侦察敌情，监控兵力、装备和物资，判断生物化学攻击等多方面用途。典型用途如：友军兵力、装备、弹药调配监视；战区监控；敌方军力的侦察；目标追踪；战争损伤评估；核、生物和化学攻击的探测与侦察等。

WSN 的典型应用模式可分为两类：一类是传感器节点监测环境状态的变化或事件的发生，将发生的事件或变化的状态报告给管理中心；另一类是由管理中心发布命令给某一区域的传感器节点，传感器节点执行命令并返回相应的监测数据。与之对应，传感器网络中的通信模式也主要有两种：一是传感器将采集到的数据传输到管理中心，称为多到一通信模式；二是管理中心向区域内的传感器节点发布命令，称为一到多通信模式。前一种通信模式的数据量大，后一种则相对较小。

1. 智能微尘

智能微尘（Smart Dust）是一个具有计算机功能的超微型传感器，它由微处理器、无线电收发装置和使它们能够组成一个无线网络的软件共同组成。将一些微尘散放在一定范围内，它们就能够相互定位，收集数据并向基站传递信息。

近几年，由于硅片技术和生产工艺的突飞猛进，集成有传感器、计算电路、双向无线通信模块和供电模块的微尘器件的体积已经缩小到了沙粒般大小，但它却包含了从信息收集、信息处理到信息发送所必需的全部部件。未来的智能微尘甚至可以悬浮在空中几个小时，搜集、处理、发射信息，它能够仅依靠微型电池工作多年。智能微尘的远程传感器芯片能够跟踪敌人的军事行动，可以把大量智能微尘装在宣传品、子弹或炮弹中，在目标地点撒落下去，形成严密的监视网络，敌国的军事力量和人员、物资的流动自然一清二楚。

2. 目标定位网络嵌入式系统技术

目标定位网络嵌入式系统技术（Network Embed System Technology）是美国国防部高级研究计划局主导的一个项目，它将实现系统和信息处理融合。项目的定量目标是建立包括 $10^4 \sim 10^5$ 个计算节点的可靠、实时、分布式应用网络。该项目应用了大量的微型传感器、微电子、先进传感器融合算法、自定位技术和信息技术方面的成果。项目的长期目标是实现传感器信息的网络中心分布和融合，显著提高作战态势感知能力。该项目成功验证了能够准确定位敌方狙击手的传感器网络技术，它采用多个廉价音频传感协同定位敌方射手并标识在所有参战人员的个人计算机中，三维空间的定位精度可达到 1.5 m，定位时延达到 2 s，甚至能显示出敌方射手采用跪姿和站姿射击的差异。

3. 灵巧传感器网络

灵巧传感器网络（Smart Sensor Web，SSW）是美国陆军提出的针对网络中心战的需求所开发的新型传感器网络。其基本思想是在战场上布设大量的传感器以收集和中继信息，并对相关原始数据进行过滤，然后再把那些重要的信息传送到各数据融合中心，从而将大量的信息集成为一幅战场全景图，当参战人员需要时可分发给他们，使其对战场态势的感知能力大大提高。SSW 系统作为一个军事战术工具可向战场指挥员提供一个从大型传感器矩阵中得来的动态更新数据库，并及时向相关作战人员提供实时或近实时的战场信息，包括通过有人和无人驾驶的地面车辆、无人驾驶飞机、空中、海上及卫星中得到的高分辨率数字地图、三维地形特征、多重频谱图形等信息。系统软件将采用预先制定的标准来解读传感器的内容，将它们与诸如公路、建筑、天气、单元位置等前后相关信息，以及由其他传感器输入的信息相互关联，从而为交战网络提供诸如开火、装甲车的行动以及爆炸等触发传感器的真实事件的实时信息。SSW 系统是关于传感器基于网络平台的集成，这种集成是通过主体交互作用来实现的。例如，一个被触发的传感器主体可能会要求在其范围内激活其他传感器，达到对前后相关信息的澄清和确认，该要求信息同来自气候或武器层的 SSW 中的信息相结合，就生成一幅有关作战环境的全景图。

4. 无人值守地面传感器群

美国陆军"无人值守地面传感器群"项目的主要目标是使基层部队指挥员具有在他们所希望部署传感器的任何地方灵活地部署传感器的能力。该项目是支持陆军"更广阔视野"的 3 个项目之一。

5. 战场环境侦察与监视系统

美国陆军"战场环境侦察与监视系统"是一个智能化传感器网络，可以更为详尽、准确地探测到精确信息，如一些特殊地形地域的特种信息（登陆作战中敌方岸滩的翔实地理特征信息，丛林地带的地面坚硬度、干湿度）等，为更准确地制定战斗行动方案提供情报依据。它通过"数字化路标"作为传输工具，为各作战平台与单位提供"各取所需"的情报服务，使情报侦察与获取能力产生质的飞跃。该系统组由撒布型微传感器网络系统、机载和车载型侦察与探测设备等构成。

6. 传感器组网系统

美国海军"传感器组网系统"的核心是一套实时数据库管理系统。该系统可以利用现有的通信机制对从战术级到战略级的传感器信息进行管理，而管理工作只需通过一台专用的商用便携机即可，不需要其他专用设备。该系统以现有的带宽进行通信，并可协调来自地面和空中监视传感器以及太空监视设备的信息。该系统可以部署到各级指挥单位。

7. 防生化网络

美国 Sandia 国家实验室与美国能源部合作，共同研究能够尽早发现以地铁、车站等场所为目标的生化武器袭击，并及时采取防范对策的系统。该研究属于美国能源部恐怖对策项目的重要一环。该系统融检测有毒气体的化学传感器和网络技术于一体。安装在车站的传感器一旦检测到某种有害物质，就会自动向管理中心通报，自动进行引导旅客避难的广播，并封锁有关入口等。该系统除了能够在专用管理中心进行监视之外，还可以通过万维网进行远程监视。

8. 网状传感器系统

美国海军的网状传感器系统协同交战能力（Cooperative Engagement Capability，CEC）是一项革命性的技术。CEC 是一个无线网络，其感知数据是原始的雷达数据。该系统适用于舰船或飞机战斗群携带的计算机进行感知数据的处理。每艘战船不但依赖于自己的雷达，还依靠其他战船或者装载 CEC 的战机来获取感知数据。例如，一艘战船除了从自己的雷达获取数据以外，还从舰船战斗群的 20 个以上的雷达中获取数据，也可以从鸟瞰战场的战机上获取数据。空中的传感器负责侦察更大范围的低空目标，这些传感器也是网络中重要的一部分。利用这些数据合成图片具有很高的精度。由于 CEC 可以从多方面探测目标，极大地提高了测量精度。利用 CEC 数据可以准确地击中目标。CEC 还可以快速而准确地跟踪混乱战场环境中的敌机和导弹，使战船可以击中多个地平线或地平线以上近海面飞行的超声波目标。因此，即使是今天最先进的反舰巡航导弹也会被实时地监测到并被击中。

9. 沙地直线

美国国防部高级研究计划局资助开发的沙地直线（A Line in the Sand）系统是一个 WSN 系统，能够散射电子绊网到任何地方，也就是到整个战场，侦测运动中的高金属含量目标。这种能力提供了一类特殊的军事用途，如侦察和定位敌军坦克及其他车辆。这项技术有着广泛的应用可能，不仅可以感觉到运动的或静止的金属，而且可以感觉到声音、光线、温度、化学物品，以及动植物的生理特征。

10. C4ISRT 系统

WSN 已 成 为 C4ISRT（Command，Control，Communication，Computing，Intelligence，Surveillance，Reconnaissance and Targeting）系统不可或缺的一部分。C4ISRT 系统的目标是利用先进的高科技技术，为未来的现代化战争设计一个集命令、控制、通信、计算、智能、监视、侦察和定位于一体的战场指挥系统。因为传感器网络是由密集型、低成本、随机分布的节点组成的，自组织性和容错能力使其不会因为某些节点在恶意攻击中的损坏而导致整个系统的崩溃，这一点是传统的传感器技术所无法比拟的，也正是这一点，使传感器网络非常适合应用于恶劣的战场环境中，包括监控我军兵力、装备和物资，监视冲突区，侦察敌方地形和布防，定位攻击目标，评估损失，侦察和探测核、生物和化学攻击。在战场，指挥员往往需要及时准确地了解部队、武器装备和军用物资供给的情况，铺设的传感器将采集相应的信息，并通过汇聚节点将数据送至指挥所，再转发到指挥部，最后融合来自各战场的数据形成我军完备的战区态势图。在战争中，对冲突区和军事要地的监视也是至关重要的。当然，也可以直接将传感器节点撒向敌方阵地，在敌方还未来得及反应时迅速收集利于作战的信息。传感器网络也可以为火控和制导系统提供准确的目标定位信息。在生物和化学战中，利用传感器网络及时、准确地探测爆炸中心将会为我军提供宝贵的反应时间，从而最大可能地减小伤亡。传感器网络也可避免核反应部队直接暴露在核辐射的环境中。在军事应用中，与独立的卫星和地面雷达系统相比，传感器网络的潜在优势表现在以下几个方面。

① 分布节点中多角度和多方位信息的综合有效地提高了信噪比，这一直是卫星和雷达这类独立系统难以克服的技术问题之一。

② 传感器网络低成本、高冗余的设计原则为整个系统提供了较强的容错能力。

③ 传感器节点与探测目标的近距离接触大大消除了环境噪声对系统性能的

影响。

④ 节点中多种传感器的混合应用有利于提高探测的性能指标。

⑤ 多节点联合，形成覆盖面积较大的实时探测区域。

⑥ 借助于个别具有移动能力的节点对网络拓扑结构的调整能力，可以有效地消除探测区域内的阴影和盲点。

11. 先进布放式系统、濒海机载超光谱传感器和远程微光成像系统

美国海军已经选定多种水下系统和无人操作系统，以促进服役装备的现代化计划。美国海军还选定了若干技术研究项目，分别应用于反潜战中的高优先领域、水下通信及无人潜航器。

对于反潜战，美国海军对 3 种系统进行了试验，使目前服役的装备形成一个水下传感器网络，能够快速有效地侦察敌方潜艇，即"先进布放式系统（ADS）""濒海机载超光谱传感器（LASH）"和"远程微光成像系统"。其中，ADS 是一种被动水下声学传感器网络，可以提供实时信息，在濒海区域监视敌方潜艇和水面舰艇。

LASH 系统利用非声超光谱传感器提供近实时的目标探测、分类和识别，用于反潜战、搜索营救和区域绘图。非声远程微光成像系统采用光子密度测量法来探测微光条件下和黑暗中的物体。

12. NASA/JPL（喷气推进实验室）传感器网

NASA 对传感器网的兴趣源自他们本希望在行星而不是地球上部署这样一个网络。NASA 喷气推进实验室致力于利用传感器网来帮助控制环境和工业过程。传感器网的设计可以把对环境的监控和控制扩展到许多领域，包括农业和生态学，安全和国土防御，也包括太空探索。

4.6 本章小结

建立满足战术应用需求的无线通信网络，需要重点考虑网络拓扑结构规划、网络控制管理结构确定、协议体系结构建立等问题，并选择有效的组网技术。

从信息采集、信息接入、信息传输的角度看，战术通信系统可以大致概括为 3 个主要组成部分：无线传感器网络、无线自组网、无线 Mesh 网络。这 3 个组成部分在技术上具有很多相似性，其共性基础技术都是无线自组网技术。因此，本章以无线自组网的网络结构、协议体系结构设计、路由和 MAC 技术为重点，对战术通信系统在移动组网方面的关键技术进行了描述。对于无线 Mesh 网络和无线传感器网络，则在无线自组网技术基础上，重点介绍其网络应用差异所引入的不同设计原则和思路。

参考文献

[1] 郑相全. 无线自组网技术实用教程 [M]. 北京 : 清华大学出版社 , 2004.

[2] GARCIALUNAACEVES J J, FULLMER C L. Floor acquisition multiple access (FAMA) in single-channel wireless networks[J]. Mobile Networks and Applications, 1999, 4(3): 157-174.

[3] HAAS Z J, DENG J. Dual busy tone multiple access (DBTMA)—A multiple access control scheme for Ad Hoc networks[J]. IEEE Transactions on Communications, 2002, 50(6): 975-985.

[4] HONG X, XU K, GERLA M, et al. Scalable routing protocols for mobile Ad Hoc networks[J]. IEEE Network, 2002, 16(4): 11-21.

[5] HAAS Z J, PEARLMAN M R. The performance of query control schemes for the zone routing protocol[J]. IEEE ACM Transactions on Networking, 2001, 9(4): 427-438.

[6] FREY H. Scalable geographic routing algorithms for wireless Ad Hoc networks[J]. IEEE Network, 2004, 18(4): 18-22.

[7] ZHANG B, MOUFTAH H T. QoS routing for wireless Ad Hoc networks: problems, algorithms, and protocols[J]. IEEE Communications Magazine, 2005, 43(10): 110-117.

[8] RAMANATHAN R, REDI J K, SANTIVANEZ C, et al. Ad Hoc networking with directional antennas: a complete system solution[J]. IEEE Journal on Selected

Areas in Communications, 2005, 23(3): 496-506.

[9] YANG J, LI J, SHENG M, et al. MAC protocol for mobile Ad Hoc network with smart antennas[J]. Electronics Letters, 2003, 39(6): 555-557.

[10] JOSHI T, GOSSAIN H, CORDEIRO C, et al. Route recovery mechanisms for Ad Hoc networks equipped with switched single beam antennas[C]//Proceedings of 38th Annual Simulation Symposium. Piscataway: IEEE Press, 2005: 41-48.

[11] AKYILDIZ I F, WANG X, WANG W, et al. Wireless mesh networks: a survey[J]. Computer Networks, 2005, 47(4): 445-487.

[12] ZHANG Y, LUO J, HU H. Wireless mesh networking: architectures, protocols and standards[M]. New York: Auerbach Publications, 2006.

[13] 方旭明, 戚彩霞, 向征. IEEE 802 系列无线网络网状组网与移动切换技术综述 [J]. 计算机应用, 2006, 26(8): 1756-1761.

[14] 蹇强, 龚正虎, 朱培栋, 等. 无线传感器网络 MAC 协议研究进展 [J]. 软件学报, 2008(2): 389-403.

[15] CERPA A, ESTRIN D. ASCENT: adaptive self-configuring sensor networks topologies[J]. IEEE Transactions on Mobile Computing, 2004, 3(3): 272-285.

[16] NICULESCU D, NATH B. DV based positioning in Ad Hoc networks[J]. Telecommunication Systems, 2003, 22(1): 267-280.

第 **5** 章

CHAPTER 5

信息分发管理技术

5.1 引言

信息化战争的突出特点是通过信息共享获取信息优势，因而对战场通信系统的带宽需求急剧增长，但实际通信能力的提升总是滞后于应用需求的变化[1]。由于传统的通信网不具备对用户信息的识别能力，缺乏对传输信息的控制与调度，信息的"泥沙俱下"导致的"信息迷雾"使得通信服务质量显著下降，而时间敏感的生存性信息很难及时分发。

大量不受控的信息传输将导致通信带宽严重短缺。这一点早在 1991 年的海湾战争中就已经表现出来。为此，1995 年美国国防部高级研究计划局（DARPA）和国防信息系统局开展了信息分发管理（Information Dissemination Management，IDM）的初期研究，希望通过通信资源的动态分配，提高信息的传送效率[2]。在 2001 年发布的全球信息栅格（Global Information Grid，GIG）[3] 能力需求文件中又明确规定了 IDM 的能力需求，进一步推动了 IDM 技术的发展。

本章描述了 IDM 的体系结构，讨论了实现 IDM 涉及的一些关键技术，并针对战术通信网的特点分析了 IDM 的战术应用。

5.2 体系结构

5.2.1 定义

GIG 是按照网络中心战思想为美国军队在全球范围内作战而建立的一个"公共信息环境"，在这个"公共信息环境"中，"按需通信"是一种基本特征，是实现信息共享可靠性、完整性和及时性的关键。GIG 网络运作（NetOps）是网络管理、信息分发管理和信息安全管理的统一框架。

根据 GIG 的定义，IDM 被描述为：在指挥员的策略指导下，以最实用和最有效的方式，通过建立一组应用、处理与服务，提供信息的认知、访问、递送，实现 GIG 的信息分发和储存管理，并提供相应的工具和标准。其主要能力表现为以下几个方面。

◎ 基于作战需求以及可用通信带宽状态，指挥员能够动态调整信息递送的优先级。

◎ 用户能够有效地利用分配的带宽资源。

◎ 信息生成者能够向分散的、异构的用户通告、公布和分发信息。

◎ 信息使用者能够查询信息库，并通过智能的订阅方式获取所需要的信息，而这些信息产品可以采用连续的或状态驱动的方式进行发布。

既然对通信带宽的需求永无止境，赋予用户控制通信带宽的能力是满足用户需求的重要途径，信息的重要程度往往与用户的需求密切相关，由用户参与决定信息分发策略，可以显著提高用户对通信服务的满意程度。

IDM 需要把信息分发策略分解、映射为通信系统能够理解的传输控制策略，规划、控制及监视信息流的接纳、传输与分发过程，以最合理的方式分配网络资源，以达到用户对通信质量的需求以及最优的资源利用效率。

信息化战争对于信息获取的时效性要求很高，信息的有效描述、高效的自动查询以及主动的信息推送是提高信息访问效率的重要手段。IDM 的目标是基于动态的分发策略，更有效地访问信息资源。

5.2.2 系统组成

IDM 能够根据用户及应用的需求信息以及网络可用资源状况，通过对通信网络及服务机制的调整，最大限度地提高信息分发的效率。IDM 的本质是应用系统与通信网络的紧密配合，使传统的"透明"通信网转变为智能的信息网，使网络具有应用感知能力，能够根据应用的需求动态调整网络资源，在适当的时间、以适当的方式，将适当的信息分发给适当的用户。

过去美军曾经提出"在任何时间、任何地点，将信息送到任何用户手中"。通过多年的战争实践，终于认识到大量的信息涌向指挥员，一方面会使指挥员陷入信息淤泥之中，降低信息的综合效益；另一方面容易造成网络拥塞，影响网络的通信质量。信息的价值只有在其被送到需要的人手中时才能体现，信息优势只能通过不断传送支持战斗行动的"优质"信息来获得。因此，GIG 提出了"在适当的时间、适当的地点，将适当的信息送到适当的用户手中"的目标，而 IDM 就是实现上述"4 个适当"的关键因素之一。

1. 体系结构

IDM 的体系结构如图 5-1 所示。

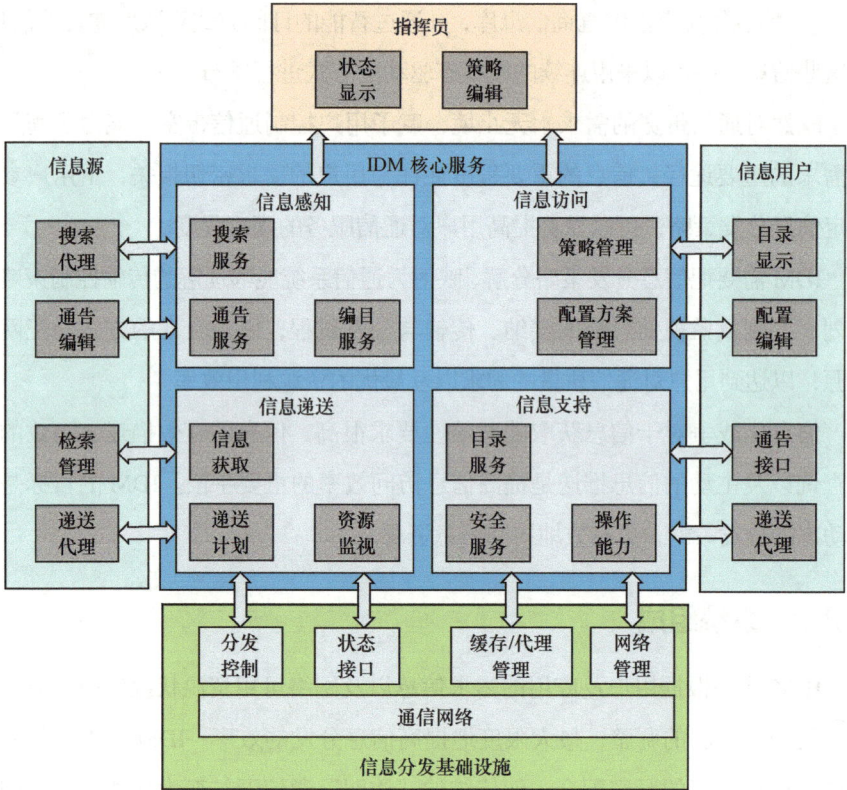

图 5-1 IDM 体系结构

IDM 包括以下核心服务。

（1）信息感知服务

信息感知服务包括搜索服务、通告服务和编目服务。信息生成者利用信息感知功能，依据指挥员的分发策略，综合信息产品目录服务器的内容，或者根据检索和查询结果构建关联信息目录，并直接提供给信息用户。

搜索服务定期搜索由信息生成者产生后存放在信息生成者数据库中未经发

布的信息；编目服务解析搜索到的信息和信息生成者发布的信息，按照规定的编目格式，得到描述相关可用信息的编目数据，放入编目数据库；通告服务从搜索到的信息中或信息生成者发布的信息中提取用户的信息需求，根据访问策略和配置方案的要求及时通知用户并提交所需的信息。

信息感知服务使得信息用户能够及时发现其作战区域内外有哪些可用信息，哪些是和当前作战态势密切相关的信息，哪些信息已经或正在发生变化，从而提高了信息用户对于信息的发现能力。

（2）信息访问服务

信息访问服务包括配置方案管理和策略管理。配置方案管理提供了对用户需求和信息生成者所生成信息进行匹配的机制。用户需求配置包括产品需求配置和任务需求配置，配置方案管理对产品需求配置的管理使得信息用户能够指定其要检索的信息产品，系统根据产品需求配置将该产品递送给信息用户并不断对其更新；对任务需求配置的管理则使得信息用户能够定制与其作战任务相关的信息类型。策略管理的功能是根据指挥员的策略调整用户需求配置。

信息访问服务使得信息用户能够描述自己的信息需求，并在提交信息需求后，能够在信息确切存放位置、所使用格式、查询语言、信息所有者详细资料、访问控制协议等要素都未知的情况下访问信息；同时使得指挥员能够根据基础设施资源对不同信息用户的信息访问权限以及他们使用信息资源的优先级进行控制。

（3）信息递送服务

信息递送服务包括信息获取服务、资源监视服务和递送计划服务。信息获取服务收集满足用户需求的信息并采取信息产品推送、产品目录复制、Ad Hoc 广播等机制加速用户对信息的访问；资源监视服务提供对分发基础设施资源的管理和状态监控，包括为系统状态信息提供访问接口，利用标准进程管理（UPM）提供对进程的自动监控机制等；递送计划服务提供基于 QoS 的路由选择，能够为所有异构网络提供连接，为信息产品提供有保证的传送。

信息递送服务使得指挥员的策略和用户信息需求与资源分配挂钩，通过对基本通信资源的监控，指挥员利用返回的资源状态信息对资源的优先级进行调整，并根据作战环境条件使分发计划得到最优执行。同时，信息递送服务完成信息生成者和信息用户之间的格式转换，使信息分发基础设施的资源得到高效利用。

（4）信息支持服务

信息支持服务包括安全服务、目录服务和操作能力。安全服务提供了一系列机制以实现对用户的访问控制，如采用基于角色的服务访问接口、用户验证、进程加密等。

信息支持服务使得指挥员能够根据作战条件和通信带宽可用性动态地调整信息分发的优先次序，从而更加有效地利用带宽；信息生成者能够向地域分散的不同用户通告和分发信息；而信息用户则能够通过查询信息目录获得计划信息和根据战场态势分发的生存信息。

2. 主要能力

IDM 基本服务的能力需求包括以下几个方面。

（1）需求识别

通过捕捉与需求相关的属性，如时限、数量、可信度等，帮助用户有效地定义其信息需求，有助于迅速识别满足需求的已有信息，也将触发收集新产生的信息，最大限度地减少信息过载和优化可用通信资源。需求识别能力使得信息的跟踪、检索与信息需求、任务需求相一致。

（2）信息搜索

通过搜索和查询从而获得所需信息的能力。基于用户查询指令得到的可用信息和所需信息的成功率一般应达到 85% 以上，查询结果中的可用信息一般应达到 95% 以上。成功搜索的关键在于正确地定义用户的查询指令。IDM 要求具有定位和描述可用信息的能力，以便最大限度地减少信息过载。

（3）配置方案管理

在用户的信息需求、指挥员的信息管理策略以及信息生成者的应用规则（如安全规则）相互协作基础上，支持配置方案的建立。用户的信息需求通过创建用户配置来表达。用户配置支持传送和重用，创建过程中能够自动识别分发策略的变化以便及时向用户报告。系统自动按照分发策略调整和修改用户配置。

一旦配置方案创建并发布，IDM 支持信息生成者自动分发至少 95% 与配置方案匹配的可用信息。

（4）信息流感知

IDM 要求赋予指挥员监视、跟踪其责任区内信息流的能力，以满足作战任务的需要。要求能够预测与信息及任务需求相一致的容量、内容和 QoS 的能力，并能预见信息控制策略的结果，以便根据任务优先权来优化使用资源。

（5）受控访问

IDM 应具有根据信息安全策略和指挥员的分发策略来管理信息访问权限的能力，包括对现有信息感知能力的限制 / 控制。特殊的分发策略对信息访问的特定方面进行限制，如只能按照指挥员的指令才能浏览文件大小、类型、来源、层次、资源、密级或位置等信息。

（6）信息描述

利用标准元数据描述信息属性的能力。

（7）分发计划

IDM 不仅能够根据用户信息需求、任务优先权、分发策略和可用通信资源建立端到端的信息传送路径，而且能够在上述情况发生变化时动态地调整发送方案。

（8）收集请求

IDM 应具有收集和生成用户信息请求的能力，但这种请求不是通过搜索驱动查询指令获得的。

（9）动态配置

IDM 能够根据诸如任务、角色、时间、位置、态势和环境等外部条件的变化，激活或停止对方的信息请求。

（10）传送管理

IDM 应具有指定信息属性（如优先权、服务质量等）的能力，这些属性将支配信息的分发，并能够把这些信息属性传送给传输系统。不同的信息对于不同的用户 / 用户群具有不同程度的重要性 / 紧急性。IDM 应具有分配信息优先权的能力，并确保满足优先权需求的信息优先传送；还包括将优先权赋予媒体流数据，以保证业务的服务质量。

（11）策略管理

IDM 应支持指挥员和信息流管理人员动态地调整信息分发策略。指挥员的分发策略可以是全部、部分或不加指定的。也就是说，指挥员可以选择不限制访问，仅当信息 / 通信资源特别稀缺时，才指定信息流的优先权。利用 IDM，指挥员能够快速修改策略，以便对作战态势和通信资源的变化做出反应。这样可以使信息得到有效的控制，满足用户在动态环境中的需求。

（12）生存信息分发

按照指挥员的分发策略和用户需求，利用分配的资源在战区内实现信息流优先处理的方法，通常情况下，生存信息（一般小于 12 KB）在 0.5 s 内分发出去的概率应大于 95%。

（13）相关性

IDM 应能按照本地指挥员确定的信息保真度等级，对多源信息进行过滤，将传送的冗余信息度降到最小，并具有识别信息元之间的互补、相似和相反关系的能力。

（14）通告

系统应具有对如下信息进行通告的能力。

◎ 策略的变化。

◎ 用户信息需求的变化。

◎ 新的可用信息出现或者信息发生了改变。

◎ 影响信息流的网络运行状态变化。

◎ 信息提供者和用户系统状态的变化。

◎ 信息的传送与接收。

◎ IDM 服务功能的状态。

◎ 信息产品的可用性。

◎ 分发计划的冲突。

当与用户需求相关的信息变成可用或者改变时，特别是当生存信息情况发生变化时，系统应具有自动向用户进行通告的能力。

（15）灵活性

灵活性是指系统能够适用于从战略级到战术级的环境，而不需做重大软件修改的信息分发管理能力。

（16）可扩展性

系统应具有可扩展的信息分发能力，以满足系统和操作用户的需求。例如，一种便携式战术通信和计算系统能从 C2 系统的主要指挥中心获得部分 IDM 能力。

（17）通告质量

通告质量是通过描述级别来界定的。IDM 要求能利用建立的搜索关键字和描述级别，使信息生成者准确地描述其信息产品，即用户通过查询关键字，在 90% 的情况下能够搜索到信息生成者的信息产品。

3. 功能构成

IDM 的功能构成如图 5-2 所示。

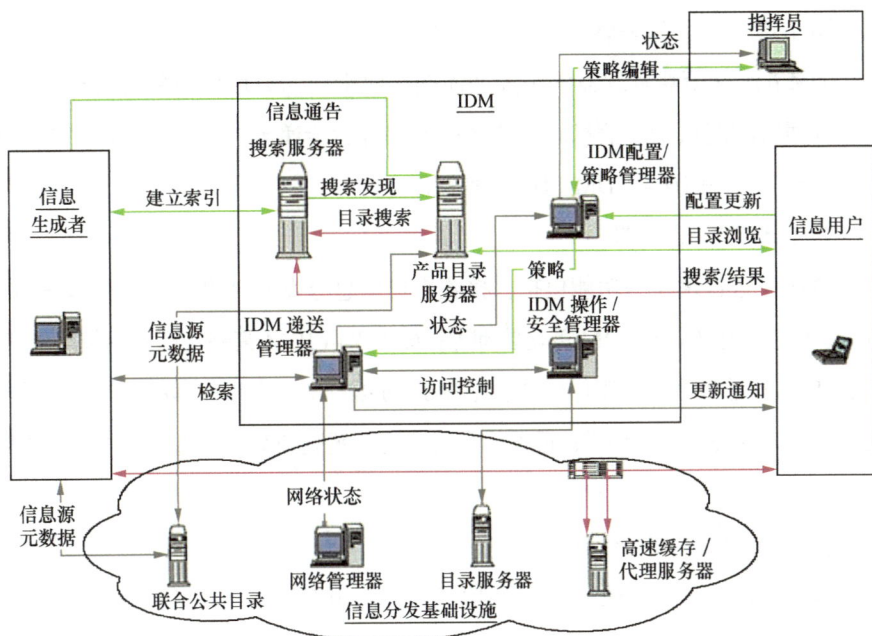

图 5-2　IDM 功能构成

（1）IDM

IDM 包含搜索服务器、产品目录服务器、IDM 配置 / 策略管理器、IDM 递送管理器、IDM 操作 / 安全管理器 5 个功能模块。

◎ 搜索服务器

搜索服务器的功能包括：根据信息用户的搜索命令，搜索产品目录服务器的信息目录，并向信息用户返回搜索结果；与信息生成者之间建立索引，当发现有新的或已发生变化的信息产品时，将此信息产品关联到产品目录服务器。

◎ 产品目录服务器

产品目录服务器的功能包括：响应用户的产品目录浏览要求，向用户返回产品目录；接收信息生成者发布的信息通告；根据搜索服务器与信息生成者之间的索引将新的或已发生变化的信息产品关联到信息目录；配合搜索服务器完成信息用户的目录搜索指令；与信息分发基础设施中的联合公共目录服务器进行信息目录交换。

◎ IDM 配置 / 策略管理器

IDM 配置 / 策略管理器的主要功能是接收来自信息用户的配置更新和来自递送管理器的网络状态信息，将这些信息综合后传递至指挥员；接收来自指挥员的策略信息并传递至 IDM 递送管理器。

◎ IDM 递送管理器

IDM 递送管理器的功能包括：接收来自信息分发基础设施网络管理器的网络状态信息，并传送至 IDM 策略管理器；接收来自 IDM 策略管理器的策略信息，决定 IDM 递送管理器的工作模式；根据 IDM 操作 / 安全管理器的访问控制信息决定是否响应公共信息请求；根据信息用户的配置更新分别采取“推送”“拉取”的方式向信息用户发送生存信息和计划信息。

◎ IDM 操作 / 安全管理器

IDM 操作 / 安全管理器的主要功能是对公共信息请求进行访问控制以及 IDM 系统的安全管理。

（2）指挥员

指挥员是 IDM 系统运行的最高级控制人员。指挥员通过 IDM 配置 / 策略管理器得到当前战场实时态势信息，根据战场态势的变化决定是否实施新的策略。IDM 为指挥员提供通信基础设施的状态信息，同时为管理用户访问和制定资源分配策略提供输入。相应地，指挥员通过 IDM 配置 / 策略管理器完成对通信基础设施运行状态的管理，管理用户信息的访问，制定和优化资源分配策略。

（3）信息生成者

信息生成者是 IDM 系统的信息源，负责收集相关信息并更新目录，当新的有用信息出现时，能够通告 IDM 目录服务器。

信息生成者与 IDM 其他部分的交互过程是：信息生成者从信息网络中获取相关可用信息，然后向产品目录服务器发送信息通告；与搜索服务器建立索引，响应搜索服务器对新信息和已变化信息的检索。

（4）信息用户

信息用户是信息的接收方，也可称为信息使用者或信息消费者。信息用户在 IDM 系统内可进行信息搜索、信息产品预定和需求配置。搜索服务提供信息的有效定位和查询；产品预定则根据信息目录为信息用户提供预定新增或已发生变化的信息产品；需求配置使信息用户能够对信息产品进行需求配置。

信息用户通过高速缓存 / 代理服务器进行远程查询，综合信息目录、检索获得的信息及接收到的生存信息和计划信息后进行配置更新，然后向 IDM 配置 / 策略管理器发送配置更新信息。信息用户与 IDM 其他部分的交互过程是：信息用户检索产品目录服务器（基于预定 / 配置方案），自动接收 IDM 递送管理器推送给自己的紧急生存信息，通过这些信息更新自己的配置。每隔一段时间，信息用户将自己配置更新后的情况上报给 IDM 配置 / 策略管理器，更新配置并请求批准。信息用户通常使用具有 Web 浏览器的设备访问本地或者远程服务器上的 IDM 产品、服务、文件、Web 页面和报文。

指挥员、信息生成者、信息用户三者的角色并非固定不变的，不同角色会随着作战任务、战场态势和信息提供者和服务对象的变化而发生转换。

（5）信息分发基础设施

信息分发基础设施即信息网络，基于战场通信网络建立，是 IDM 管理节点信息目录的集合，其中所有信息的表示都采用标准的标记语言。IDM 系统通过信息分发基础设施实现信息目录的共享，每个节点可以共享自己的信息目录，也可以使用其他节点的目录，构成联合公共目录。信息分发基础设施包括以下 3 个功能模块。

◎ 目录服务器

目录服务器与 IDM 操作 / 安全管理器交互，是公共的信息目录，不能与 IDM 系统内部的信息目录直接进行信息交换。

◎ 高速缓存 / 代理服务器

IDM 系统通过高速缓存 / 代理服务器实现信息用户的远程查询，建立起全网的信息共享。

◎ 网络管理器

网络管理器监视当前的网络运行情况，向 IDM 递送管理器报告当前的网络状态，根据递送管理器送来的策略信息，实施通信容量的动态分配，按需调整网络资源。

5.3 信息管理技术

IDM 系统需要管理大量的分布式资源，以及大量的信息提供者与信息用户，信息主体与客体的数量都很大，把一个主体与合适的客体联系起来需要信息管理的支持。信息管理是 IDM 的核心模块，为信息的请求者和资源提供者之间架起一座桥梁，为用户提供需要的信息服务。

5.3.1 信息管理结构

信息从被采集到提供给用户的过程中涉及多个角色，这些角色的协同操作，保证了信息从提供者到用户之间传递渠道的畅通。信息管理的实体包括分布的信息提供者、信息用户及聚合信息的信息中介。信息提供者是分布在网络中的各种传感器，传感器的种类非常广泛，包括所有情报、侦察、天气、水文及态势等信息的生成设备及装置。而信息中介则提供全面的信息查询服务，支持信息请求者查询所有隶属范围内的传感器信息。

信息管理结构如图 5-3 所示 [4]。

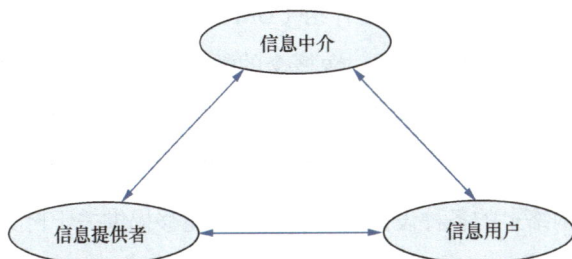

图 5-3　信息管理结构

信息用户把信息请求提交给信息中介，信息中介把该请求转交给合适的信息提供者，根据请求的内容和信息用户的信息，信息提供者把所请求的信息递送给信息用户。

5.3.2　信息管理功能

信息管理主要包括以下功能。

（1）信息注册

网络中的信息只有经过注册才能被使用，信息注册是保证信息的可见性、真实性及可信性的关键。

（2）信息更新

注册的信息需要定期更新，保证信息的准确性。

（3）信息查询

提供方便的查询方式和友好的查询接口，满足信息管理、资源发现和信息访问的需求。

（4）信息分发

把信息发送至请求及潜在需要该信息的用户，信息分发一般是一对多的方式，需要设计特定的协议来描述与实现。

5.3.3　通用信息模型

通用信息模型（Common Information Model，CIM）[5] 是描述信息环境中的

被管对象，包括系统、网络、应用、软件等通用数据模型，是一种与平台无关的信息管理模型，由分布式管理工作组（DMTF）提出。

CIM 是一种可扩展的、面向对象概念的数据模型，其主要功能是定义构成系统的各组成部分之间的关系，使管理对象之间的关系与相互依赖更容易追踪，用于建立一个独立于设备、应用、协议和数据格式的统一管理环境。

采用 CIM 网络上的各种设备、系统和应用能够提供关于自身的各种信息，管理工具基于这些信息就可以有效地管理整个系统。CIM 使系统管理者与管理程序能够采用统一的方式来控制不同厂家的设备与资源。

5.4　数据分发中间件技术

传统的端到端、客户－服务器以及 Web 服务方式的信息访问机制很难满足战术指挥控制系统（如火控系统）的实时性要求。为了满足信息传输的实时性要求，对象管理组织（Object Management Group，OMG）于 2004 年 3 月制定了数据分发服务（Data Distribution Service，DDS）规范 [6]。目前，DDS 产品已经在许多发达国家的舰船控制、飞行模拟器和指挥控制系统中广泛使用。比如，美国海军的开放架构规范就指定 DDS 作为海军的中间件平台，产品包括 RTI（Real-Time Innovations）公司的 NDDS 和泰雷兹集团（Thales Group）的 SPLICE。

（1）NDDS

网络数据分发服务（Network Data Distribution Service，NDDS）是 RTI 公司的信息分发中间件产品，NDDS 中间件已与 DDS API 融合，完全符合 OMG 组织的 DDS 标准，在平台、语言和传输机制上能够提供更多的灵活性和健壮性。NDDS 构建在网络层之上，简化了底层的网络操作，减少了管理复杂的初始化程序、网络地址配置、备份等操作。NDDS 的应用场景包括海军舰艇通信、空中交通控制系统和分布式工业控制等。

（2）SPLICE

泰雷兹集团的符合 DDS 发布订阅标准的 SPLICE，可为实时应用提供面向数据的架构，已用于海军战斗管理系统。

2004 年 7 月 DDS 规范被 DISR（DoD IT Standards Registry）选择为 GIG 的发布 / 订阅标准。同时，DDS 也被指定为 SoSCOE（System of Systems Common Operating Environment）的核心中间件技术，应用于陆军未来战斗系统（Future Combat Systems，FCS）。

5.4.1　DDS 体系结构

DDS 是一种典型的网络中间件系统，采用发布 / 订阅的体系架构，在通信过程中，应用只需要发布其拥有的信息，并订阅其需要的信息，而不需要维护端到端的通信链路。DDS 的体系结构如图 5-4 所示。

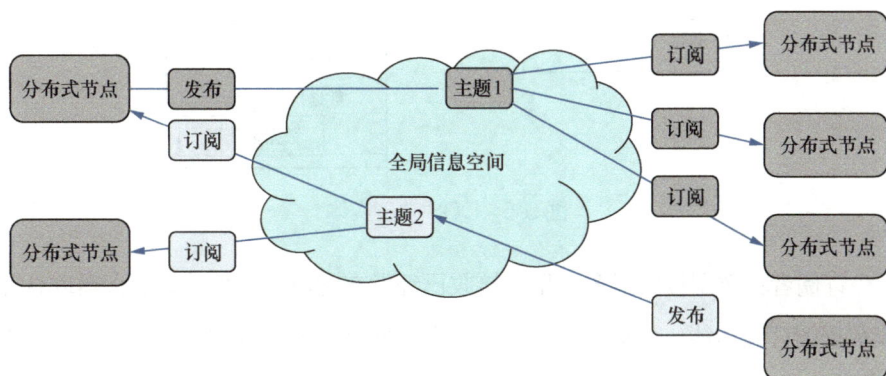

图 5-4　DDS 的体系结构

DDS 是基于主题的发布 / 订阅中间件系统，发布者只需要针对主题进行数据发布或数据更新，而不需要了解订阅者的信息，可以显著提高数据发送的速度。而且，一旦数据被发布或更新，订阅者就可以根据主题获取该数据，用户可以随时接入最新的数据，从而大大提高数据接收的实时性。

5.4.2　DDS 功能实体

DDS 的功能实体如图 5-5 所示。

DDS 的功能实体描述如下。

发布者：数据分发对象，用于发布各种不同类型的数据，与数据写入器联合完成数据发布功能，数据写入器是应用系统向发布者写入数据的对象。应用系统通过数据写入器向发布者写入数据对象的数值，然后由发布者根据 QoS 要求对数据进行分发。

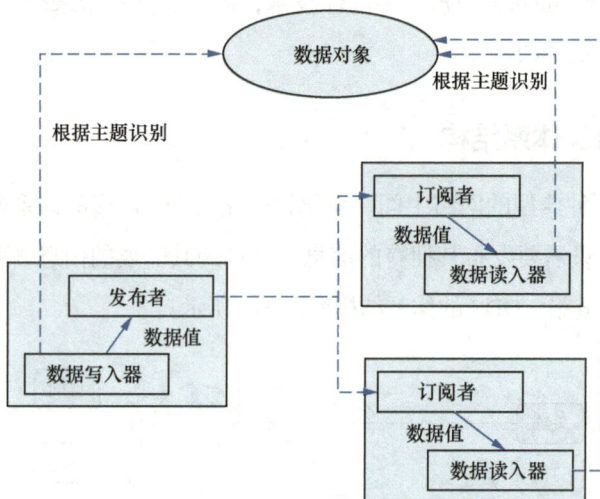

图 5-5 DDS 功能实体

订阅者：数据接收对象，用于接收已经发布的数据，与数据读入器联合完成数据的订阅功能，数据读入器是应用系统向订阅者读取数据的对象。订阅者根据订阅者的 QoS 要求，通过数据读入器向应用系统提供数据。

主题：关联发布者与订阅者的对象，用名称、类型和 QoS 属性唯一地标识数据。除了主题的 QoS 属性，发布者与订阅者都有 QoS 属性，并能根据 QoS 属性控制数据的发布与订阅行为。

5.4.3 QoS 控制策略

DDS 依赖于 QoS 策略的使用。QoS 控制策略是可以控制数据分发服务的一系列特性的组合。中间件的所有实体都具有服务质量策略，包括主题、数据记录者、数据读取者、发布者、订阅者和域参与者。

1. QoS 匹配原则

为了保证通信高效可靠地进行，数据发布者的服务质量策略必须和数据接收者的服务质量策略匹配。若订阅者请求可靠的信息数据，而相应的发布者却仅提供了尽力而为的服务质量策略，则该发布者和订阅者之间不会建立通信连接。为了解决此问题，需要尽量减少发布者和订阅者之间的耦合关系，订阅者对相关服务质量策略指定一个申请值，而发布者则对该服务质量策略指定一个供应值。中间件确定发布者的供应值和订阅者的申请值是否一致，如果双方的服务质量策略是一致的，则通信正常建立；如果不一致，则系统服务不会在这两个实体对象之间建立通信，并会通知发布者和接收者。

2. QoS 策略的表示方法

为了准确表述中间件服务质量，DDS 支持多种服务质量参数。

（1）用户数据

该策略在已经创建的对象实体中加上附加信息，远端应用者访问这些信息。它与主题数据或组数据非常类似，但只应用于单个数据记录者和数据读取者。该策略的一个重要应用是远程应用可以验证数据源的可靠性。如果用户数据域的签名和允许签名列表不匹配，则该实体间的连接会被系统拒绝。

（2）主题数据

该策略是在主题上添加的附加信息。当新实体（比如数据记录者和数据读取者）加入域后可以被应用者访问。主题数据和用户数据及组数据的 QoS 参数非常相似，但它应用于单个主题。主题数据的一个作用就是在单个主题上应用鉴定或数字签名。

（3）组数据

组数据是附属于主题的附加信息，使应用者能够在创建的发布者或订阅者中添加附属信息。组数据的值可以传送给数据读取者和数据记录者并通过内置主题进行传送。

组数据和用户数据与主题数据 QoS 参数相似，但组数据应用于单个发布者或订阅者。

（4）持续时间

持续时间指定了中间件系统可以保存一定数量的历史数据取样值，从而可以把历史取样值提供给后加入的读取者使用。有 3 种设置。

① 瞬间状态：系统不保存历史数据取样值，该状态属于默认设置。

② 临时状态：系统只保存部分历史取样值，取样值的多少取决于系统资源的大小。

③ 永久状态：系统在硬盘中保存历史取样值，这种状态可以使用户随时加入网络，并且可以获取以前发布的历史数据。

例如，如果需要保存温度传感器发布的所有历史数据，就需要设置数据的时长为"永久状态"，这样所有用户都可以访问以前的温度数据，以便对历史数据进行分析。

（5）提交

该策略定义了当一个订阅者和一组数据读取者相关联时，数据如何提交到应用层。

（6）截止时间

与主题、数据记录者和数据读取者相关联。它指定了数据记录者发送数据的最小速率，同时也指定了数据读取者希望接收新数据的等待时长。如果主题需要定期更新每个实例，则需要指定截止时间参数。在发布者建立一个应用可以满足的设置值，在订阅者则建立一个需要发布者提供的最小需求值。数据记录者和数据读取者的截止时间需要互相匹配，二者之间的匹配关系由分发服务进行检查，比如检查是否满足：提供截止时间≤请求截止时间。如果不能满足该条件，则会采用监听机制或条件机制告知双方对象实体，本次通信双方的 QoS 设置不匹配，通信不能建立。只有当提供截止时间≤请求截止时间时，通信才可以建立。

截止时间的主要约束如下。

① 每个数据记录者指定发布数据的速率。

② 每个数据读取者指定接收数据的速率。

③ 指示何时指定数据源不可用。

④ 可以立即告知应用层截止时间是否到期。

（7）时延要求

该策略允许应用者指示中间件数据通信的紧急程度，通过根据具体应用设置时延值可以优化系统整体性能。该参数可以和具有优先级的传输相配合，具有低时延要求的发布可以设置一个较高的优先级。

（8）所有权

该策略的作用是控制是否可以允许多个数据记录者实体更新主题中的同一个实例。该属性主要应用于主题而不是数据读取者和数据记录者。

若所有权参数设置为共享（SHARED），则一个数据实例可以被多个数据记录者更新；而当设置为专用（EXCLUSIVE），则该数据实例仅可被一个数据记录者更新。

（9）所有者强度

该策略可以和所有权策略组合使用，且只可应用于所有权属性设置为专用的情况。所有者强度的取值用来确定数据实例的从属关系，数据实例所有者就是具有最高强度取值的数据记录者。

（10）实体生存时间

该策略确定一个 DDS 实体是否处于存活状态。该 QoS 具有两个子参数，第一个子参数用来确定实体是否处于存活，第二个参数表示数据记录者宣称自己处于可用状态的时间长度，即生存时间。

（11）时间过滤

该策略设置了数据读取者获取数据的隔离时间。默认情况下，时间过滤属性为 0，表示数据读取者希望获取所有收到的数据值。如果数据到达的时间间隔太小，也就是说数据读取者不需要接收过于频繁的数据，则可将该参数设置为每隔一定时间获取一次采样值。这样就可以降低数据发布的频率，节约本地资源。

（12）分割

该策略定义了如何在同一域中对不同的主题进行逻辑分离。该值是一个字符串，如果用户设置了一个值，则该用户只会接收具有相同设置的发布者的数据。该字符串的默认值为空，表示不对该域进行分割。

该策略在同一域中提供扩展性，使应用者只接收具有一定数据类型的数据。

（13）可靠性

该策略定义了数据读取者请求的可靠性级别和数据记录者提供的可靠性级

别。一般有两种类别，尽力而为（BEST_EFFORT）类别和可靠（RELIABLE）类别。

① 尽力而为类别：若数据丢失，不会出现数据重传，该类别一般应用于用户只关心最新数据的情况。

② 可靠类别：数据记录者会在发送队列中保存一定的发送数据，以便进行数据重传。若发送出一个数据后，数据记录者只有收到数据读取者发回的确认信息后才会从发送队列中把此数据删除。

（14）传输优先级

该策略可以利用底层传输的优先级功能为每个信息设置一个优先级类别。在传输配置中，应用者应该能提供数据读取者传输优先级和传输层优先级的映射。该策略只能在可以支持优先级的传输信道上使用。

（15）数据生存时间

该策略定义了单个数据采样在系统中的生存时间。当数据记录者产生一个数据采样时，都会在数据中加入相关的过期时间信息。当数据读取者接收到该数据后，判断该数据是否已经过期。如果当前时间大于生存时间，则该数据就会被数据读取者删除。

（16）目的顺序

目的顺序确定了订阅者如何处理发布者发送给它的数据顺序，应用可以选择是按照发送的顺序还是按照接收的顺序。

如果数据读取者收到了同一个实例的多个取样值，它需要按照一定的规则对这些取样值进行逻辑上的排序。每个取样值有两个时间戳，源时间戳和目的时间戳。这些参数可以用来确定如何对收到的取样值进行排序。

（17）历史记录

历史记录就是应用需要保存的数据采样数目，该参数可以设置为"保存前 N 个"，N 表示需要保存的数据采样的数目。N 的默认值是1。

如果一个应用的数据处于动态变化过程中，当新应用加入域时，域中某一主题的用户就会收到一定数目的历史采样数据。该 QoS 策略在用户需要获取某一应用的历史采样数据时非常有用。

该策略可以使单个实体指定自己的历史记录大小，比如有的数据记录者只需要在其历史队列中保存过去最近的 5 个数据值，而另外一个可能需要保存 10 个数据值。

（18）资源限制

资源限制指定了 DDS 架构可以使用本地内存的大小。通过指定例程最大数目、数据采样和每个例程的数据采样，可以防止系统中发送数据的应用太多，本地资源耗尽，从而导致新加入的应用不能正常工作。

如果数据记录者实体的数据发送速率超过了数据读取者实体的数据结束速率，则中间件的资源使用可能会超出指定的限制。即使只有一个数据读取者和数据发送者相互通信时也可能出现这种情况，此情况的处理取决于可靠性 QoS 的设置。如果可靠性 QoS 设置为尽力而为，则可以允许此服务丢弃取样值，以保证其他应用的正确运行。而当可靠性 QoS 设置为可靠，则此服务可以中断数据读取者或者将数据读取者无法处理的部分采样值丢弃，以保证不丢失当前的采样值。

（19）实体库

该策略控制了实体的特性，只应用于域参与者（发布者、订阅者和主题的库）、发布者（作为数据记录者库）和订阅者（作为数据读取者库）。该策略具有灵活性，策略的更改只会影响改变策略后创建的实体，而不会影响以前创建的实体。

若中间件实体需要在网络中可见，都需要变为"可用"状态，用户可以指定实体是在创建时就置为"可用"，还是在规定的时间延迟之后再置为"可用"。

（20）记录者中数据生存寿命

该策略可以使数据记录者控制其发布数据的生存寿命。

（21）读取者中数据生存寿命

该 QoS 策略可以使数据读取者控制其接收数据的生存寿命。

（22）内容过滤

可以在读取者侧进行内容过滤，也可以在记录者侧进行内容过滤。如果采用记录者侧内容过滤的方式，需要在端点发现阶段给记录者发送内容过滤的具体要求。

5.4.4 DDS 技术特点

DDS 的主要技术特点如下。

（1）QoS 机制

DDS 具有很强的 QoS 控制能力，DDS 的各功能实体，包括主题、用于分发数据的发布者以及用于接收数据的订阅者都需要明确定义 QoS 参数，使数据分发的 QoS 性能具有很强的可预见性。DDS 支持"每数据流"的 QoS 控制，为每对发布者 – 订阅者建立独立的 QoS 约定，因此，即使应用系统的数据流非常复杂多变，DDS 也能很好地支持。

（2）可扩展性

DDS 能够针对数据主题，自动发现发布者与订阅者，并自动在两者之间建立满足 QoS 要求的数据流，使其能够很好地适应于动态的战术通信网络。另外，DDS 采用分布式的名录服务，具有很好的抗毁性和灵活性。

5.5 分组调度技术

为了确保实现信息的快速准确的分发管理，IDM 必须具有高效的无线带宽资源的管理能力，通过一定的策略和手段进行管理、接纳控制和调度，尽可能充分地利用有限的通信资源，保证网络服务质量、满足各种业务的需求。

5.5.1 基本概念

对于分组通信网（如互联网），为了获得统计复用增益，需要允许多个业务流共享通信带宽。因此，当多个用户争用通信资源时，就需要有一种机制来确定服务次序，有效地分配网络资源，这就是分组调度。

分组调度是通信资源管理的重要组成部分，其主要功能为：决定在什么时间为哪些用户分配什么样的带宽资源，从而达到保证用户公平性，优化系统容量，为用户提供可靠的 QoS 保障等目标。一般来说，分组调度算法应考虑以下几个方面 [7-8]。

◎ 分组传输时延：需考虑每个数据分组的传输时延，并将其控制在要求的界限以内。

◎ 吞吐量：需为当前会话提供短期吞吐量保障。

◎ 分组丢失概率：需降低分组丢失概率，至少将其控制在规定的界限以内。

◎ 公平性：需保证资源分配在不同用户之间的公平性。

◎ 链路利用率：需能有效利用链路资源。

◎ 多种业务共存：需支持具有不同 QoS 要求的多种业务共存，并为各种业务提供符合其要求的 QoS 保证。

◎ 复杂度：需尽可能降低处理复杂度。

◎ 能耗：需尽量降低移动终端能耗。

◎ 隔离性：应能区分用户所处信道的状态，并能将处于恶劣信道条件下的用户分离出来，同时为具有较好信道条件的用户提供保护。

◎ 鲁棒性：应能抵抗无线信道的突发错误。

◎ 可扩展性：用户数目的增长应不会对算法的效率造成太大影响。

5.5.2 调度算法

分组调度算法一方面要考虑实现的复杂度，另一方面需注意对系统性能的影响，如公平性、信道利用率、QoS 等。由于无线信道的时变特性、带宽资源有限和移动台功率受限等因素的影响，有线固定网络中的分组调度算法不再适用。针对无线网络的特征，人们提出了一些调度算法，其中比较有代表性的有 IWFQ（Idealized Wireless Fair Queuing）[9] 和 CIF-Q（Channel-Condition Independent Fair Queuing）[10] 算法。然而，这两种算法复杂度过高，难以应用于实际系统。目前采用比较多的调度算法主要有轮询（Round Robin，RR）、最大载干比（max C/I）、比例公平（Proportional Fairness，PF），下面分别加以介绍。

（1）轮询调度算法

轮询调度算法假设所有用户具有相同的优先级，保证以相等的机会为系统中所有用户分配相同数量的资源，使用户按照某种确定的顺序占用无线资源进行通信。其主要思想是，以牺牲吞吐量为代价，公平地为系统内的每个用户提供资源。由于轮询调度算法不考虑不同用户无线信道的具体情况，虽然保证了用户的公平性，但吞吐量却不高。通常轮询调度算法的结果被作为时间公平性的上界。为了改善该算法的时延特性、无线信道自适应特性及其在变长分组环境下的公平性，由它产生了一系列改进型算法，如机会差额轮询（ODRR）、无线差额轮询（WDRR）等。ODRR 算法对于用户 i 引入了定值计数器 Q_i 和变值计数器 DC_i，当轮询到用户 i 时，$DC_i=DC_i+Q_i$。每次轮询发送的数据量 p 不超过 DC_i 时，更新 DC_i，令 $DC_i=DC_i-\beta\,Size(p)$，其中 β 是根据无线信道状况调整的参数，例如可以定义为理想传输速率与实际传输速率之比或每单位功耗的理想传输比特数与实际传输比特数之比，这样就使得信道状况好的用户可以传输更多的数据。WDRR 在某些方面和 ODRR 类似，在每个轮询周期内它将每个用户的数据分成更小的子块，依次发送每个用户的序号最小的子块，当用户 i 不存在第 j 个子块时则跳过，继续发送用户 $i+1$ 的第 j 个子块。总之，这些算法都尽量保持 RR 调度算法实现简单的特点，同时又努力提高吞吐量。

（2）最大载干比调度算法

max C/I 调度算法保证具有最好链路条件的用户获得最高的优先级。

$$j = \arg \max_{1 \leq i \leq N} (C/I) \tag{5-1}$$

无线信道状态好的用户优先级高，使得数据正确传输的概率增加，错误重传的次数减少，整个系统的吞吐量得到了提升。显然，精确的信道预测算法会带来更高的增益。

虽然 max C/I 能够适应无线信道的时变性，但是完全不考虑用户间的公平性。为了保证每个用户达到最低吞吐量，同时对于信道条件好的用户的吞吐量也有一定限制，文献 [11] 提出了速率受限最大载干比调度算法。其主要思想是设定速率门限值，限制高传输速率用户的传输机会，补偿速率较低的用户。若设传输速率的上限为 R_{max}，下限为 R_{min}。当用户平均传输速率大于 R_{max} 时，用户优先级设为最低（值为 0），而用户平均传输速率小于 R_{min} 时，该用户享有最高优先级（值为 ∞）。平均传输速率函数的更新原则为

$$R_i = (1-\alpha)R_i + \alpha gr_i \tag{5-2}$$

其中，i 表示用户序号，r_i 表示当前信道条件下用户 i 所支持的传输速率，R_i 表示用户 i 获得的平均传输速率，参数 $\alpha = 1/t_c$。t_c 表示滑动时间窗口的大小，反映一个用户对不进行数据传输的忍受能力。如果 t_c 较大，表示用户允许等待到信道条件变好的时间比较长。较长的信道等待时间有利于提升系统的吞吐量，但增加了用户的时延，这对于时延相对敏感的业务显然是不可忍受的。因此这种改进的 max C/I 调度算法一方面为载干比较低的用户提供了更多的传输机会，另一方面使高载干比用户的传输机会得到一定的控制，从而在满足一定的吞吐量公平性的准则下获得较大的系统吞吐量。通过调整传输速率不同的上、下限值，可以在吞吐量公平性和系统总吞吐量之间进行折中。

（3）比例公平调度算法

上述两种算法得到的分别是用户公平性和系统吞吐量的上限，为了能在二者之间获得较好的折中，提出了一种 PF 调度算法[12]。在 PF 调度算法中，每个用户被赋予一个优先级，任意时刻优先级最高的用户接受服务，这和 max C/I 调度算法基于优先级队列的思想是一致的，但是两者优先级的计算方法不同。PF调度算法的优先级计算方法如下。

$$j = \arg \max_{1 \leqslant i \leqslant N} \left(\frac{r_i}{R_i} \right) \qquad (5\text{-}3)$$

其中，平均速率 R_i 的更新方法同式（5-2）。随着用户速率的提高，其优先级降低，这样就使原来低优先级的用户获得更多的传输机会。在特定的条件下，若小区内的用户经历相同的衰落信道，只是距离基站的距离不等，那么他们能够获得相等的功率和时间资源。而实际系统中，由于不同的用户经历不同的衰落信道，信道变化很快且分配时间片很小的用户会获得更高的传输速率。

为了进一步改善公平性，可以利用指数原则对数据速率加以控制[13]。

$$j = \arg \max_{1 \leqslant i \leqslant N} \left(\frac{r_i^n}{R_i} \right) \qquad (5\text{-}4)$$

其中，n 为指数控制参数。当 n 小于 1 时，信道条件好的用户将比信道条件差的用户获得更少的传输时间。若 n 大于 1，信道好的用户将会占用更多的时间。

若每个用户都采用相同的指数控制参数，又会引起新的问题。不同用户使用相同且固定的指数控制参数 n，一方面不能适应时变的无线信道，另一方面也不可能保证用户间的公平性。为此，可以为每个用户设置独立的指数控制参数，称为自适应比例公平（APF）调度算法[14]。为了跟踪信道变化，还要依据一定的准则对指数 c_i 周期更新。APF 的调度优先级为

$$j = \arg \max_{1 \leq i \leq N} \left(\frac{r_i^{c_i}}{R_i} \right) \tag{5-5}$$

上述算法均没有考虑到实际系统中多业务 QoS 要求，不能支持具有时延约束的实时业务，只适用于单业务的传输。为了满足多业务混合传输，贝尔实验室的 Andrews 等[15] 提出了最大加权时延优先（Largest Weighted Delay First，LWDF）算法以及它的改进算法优化最大加权时延优先（Modified Largest Weighted Delay First，M-LWDF）[16-17] 和 EXP- Rule[18-19] 等算法，并证明了这些算法具有吞吐量最优的性质。此外，Choi 等[20] 提出的 WAF（Wireless-Adaptive Faire）算法及 Pandey 等[21] 提出的 WPF （Weighted PF）等算法，也是以支持具有不同 QoS 要求业务为目标的无线分组调度算法。

（4）LWDF 和 M-LWDF 算法

LWDF 和 M-LWDF 算法都支持具有时延约束的实时业务。在这两种算法中，都假设调度器精确地知道每个用户当前的信道质量信息以及缓存中每个队列头分组的时延信息。其中 LWDF 算法调度规则为

$$j = \arg \max_{i} \left(a_i W_i(t) \right) \tag{5-6}$$

其中，$W_i(t)$ 表示在 t 时刻用户 i 队列头分组等待时间，a_i 定义如下

$$a_i = \log \left(\rho_i / T_i \right) \tag{5-7}$$

其中，T_i 表示用户时延门限，ρ_i 为允许超过时延门限的最大概率。用户的最大的分组丢失概率为 ρ_i，相当于在统计意义上对分组时延进行了限制。

LWDF 算法基本的出发点是为了满足具有时延约束的用户分组，并试图使各用户的满意程度相当，即保证服务公平性。但是当系统过载时可能会造成所有用户分组的时延都得不到保证，并且该算法并没有考虑到不同信道条件的影响，无法优化调度器的吞吐量性能。

为了解决 LWDF 算法中没有考虑到信道条件的缺陷，贝尔实验室提出了其改进算法 M-LWDF。在 M-LWDF 算法中引入了一个表征信道条件的参数 $h_i(t)$，表示用户 i 在 t 时刻的前向信道所支持的数据传输率。此时当前被调度用户的序号 j 由式（5-8）决定。

$$j = \arg\max_i \left(\frac{a_i}{\overline{p}_i} h_i(t) W_i(t) \right) \tag{5-8}$$

其中，$\overline{p}_i$ 为用户平均吞吐量。

M-LWDF 算法可以看作是既考虑到了分组时延约束又考虑到信道条件，相当于 LWDF 算法与 PF 调度算法的组合。因此，能够在保证用户不同 QoS 要求的同时提高系统容量。

（5）EXP-Rule 算法

在 M-LWDF 算法之后贝尔实验室提出了 EXP-Rule 算法，该算法是基于公平比调度和指数加权的时延平衡机制。其调度策略可以由式（5-9）决定。

$$j = \arg\max_i \left(\frac{a_i}{\overline{p}_i} h_i(t) \left(\frac{a_i W_i(t) - \overline{aW}}{1 - \sqrt{\overline{aW}}} \right) \right) \tag{5-9}$$

其中，$\overline{aW} = \sum_i a_i W_i \Big/ I$，并从理论上证明了它具有吞吐量最优的性质。

总体而言，在支持非实时业务方面 PF 调度算法具有良好的性能，在支持实时业务方面 M-LWDF 和 EXP-Rule 算法获得了不错的吞吐量，但是 M-LWDF 算法在用户公平性方面不是特别理想。考虑到战术通信比民用通信环境更为恶劣，QoS 要求也更为严苛，IDM 中的分组调度策略值得进一步深入研究。随着 OFDM 和 MIMO 等技术的应用，无线调度策略还需要考虑包括时域、频域、空域在内的多维资源的合理调配，使无线资源的使用能够适应于业务承载要求和无线信道质量的变化，以较低复杂度的分组调度算法获得较高的信道利用率和较好的用户公平性。

5.6 资源接纳控制技术

IDM 的本质是根据用户或业务系统的通信需求，合理地接纳、分配和管理通信资源，以提高用户或业务系统的通信服务质量。因此，资源接纳控制技术是实现 IDM 的重要支撑技术。

5.6.1 资源接纳控制功能

资源接纳控制是在下一代网络（Next-Generation Network，NGN）中引入的一个全新概念，它位于业务控制层和承载传送层之间。通过实行资源接纳控制，对上屏蔽传送网络的具体细节，支持业务控制与传送功能分离，对下感知传送网络的资源使用情况，确保合理地使用传送网络资源，满足业务的 QoS 要求。

资源接纳控制首先在电信和互联网融合业务及高级网络协议中明确提出，其相关功能称为资源接纳控制子系统（Resource and Admission Control Sub-System，RACS）。ITU-T 中相关功能称为资源接纳控制功能（Resource and Admission Control Function，RACF）。根据 ITU-T 对 RACF 的定义，在 NGN 中接纳控制具有多方面的功能 [22]：通过网络附着控制功能（Network Attachment Control Functions，NACF）检查基于用户特征数据的认证过程，基于用户数据结合网络策略和资源可用性进行业务授权。检查资源可用性意味着接纳控制功能需要在当前剩余资源条件下验证资源请求（如带宽）是否可以被接受；即在业务授权时，不仅需采用业务层面的接纳控制，还需要考虑承载网络资源的可用性。下面以 ITU-T Y.2111 中定义的资源接纳控制功能体系架构为例，对资源接纳控制功能的实现流程进行描述。

ITU-T RACF 的体系架构如图 5-6 所示。

RACF 由策略决策功能（Policy Decision Function，PDF）和传送资源控制功能（Transfer Resource Control Function，TRCF）两个功能实体组成。PDF 基于网络策略规则、服务控制功能（Service Control Function，SCF）提供的业务

信息、NACF 提供的传送层签约信息及 TRCF 提供的资源接纳决策结果，做出网络资源接纳控制的最后决策。PDF 可以基于每个流向传送层的策略执行功能（Policy Enforcement Function，PEF）实体下发资源接纳控制策略，TRCF 负责收集和维护传送网的拓扑和资源状态信息，基于拓扑、连接性、网络、节点资源的可用性以及接入网中的传送层签约信息等网络信息控制资源的使用，提供传送网络接纳控制的决策，传送资源执行功能（Transport Resource Enforcement Function，TEF）实体执行 TRCF 指示的传送资源策略规则。PDF 通过 Rt 参考点请求 TRCF 检测或者决定所请求的媒体流路径上的 QoS 资源。

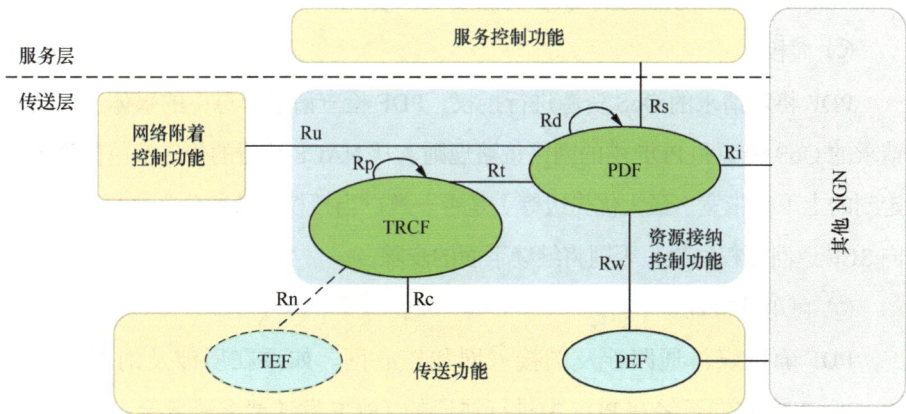

图 5-6　ITU-T RACF 的体系架构

5.6.2　资源接纳控制流程

RACF 的功能可以分为 QoS 控制和 NAPT（网络地址端口转换）控制两个子类。在 IDM 系统中，更关注 QoS 控制功能。

根据资源控制应用场景的不同，QoS 控制流程可以分为 SCF 发起资源请求和用户驻地设备（Customer Premise Equipment，CPE）发起资源请求两种。QoS 资源控制涉及以下 3 种逻辑状态：授权、预留和接纳。在 SCF 发起 QoS 资源请求的场景下，通常采用一阶段（授权＋预留＋接纳）或者二阶段（授权＋预留、接纳）方式进行策略的控制。在 CPE 发起资源请求的场景下，通常采用二阶段（授权、预留＋接纳）或者三阶段（授权、预留、接纳）方式进行策略的控制。

（1）SCF 发起 QoS 控制的授权、预留和接纳流程

SCF 发起 QoS 资源控制的授权、预留和接纳的基本流程描述如下。

◎ 触发请求。

在业务建立过程中或由于内部操作使得 SCF 触发 Rs 接口上的资源初始请求，例如 SCF 收到或产生业务信令消息。

◎ 发送请求。

SCF 确定或从业务的媒体流信息中导出所请求的 QoS 参数（如带宽和业务类别），然后通过 Rs 接口向 PDF 发送资源初始请求消息，其中包含媒体流描述和相关 QoS 参数，以便进行 QoS 资源授权和预留。

◎ 授权。

PDF 将对请求的 QoS 资源进行授权，PDF 检查请求消息中的媒体流描述、请求的 QoS 资源和 PDF 中的网络策略规则、从 NACF 获得的传送清单信息（如定制的上下行带宽、最大优先级等）是否一致。当授权和预留分开执行时，PDF 向 SCF 返回授权结果，否则将继续下面的步骤。

◎ 可用性检查。

PDF 确定媒体通路涉及的接入网和核心网。如果在所涉及的网络中有 TRCF，PDF 将向已经在 PDF 中进行注册的 TRCF 发送请求消息检查相关网络中的资源可用性。如果在所涉及的网络中有多个 TRCF，TRCF 之间还需要进行信息交互以便确定从网络入口边界到出口边界之间相关 QoS 资源的可用性，收到资源初始请求消息的 TRCF 将向 PDF 回送资源初始响应消息。

◎ 最终接纳决策。

PDF 根据和 PEF、TRCF 的交互结果确定最终的接纳决策，如果不接纳，PDF 应向 SCF 回送资源初始响应消息，其中包含拒绝原因。

◎ 安装接纳决策。

PDF 将最终的接纳决策发送给 PEF 进行策略的安装。当预留和接纳分开时，PDF 只请求安装接纳决策，并在收到 SCF 资源接纳激活请求时才发送另一个资源初始请求，控制 PEF 开门并激活之前已经设置在 PEF 中的接纳决策。当预留和接纳一起执行时，PDF 请求 PEF 立即执行资源接纳决策。

◎ PEF安装和(或)执行PDF发送的最终接纳决策,并向PDF报告执行结果。

◎ PDF向SCF发送资源初始响应。

具体流程如图5-7所示。

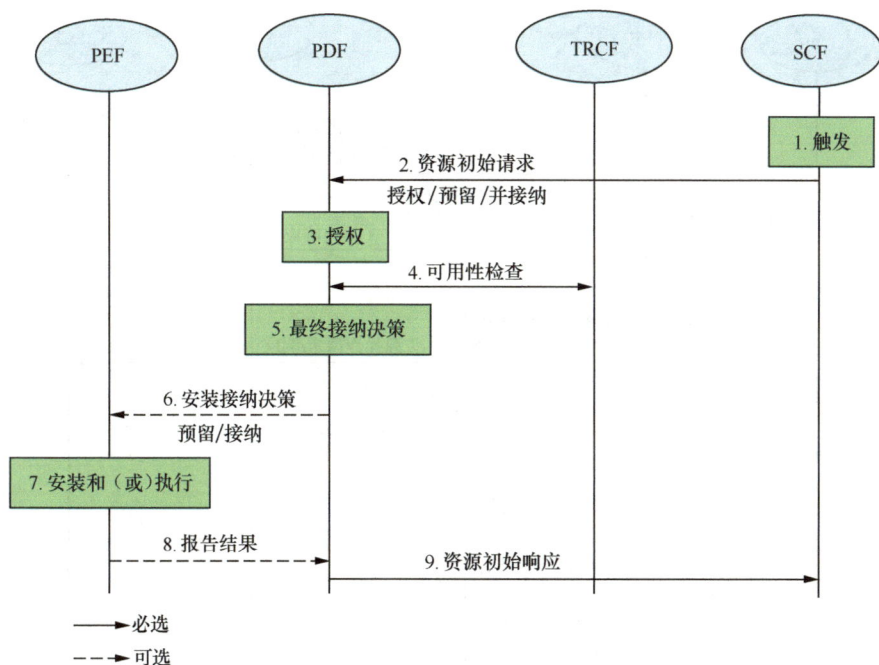

图 5-7 SCF 发起 QoS 控制的授权、预留和接纳流程

（2）CPE 发起 QoS 控制的授权、预留和接纳流程

在 CPE 发起资源请求的场景下，经过上面第3步授权后（如图5-7所示），PDF 将向 SCF 返回授权结果。随后的流程可以描述如下。

◎ 触发请求。

PEF 收到来自 CPE 的 Path-Coupled QoS 信令的触发，进行资源决策请求。

◎ 发送请求。

根据 CPE 的 QoS 请求，PEF 通过 Rw 接口向 PDF 发送资源决策请求消息，其中携带媒体流描述和相应的 QoS 参数。

◎ 通知 SCF 获取业务信息。

当收到资源决策请求消息时，如果 SCF 之前收到针对该流的 QoS 初始授权，

PDF 应向 SCF 发送资源操作请求消息以便获取和该流相关的业务信息。

然后，将进行授权、可用性检查、最终接纳决策、安装接纳决策以及回送执行结果，其操作和 SCF 发起资源请求的场景中第3～8步一致。具体流程如图5-8所示。

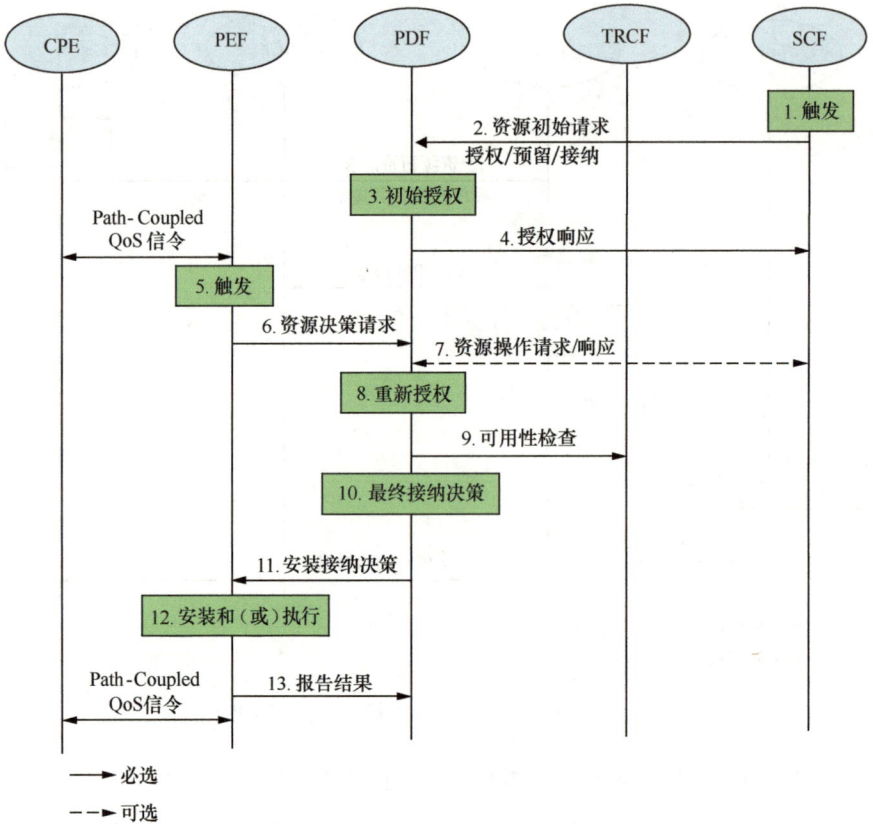

图 5-8　CPE 发起 QoS 控制的授权、预留和接纳流程

5.7 在战术通信网中的应用

IDM 对于军事通信系统，特别是战术通信系统具有重要意义，不仅体现在它可以更有效地利用网络资源以及支持更实时的应用，而且推动了传统通信网向智能信息网的转变。IDM 使网络的行为直接由人的意志驱动，人与网络得以紧密结合。人的智能通过 IDM 转化为网络的智能，而网络的智能是实现信息共享的关键。

战术通信网络具有更加复杂多变的特性，有限的带宽、动态的拓扑与快速的响应要求决定了系统对信息分发管理的特殊需求。下面将重点讨论战术信息分发管理（Information Dissemination Management-Tactical，IDM-T）的系统架构与核心功能。

5.7.1　IDM-T 的系统架构

战术通信网由战术骨干网和战术子网组成。战术骨干网是战术通信网的核心网，由通信能力较强，但机动能力相对较弱的微波或卫星通信系统组成。战术子网是战术通信网的接入子网，主要由通信能力较弱，但机动能力较强的战术电台组成，满足机动作战单元的通信需求，通过接入战术骨干网实现子网间通信。

IDM-T 系统服务于战术通信网，由 IDM-T 服务器与 IDM-T 代理组成。IDM-T 服务器部署于战术骨干网的交换节点，主要用于战术指挥所的接入，以及用于控制战术骨干网与战术子网之间的指控业务传输。IDM-T 服务器处理能力较强，是 IDM-T 系统核心功能的载体。IDM-T 代理部署于用户终端或战术电台中，向用户提供信息分发功能以及控制用户的业务接入，IDM-T 代理以软件组件的形式存在，集成于用户应用系统及战术电台软件系统。IDM-T 代理的处理能力较弱，主要完成简单的用户接入控制与服务接口功能，复杂的控制功能由 IDM-T 服务器实现。

IDM-T 的系统架构如图 5-9 所示。

如图 5-9 所示，IDM-T 部署于战术通信网的边缘以及主要的核心节点，能够控制所有进入网络的业务数据，并且能够有效控制骨干网与子网之间的业务数据传输。

IDM-T 系统的能力需求主要包括以下 4 个方面。

（1）网络高效运转

战术通信网是一种典型的异构网络结构，存在着通信能力不对称的问题。战术通信网为了满足机动作战与运动作战的需求，其传输手段普遍采用无线通信方式，受到无线通信容量的限制。

为了保证战术通信网的高效运转，首先，需要对进入网络的业务流进行控制，保证网络的负载处于可控状态。其次，需要对从战术骨干网进入战术子网的业务流进行控制，避免战术子网因负载过大而瘫痪。因此，基于策略的接纳控制机制以及针对不对称网络的传输控制是 IDM-T 系统的能力目标之一。

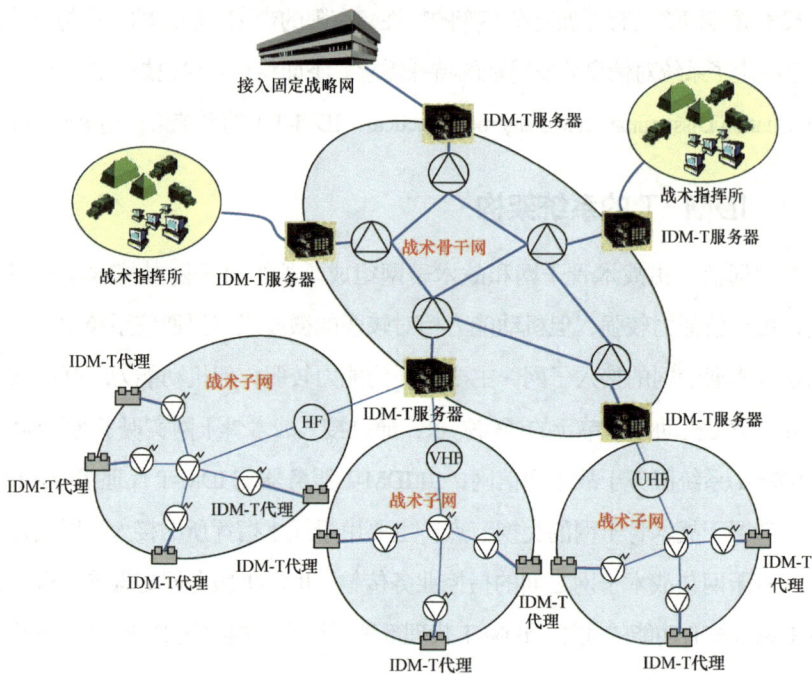

图 5-9　IDM-T 系统架构

（2）业务高效传输

战术通信网提供端到端的数据传输业务，根据信息的重要程度、信息的时效性、传输优先级、信息产生的规律（产生频度、流向、数据量）和信息的分布范围等参考因素，明确划分服务等级。IDM-T 系统需要根据业务的服务等级划分，采用不同的传输控制机制，以满足业务的服务质量要求。IDM-T 系统应加强对报文的传输控制，能够在报文生存期内，合理利用网络资源，提高报文传输成功率和传输效率。

（3）多种业务支持

除指控类业务外，战术通信网还应支持共享类和生存类的数据业务。

共享类业务不需要指定源或目的用户，数据的发送与接收分离，由网络实现数据的共享。数据源用户直接发布数据至网络，由 IDM-T 系统保存数据及维护数据更新，建立共享数据目录，并在 IDM-T 系统之间实现数据目录同步。用户根据需要，查询数据目录，可以自主获取共享数据。

生存类业务要求的传输延迟非常严格，即使网络发生拥塞，只要生存类业务

的业务速率小于网络容量，就要满足其传输质量要求。生存类业务要求 IDM-T
对网络及业务具有快速的控制能力，其业务特性与指控类端到端业务有显著区
别，需要独立的接纳控制与传输控制机制保证。

（4）业务控制能力

由于网络与交换设备无法了解网络层以上的业务信息，造成网络以近乎"透
明"的方式传输业务，对业务几乎没有控制能力。IDM-T 系统是各种业务进入
战术通信网的关口，具有业务识别能力，因而由 IDM-T 系统对业务进行控制可
以显著提升业务服务质量及网络资源利用效率。

IDM-T 系统对业务的控制依靠其对网络信息的了解，充分利用路由、链路、
信道等信息，根据网络状态对业务的接纳及传输方法进行控制。

5.7.2　IDM-T 的核心功能

IDM-T 系统包括 4 个核心功能模块，即接纳控制模块、传输控制模块、数
据共享模块与业务控制模块，其功能架构如图 5-10 所示。

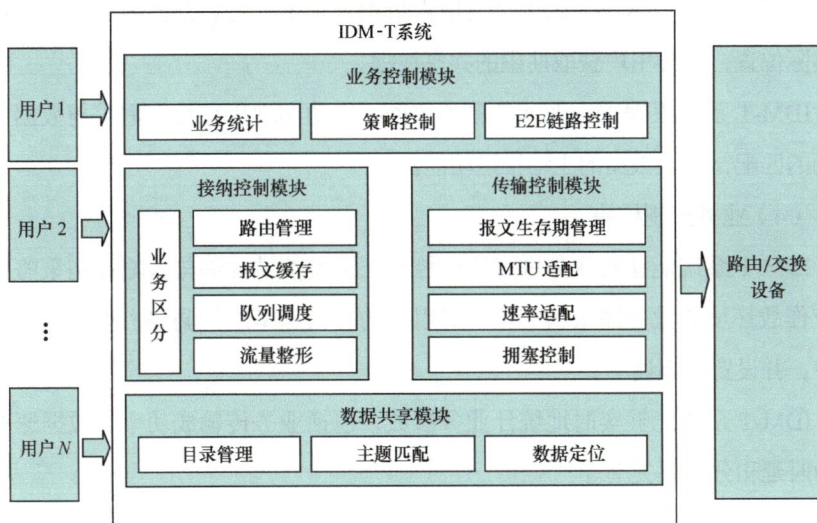

图 5-10　IDM-T 系统功能架构

（1）接纳控制模块

IDM-T 系统能够缓存及管理用户发送的业务报文，并根据业务规划，对规

划用户的报文进入战术通信网的速率进行流量控制，并能为非规划用户提供"透明"接入功能，但需严格限制非规划用户的接入速率。

IDM-T 系统应首先实现静态速率规划的接纳控制，严格控制用户的接入速率；最终实现用户速率的自适应分配，进一步提高网络资源利用率。按照报文长度与信道可用传输速率，估计报文传输时间，根据报文生存期，主动拒绝或接纳报文传送。

（2）传输控制模块

IDM-T 系统能够查询网络参数，并据此调整业务的传输参数，以提高业务传输效率。根据报文生存期，结合报文长度、网络拥塞及信道状态，采取断续发送机制，合理利用网络资源，在适当的时间段内发送数据，以避开网络拥塞及信道干扰。

IDM-T 系统能够根据战术子网的实际出口速率，调整分组最大传输单元（Maximum Transmission Unit，MTU）和数据速率，以提高数据交换效率，避免网络拥塞，实现生存类信息的无延迟转发，保证生存类信息传输的时效性。

（3）数据共享模块

IDM-T 系统应实现共享类数据的管理，建立并在 IDM-T 系统之间同步共享数据目录。能够为用户提供浏览及搜索数据目录的能力，并能够自动定位数据的实际位置，引导用户获取期望的共享数据。

IDM-T 系统根据主题管理共享类数据，自动实现用户数据需求与数据主题之间的匹配，实现数据的主动推送功能。

（4）业务控制模块

IDM-T 系统能够对业务进行实时控制，调整接纳控制与传输控制策略，以适应作战环境与业务需求的变化。对用户的接入速率进行调整，添加新的规划用户，并设置接入速率。

IDM-T 系统能够实时地统计业务参数，包括业务传输成功率、数据速率、传输时延和分组丢失率等。

5.8 本章小结

IDM 技术的主要目的是合理利用有限的通信资源，更有效地向作战人员分发信息。IDM 的优势在于其可以直接控制通信设备，而且能够识别用户的通信需求，IDM 是信息用户与通信设备之间的桥梁，业务的控制反映了用户的需求，对传输的控制反映为对设备的控制。因此，IDM 对信息分发的控制是最直接的，也是最有力的。IDM-T 针对战术通信的特点，简化了 IDM 信息管理功能，增强了接纳控制与信息传输控制的功能。

参考文献

[1] JOE L. Future army bandwidth needs and capabilities[J]. Rand Corporation, 2004.

[2] ROBINSON C A. Agent-based dissemination hastens information steam to warfighters[J]. Annals of Internal Medicine, 1948, 29(2): 238-258.

[3] Global Information Grid (GIG) Capstone Requirements Document[S]. [S.l.:s.n.], 2001.

[4] 徐志伟, 冯百明, 李伟. 网格计算技术 [M]. 北京 : 电子工业出版社, 2005.

[5] Distributed Management Task Force, Common information model (CIM) specification[S]. [S.l.:s.n.], 1999.

[6] Object Management Group (OMG). Data distribution service for real-time systems specification[S]. [S.l.:s.n.], 2004.

[7] FATTAH H, LEUNG C. An overview of scheduling algorithms in wireless multimedia networks[J]. IEEE Wireless Communications, 2002, 9(5): 76-83.

[8] COBB J A, GOUDA M G, EI-NAHAS A. Time-shift scheduling-fair scheduling of flows in high-speed networks[J]. IEEE/ACM Transactions on Networking, 1998, 6(3): 274-285.

[9] LU S, BHARGHAVAN V, SRIKANT R. Fair scheduling in wireless packet networks[J]. IEEE/ACM Transactions on Networking, 1999, 7(4): 473-489.

[10] NG T S E, STOICA I, HUI Z H. Packet fair queuing algorithms for wireless networks with location-dependent errors[J]. Proceedings of IEEE, 1998, 3(9): 1103-1111.

[11] PERIYALWAR S S, HASHEM B, SENARATH G, et al. Future mobile broadband wireless networks: a radio resource management perspective[J]. Wireless

Communications & Mobile Computing, 2003, 3(7): 803-816.

[12] JALALI A. Data throughput of CDMA-HDR a high efficiency-high data rate personal communication wireless system[J]. Proceedings of IEEE, 2000, 51: 1854-1858.

[13] KIM H, KIM K, HAN Y, et al. An efficient scheduling algorithm for QoS in wireless packet data transmission[C]//Proceedings of Personal, Indoor and Mobile Radio Communications. Piscataway: IEEE Press, 2002.

[14] ANIBA G, AISSA S. Adaptive proportional fairness for packet scheduling in HSDPA[J]. Globecom New York, 2003,1(6): 4033-4037.

[15] ANDREWS M, BORST S, RAMANMAN K. Downlink scheduling in CDMA data networks[C]//Proceedings of Seamless Interconnection for Universal Services. Global Telecommunications Conference, GLOBECOM' 99. Piscataway: IEEE Press, 1999.

[16] KUMARAN K, RAMANAN K, STOLYAR A. CDMA data QoS scheduling on the forward link with variable channel conditions[R]. [S. l.]: Bell Labs, 2000.

[17] ANDREWS M, KUMARAN K, RAMANAN K, et al. Providing quality of service over a shared wireless link[J]. IEEE Communications Magazine, 2001, 39(2): 1-154.

[18] SANJAY S, ALEXANDER L S. Scheduling algorithms for a mixture of real-time and non-real-time data in HDR[C]// Proceedings of Teletraffic Engineering in the Internet Era. Piscataway: IEEE Press, 2001: 793-804.

[19] SHAKKOTTAI S, STOLYAR A L. Scheduling for multiple flows sharing a time-varying channel: the exponential rule[J]. American Mathematical Society Translations, Series, 2000, 2: 2002.

[20] CHOI Y J, BAHK S. WAF: wireless-adaptive fair scheduling for multimedia stream in time division multiplexed packet cellular systems[C]//Proceedings of Eighth IEEE Symposium on Computers & Communications. Piscataway: IEEE Press, 2003, 2: 1085-1090.

[21] PANDEY A, EMEOTT S, PAUTLER J, et al. Application of MIMO and proportional fair scheduling to CDMA downlink packet data channels[C]//Proceedings of IEEE Vehicular Technology Conference. Piscataway: IEEE Press, 2002.

[22] KNIGHTSON K, MORITA N, TOWLE T. NGN architecture: generic principles, functional architecture, and implementation[J]. IEEE Communications Magazine, 2005, 43(10): 49-56.

第 6 章

CHAPTER 6

软件无线电技术

6.1 引言

1992 年，Mitola 在美国电信系统会议上首次提出软件无线电（Software Radio）的概念 [1]，很快引起了包括军事通信、移动通信、微电子以及计算机等领域的广泛关注，以软件无线电技术为特征的新一代通信系统的研究和开发从此逐步兴起。尤其是美国军方率先开展了三军通用软件无线电台的研制，并于 1994 年在美国国防部高级研究计划局（DARPA）的主持下，进行了军用软件无线电系统易通话（SpeakEasy）工程第一阶段的演示验证 [2]，其结果表明：软件无线电不仅在技术上完全可行，而且代表着未来军用电台的发展趋势。

当前，从 WLAN、UWB 到 WiMAX，从 2G、3G、4G 到 5G，无线通信技术正变得越来越丰富，技术发展的脚步催生了网络融合的趋势，各类无线产品的开发逐步趋于功能多样化、兼容化和智能化，也使得软件无线电技术变得愈发重要。软件无线电被称为继从模拟到数字、从固定到移动之后无线通信领域的第三次革命。人们普遍认为软件无线电将使无线通信领域产生重大变革，并由此推动信息技术的快速发展。

作为需求牵引和技术推动两方面作用下的必然产物，软件无线电突破了传统无线电台以硬件为核心的设计局限性，强调采用开放的、标准的体系结构，因此，从某种意义上说，软件无线电与其说是一种新的技术，不如说是一种新的体系结构——以软件为核心、面向软件的崭新设计思想，使无线通信设备实现了硬件模块化，软件可加载、可配置、可移植，便于新功能、新业务的不断引入，较好地解决了相同设备的功能扩展和不同设备间的互联互通问题。采用软件无线电技术的通信系统在使用和维护上主要有如下优点。

（1）开放性

采用开放式的体系结构，用标准化的软件、硬件和接口模块来构造系统，这样保证无线通信设备可以像计算机一样不断地得到升级换代。

（2）灵活性

通过软件编程灵活地实现设备的功能，如调制解调、信道编码、信源编码、加密解密等，便于兼容各种体制的通信系统。

（3）扩充性

新业务、新技术的引入十分方便，往往只需加载新的软件模块即可实现，从而大大降低系统的开发成本，缩短设备的研制周期。

从军事应用角度来看，战术通信环境不断变化造成的需求多样性以及战术协同的复杂性，决定了战术无线通信系统必须具有高度的灵活性和互操作性。同时，延长现役无线通信装备的使用寿命与采用日新月异的无线通信技术之间的矛盾，也对战术通信系统的设计提出更高的要求。因此，软件无线电首先用于军事通信领域不是偶然的，是联合作战对协同通信迫切需求的产物。

6.2 基本概念

6.2.1 定义

软件无线电采用开放式体系结构将标准化的硬件模块和软件单元集成在一起，构成具有可重配置能力的通用、可扩展无线通信系统。与传统的无线通信系统相比，软件无线电主要具有以下特点：尽可能靠近天线对信号进行数字化；模数转换后的信号处理完全用软件来实现；采用标准的、开放的软、硬件体系结构；可以动态配置信号波形，能够在使用中灵活选择语音编码、信道调制、载波频率、加 / 解密等算法。

1. 概念理解

作为新一代无线通信体系结构，软件无线电可以从无线通信和计算机技术两个角度来理解。

从无线通信的角度看，软件无线电是采用高速通用处理器（GPU）、数字信号处理器（DSP）、现场可编程门阵列（FPGA）等可编程器件为主构成的一个硬件平台，尽可能靠近天线完成模数、数模转换，并以软件方式来实现无线通信的各种功能，并可以将功能模块按需动态组合。

从计算机的角度看，软件无线电类似于计算机，在硬件上采用基于标准总线的硬件结构；软件设计采用基于开放系统互联参考模型的分层软件体系，支持面向对象的、开放式的模块化设计。系统可以灵活加载各种软件模块，具备自适应能力、抗干扰能力以及灵活的组网与接口能力，可以满足包括话音、传真、数据及图像等的多种业务需求。

2. 发展阶段划分

随着技术的不断发展，软件无线电的演进是阶段性的。软件无线电论坛（SDR Forum）根据无线通信系统软件化的程度，在把软件无线电与硬件结构无线电（Hardware Radio，HR）及软件控制无线电（Software Controlled Radio，SCR）区分开来的同时，将软件无线电分成了软件定义无线电（Software Defined Radio，SDR）、理想软件无线电（Ideal Software Radio，ISR）和终极软件无线电（Ultimate Software Radio，USR）等多个级别[3]。

5 个级别的软件无线电发展阶段划分如图 6-1 所示，箭头长度代表了不同级别的软件化程度，箭头长度越长，表示系统的软件化程度越高。

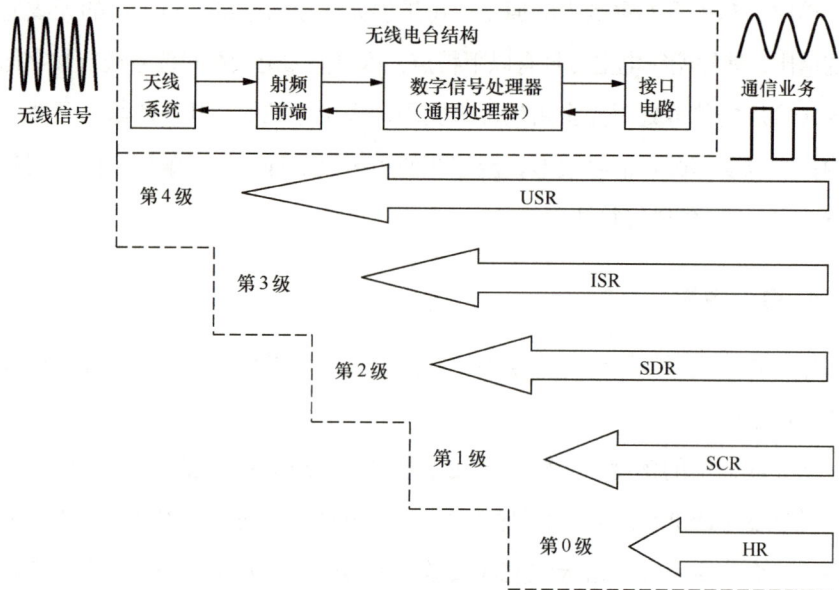

图 6-1 软件无线电发展阶段划分

第 0 级，硬件结构无线电全部用硬件实现的无线电系统，只能通过物理硬件改变来调整系统的参数。

第 1 级，软件控制无线电可以通过软件控制和改变功率、频点，但不能改变频带宽度和调制方式。

第 2 级，软件定义无线电可以通过软件控制调制方式、带宽、加密算法等工作模式，工作频率仍受射频前端的影响，跨频段工作需要天线切换开关，其结构如图 6-2 所示。

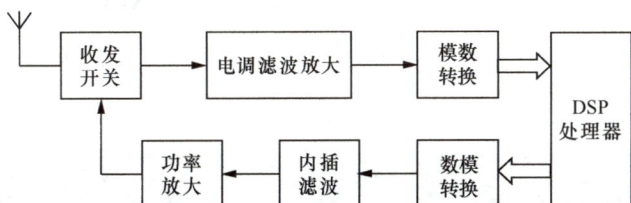

图 6-2 软件定义无线电结构

第 3 级，理想软件无线电的数模、模数转换仅发生在天线、耳机和话筒 3 个位置，系统完全可编程，其结构如图 6-3 所示。

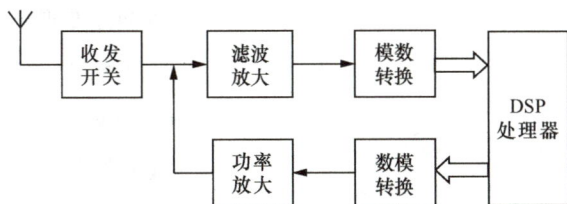

图 6-3 理想软件无线电结构

第 4 级，终极软件无线电不受天线、频率、带宽的限制，系统完全可编程，其仅作为参考定义。

软件定义无线电采用射频带通采样实现，模数转换前采用了带宽相对较窄的电调滤波器，然后根据所需的处理带宽进行带通采样。这样可以降低对模数转换的采样速率的要求，同时，对后续 DSP 的处理速度要求也可以大大降低。

理想软件无线电定义的结构，从天线进来的信号经过滤波放大后就由模数转换进行数字化，后端完全采用数字化、软件化处理。这种结构最为简洁，把模拟电路的数量减少到最低程度。但这种结构不仅对模数转换器的性能如转换速率、工作带宽、动态范围等提出了很高要求，同时对后续DSP处理速度的要求也非常高，因为射频低通采样所需的采样速率至少是射频工作带宽的两倍。比如，工作在1～1 000 MHz的软件无线电接收机，其采样速率就至少需要2 GHz，这样高的采样率不仅模数转换器难以达到，后接的数字信号处理器也是难以满足要求的。

3. 软件化度量

Mitola[3]提出了一种用四维矢量（N，PDA，HM，SFA）来表示软件无线电的软件化程度的方法，矢量每一维的取值范围为0～3，见表6-1。

表6-1 软件无线电系统的评价指标[3]

矢量参数		软件化程度与取值	
符号	意义	软件化程度	取值
N	空中接口支持的信道数	单一信道	0
		双信道	1
		多信道（小于6个）	2
		RF 中的所有信道	3
PDA	可编程的数字访问	无可编程性	0
		基带可编程	1
		中频可编程	2
		射频可编程	3
HM	硬件模块化	无可编程性	0
		采用可编程专用模块	1
		采用 DSP	2
		采用 FPGA 或 CPLD 构成 SOC	3
SFA	软件模块化或软件可重用性	无定义空中接口的软件	0
		只能运行一个厂商的软件	1
		多个软件可加载到一个平台	2
		多个软件可加载到多个平台	3

6.2.2 基础理论

软件无线电涉及从空中无线信号接收开始到识别、放大、解调、解码以及用户业务处理等过程，其中最核心的依旧是对原始信号的实时处理和无差错恢复，其涉及的信号处理理论主要包括射频信号的带通采样、高速离散数字信号的抽取和信号内插等。

1. 带通采样

为了尽可能靠近天线对信号进行数字化，需要对射频宽带信号进行采样。例如，战术无线通信系统所覆盖的频率范围，最低端在几百 kHz 以下，最高端在 5 GHz 以上。按照奈奎斯特采样理论，所需要的采样速率不少于 10 GHz，目前的模数转换器是很难实现的。由于实际通信信号一般都是调制在载波上的有限频带信号，可以根据带通采样理论选择合适的采样速率来实现对带通信号的模数转换。

带通采样定理可以表述为：一个频率带限信号 $x(t)$，频带宽度 $(f_下, f_上)$，如果选取采样速率 $f_s = \dfrac{2(f_下 + f_上)}{2n+1}$（$n$ 为正整数，且 $2n+1 \leqslant \dfrac{f_下 + f_上}{f_上 - f_下}$），则采用 f_s 进行等间隔采样所得到的离散序列，可以准确地恢复原来的信号 $x(t)$，如图 6-4 所示。

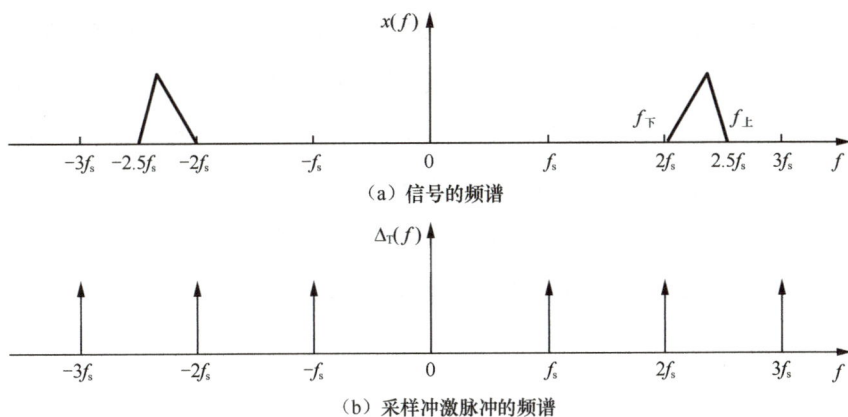

图 6-4 带通采样前后信号频谱变化

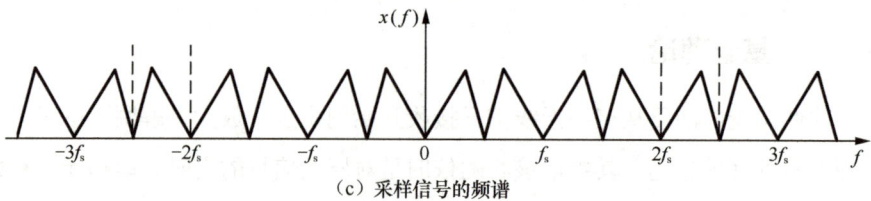

（c）采样信号的频谱

图6-4　带通采样前后信号频谱变化（续）

使用带通采样时，应满足只有一个频带上存在信号的条件。如果多频带同时存在信号，则会产生不同频带信号的混叠而不能恢复所需要的信号。因此，在采用带通采样设计接收机时，需要滤波特性较好的滤波器，滤除相邻信道存在的信号。

2. 信号抽取

在接收机设计中，即使采用了带通采样理论，从系统整体性能和复杂度考虑，采样频率还是尽可能选高一些。因此，如果希望模数转换后的信号处理完全用软件来实现，就要解决好射频信号采样后数据速率过高造成的信号处理实时性问题。

对于一些宽带信号，即使采用带通采样理论采样，得到的离散信号经过量化、编码后信息速率仍然很高，这对后续复杂的编码和调制解调运算提出了很高要求。如果能够对原采样序列 $x(t)$ 按照一定规律提取数据，形成一个新的子序列，这个子序列不仅速率降低了，而且能够恢复原来的信号频谱分量，这就涉及多速率信号处理理论中的抽取。

如果首先对 $x(t)$ 进行数字滤波，滤波带宽为 π/M，再对滤波后的序列进行 M 倍的抽取，所得的子序列不仅速率上降低为原来的 $1/M$，解决了高速数字信号处理的难题，并且可以完全恢复带宽在 π/M 内的所有频率分量。整个信号抽取过程及信号抽取前后频谱变化如图6-5所示。$\downarrow M$ 表示将采样率减少 M 倍的抽取。

直接对序列 $x(t)$ 进行 M 倍抽取后的结果是造成 $X(f)$ 经过 M 倍的展宽和 M 个频谱的叠加，从而产生严重的频谱混叠而不能恢复 $X(f)$。

3. 信号插值

信号插值与信号抽取相反，插值后的结果是 $X(f)$ 经过 L 倍的压缩和 L 个频谱的叠加。该理论主要用于软件无线电发射机的设计，主要解决基带信号的频谱向中频或射频搬移问题。

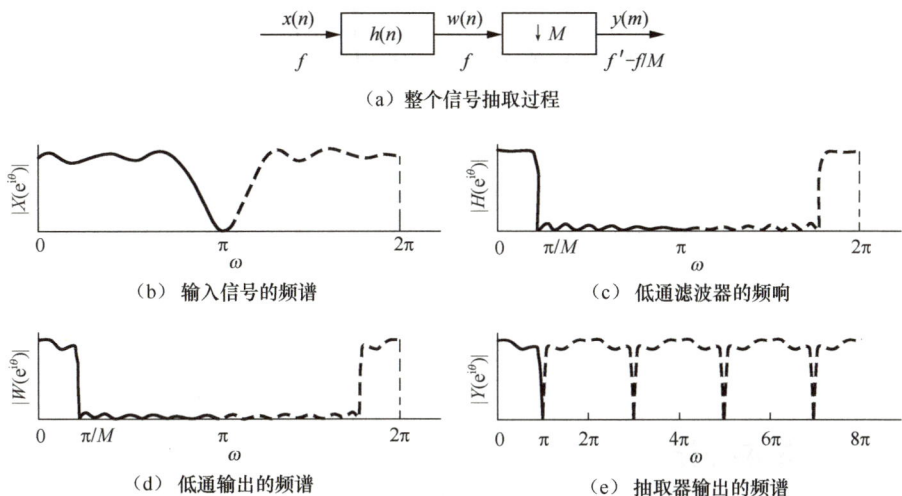

（a）整个信号抽取过程

（b）输入信号的频谱

（c）低通滤波器的频响

（d）低通输出的频谱

（e）抽取器输出的频谱

图6-5 整个信号抽取过程及信号抽取前后频谱变化

信号插值就是在序列 $x(t)$ 的两个采样点之间插入 $L-1$ 个 0 值，用符号 $\uparrow L$ 表示，插值后的序列可表示为：$w(m) = \begin{cases} x\left(\dfrac{m}{L}\right), m = 0, L, 2L, \cdots \\ 0, \quad m\text{为其他值} \end{cases}$。

$w(m)$ 的频谱是 $x(t)$ 序列频谱经 L 倍压缩后得到的频谱，信号插值前后频谱变化如图 6-6 所示。

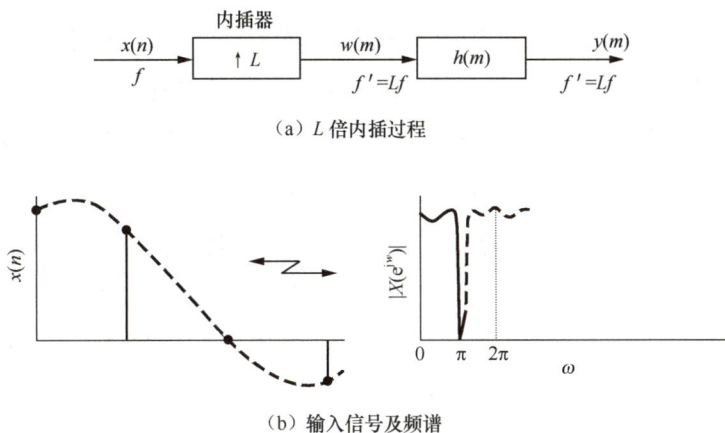

（a）L 倍内插过程

（b）输入信号及频谱

图6-6 信号插值前后频谱变化

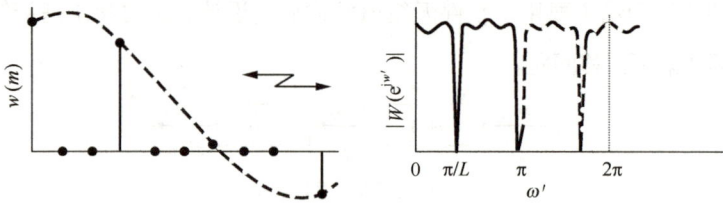

（c）内插 $L-1$ 个 0

图 6-6　信号插值前后频谱变化（续）

6.3　体系结构

6.3.1　发展过程

体系结构体现了一个特定系统的组成并描述了其各部分的内在关系。随着系统复杂性不断增加，体系结构的作用也越来越重要。软件无线电的体系结构设计应该综合考虑无线通信的技术现状和长远发展，具有融合多种技术、多种标准的能力。

软件无线电的核心思想是"可重配置性"。传统的基于硬件的无线通信设备，如果没有物理的修改或重新设计，是不可能进行重配置的。随着 GPP、DSP、FPGA 等可编程器件的不断发展，以及数模转换和模数转换速度、精度的提高，越来越多的波形信号处理从模拟转向数字，并可以通过软件来实现。但是，不同的无线通信设备制造商所制定的系统体系结构及其实现各不相同，由此造成不同厂商的无线通信设备间缺乏统一的标准，不能采用兼容的接口和协议进行互操作。因此，需要有共同的体系结构来约束所有的厂商。

早期 SpeakEasy 系统成功验证了采用软件无线电技术的优势，继而大量无线通信设备开始基于软件来实现核心信号处理。为了更好地满足三军联合作战互联互通、降低装备维修保障成本的需要，美军于 1997 年启动了"联合战术无线电系统"计划。为了达到系统的设计目标，JTRS 把制定通用软件无线电体系架构作为首要目标，推出了软件通信体系结构（Software Communications

Architecture，SCA）规范 [4]。

SCA 要求无线通信装备采用类似计算机的通用硬件架构，使硬件模块成为可即插即用的标准单元，硬件平台通用、开放、可编程。同时，SCA 要求波形以软件方式实现，规定将波形划分为独立的功能模块，明确模块间的接口定义、互联方法，从而通过模块的组合灵活构成各种波形，并使波形软件具有良好的可移植性。

SCA 规范的目标包括以下几个方面。

◎ 在遵循 SCA 规范的不同无线通信设备之间实现波形软件的可移植。

◎ 支持无线通信系统的互操作能力、可编程能力和可裁剪能力。

◎ 最大可能地将软件和硬件相分离，要求波形软件以及硬件设备是可移植、可重用的。通过重用软硬件模块，缩短无线通信系统的开发周期。

◎ 可扩展新的波形和硬件模块，具备新技术快速引入的能力。

◎ 支持嵌入式、可编程的信息安全模块。

◎ 支持多种现有及新的波形，支持多信道同时工作。

SCA 规范包括主规范、应用程序接口规范和安全规范 3 部分。其中，主规范制定了开放的分布式软件无线电体系结构；应用程序接口规范描述了波形组件之间通信的函数、语法和协议；安全规范定义了无线通信系统的安全需求及结构。

SCA 规范从提出到现在已发展了多个版本。2000 年 2 月，由波音公司、摩托罗拉公司和雷声公司牵头，完成了 SCA 1.0 制定。2001 年 11 月，经过多家厂商的原型样机验证，SCA 2.2 发布，这个版本获得了广泛认可，标志着 JTRS 从验证阶段转入装备应用阶段。2004 年 8 月，为进一步提高波形的可移植性，SCA 3.0 发布，提出了硬件抽象层的概念及初步构想。2007 年 5 月，SCA 2.2.2 发布，其主规范与 2.2 版本基本一致，主要对应用程序接口、硬件抽象层进行了全面修订，同时废止了 3.0 版本的使用。之后符合 SCA 2.2.2 规范的战术通信装备大量面世，随着产品经验的积累，SCA 规范继续发展，经过 2009 年发布的 SCA Next 草案后，2012 年 2 月 SCA 4.0 规范形成，其目标是能尽可能采用商业化新技术产品，简化 SDR 电台的开发，最大化软件应用的可移植性、可重用性以及组件尺寸的灵活性，但该版本为过渡性版本，未被正式使用。2015 年 8 月最新的 SCA 4.1 规范发布，提升了网络安全性，提高了系统性能，增强了软件的可移植性，降低了 SCA 兼容产品的开发成本。2018 年 2 月美国国防部正式宣布在美军海陆空战术通信装备中全面强制部署 SCA 4.1 规范，取代之前的 SCA 2.2.2 规范。目前，SCA 规范相继被软件无线电论坛、对象管理组织（OMG）接受，已成为世界范围内的软件无线电标准 [4-5]。

下面，分别对 SCA 规范中所提出的软件无线电硬件体系结构、软件体系结构进行介绍。

6.3.2 硬件体系结构

20 世纪 40 年代，美国科学家冯·诺依曼提出了经典的"冯·诺依曼结构"，把计算机硬件划分为控制、运算、存储、输入、输出 5 个部分，并阐明了其内在联系，直到今天计算机依然沿用这一体系架构。此后，人们进一步提出由通用操作系统实现对硬件资源的管理，并提供统一的应用程序接口，从而让用户获得一致的操作体验，让程序员从对硬件复杂的操作细节中解放出来，专注于应用领域。有了科学的体系架构，计算机软硬件得以高度专业化发展，形成了百家争鸣却又兼容并举的局面，使计算机技术始终保持着强大的生命力。

采用软件无线电技术设计的无线通信系统是一个以软件为核心的信号处理平台，在该平台中要求硬件结构必须通用化，即硬件体系结构不能针对某个特定的功能设计，而是设计成可扩展的通用设备，这些设备通过逻辑软件包进行封装和描述，并可以通过加载不同的功能软件实现特定的应用。

SCA 规范充分借鉴了计算机硬件体系结构，采用了树形结构的硬件模块划分方法，并引入面向对象设计中类的概念，把硬件特性作为属性进行描述。类的结构是分层次的，在最顶层包括机箱类和硬件模块类，硬件模块类又派生出射频、处理器、调制解调、信息安全、输入/输出、电源、定位系统等子类，子类可以进一步扩展。这种方法统一了硬件模块划分粒度，明确了模块间的相互关系，是硬件模块化、通用化的基础。

硬件顶层类结构定义了与系统实现有关的整体属性，包括可维护性、可使用性、可监控性、机械结构、使用环境、设备名称、设备类型、型号、序列号和制造商等属性，如图 6-7 所示。

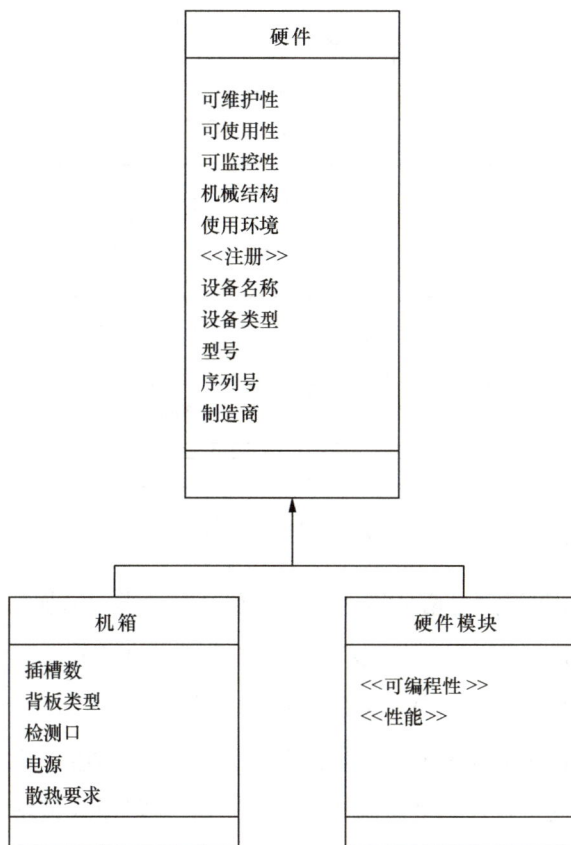

图 6-7 硬件顶层类结构

硬件可以进一步分为机箱类和硬件模块类。机箱类的属性包括插槽数、背板类型、检测口、电源和散热要求等。硬件模块类的属性包括可编程性和性能两大类。

硬件模块类是所有硬件模块的父类，它的基本属性被所有硬件模块继承。当类结构层次从通用化的顶层向下扩展到更专用化的底层时，每一个子类都继承父类所有的属性。

硬件模块子类一般包括射频、调制解调器、处理器、信息安全、输入/输出、电源、定位系统、参考频率等，其结构如图 6-8 所示。

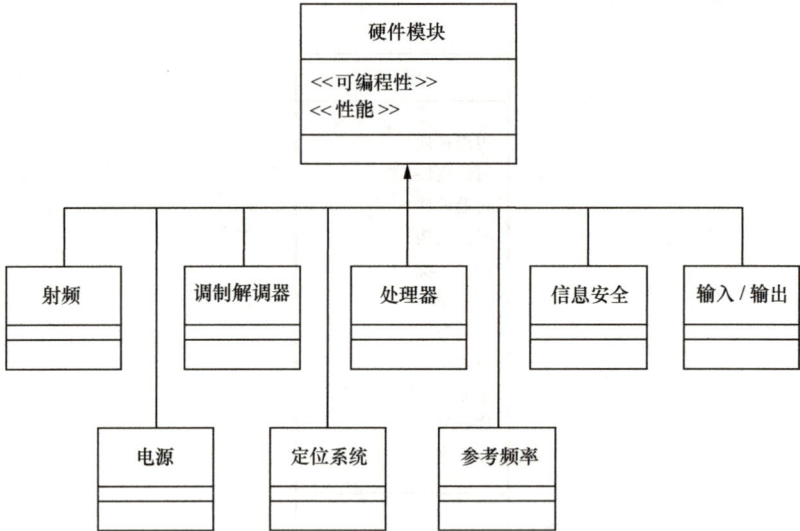

图 6-8　硬件模块子类结构

硬件模块类可以通过增加新的子类或在已有的类中增加新的属性来进行扩展。例如射频类可扩展为天线类、接收机类、功率放大器类和激励器类等，调制解调器类可扩展为调制器类和解调器类，如图 6-9、图 6-10 所示。规范允许在一个单独的硬件模块上继承几个硬件类的功能，此时每个硬件类的功能没有改变，只是把多个类的功能在一个电路板或模块中得到了物理实现。

SCA 安全规范要求将系统中处理未加密而又需要加密信息的所有硬件和软件划分为红边，处理不保密信息或已加密信息的所有硬件和软件划分为黑边，红边、黑边应当通过信息安全类硬件模块实现信息隔离。因此，在硬件体系结构上要求对总线进行相应的划分。

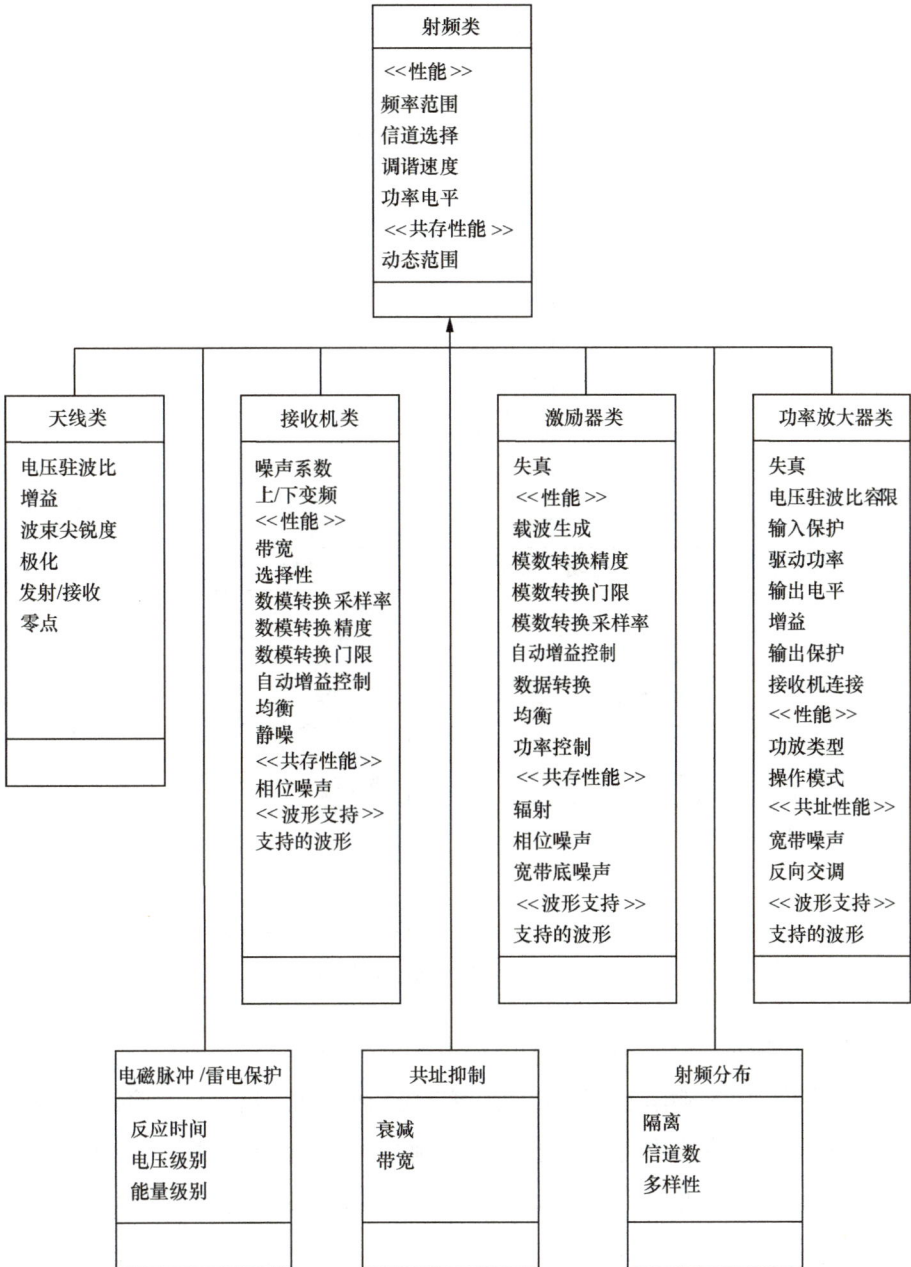

图 6-9　射频类扩展

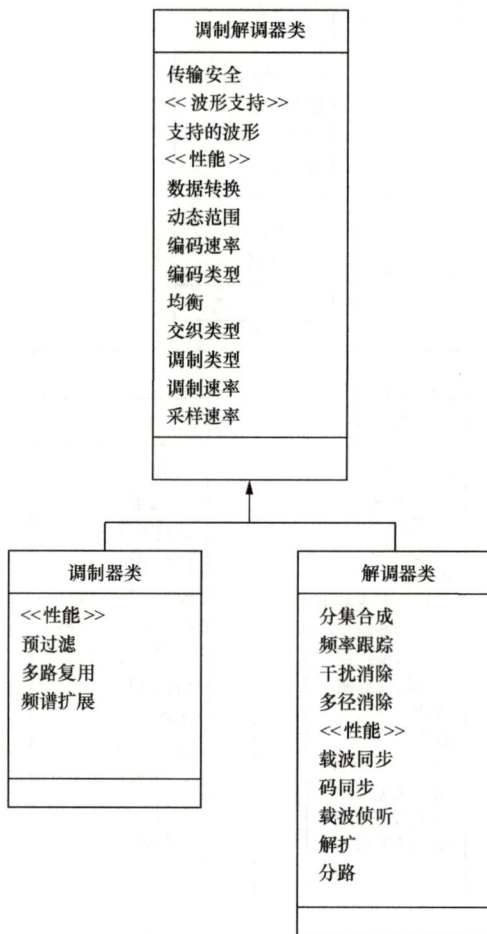

图 6-10　调制解调器类扩展

图 6-11 所示为一种典型的软件无线电硬件平台实现方案。

硬件平台由射频模块、通用调制解调模块、通用处理器模块、安全保密模块、通用接口模块、交换模块、总线模块和电源模块 8 类模块组成。模块间通过高速交换式总线进行互连，构成多处理器架构的通用信号处理平台。总线分为红边交换总线和黑边交换总线，红黑边数据交换必须通过安全保密模块实现。

当前，射频模块一般采用模拟技术、分频段设计，由多个射频模块共同实现全频段覆盖，中频以下可以实现通用、开放、可编程，根据不同的应用需求可对各种功能模块增减、聚合。对于部分覆盖频段较窄的通信装备（如工作在

$2 \sim 30$ MHz 的短波电台），也可采用射频直接数字化采样的方式实现。

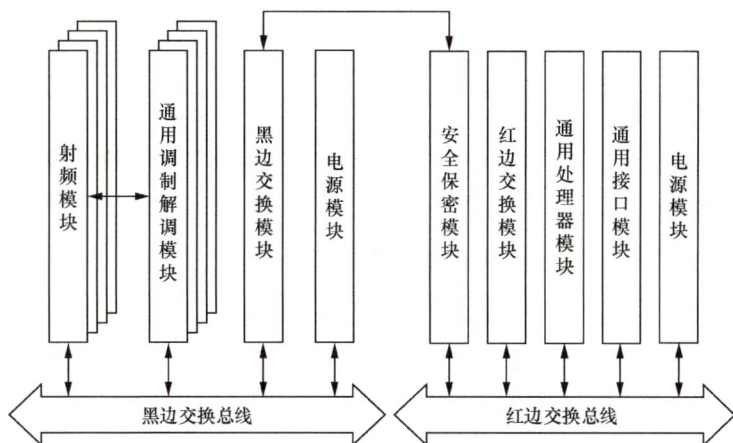

图 6-11 软件无线电硬件平台实现方案

6.3.3 软件体系结构

SCA 规范将操作系统、中间件等计算机领域的技术引入软件无线电，定义了图 6-12 所示的 SCA 软件体系结构，其目标是实现代码可移植、可复用、可重构，并支持系统功能的动态加载、配置。

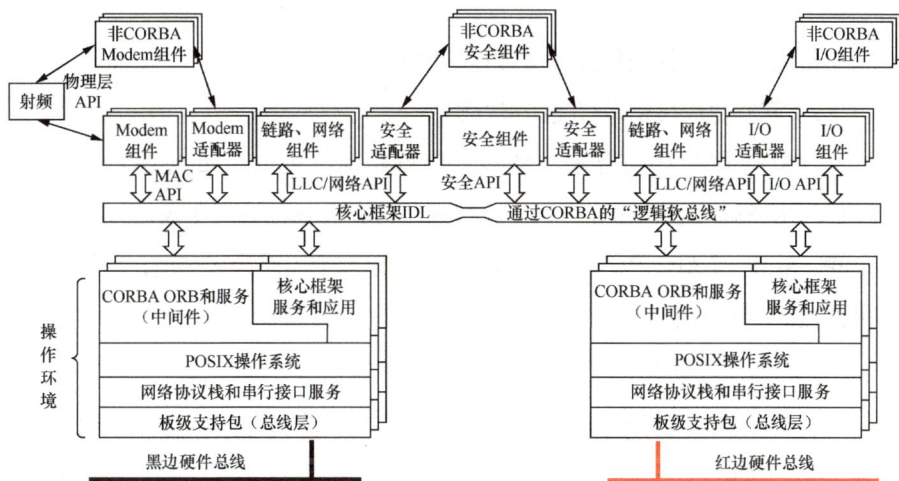

图 6-12 SCA 软件体系结构

整个软件体系结构分为 6 层。

◎ 板级支持包（总线层）。

◎ 网络协议栈和串行接口服务层。

◎ 操作系统层。

◎ 公共对象请求代理体系结构（Common Object Request Broker Architecture, CORBA）中间件层。

◎ 核心框架（Core Framework，CF）层。

◎ 应用层。

其中，前 5 层共同构成一个通用的软件平台。操作系统实现对底层硬件的屏蔽，提供进程管理、基础服务，保证波形的可移植性。基于中间件构造系统软总线——核心框架，上层波形组件通过核心框架提供的标准 API 互连，实现分布式运行。波形成为无线通信系统中的应用软件，波形开发者像 Windows 程序员一样，主要关注组件的划分和设计，不用了解其底层数据交互过程，并可以直接利用现有的组件进行波形重构，从而提高开发效率和代码质量。

（1）板级支持包（总线层）

板级支持包（Board Support Package，BSP）是介于硬件和操作系统之间的软件，完成硬件初始化、中断产生 / 处理、时钟管理、内存地址映射和内存分配等功能。通过板级支持包的屏蔽，能够实现操作系统在不同硬件平台的运行，以及上层应用软件对底层硬件资源的透明访问。

（2）网络协议栈和串行接口服务层

SCA 软件体系结构要求支持多种串行和网络接口，如 RS232、RS422、RS423、RS485、Ethernet 等。为了支持这些接口，各种底层协议可以被使用，如 PPP、SLIP、LAPx 等。波形的网络功能可以基于操作系统实现，例如处理波形间路由的商业 IP 协议栈。

（3）操作系统层

操作系统用于管理和控制系统中的硬件及软件资源，为上层软件提供标准的硬件访问接口和多线程支持，是实现软件可移植性的基础。无线通信系统中通常选择嵌入式实时操作系统，并应满足以下要求。

◎ 具有良好的实时性和可裁剪性。

◎ 支持多种类型的处理器，至少包括 x86、ARM、Power 计算等。

◎ 支持多种类型的硬件接口和总线，易于进行驱动程序开发。

◎ 支持多种类型的网络协议。

◎ 灵活的任务间通信机制。

◎ 符合 POSIX 1003.13 规范。

◎ 具有配套的良好软件开发环境。

目前，满足上述要求的产品较多，如 VxWorks、Linux、QNX、Windows CE 等。近年来，我国自主知识产权的嵌入式实时操作系统发展也很快，如 ReWorks、Delt OS、天脉、翼辉等产品也获得了较广泛的应用。

（4）CORBA 中间件层

中间件用于在分布式处理环境中，屏蔽操作系统及底层硬件，使上层软件以组件化方式运行。中间件的种类很多，在 SCA 规范中采用的是 CORBA，它是由 OMG 制定的一种中间件标准。

无线通信系统中选择的嵌入式实时 CORBA 应满足以下要求。

◎ 具有良好的实时性和可裁剪性，能满足应用要求。

◎ 符合 Minimum CORBA 规范。

◎ 支持多种类型的处理器，至少包括 x86、ARM、Power 计算等。

◎ 支持多种嵌入式实时操作系统。

◎ 支持传输协议可插拔。

较常用的嵌入式实时 CORBA 产品有 Tao、omni ORB、e*ORB 以及我国自主知识产权的 ReTao 等。

（5）核心框架层

核心框架是应用层接口和服务的基本"核心"集，为波形应用软件设计者提供底层软件和硬件的抽象，为波形应用组件的开发提供基本的接口和服务，并提供对整个波形应用的安装、卸载、配置和管理等。

（6）应用层

应用层负责用户通信功能，包括 Modem 级的数字信号处理、连接级的协议处理、网络级的协议处理、互联网路由、外部 I/O 访问、安全处理和嵌入式应用。应用层需要使用 CF 接口和服务，它由一个或多个资源（Resource）组件组成，每个资源组件可以通过 ResourceFactory 来创建。资源接口提供了控制和配置软件组件的公共 API。波形开发者可以通过为应用创建特殊的资源接口扩展这些定义。

设备是应用层中作为实际硬件设备软件代理的各种资源。资源组件或设备组件使用适配器来支持域内非 CORBA 组件的使用。适配器用来提供非 CORBA 组件或设备与 CORBA 资源组件间的转换，它实现了 CF 的 CORBA 接口，可被其他 CORBA 资源组件认识，提供的服务对于 CORBA 资源组件是透明的。适配器对于支持各种非 CORBA 组件是非常有用的。

6.4 核心框架技术

6.4.1 模块划分

核心框架由基本应用接口、框架控制接口、框架服务接口和域配置文件构成，如图 6-13 所示。

① 基本应用接口：包括端口、端口提供者、寿命周期、可测试对象、属性集、资源、资源工厂等接口，可被所有的应用层软件继承使用。

② 框架控制接口：包括域管理器、设备管理器、设备、可加载设备、可执行设备、聚合设备、应用、应用工厂等接口，主要提供系统控制功能。

③ 框架服务接口：包括文件、文件系统、文件管理器等接口，主要提供分布式文件访问功能。

④ 域配置文件：采用 XML 语言对硬件和软件的标识、功能、属性、相互依赖关系以及位置进行描述。

这些接口为战术无线通信系统在分布式环境下进行软件应用组件的配置、管理、互连和通信提供了支持。其中，核心框架软件开发者必须实现框架控制接口和框架服务接口，波形应用开发者必须实现基本应用接口；硬件设备提供者必须实现框架控制接口中与逻辑设备相关的接口。

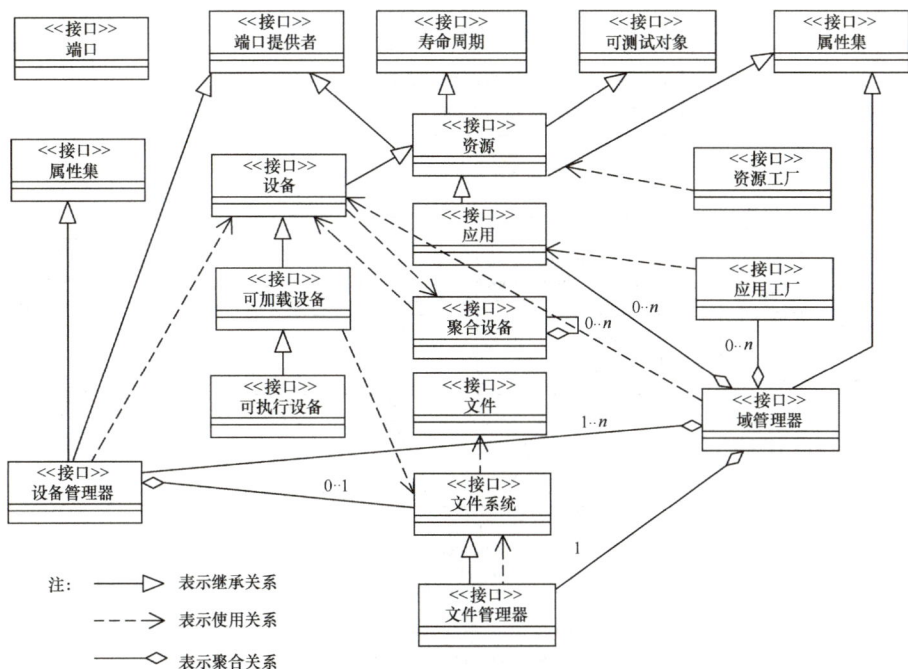

图 6-13 核心框架的构成

下面对核心框架中的主要接口进行介绍。

（1）端口

端口提供组件间的联系通道及管理方法。应用程序可以定义特定类型的端口，以建立组件之间传递数据和控制的操作方法和机制。应用程序可以在不同的情况下使用端口，例如：发送或接收、同步或异步、单向或双向等。组件间的端口如何连接是在域配置文件中描述的，域管理器负责通过端口的操作建立所有组件的连接。

端口的统一建模语言（Unified Modeling Language，UML）如图 6-14 所示。

（2）资源

资源接口提供了对组件进行控制和配置的通用 API。资源接口继承了寿命周期、属性集、可测试对象和端口提供者等接口，也可以被其他应用程序所继承。资源接口的 UML 如图 6-15 所示。

```
                          <<Interface>>
                             Port
                       （from Core Framework）

    ◆ connectPort(connection:in Object,connectionId:in string):void
    ◆ disconnectPort(connectionId: in string):void
```

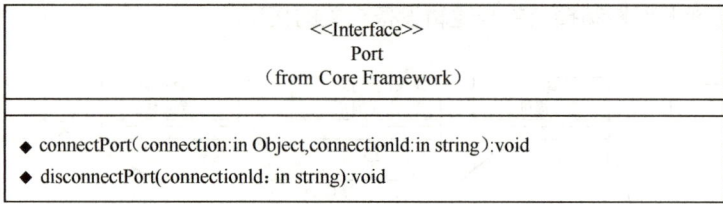

图 6-14　端口的 UML

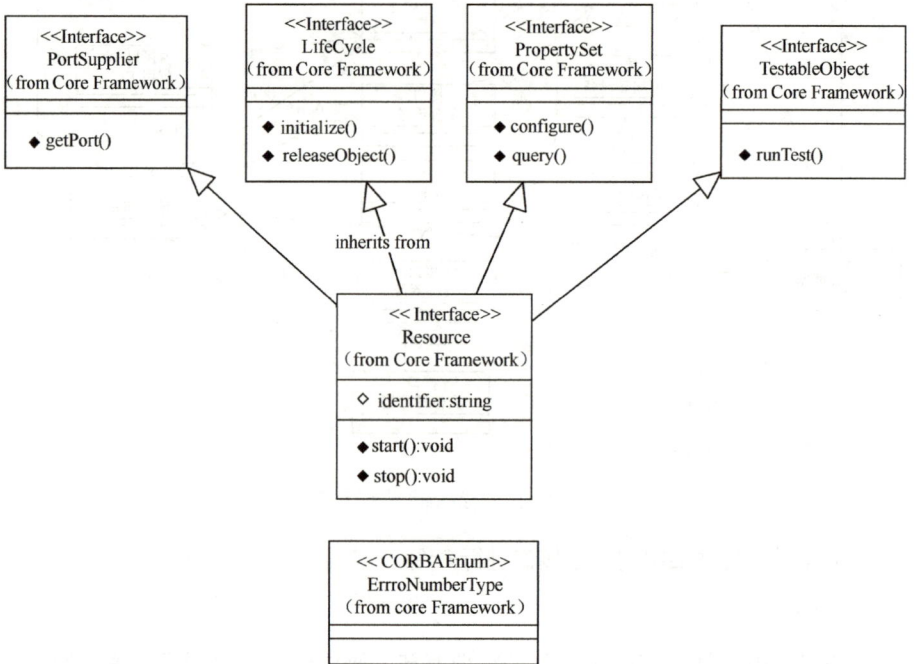

```
<<Interface>>          <<Interface>>        <<Interface>>         <<Interface>>
PortSupplier            LifeCycle            PropertySet           TestableObject
（from Core Framework）  （from Core Framework）（from Core Framework）（from Core Framework）

◆ getPort()            ◆ initialize()       ◆ configure()         ◆ runTest()
                       ◆ releaseObject()    ◆ query()
```

inherits from

```
            << Interface>>
               Resource
          （from Core Framework）

         ◇ identifier:string

         ◆ start():void
         ◆ stop():void
```

```
            << CORBAEnum>>
            ErrroNumberType
          （from core Framework）
```

图 6-15　资源接口的 UML

（3）应用

应用接口为实例化的波形应用提供控制、配置和状态查询接口，它继承了资源接口。创建的应用对象实例可以包含资源组件、CORBA 组件和非 CORBA 组件。应用接口的 UML 如图 6-16 所示。

（4）设备

设备接口是一种特殊类型的资源，是对一系列硬件的功能抽象。设备接口的 UML 如图 6-17 所示。

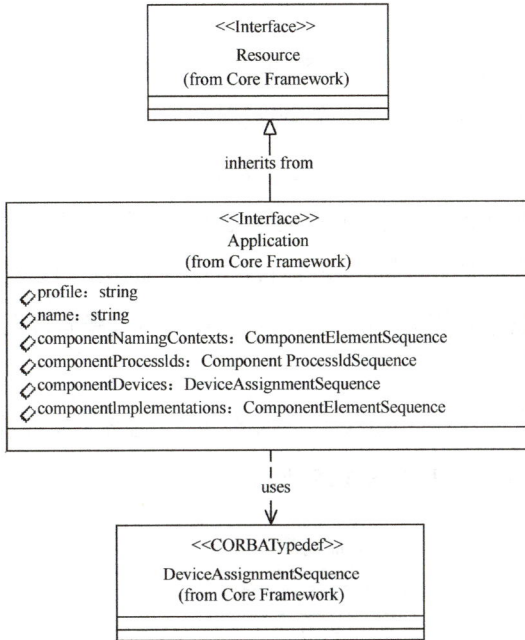

图 6-16　应用接口的 UML

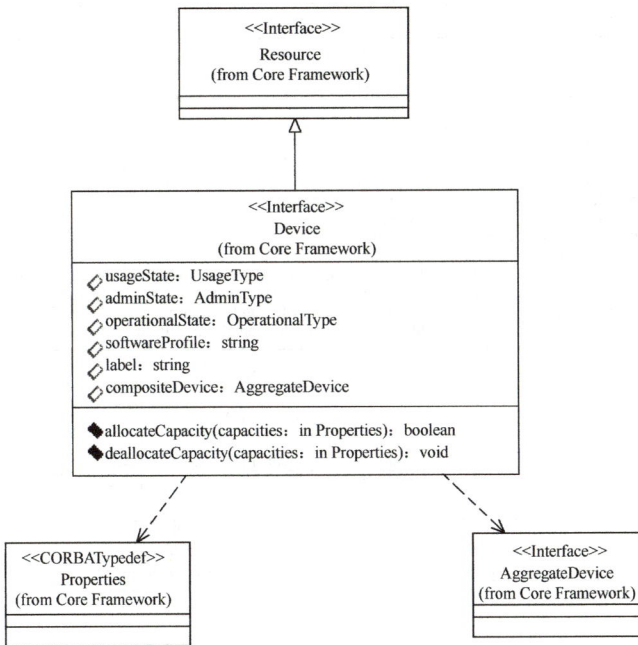

图 6-17　设备接口的 UML

（5）域管理器

域管理器接口用来对系统进行控制和配置。该接口从逻辑上可划分为 3 类：人机界面接口、注册接口、核心框架管理接口。

人机界面接口的作用是参数配置，设备、服务、应用的安装和卸载，系统维护等，主要通过一个能与域管理器进行交互的人机界面客户程序来完成。

注册接口的作用是在开机和关机时，负责注册和注销设备管理器、设备、服务和应用，以及在系统运行时，动态加载和卸载设备管理器、设备、服务和应用。

核心框架管理接口的作用是对已注册的设备管理器和文件管理器进行访问。

域管理器接口的 UML 如图 6-18 所示。

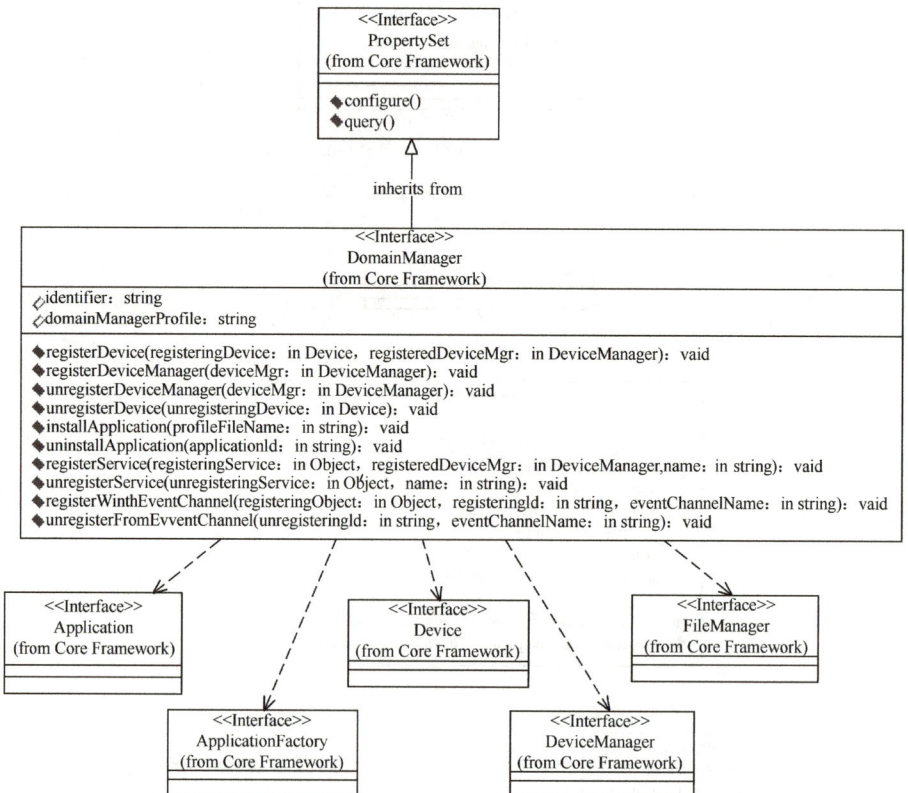

图 6-18　域管理器接口的 UML

6.4.2　设计要点

在软件无线电装备中，所有的波形应用都由核心框架进行控制、配置与管理，核心框架软件的设计水平直接影响波形的运行效能。

核心框架软件采用组件化技术进行开发，遵循 CORBA 通信方式，各组件间的消息处理由 CORBA 核心部件对象请求代理（Object Request Broker，ORB）进行调度与管理。由于核心框架软件模块多、接口间调用关系复杂，存在大量的请求需要实时处理，大量的域描述文件需要进行解析和访问，因此，在设计核心框架时需重点考虑 ORB 请求调度模式和域描述文件解析效率。

（1）ORB 请求调度

在 CORBA 中，对 ORB 请求的连接建立和分派处理有 3 种方式，分别为单线程、多线程和线程池方式。单线程方式是由一个线程负责所有请求的连接建立和分派处理；多线程方式是由 ORB 为每个请求创建一个线程来负责其连接建立和分派处理；线程池方式是 ORB 通过在线程池中预分配线程来供请求使用，当请求到达时，ORB 为该请求从线程池中分配一个空闲的线程来负责其连接建立和分派处理。

由于核心框架软件的组件多、组件间调用关系复杂，为提高 ORB 请求的处理效率，核心框架软件可采用多线程或线程池方式来实现，但考虑到多线程方式在请求到达时需动态创建线程，影响 ORB 请求处理效率，而线程池方式则通过预先创建线程和优先级机制使得 ORB 请求到达时可以得到立即处理，提高了 ORB 请求的响应速度和处理效率，所以，建议采用线程池方式进行 ORB 请求调度。

（2）域描述文件解析

在核心框架软件运行的过程中，需要对大量的域描述文件进行解析，解析效率是影响核心框架软件运行性能的一个重要因素。在核心框架软件中，对域描述文件可以采取两种解析方式。一种是在需要时，读取域描述文件，提取信息，提取完毕后关闭域描述文件。这种方式的优点是核心框架软件代码编写方便，易于理解，且解析时消耗的内存资源能及时释放；其缺点是每次使用都必须对域描述文件进行解析，重复从物理存储设备读取域描述文件，时间开销大，解析过程冗余。另外一种解析方式是在第一次使用时从物理存储设备读取域描述文件形成内存映射对象,进行解析后,保留解析结果,并通过传递内存映射对象支持域描述文件读写与访问。这种方式的优点是一次解析,随时使用,减少了域描述文件解析的次数,提高了解析效率;其缺点是维护域描述文件的内存映射对象和解析结果会增加系统资源的开销和程序编写的复杂度。

6.5 硬件抽象层技术

6.5.1 功能概述

受限于元器件水平,目前无线通信设备中的数字信号处理模块普遍采用GPP+DSP+ FPGA 的硬件架构来完成相应的软件功能。由于通用处理器的性能还难于满足通信过程对实时性的要求,主要用来完成系统控制、软件配置(加载、卸载)、网络协议处理等功能。而绝大部分基带处理算法,比如调制解调、上下变频、纠错编码、声码器、跳频控制、均衡等一般在 FPGA、DSP 上实现。

由于 DSP、FPGA 通常不支持操作系统和中间件的基础软件平台,波形组件难于以 CORBA 组件方式运行,无法实现理想的分布式处理。同时,由于 DSP、FPGA 的型号繁多,硬件差异性很大,在一种型号的芯片上实现的算法,需要重新改写、编译、调试才能在其他型号的芯片上运行,增加了波形移植的难度。

硬件抽象层(Hardware Abstraction Layer,HAL)通过屏蔽硬件平台相关的底层通信机制、封装标准的通信接口,实现了波形组件间通信方式与具体硬件平台的分离,保持了波形组件底层通信访问接口一致性,从而易于在不同 SCA 硬件平台间移植波形组件,提高了波形应用的跨平台可移植性。

6.5.2 参考模型

硬件抽象层参考模型如图 6-19 所示。

在图 6-19 所示的硬件抽象层参考模型中,GPP 指支持 CORBA 运行的处理器,DSP 指可运行 C 程序、但不支持 CORBA 运行的处理器,FPGA 指可运行 HDL

程序、但不支持 CORBA 运行的处理器。这些处理器统称为计算单元（CE）。

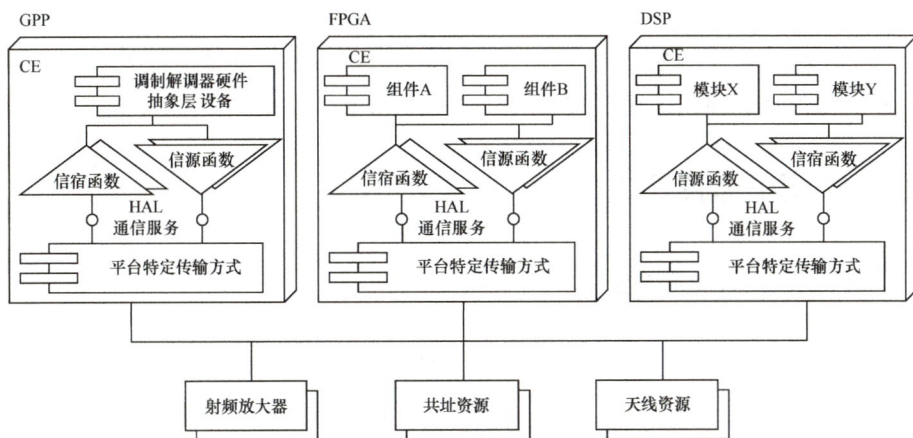

图 6-19　硬件抽象层参考模型

图 6-19 所示的硬件抽象层参考模型定义了波形组件间数据流和控制流传输的硬件抽象层通信服务，该服务由一系列与硬件抽象层接口组件协同工作的硬件抽象层通信函数组成。

硬件抽象层接口组件提供消息传输功能，在不同的处理器上其具体表现形式不同。在 GPP 上是 HAL 设备，该设备实现了 CF::Device 接口；在 DSP 上是 HAL 函数库，这些库在 DSP 程序构建时就被连接到了波形代码中；在 FPGA 上是 HAL 实体库，与 DSP 上的 HAL 函数库一样，这些库也在 FPGA 程序构建时被连接到波形代码中。

硬件抽象层通信函数提供抽象的消息路由功能，针对不同的平台，其实现可以不同，但对波形组件提供的 HAL API 是一致的，主要包括信源函数、信宿函数和 HAL 消息处理函数 3 部分。信源函数是发布 HAL 消息的线程，这里的 HAL 消息可以是波形 API 执行后的结果，也可以是处理一个 HAL 消息后的结果；信宿函数是将 HAL 消息转换为具体操作行为的线程，HAL 通信服务中的信宿函数可以对消息进行处理，也可以将消息路由给另外一个 CE；HAL 消息处理函数是进行 HAL 消息构建和内容提取的函数。不同处理器中波形组件间通信时，必须使用 HAL 提供的这些 API 来与具体的硬件平台通信，以保证波形组件在不同硬件平台间移植时不需要修改通信接口的源代码，从而屏蔽硬件平台相关性。

图 6-19 所示的硬件抽象层参考模型中，硬件平台的体系结构、传输方式、实现方式不限。不同 CE 中，波形组件间通信必须使用 HAL 通信服务；同一个 CE 中，波形组件间通信不需要使用 HAL 通信服务。

6.5.3　应用程序接口

1. 消息格式及数据类型

硬件抽象层通信的消息帧结构如图 6-20 所示。

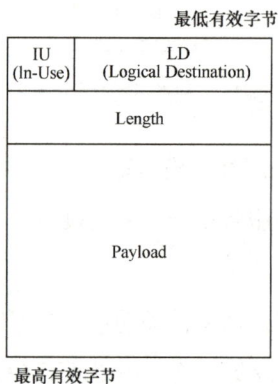

最低有效字节

IU (In-Use)	LD (Logical Destination)
Length	
Payload	

最高有效字节

图 6-20　硬件抽象层通信的消息帧结构

HAL 消息帧各字段的含义见表 6-2。

表 6-2　硬件抽象层消息字段

字段	位	长度	有效范围
IU	15	1 bit	0 或 1
LD	0 ～ 14	15 bit	0 ～ 2^{15}–1
Length	16 ～ 31	16 bit	4 ～ 2^{16}–1
Payload	Length = 4: 无 Length > 4: 32 ～ Length×8–1	Length –4 B	无

当不同 CE 使用共享内存进行通信时，IU 字段用来指示信宿函数是否已完成消息处理。信宿函数在消息处理结束之前必须设置该字段，以声明消息还在处理。

LD 字段用来表示消息应被送达的信宿函数的地址，每个信宿函数都有一个 LD。LD 是在整个 CE 域内全局定义的整型常量，指向一个具体的接口，例如 DSP 函数、FPGA 节点等。

Length 字段表示消息的长度。

硬件抽象层消息定义为 MhalByte 类型，声明消息中一个字节数据。语法：
#define MhalByte unsigned char

2. GPP 硬件抽象层 API

GPP 硬件抽象层是基于 CF::Device 接口和 MHALPacketConsumer 接口实现的 HAL 设备。

GPP 硬件抽象层定义了一个 SCA 提供端口，即 MHALPacketConsumer。通过该端口实现波形和 MHAL Device 之间的数据传输。MHAL Device 定义 SCA 提供端口，提供 MHALPacketConsumer 接口，并使用该端口定义了 SCA 使用端口。任何波形组件想要通过 MHAL Device 模块发送数据，均需要实现一个使用端口。同理，任何波形组件想要通过 MHAL Device 模块接收数据，则需要实现一个提供端口。GPP 硬件抽象层端口如图 6-21 所示。

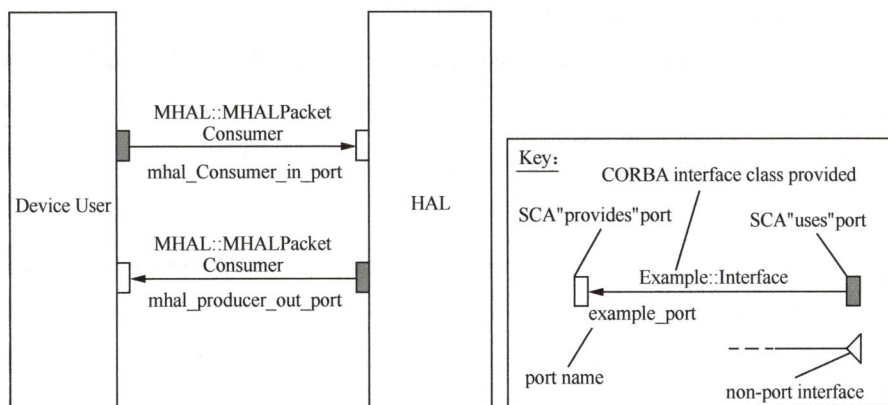

图 6-21　GPP 硬件抽象层端口

GPP 硬件抽象层接口类如图 6-22 所示。

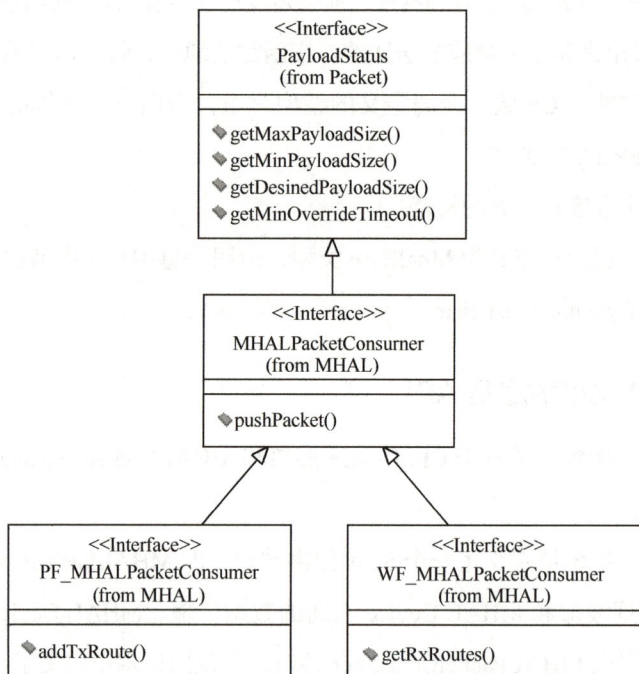

图 6-22　GPP 硬件抽象层接口类

GPP 硬件抽象层 API 服务原语主要包括以下内容。

（1）pushPacket（）

该操作将数据分组发送给使用者端口。

原型：void pushPacket(in unsigned short logicalDest, in SCAHAL::OctetSequence payload)；

参数：logicalDest 消息的逻辑地址，有效范围 $0 \sim 2^{15}-1$；

payload 数据（包括 LD 和消息长度）；

状态：ENABLED CF::Device::operationalState（即在 CF::Device::operational State 为 ENABLED 时，可调用该操作）；

新状态：该操作不导致状态改变；

返回值：无；

实现者：服务提供者；

异常：无。

（2）addTxRoute（）

该操作将输入参数保存为逻辑地址和物理地址之间的映射。调用 pushPacket()
时需要根据该信息进行消息路由。对于 MHAL GPP 来说，逻辑地址和物理地址
的映射是在运行时完成的，因此，波形必须对每个逻辑地址调用 addTxRoute()
操作。

原型：void addTxRoute(in unsigned short logicalDest, in MHAL::PF_MHAL
Packet Consumer:: MHALPhysicalDestination physicalDest)；

参数：logicalDest 消息的逻辑地址，有效范围 $0 \sim 2^{15}-1$；

physicalDest 物理地址，有效值为 PHYSICAL_DESTINATION_DSP、PHYSICAL_
DESTINATION_FPGA、PHYSICAL_DESTINATION_GPP；

状态：ENABLED CF::Device::operationalState；

新状态：该操作不导致状态改变；

返回值：无；

实现者：服务提供者；

异常：无。

（3）getRxRoutes（）

该操作由 HAL 调用，用于获取波形组件中的逻辑地址。HAL 在接收消息时，
在 GPP 内将消息发送给该逻辑地址对应的组件。

原型：MHAL::WF_MHALPacketConsumer::RxRouteSequence getRxRoutes()；

参数：无；

状态：ENABLED CF::Device::operationalState；

新状态：该操作不导致状态改变；

返回值：返回包含波形请求消息所需的逻辑地址 ID 序列。如果序列长度为
0，则表示波形应用程序没有完成逻辑地址的配置；如果序列长度为 1，且值为
NULL，则表示波形应用程序不希望接收消息；

实现者：服务提供者；

异常：无。

3. DSP 硬件抽象层 API

DSP 硬件抽象层 API 是标准的函数库，波形组件通过在 DSP 源代码中链接库函数以使用相应的服务。

DSP 硬件抽象层 API 提供管理 DSP 硬件抽象层信宿的功能，包括以下函数。

（1）Mhal_Comm（）

在 DSP 中，通过调用 Mhal_Comm（）发起一个消息。

原型：void Mhal_Comm(MhalByte * bufferPtr)；

参数：bufferPtr 为指向待发送消息的逻辑地址；

返回值：无。

（2）reroute_LD_sink（）

该函数允许波形在运行期间将某个特定 LD 的信宿函数换成另一个函数。

原型：funPtr reroute_LD_sink (short LD, funPtr newSinkFx)；

参数：LD 为逻辑地址；

newSinkFx 为当消息到达 LD 时所调用的信宿函数；

返回值：返回原来 LD 所使用的信宿函数指针。

（3）LD_of（）

该函数返回从消息中提取的 LD 值。

原型：short LD_of (MhalByte * msgPtr)；

参数：msgPtr 为指向消息的指针；

返回值：包含 LD 的 15 位二进制值。

4. FPGA 硬件抽象层 API

FPGA 硬件抽象层 API 由传输、接收节点的接口定义与时序描述组成。在程序综合时，FPGA 硬件抽象层接口实体和波形程序一起编译，生成一个可加载的 FPGA 映像。

FPGA 硬件抽象层定义了 Multi-Depth FIFO 发送节点、Multi-Depth FIFO 接

收节点、RAM 接收节点、N-Word 寄存器接收节点及选通接收节点，对每种节点做了详细的接口、时序说明。

以 Multi-Depth FIFO 发送节点为例，该节点支持一个或多个消息的缓存，要求待发送的消息提供完整的消息头和载荷，通过排队方式依次传输到各个信宿函数。两个 CE 之间的实际传输速率可能和用户提供的数据时钟速率不同，因此实现 Multi-Depth FIFO 发送节点时，必须开辟足够大的 FIFO 空间，以保持期望的流量并不受其他链路节点引入时延的影响。

Multi-Depth FIFO 发送节点的接口定义如图 6-23 所示。

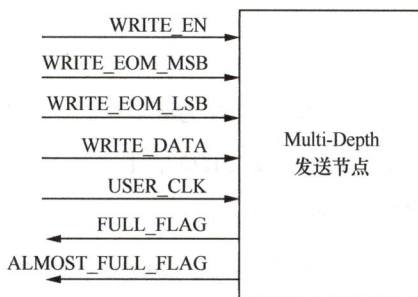

图 6-23 Multi-Depth FIFO 发送节点接口

◎ WRITE_EN：数据写使能。

◎ WRITE_EOM_MSB："1"表示"消息尾"为数据高字节。

◎ WRITE_EOM_LSB："1"表示"消息尾"为数据低字节。

◎ WRITE_DATA：16 bit 宽的数据线。

◎ USER_CLK：用户时钟，当 WRITE_EN 使能时，在 USER_CLK 的上升沿发送数据。

◎ FULL_FLAG：FIFO 满（可选）。

◎ ALMOST_FULL_FLAG：FIFO 几乎满，即至少还可以存储 1 B（可选）。

假设发送的消息如下

LD	SIZE	PAYLOAD			
0222	000C	26,C1,	E8,14,	D7,B9,	CF,38

发送消息的大小不能超过发送节点的深度。该节点的数据宽度为 16 bit，深度为 1 024 B，队列中的最大等待消息为 32 个，所有消息的总大小不得超过 1 024 B。发送消息的前 4 B 依次是发送地址和消息长度。

图 6-24 所示的是 Multi-Depth FIFO 发送节点参考时序。

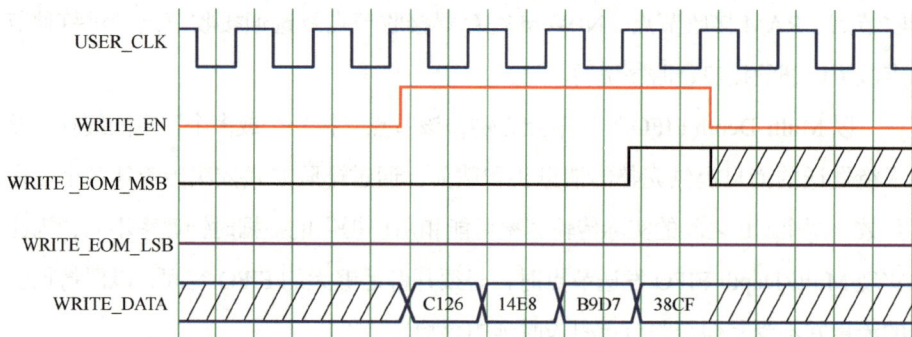

图 6-24　Multi-Depth FIFO 发送节点参考时序

◎ WRITE_EN 为高电平时，在 USER_CLK 时钟的上升沿把 WRITE_DATA 线上的信号写到 FIFO 的下一个地址中，WRITE_EN 信号在写入的过程中一直保持高电平有效。

◎ WRITE_EOM_MSB 和 WRITE_EOM_LSB 用来指示消息的结束，当消息的字节数是奇数时，传输结束，WRITE_EOM_LSB 有效；当消息的字节数是偶数时，传输结束，WRITE_EOM_MSB 有效。

6.6　组件化波形设计

6.6.1　开发步骤

SCA 规范虽然详细描述了波形应用程序可使用的操作系统服务、CORBA 中间件服务以及核心框架服务等，但并没有对波形的开发方法进行规定。开发者如果不深刻理解 SCA 规范并充分考虑波形组件的可移植性与可复用性，开发出的波形可能对具体平台依赖性仍然很强，缺乏良好的开放性；设计出的波形 API 也不具备可继承性和可重用性，导致波形组件不能实现跨平台移植和复用。特别当波形开发者不熟悉 SCA 规范，且已经习惯于传统模式的波形开发时，情况更是如此。因此，制定一个统一的波形开发方法是十分必要的。

在充分考虑波形可移植性和可复用性的基础上，结合具体的工程实践经验，这里给出了按照 SCA 规范进行波形开发时应遵循的一般原则和过程。

（1）波形功能分析

主要确定波形的业务种类和战术技术指标，并通过对波形提供的功能进行分析，明确波形软件开发时需要实现的功能模块。

（2）波形组件设计

为了按照 SCA 规范进行波形组件的封装和开发，必须对波形的功能模块进行组件级设计，将相应的波形功能规划到适当的组件中进行实现；同时，还必须对这些组件间的装配逻辑和部署关系进行设计，这是编写波形 XML 域配置文件的基础。

（3）波形组件 UML 建模与 API 设计

这一步骤主要通过建模工具建立波形组件 UML 模型，并根据波形需要实现的功能对各个组件间的数据传输和控制进行 API 设计与定义，确定哪些 API 服务组可以从已有的通用波形 API 服务中获取，而哪些则需要完全重新自定义。通常，波形 UML 建模和 APL 接口定义是交叉进行的。

（4）生成 IDL 接口描述文件

根据波形组件的 UML 模型，通过建模工具生成波形 IDL 接口描述文件。

（5）编译 IDL 接口描述文件

IDL 接口描述文件的编译与所选的具体 CORBA 中间件相关，CORBA 中间件通常都会提供标准的 IDL 编译器，波形开发者只需按照说明进行 IDL 编译即可生成相应的桩和框架。

（6）编写波形组件程序

主要实现波形组件实体和组件 API 的功能。

（7）生成波形组件可执行代码

编译链接波形应用组件程序，生成可执行代码。

（8）波形组件描述和装配

为了使所开发的波形能在核心框架上运行，并能被核心框架统一管理，波形组件开发完毕后必须编写组件描述和组件装配等 XML 域配置文件，给出波形组件间的装配逻辑、部署关系和各个波形组件所提供 / 使用的端口等信息，并将组件相关文件打包生成波形应用软件包。

（9）开发波形配置界面

为了能对波形进行控制、配置与管理，需要一个符合无线通信设备操作规程的可视化界面。

（10）波形安装与部署

波形安装是通过本系统的人机接口界面远程触发核心框架的波形安装功能，将波形应用软件包通过分布式文件系统拷贝到文件系统中。波形部署是将已安装的波形应用的组件在系统平台的相应设备上加载并运行的过程。安装和部署是系统对符合 SCA 标准波形的基本要求。

（11）波形软硬件集成测试

波形设计可以是独立于软硬件平台的，但波形实现是与具体平台相关的，因此，波形组件开发完毕后，为了进行波形的有效测试，验证波形功能是否完整，必须将所有的波形软件组件和硬件平台进行集成。

（12）波形测试

包括组件单独测试、分级环回测试和无线信道测试。组件单独测试指在开发波形组件时，波形开发者必须针对波形组件的具体特性编写相关的自测程序，供波形运行时进行内置测试（Build In Test，BIT）。分级环回测试是为了方便波形的集成测试，必须为每个波形组件编写环回测试程序（即自发自收），以方便按照测试需求进行任意的数据流环回，主要为了在数据流传输发生错误时进行组件级错误定位与排除。无线信道测试要求所有波形应用软件包在正式交付之前都必须通过无线信道的测试，并详细给出在无线环境下的通信能力。

6.6.2　波形开发示例

以 X 波形为例，该波形可实现话音、数据通信，工作模式分为明 / 密、定频 / 跳频、点对点 / 分组网等，波形划分为物理层、MAC 层、LLC 层、安全、I/O 层，各层之间的关系如图 6-25 所示。

明确波形层次关系后，对各层所实现的功能做进一步划分。以物理层为例，其功能可分为以下部分。

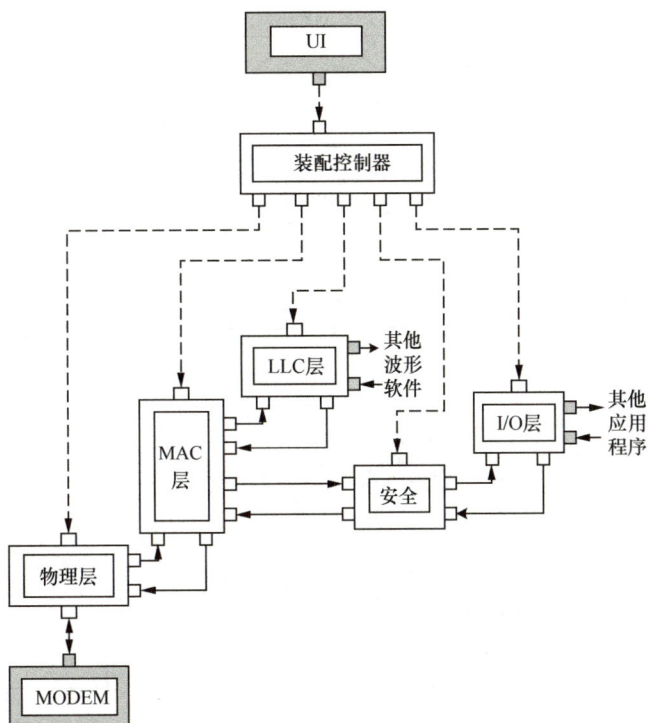

图 6-25　X 波形层次划分及各层之间的关系

◎ 天线控制。

◎ 收发机设置。

◎ 调制解调设置。

◎ 电台模式设置。

◎ 终止接收。

◎ 禁止发射。

◎ 发射数据分组。

◎ 接收数据分组。

◎ 接收控制。

基于以上功能分析与模块划分，对波形组件进行设计，组件的划分、组件的配置和组件间的端口（**Port**）连接等。X 波形组件如图 6-26 所示。

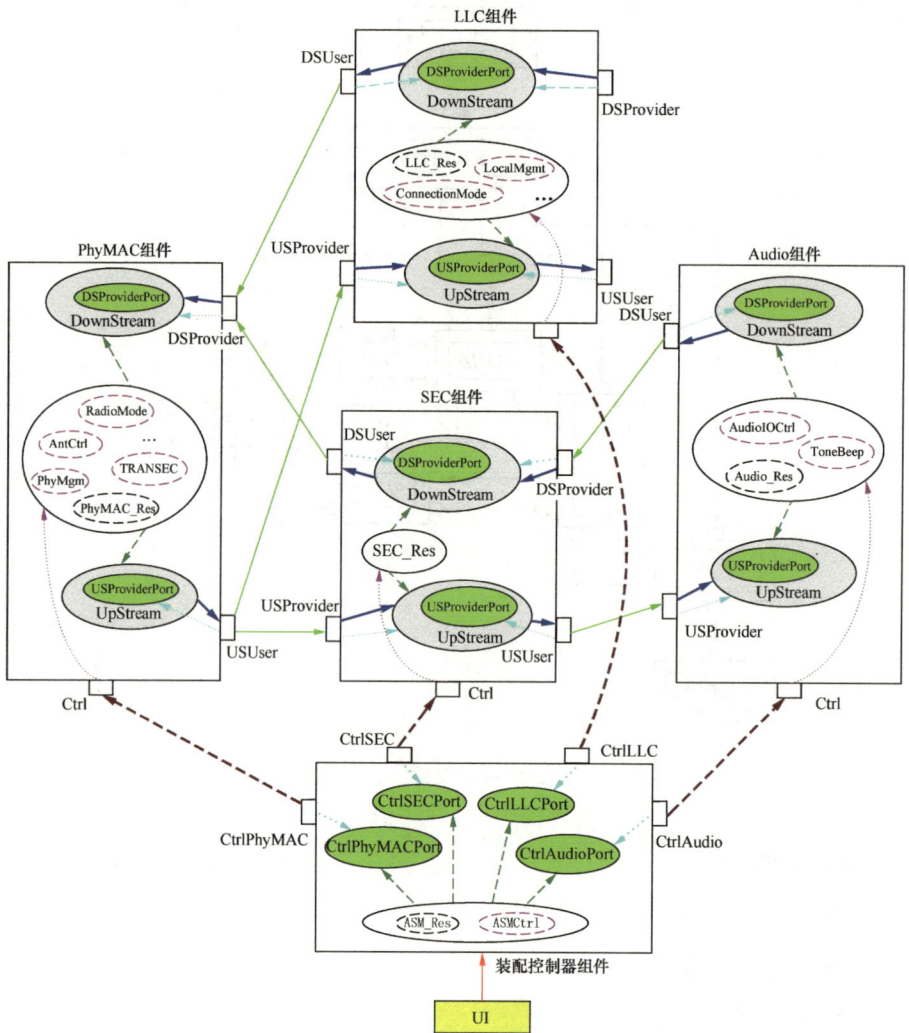

图 6-26　X 波形组件

图 6-26 中椭圆代表具体的功能类，矩形代表 Port，细实线箭头连线代表 Port 连接关系，粗实线箭头连线代表数据流方向，点虚线箭头连线代表 Port 连接的功能类，细短虚线箭头连线代表对象引用拥有关系，粗短虚线箭头连线代表控制接口连接关系。

根据波形功能和已完成的波形组件设计，对各个组件间的数据传输和控制进行 API 设计与定义。以物理层的天线控制接口、收发机设置接口为例，建立的 UML 模型分别如图 6-27、图 6-28 所示。

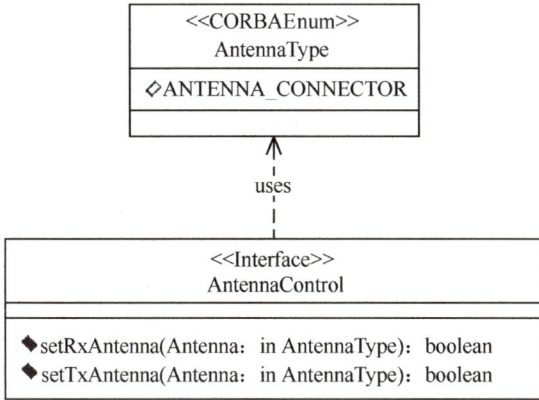

<<CORBAEnum>>
AntennaType

◇ANTENNA_CONNECTOR

uses

<<Interface>>
AntennaControl

◆setRxAntenna(Antenna：in AntennaType)：boolean
◆setTxAntenna(Antenna：in AntennaType)：boolean

图 6-27　天线控制接口 UML 模型

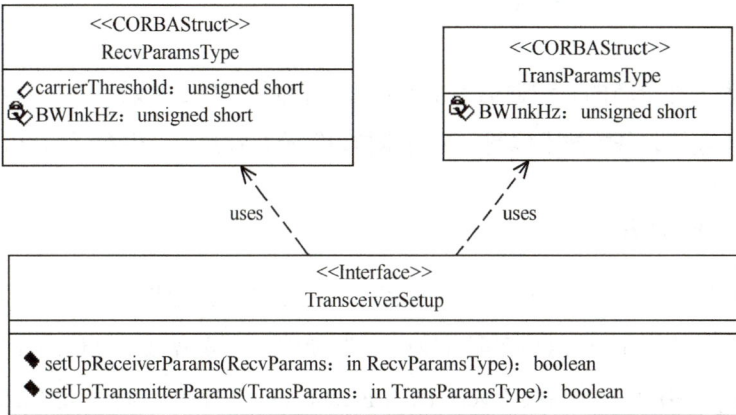

<<CORBAStruct>>
RecvParamsType

◇carrierThreshold：unsigned short
❖BWInkHz：unsigned short

<<CORBAStruct>>
TransParamsType

❖BWInkHz：unsigned short

uses　　　　　　　　uses

<<Interface>>
TransceiverSetup

◆setUpReceiverParams(RecvParams：in RecvParamsType)：boolean
◆setUpTransmitterParams(TransParams：in TransParamsType)：boolean

图 6-28　收发机设置接口 UML 模型

根据所建立的 UML 模型，编写 IDL 接口描述文件，然后采用 ORB 供应商提供的特定编译器将 IDL 转换到特定的语言（C/C++）。IDL 编译器可以为开发者生成接口实现的桩或框架，在此基础上，开发者选择相应的编程语言、CORBA 中间件和开发工具进行波形实现。具体过程如图 6-29 所示。

最后，为每个波形组件编写相应的 XML 配置文件，包括软件装配描述文件、软件包描述文件、软件组件描述文件、属性描述文件等。

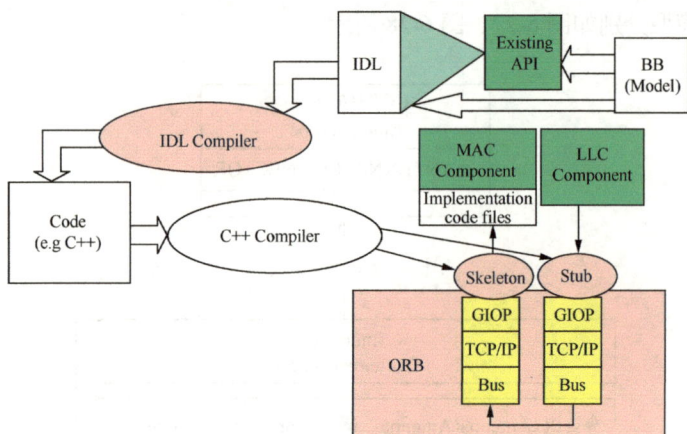

图 6-29　波形实现过程

6.7　在战术通信中的应用

作为一种全新的无线通信系统设计理念和面向对象的设计方法，软件无线电对战术通信装备的技术体制、装备体制和保障方式都将产生深远的影响。

6.7.1　应用价值

基于软件无线电技术的战术通信装备，通过软件通信体系结构，实现了软、硬件平台的通用化，可以动态配置波形组件，频段可以覆盖战术通信的高频（High Frequency，HF）、甚高频（Very High Frequency，VHF）、特高频（Ultra-High Frequency，UHF）以及微波、卫星等主要工作频段，支持战术通信系统的网络和应用协议。

采用软件无线电技术，便于新一代战术通信装备与大量现役的装备实现兼容互通，并可以随着技术的发展而引入新的波形。基于软件无线电技术的战术通信装备，模块可根据用户需求配置，满足装备成本、体积和重量等多方面的使用要求。

软件无线电技术，通过采用开放式体系结构，可以加载不同的波形完成协同通信，实现在不同传输体制和网络协议之间提供数据发送、接收和网关功能，允许指挥员与战斗员之间通过话音、数据和视频进行逐级或越级指挥。

软件无线电技术，还可将通信系统划分为若干标准的模块，通过 SCA 规范清晰地定义各个模块的边界，准确描述接口规范，系统约定设计规则，各个模块可以由不同的设备生产厂家独立研制、生产并升级换代，保证模块的通用性和独立性，从根本上提高战术通信装备的系列化、模块化、组合化水平。同时，软件无线电技术为战术通信系统的研制提供了标准化的设计准则，节省了装备维护和升级的费用。

6.7.2 联合战术无线电通信系统

美军是从近年来的战争实践中，深刻认识到了软件无线电技术的价值。为此，美国国防部将大量的人力和财力投入到了相关研究领域，在美国国防部高级研究计划局的主导下，陆续开展了易通话工程、联合战术无线电系统（JTRS）以及下一代（Next-Generation，XG）无线通信等多个重大项目，投资总计已超过20 亿美元。

美国国防部于 1997 年启动了 JTRS 计划。该计划的最初目标是为海陆空各军种提供系列电台，电台工作频段为 2 MHz ～ 2 GHz，可进行话音、数据和视频通信，具有保密和抗干扰功能，并可与现役系统兼容。美国国防部拟用 JTRS 取代美军现有的 25 ～ 30 个系列的共 75 万部电台，使独立的军种电台项目集成为联合开发项目。

为了实现上述目标，JTRS 计划根据软件无线电技术思想，提出了系统顶层设计规范——软件通信体系结构，全面定义了 JTRS 设备软、硬件体系架构及波形应用程序接口，实现了嵌入式分布式通信系统中软件组件配置、管理、互联互通的标准化。

JTRS 最初按应用分为机载、地面移动、固定站、海上通信和个人通信 5 个应用领域的 5 族开发，后又调整为 GMR（地面移动）、HMS（手持、背负、小型嵌入）、AMF（空、海、固定）和 MIDS（多功能信息分发）和 NED（网络企业域）模式，形成了系列化装备。

JTRS 在配合美陆军同步项目未来战斗系统（FCS）过程中，多次参与了

FCS 的演示，并随 FCS 螺旋式推进的开发策略，分阶段输出技术成果以增加当前部队的作战能力，如 2008—2010 年陆续装备了 JTRS 项目中的 GMR 电台和 HMS 电台。

6.8 本章小结

本章从介绍软件无线电的基本概念开始，围绕软件无线电的主要特点，简要介绍实现软件无线电的带通采样、多速率信号处理的抽取与插值等基础理论，并重点就软件无线电的体系结构、核心框架、硬件抽象层、波形组件化设计等核心技术和典型应用展开讨论。

作为通信领域第三次革命的代表技术，软件无线电是一种无线通信系统的设计思想和实现方法。用美国海军陆战队上将、前参联会主席彼得·佩斯一句话作为本章的结束语："先进通信系统能力与有效条令两者的综合将会带来信息优势，这是赢得一切军事行动的关键。"而软件无线电技术正是实现这种结合的有效途径。

参考文献

[1] MITOLA J. The software radio architecture[J]. IEEE Communications Magazine, 1995, 33(5): 26-38.

[2] LACKEY R I, UPMAL D W. Speakeasy: the military software radio[J]. IEEE Communications Magazine, 1995, 33(5): 56-61.

[3] MITOLA L I. Technical challenges in the globalization of software radio[J]. IEEE Communications Magazine, 1999, 37(2): 84-89.

[4] JPEO J. Software communications architecture specification[S]. JTRS Standards, 2006.

[5] JPEO J. Modem hardware abstraction layer application program interface (Version: 2.11.1)[S]. JTRS Standards, 2007.

第7章

CHAPTER 7

认知无线电技术

7.1 引言

　　1992 年 Mitola 提出了软件无线电概念，把无线电实现技术由基于功能固定的硬件转变为基于功能可灵活调整的软件。这个变化改进了无线电设备的实现方式，在性能上并没有直接的影响。1999 年，Mitola 提出了认知无线电（Cognitive Radio，CR）概念，使得无线电的功能生成模式发生了巨大的变化，很快引起了广泛关注，标志着无线电新时代的到来。

　　认知无线电最初被关注是为了解决频谱分配与利用的难题。无线频谱是一种重要的自然资源，是部署和运行无线通信系统的先决条件。20 世纪以来，无线电新技术、新体制和各种通信网络层出不穷，特别是无线局域网、无线个域网和无线城域网的发展使得有限的无线频谱资源空前拥挤，系统间干扰严重，频谱短缺已成为制约无线通信系统发展的"瓶颈"。根据美国国家电信和信息管理局（NTIA）发布的频谱资源分配图，在 3 kHz ～ 300 GHz 的频谱范围内，只有 3 ～ 9 kHz 之间的 6 kHz 频谱没有分配，其他频段都已利用，而且很多频段被分配给了多个系统使用。这一情况在其他国家（地区）比如欧洲和日本也同样存在。

　　但是，相对于频谱资源短缺的现状，频谱的实际利用效率却很低。2002 年 11 月，美国联邦通信委员会（Federal Communications Commission，FCC）的频谱策略任务小组发布的频谱使用报告指出："在许多频段，频谱接入问题比频谱缺乏的问题更加严重。实际上，规章制度在很大程度上限制了潜在的频谱用户的接入能力。"[1] 实际情况确实如此，在电磁环境比较复杂的市区扫描一段频谱就可以发现：① 一些频段大部分时间都是空闲的；② 另一些频段只在一部分时间内使用；③ 只有少部分频段经常使用。此外，频谱的使用在空间和时间上的分布也很不均匀。FCC 前总工程师 Thomas 将频谱使用情况总结为："在任何时刻，如果你对 100 GHz 以下的频谱拍一幅快照的话，你会发现只有大约 5% ～ 10% 的频谱在使用，因此大约还有 90 GHz 的可用带宽。"这是由于 FCC 将无线频谱分成了许多信道，将这些信道授权给个人、企业和政府使用。大多数信道只在很短的时间内传输数据，大部分时间空闲，而其他人却无权使用，这是一种非常低效的频率使用方式。显而易见，如果所有的频率都得到有效的利用，就可以容纳更多的用户而不需要开辟新的频段。

认知无线电依靠人工智能的支持，感知无线通信环境，根据一定的学习和决策算法，实时自适应地改变系统的工作模式和参数，动态地检测和有效地利用空闲频谱，允许在时间、频率以及空间上进行多维的频谱复用，这将大大提高频谱的利用效率，降低频谱和带宽的限制对无线技术发展的束缚。因此，认知无线电的概念一经提出，就对无线通信业界产生了强烈的震撼，并被美国《技术评论》杂志列为十大新兴技术之一。

FCC 意识到认知无线电技术有可能开辟二级频谱市场，特别是有可能通过认知无线电建立低功耗 Ad Hoc 网络。为此，FCC 发布了采用认知无线电技术促进频谱灵活、高效和可靠利用的电信政策改革征集公告。但是，FCC 过分强调了无线电的感知和自适应能力，而忽略了认知无线电最本质特征——学习能力。FCC 极大地推动了认知无线电的发展，但也导致了 Mitola 提出的理想认知无线电与 FCC 提出的认知无线电之间的概念混淆。

除了 FCC 的支持，认知无线电也引起了欧洲和亚太地区的频谱管理机构的关注，他们相继投入到认知无线电的研究中。欧洲委员会投资了一个包含认知计划的端到端重配置项目，并把认知无线电列为第六届、第七届会议的研究主题。软件无线电论坛（SDR Forum）在 2004 年也成立了认知无线电应用的专门工作组。

7.2 认知无线电的基本概念

Mitola 在软件无线电的基础上，提出了基于软件无线电的灵活性，开发出能够学习并适应当前环境、了解用户的通信和计算需求，并为用户提供有益帮助的新一代"智能"无线电。1999 年，Mitola 首次提出了认知无线电的概念 [2-3]，他认为认知无线电能够对环境、位置、电波传播、网络、协议、用户以及设备本身的内部结构进行感知、推理和学习，通过基于模型的推理在无线电相关领域达到一定的认知能力和智能水平。Mitola 详细阐述了认知无线电如何使用无线知识表示语言来感知、学习环境和用户的需求，并根据用户的偏好为用户提供恰当的多媒体服务。

Mitola 认为认知无线电是智能化的软件无线电，实质上是软件无线电平台加上人工智能技术的应用。Mitola 对认知无线电的定义强调其学习和推理能力，提出认知无线电能够通过感知、推理和学习，自适应地调整内部的通信模式来适应无线环境的变化。

为了准确定义认知无线电，我们有必要了解一下无线电技术发展过程中如软件无线电、感知无线电、自适应无线电等概念以及它们之间的差别。

7.2.1 其他无线电技术的概念

无线电技术的进展如图 7-1 所示。

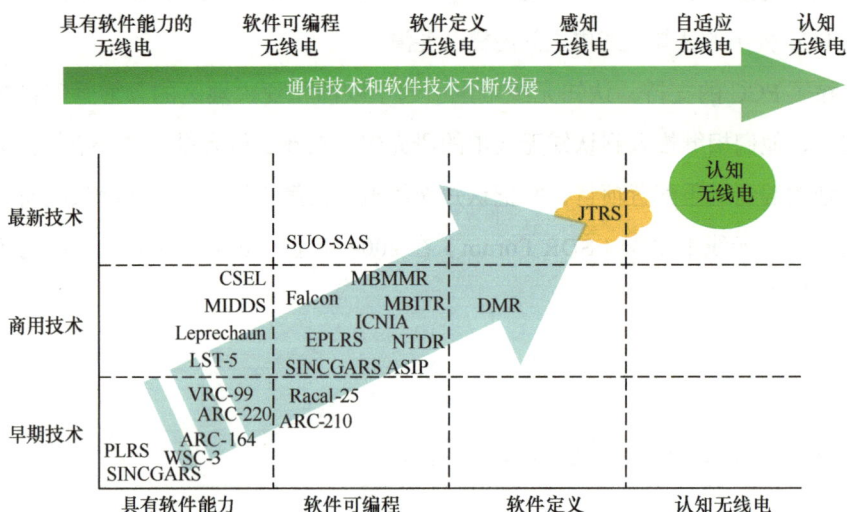

图 7-1 无线电技术的进展[4]

"具有软件能力的无线电"是软件无线电技术发展的初级阶段，它们的特点是：固定的调制方式、较小的频率范围、受限的数据传输能力。

"软件可编程无线电"属于软件无线电技术发展的中间阶段，通常可以通过修改软件实现新功能，具有比较高级的网络处理能力。

"软件定义无线电"属于软件无线电技术发展的中高级阶段，其特性是具有可通过调整任何参数适应特定条件下的通信要求的能力。

以上 3 个阶段的无线电设备主要是强化设备自身的性能、多种通信手段以及在给定条件下如何调整参数适应特定的通信环境，但均不具备自我对环境的了解和认识的能力。

"感知无线电"是具有传感器、能够感知环境（或者一部分环境）的无线电。感知只可以推动一个简单协议的决策，或只可能提供网络信息来维持无线电处于感知状态。感知无线电的目的之一是给用户提供信息，比如为用户提供特定范围内餐馆的菜单，军事应用包括态势信息的感知等。感知无线电本身仅是知道情况，但不利用信息。

"自适应无线电"不仅能够感知环境，并且能够改变行为和自身运行参数来响应环境的变化。跳频、扩频无线电不是自适应无线电，因为一旦对跳频序列编程后，就不能改变了，但为了降低冲突而改变跳频模式的无线电可以认为是自适应的。支持多种信道带宽的无线电不是自适应无线电，但是为了提高网络负载而改变瞬时带宽的无线电可以认为是自适应的。自适应无线电的响应完全是被动的，而且响应的策略也是内部软件预先定义好的，因此在相同的条件下，其响应总是确定的或者说是可预期的。

"认知无线电"不仅具有自适应能力，并且由于其内嵌了智能主体，因此能够理解所执行的变化对于达到最终目标的意义。由于认知无线电能够从历史经验中学习，因此当相同的条件连续出现时，其响应是不确定的或者说是不可预期的。综上所述，认知能力包括了感知、自适应和机器学习的能力。

7.2.2 认知无线电的定义

对于认知无线电的定义，Mitola 比较关注认知无线电的应用层及以上的功能，其他研究人员和团体则从不同的角度对认知无线电进行了定义和解释。

◎ Haykin 的定义 [5]：“认知无线电是一个智能无线通信系统。它能够感知外界环境，并使用人工智能技术从环境中学习，通过实时改变某些操作参数（比如传输功率、载波频率和调制技术等），使其内部状态适应接收到的无线电信号的统计性变化，从而实现在任何时间和任何地点的高可靠通信和有效利用频谱资源。”

◎ IEEE 的定义 [6]：“认知无线电是一种能够智能地检测某段频谱是否正在使用，并且能够快速地转移到暂未使用的频段而不与其他授权用户发生干扰的射频收发器。”

◎ FCC 的定义 [7]：“认知无线电是能够基于对其工作环境的交互改变发射机参数的无线电。”

◎ NTIA 的定义 [8]：“能够感知其工作的电磁环境，并能动态和自动地调整其工作参数来改变系统操作，如增加容量、减小干扰、增强互操作和接入二级频谱市场等的无线电系统。”

◎ ITU-R 的定义 [8]：“能够感知并判断其工作环境，因而能够训练去动态自适应地调整自己的工作参数以适应工作环境的无线电系统。”

◎ 软件无线电论坛的认知无线电特别兴趣小组的定义 [8]：“认知无线电是一个能够从经验中学习，并能推理、计划和决策其未来行为，以满足用户需求的自适应、多域认知的自治无线电系统。”

尽管以上定义和解释有着明显的差异，但其中也有一些相同之处，比如都承认环境感知的重要性，都认为认知无线电具有一定的自主行为能力。表 7-1 列出了各种认知无线电定义的比较。实际上，大部分研究人员都认同认知无线电具有以下特征：① 能够感知环境；② 能够改变行为以适应当前环境；③ 能够从历史经验中学习；④ 能够处理在设计时未能预见的情况。

因此，可以这样定义认知无线电：认知无线电是一种智能的无线电通信系统，它能够感知周围的电磁环境、无线信道特征、频谱政策以及用户需求，并通过推理和对以往经验的学习，自适应地调整其内部配置，优化系统性能，以适应环境和需求的变化。

表 7-1　认知无线电定义的比较[8]

研究人员/团体	自适应	自治	环境检测	发射机	接收机	环境感知	目标驱动	环境学习	感知能力	波形协商	无干扰
Mitola	√	√	√	√	√	√	√	√	√	√	
Haykin	√	√	√	√	√	√	√	√			
IEEE	√	√	√	√	√	√					√
FCC	√	√	√	√							
NTIA	√	√	√	√		√					
ITU-R	√	√	√	√		√					
软件无线电论坛	√	√	√	√	√	√	√	√	√		

从这个概念可以看出，认知无线电不仅具备感知无线电的感知能力和自适应无线电的自适应能力，更重要的是具备了学习能力。学习能力是智能行为的一个非常重要的特征，也是认知无线电区别于其他传统无线电、感知无线电以及自适应无线电的主要特征。

7.2.3　认知循环与认知级别

为了说明认知无线电如何与外界交互以实现认知功能，**Mitola** 定义了图 7-2 所示的认知循环，其中包括了观察、判断、计划、决策、执行和学习的功能或阶段。外部激励使认知无线电的传感器产生中断，从而激活了认知循环，理想的认知无线电将持续观察环境，使自己适应环境，并设计一个计划，实施判断，最后执行计划。在单一处理器的环境下，认知循环的处理是从一个状态进入另一个状态的单一循环。在多处理器的环境下，认知循环的各个状态并行地进行，通过特殊的处理来实现各状态的同步，进而提高认知的能力。

（1）观察

认知无线电通过同时接受多维激励和聚集这些激励进行判断，从而感知外部环境。在观察阶段，认知无线电不断地聚集经验，并比较经验和实际的环境状况。而经验的聚集可能是通过记忆每一件经历过的事件，要使认知无线电达到"聪明"的过程可能需要记录下每一次的话音、图像、电子邮件以及无线电状况，而且可能需要较长的时间。快速的计算能力和丰富的经验知识是认知无线电正确地响应和感知环境的核心资源。

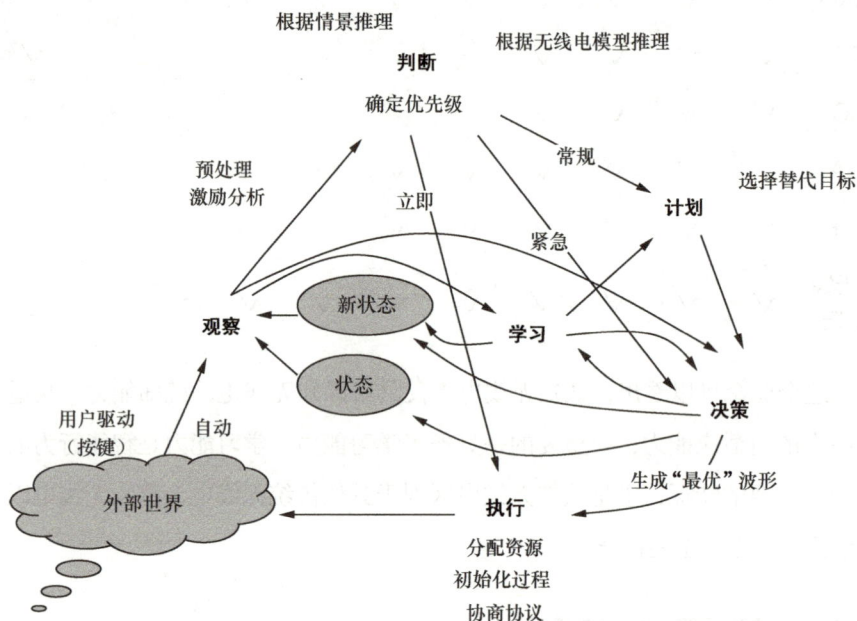

图 7-2　认知循环[9]

（2）判断

判断阶段通过将观察结果与特定场景中已知的激励集合进行匹配来确定观察结果的意义。判断阶段中使用了特殊的内部数据结构，该数据结构与人类解决问题时使用的短期记忆等效，认知无线电不需要将这些数据存入长期记忆。

认知无线电通过激励"识别"或"绑定"来匹配当前激励和存储的经验，当激励与先前的经验完全匹配时发生激励"识别"事件，当激励与经验不完全匹配时，出现"绑定"事件。"绑定"的结果决定了对该激励进行学习的优先级，匹配程度越高则学习的优先级就越高。

（3）计划

大部分的激励都是慎重处理的，比如一个输入的网络消息通常会通过产生一个计划来进行处理，而不是简单地被动反应式处理。典型情况下，反应式响应通常由网络预先定义，而其他行为可能要通过计划实现。

（4）决策

决策阶段对候选的计划进行选择，并通过信息质量矩阵对中断进行有等级、有差别的处理。

（5）执行

执行阶段通过效应器模块来启动所选择的处理，实现对外部环境的访问或者认知无线电内部状态的调整。

（6）学习

学习在整个循环中对观测和决策的结果进行处理，通过产生新的建模状态、新的计划方案或新的评估方法来不断提高无线电对环境的适应性。

考虑到认知能力的差异，Mitola 定义了 9 种由简单到复杂的认知级别，见表 7-2。对应于表 7-2 中的 9 种级别，达到级别 0 的无线电中没有认知循环过程，代表传统的可编程无线电和软件无线电；级别 1 的无线电是目标驱动的，其中实现了包括观察、决策和执行功能的认知循环，能够根据外部激励选择最好的波形进行响应；级别 2 的无线电是了解情景的，其中的认知循环包括观察、判断、决策和执行功能，能够对观测信息的内容进行推理，建立优先级顺序；级别 3 的无线电具备无线电、网络组件和环境模型的知识，实现的认知循环相对于级别 2 增加了对无线电状态的观测，能对信息内容和无线电模式进行推理，可调整自身状态，选择最优判决；级别 4 的认知循环在级别 3 的基础上增加了计划的功能，能够筛选最优的方案；级别 5 实现了执行阶段的协商功能，能与其他成员协商方案；级别 6 实现了学习功能，对无法进行状态匹配的信息，产生新的状态，并记入状态存储单元实现新状态的存储；级别 7 和级别 8 分别实现了学习功能与计划及执行功能的接口，使无线电具有了调整计划和协议、适应新环境和新网络的能力。

表 7-2　认知级别

级别	功能	备注
0	预编程	传统的可编程无线电和软件无线电
1	目标驱动	根据目标选择波形，需要环境感知能力
2	了解情景	知道用户正在努力做什么
3	了解无线电	具备无线电、网络组件和环境模型的知识
4	计划能力	分析形势（级别2和3）以确定目标（如服务质量要求等），执行确定的计划方案
5	协商能力	与其他无线电商讨计划方案
6	环境学习能力	自动建立环境的模型
7	调整计划能力	生成新的目标
8	调整协议能力	建议和商讨新的协议

7.3 频谱感知技术

认知无线电能够感知、适应和学习周围的电磁环境，发现频谱空洞，感知无线信号的特征，并合理利用这些结果，这就是频谱感知技术[10]，其是实现频谱管理、频谱共享的前提。频谱空洞是指被分配给某授权用户，但在特定时间和具体位置，该用户并没有使用的频带，如图 7-3 所示。认知用户可以临时使用频谱空洞，但频谱空洞不能简单地通过检测某些感兴趣的频带内信号能量得到，而需要更复杂的技术在时域、空域和频域来检测，因此，频谱空洞的概念包含了信号的时域、空域和频域的信息。

频谱感知的目的是发现频谱空洞，同时不能对授权用户（主用户）造成有害干扰。对频谱空洞的使用，主用户比认知用户具有更高的优先级。因此，认知用户在利用频谱空洞通信过程中，必须能够快速感知到主用户的再次出现，及时进行频谱切换，"腾出"所占用的频段给主用户使用，或者继续使用该频段，但需要调整发送功率或信号波形来避免干扰。这就需要认知无线电系统具有频谱检测功能，能够实时地连续侦听频谱，以提高频谱检测的可靠性。

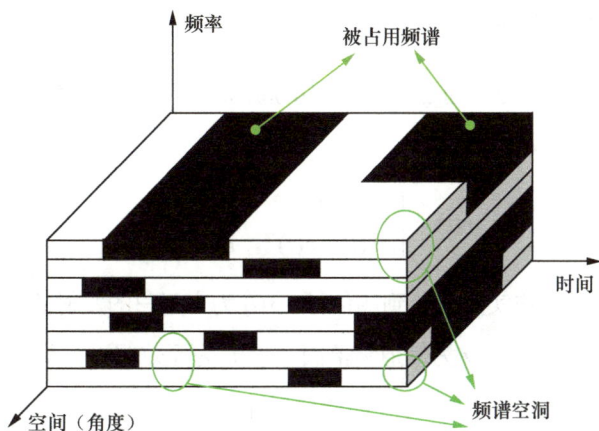

图 7-3　频谱空洞

　　一般来说，频谱感知技术可以分为发射源检测（非协作检测）、协作检测和基于干扰检测[11]，如图 7-4 所示。其中，发射源检测是较早提出的一类检测算法，其设计复杂度低，技术成熟，易于实现。但其性能会随着多径和阴影衰落引起的接收信号的减弱而降低，而且检测能力本身也有一定的限制。协作检测方法允许多个认知用户之间相互交换检测信息，通过协作和分集的方法可以提高频谱检测的能力。

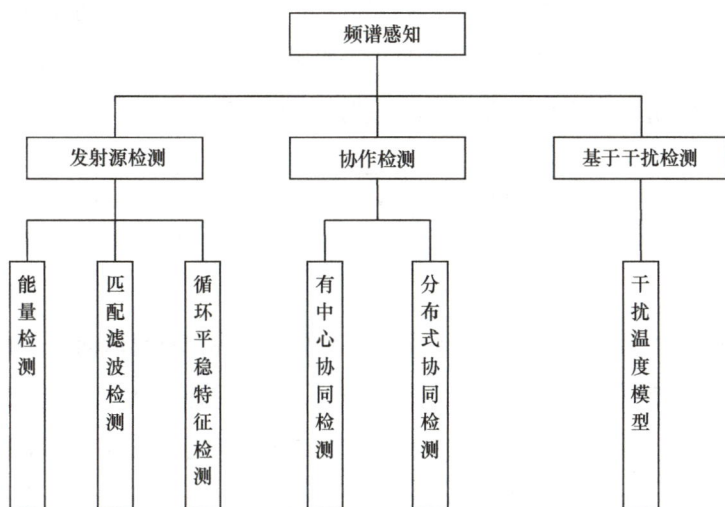

图 7-4　频谱感知技术的分类

7.3.1　发射源检测

发射源检测的途径是通过认知用户的局部观测报告，检测来自主用户发射源的微弱信号，其模型定义为

$$r(t) = \begin{cases} n(t) & H_0 \\ \alpha s(t) + n(t) & H_1 \end{cases} \qquad （7\text{-}1）$$

其中，$r(t)$ 为认知用户实际接收到的信号；$s(t)$ 为主用户的发射信号；$n(t)$ 为加性高斯白噪声（AWGN）；α 为信道衰落因子；H_0 为无效假设，即主用户不存在；H_1 为有效假设，即存在主用户的信号。发射源检测就是对接收到的信号进行处理，从噪声背景下发现信号和提取信号所携带的信息，并制定检测估计准则，做出主用户是否存在的检测结论。根据采用的算法不同，发射源检测又分为能量检测、匹配滤波检测和循环平稳特征检测。

（1）能量检测

能量检测是一种比较简单的信号检测方法，属于非相干检测，直接对时域信号的采样值求模，然后平方即可得到；或利用 FFT 转换到频域，然后对频域信号求模平方也可得到。它的另外一个优点是不需知道检测信号的任何先验知识。实际上，能量检测是在一定频带范围内作能量积累。如果积累的能量高于一定的门限，则说明有信号存在；如果低于一定的门限，则说明仅有噪声。能量检测的出发点是信号加噪声的能量大于噪声的能量。能量检测对信号没有进行任何假设，是一种盲检测方法。其原理如图 7-5 所示。

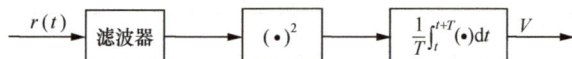

$$r(t) \rightarrow \boxed{\text{滤波器}} \rightarrow \boxed{(\cdot)^2} \rightarrow \boxed{\frac{1}{T}\int_t^{t+T}(\cdot)\mathrm{d}t} \xrightarrow{V}$$

图 7-5　能量检测方法原理 [12]

根据采样定理，在加性高斯白噪声下的信号检测问题可以简化为对独立高斯变量和的概率分布的分析。当仅有噪声时，统计量是服从自由度为 2 的卡方分布；当存在信号时，统计量服从自由度为 2 的非中心卡方分布，非中心系数等于信号的能量比上双边噪声功率谱。根据上述两种统计量的分布情况，就可以得到该检测方法的性能。

能量检测是一个次优的检测方法，它不具备相干信号处理，弱信号检测能力比匹配滤波检测法差。通过比较能量检测的输出和一个依赖于估计的噪声功率值来检测信号，这样即使一个非常小的噪声功率估计偏差都会造成能量检测性能的急剧下降。

（2）匹配滤波检测

匹配滤波检测是指使用匹配滤波器对接收信号进行滤波处理，然后再进行判别的检测方法。匹配滤波器是输出信噪比最大的最佳线性滤波器，在数字通信和通信信号处理中具有特别重要的意义。理论分析和实践都表明，如果滤波器的输出端能够获得最大信噪比，就能够最佳地判断信号的出现，从而提高系统的检测性能。

匹配滤波是最优的信号检测算法，它具有相干信号处理，因此，可以解调信号，可以在较短的时间内获得较高的处理增益。但其实现比较复杂，要求认知用户拥有关于主用户信号的先验知识，如调制方式、调制阶数、脉冲波形以及帧格式等。不过许多无线网络都设有导频信号、前置码、同步码或扩频码等，这些信息都可用于匹配滤波检测和相干信号处理。

（3）循环平稳特征检测

调制信号通常具有循环平稳特征，即信号的均值和自相关函数具有周期特性，这是由于调制信号中包含的载波、脉冲序列、重复的扩频和跳频序列或循环前缀等造成的。循环平稳特征通过分析频谱相关性函数来检测，频谱相关性函数是二维变换，而功率谱密度为一维变换。频谱相关性函数的主要优势是它可以区分噪声能量和调制信号能量，这是由于噪声通常是广义平稳非相关信号，而调制信号由于内置的周期特征具有了谱相关函数的循环平稳性。因此，相对于能量检测而言，循环平稳特征检测对噪声功率估计的偏差具有更强的鲁棒性。但其计算复杂度要高于能量检测的计算复杂度，而且需要较长的检测时间。

为了进一步提高检测的有效性和可靠性，有的研究将循环谱分析技术与神经网络的模式识别技术结合。其中，接收信号首先通过谱相干函数和谱相关密度函数进行循环谱分析，提取各种特征，然后再通过神经网络对信号的调制方式进行分类。

7.3.2 协作检测

在大多数情况下，认知用户的网络和主用户的网络是分开的，它们之间没有信息交互。这导致认知用户只能根据本身接收到的主用户发射机的微弱信号进行检测，但由于缺乏主用户接收机的信息，所以在感知过程中不可避免地会存在较大地检测误差。另外，发射源检测的模式无法解决隐藏终端和阴影衰落的问题，如图 7-6 所示 [11]。为了达到更精确的检测，就需要利用协作检测技术分享其他用户的感知或检测信息。

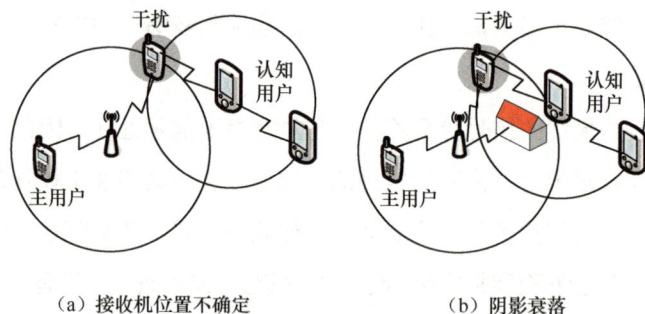

（a）接收机位置不确定　　　　　（b）阴影衰落

图 7-6　发射源检测的问题

协作检测可用于有中心控制和分布式控制的网络。在有中心控制的网络中，认知无线电网络的基站收集所有认知用户的感知信息，检测并确定频谱空洞。而在分布式网络中，需要认知用户互相交换信息来完成协作检测。协作检测由于能够减少单用户检测时的不确定性，因此从理论上讲更加精确。虽然多径衰落和阴影衰落仍是降低检测性能的主要因素，但协作检测能够有效克服多径衰落和阴影衰落的影响，在深度衰落环境中能够提高检测的概率。

认知用户既要进行频谱检测，又要进行数据的传输，为了降低数据传输与频谱检测之间的冲突，有文献研究了同时部署两个网络，一个传感器网络用于协作式频谱检测、一个业务网络用于数据传输的情况。传感器网络部署于目标区域，感知当地的频谱。中心控制器负责收集频谱信息，为业务网络制作频谱使用图像。业务网络则根据该信息确定可用的频谱。

尽管协作检测能够提高检测性能，但需要传输额外的检测信息，会对资源受限的网络造成不良影响，而且，协作检测仍然不能解决主用户接收机的检测问题。下面将要介绍的基于干扰检测方法意在解决这一问题。

7.3.3 基于干扰检测

传统网络的控制和设计是以发射机为中心的，通过控制发射功率和发射机的位置，使得距离发射机一定距离的接收信号功率达到一个设计指标，以满足服务范围的要求。可是，由于不可预料的干扰源的出现，接收机侧的射频噪声下限可能升高，引起接收性能的下降和服务范围的缩小。为提高频谱利用效率，同时减小认知用户对主用户接收机的干扰，2003 年 FCC 曾定义了一种新的干扰测量模型，即干扰温度。与传统的通过控制发射机功率来降低干扰的方法不同，干扰温度模型通过在接收机侧设置干扰温度限来管理干扰，如图 7-7 所示。干扰温度限提供了特定频段和特定地理位置射频环境最恶劣的情形，是接收机在服务范围内正常工作所能忍受的干扰功率的上限，只要发射功率形成的干扰不超过干扰温度限，认知用户就可以使用该频段。

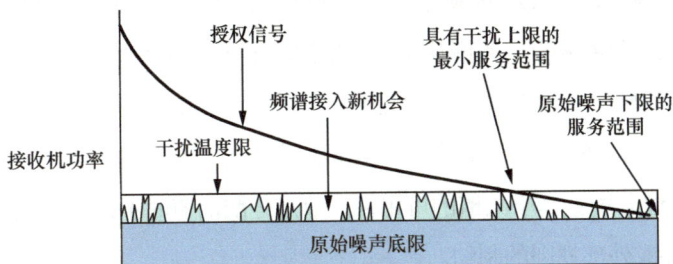

图 7-7 干扰温度[11]

干扰温度的概念等同于噪声温度，用来度量干扰功率和所占的带宽大小。定义为

$$T_I(f_c, B) = \frac{P_I(f_c, B)}{kB} \qquad （7-2）$$

其中，T_I 为噪声温度，单位为绝对温度；P_I 为带宽为 B，频点在 f_c 处的干扰的平均功率，单位为 W；k 为玻耳兹曼常量。根据该定义，噪声和干扰被合并起来，只作为一个参数来考虑和检测。比如说，对特定的地区，频谱管理机构应该为

其提出"干扰温度限"T_L，任何使用这一频段的认知用户都必须保证对主用户接收端的干扰不能超过干扰温度限。

但是干扰温度模型会明显提高主用户的噪声下限，因此受到了当前主用户的强烈反对，而且，研究表明干扰温度在实际中可能无法保护如地球探测卫星系统等弱信号系统的接收机，因此 2007 年 4 月，FCC 决定终止对干扰温度的研究[13]。

7.4 频谱共享技术

在认知无线电网络中，开放频谱使用的一个主要挑战是频谱共享。现有的频谱共享技术，如工业、科学和医学频段开放接入，UWB 系统与传统窄带系统共存等技术通常应用于固定频段的共享，或发送功率受限的短距离通信。这些技术在提高频谱利用率的同时却增加了干扰，限制通信系统的容量和灵活性。认知无线电的频谱共享技术能够智能地感知无线通信环境，动态地检测和有效地利用空闲频谱，大大降低频谱和带宽限制对无线技术发展的束缚[12]。

从实现的角度来看，频谱共享主要包括以下 5 个步骤[11]。

◎ 频谱感知：认知用户只能使用授权用户没有使用的频谱，当认知用户准备发送数据时，必须感知周围的频谱使用情况。

◎ 频谱分配：基于频谱的可用性，节点分配信道时不仅基于频谱可用性，还要受内部或外部规则的制约。

◎ 频谱接入：因为多个认知用户都要接入频谱，所以需要考虑如何防止多用户冲突。

◎ 发射机–接收机握手协议：一旦某部分频谱被决定用于通信，接收机必须能够知道选择的频率，因此需要一个发射机–接收机握手协议。这里的握手并不仅限于发射机和接收机之间，还可能包括如中心基站的第三方。

◎ 频谱迁移：认知用户是分配给他们使用的频谱的访问者，因此，如果主用户要求使用认知用户正在使用的频谱，则认知用户的通信需要在其他的空闲频谱上继续，因此，频谱迁移对认知用户之间的通信非常重要。

7.4.1 频谱共享技术的分类

当前频谱共享的解决方案主要从 3 个方面进行研究：网络控制结构、频谱分配行为和频谱接入行为，如图 7-8 所示。认知无线电的频谱共享技术通过两个重要的理论方法——最优化技术和博弈论来进行分析并寻找最优化的策略。

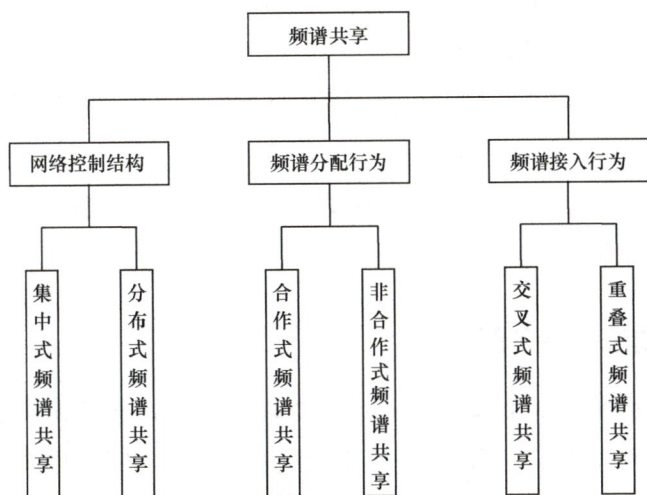

图 7-8　频谱共享技术的分类

（1）基于网络控制结构的频谱共享技术

◎ 集中式频谱共享。在这些解决方案中，一个中心实体控制着频谱分配和接入过程。方案中通常需要一个分布式检测过程，每个认知节点将频谱分配测量信息告知中心实体，由中心实体建立频谱分配图。

◎ 分布式频谱共享。分布式解决方案主要是针对那些缺乏基础设施的情况。因此，每个认知节点负责基于本地（或全局）策略分配和接入频谱。

（2）基于频谱分配行为的频谱共享技术

◎ 合作式频谱共享。合作式解决方案考虑一个节点通信对其他节点造成的影响。换句话说，节点间共享干扰测量信息。更进一步地说，频谱分配算法同样要考虑这些信息。所有集中式解决方案都可以认为是合作式，但是同样也存在着分布合作式方案。

◎ 非合作式频谱共享。相对于合作解决方案，非合作解决方案仅仅从单个节点的角度考虑。这些解决方案也叫自私方案。虽然非合作解决方案可能导致频谱利用率降低，但在实际应用中节点间具有较小的通信开销。

（3）基于频谱接入行为的频谱共享技术

◎ 交叉式频谱共享。认知节点使用主用户没有使用的一部分频谱接入网络，这样可以最小化对主用户的干扰。

◎ 重叠式频谱共享。重叠式频谱共享使用扩频技术。一旦得到一个频谱分配图，认知节点开始发射信号，主用户会将认知节点在某一频谱上发送的功率当作噪声。这个技术需要复杂的扩频技术，但相对于交叉式频谱共享技术能够使用更宽的带宽。

7.4.2 动态频谱分配

在动态频谱分配（Dynamic Spectrum Allocation，DSA）研究领域内，DRiVE、OverDRiVE 和 TRUST 项目针对具有不同特性的多无线电网络中 DSA 算法的研究已做了大量的工作。但是由于认知无线电用户对带宽的需求、可用信道的数量和位置都是随时变化的，传统的话音和无线网络的动态频谱分配方法不完全适用。另外要实现完全动态频谱分配受到很多政策、标准及接入协议的限制。目前认知无线电的 DSA 研究主要基于频谱共享池的策略。频谱共享池的基本思想是将一部分分配给不同业务的频谱合并成一个公共的频谱池，并将整个频谱池划分为若干个子信道，因此信道是频谱分配的基本单位。基于频谱共享池策略的 DSA 实质上是一个受限的信道分配问题，以最大化信道利用率为主要目标，同时考虑干扰的最小化和接入的公平性。

为了规定用户之间选择频谱的协商机制，1999 年 Mitola 在其论文中提出了标准的无线礼仪协议的初始框架，主要包括主用户与认知用户之间交互的租用频谱协议、当主用户再次出现时服从的补偿协议、频谱使用优先级协议等 [3]。由于认知用户本质上是一个自治的智能主体，已有研究多集中于动态分布式资源分配方面。博弈论（又称对策论）是一种有效的分析实时认知用户交互过程的工具。由于经典的博弈模型不包含学习环节，因此采用一些嵌入学习功能的改进型对策模型，如贝叶斯模型等，是研究的热点问题。研究表明合作式 DSA 能够提高全网的性能，但这种方法强调系统的整体效能，必要时会牺牲局部性能，之后很多研究对合作式 DSA 进行了改进，以接近最优分配，包括区分用户优先级的标签机制、保证业务公平的本地商讨算法等。为了降低合作式 DSA 系统的复杂性和通信开销，也有研究提出了基于设备的频谱管理方案，其基本思路是用户通过观察本地干扰码型，依据预先设定的适用于不同场景的规则独立决策选择信道，从而使系统的性能、复杂度和通信成本取得折中，因此该方法也称为基于规则的方法。研究结果表明，相对于合作方法，这种基于规则的方法可在提供相同通信性能的前提下将通信成本降低至原始成本的 $\frac{1}{4} \sim \frac{1}{3}$ [4]。

7.5 知识表示技术

如前面所述，认知无线电是软件无线电技术和人工智能技术结合的产物，人工智能技术的广泛应用是实现认知功能的关键。知识是智能行为的基础，一个认知主体必须具备知识并且利用知识来决策和行动。本体对知识数据进行组织，以支持推理和学习。事实上，利用所拥有的无线电知识进行推理并通过学习提高性能是认知无线电的核心能力，也是认知无线电与自适应无线电的本质差别。

知识表示是研究用机器表示知识的可行性、有效性的一般方法，是一种数据结构与控制结构的统一体，既考虑知识的存储又考虑知识的使用。知识表示实际上就是对人类知识的一种描述，以把人类知识表示成计算机能够处理的数据结构。对知识进行表示的过程就是把知识编码成某种数据结构的过程 [14]。

按照人们从不同角度进行探索以及对问题的不同理解，知识的表示方法可分为陈述性知识表示和过程性知识表示两大类 [14]。

◎ 陈述性知识表示主要用来描述事实性知识。这种表示方法告诉人们所描述的客观事物的"对象"是什么，知识表示就是将对象的有关事实"陈述"出来，并以数据的形式表示，比如信道的信噪比，无线电当前的工作参数等。这类表示法将知识表示与知识的运用（推理）分开处理，在表示知识时，并不涉及如何运用知识的问题，是一种静态的描述方法。

◎ 过程性知识表示主要用来描述规则性知识和控制结构知识。这种表示方法就是告诉人们"怎么做"，知识表示的形式是一个"过程"，这一"过程"就是求解程序，比如认知无线电在特定环境中的波形参数配置规则等。它将知识的表示与运用（推理）相结合，知识就寓于程序之中，是一种动态的描述方法。

上述两类知识表示方法中，包含了多种具体的方法，如一阶谓词逻辑表示法、产生式表示法、框架表示法、语义网络表示法、面向对象表示法、状态空间表示法、脚本表示法和过程表示法等。对同一知识，一般可以用多种方法进行表示，但不同的方法对同一知识的表示效果是不一样的，因为不同领域中的知识一般有不同的特点，而每一种表示方法也各有自己的优缺点，因此，在认知无线电领域需要把几种表示模式结合起来，作为一个整体来表示相关知识，达到取长补短的效果。本节的内容是在文献 [14] 的基础上结合认知无线电的领域的特点编写而成的，本节只介绍了一部分知识表示的方法，关于知识表示的更加详细的内容请参见文献 [14] 和文献 [15]。

7.5.1 一阶谓词逻辑表示法

一阶谓词逻辑表示法是一种重要的知识表示方法，它以数理逻辑为基础，是目前能够表达人类思维活动规律的一种最精确的形式语言。它与人类的自然语言比较接近，又可方便地存储到计算机中去，并被计算机进行精确处理。它是一种最早应用于人工智能中的表示方法。

（1）用谓词公式表示知识

所谓谓词公式就是用谓词连接符号将一些谓词连接起来所形成的公式。人类的一条知识一般可以由具有完整意义的一句话或几句话表示出来，而这些知识要用谓词逻辑表示出来，一般是一个谓词公式。

用谓词公式既可以表示事物的状态、属性和概念等事实性知识，也可以表示事物间具有确定因果关系的规则性知识。对事实性知识，谓词逻辑的表示法通常是由以合取符号（∧）和析取符号（∨）连接形成的谓词公式来表示。例如，对事实性知识"BPSK 是相位调制，QPSK 也是相位调制"，可以表示为

$$\text{IsPhaseModulation（BPSK）}\wedge\text{IsPhaseModulation（QPSK）}$$

这里，IsPhaseModulation（x）是一个谓词，表示 x 属于相位调制。对规则性知识，谓词逻辑表示法通常由以蕴涵符号(→)连接形成的谓词公式（即蕴涵式）来表示。例如，对于规则

如果 x，则 y

可以用下列的谓词公式进行表示

$$x \rightarrow y$$

（2）一阶谓词逻辑表示的特点

一阶谓词逻辑是一种形式语言系统，它用数理逻辑的方法研究推理的规律，即条件与结论之间的蕴涵关系，具有以下特点。

◎ 自然性。谓词逻辑是一种接近于自然语言的形式语言，用它表示的问题易于被人们理解和接受。

◎ 易实现。用谓词公式表示的知识可以比较容易地转换为计算机的内部形式，易于模块化，便于对知识的添加、删除和修改。

◎ 适宜于精确性知识的表示。用谓词逻辑表示的问题是以谓词公式的形式为结果的，谓词公式的逻辑值只有"真"和"假"两种结果，因此适合于表示那些精确性的知识，而不适合于表示那些具有不确定性和模糊性的知识。

7.5.2 产生式表示法

"产生式"这一术语是 1943 年由美国数学家 Post 首先提出的 [14]。产生式表示法又称为产生式规则表示法。有心理学家认为，人脑就是用产生式的形式来存储知识的。1972 年，Newell 和 Simon 在研究人类的认知模型中开发了基于规则的产生式系统 [14]。目前，产生式表示法已成为人工智能中应用最多的一种知识表示方法，许多成功的专家系统都用它来表示知识。

1. 用产生式表示知识

产生式通常用于表示具有因果关系的知识，其基本形式是

P → Q 　　或者

IF　P　　　THEN　Q

其中，P 是产生式的前提，用于指出该产生式是否可用的条件；Q 是一组结论或操作，用于指出前提 P 所指示的条件被满足时，应该得出的结论或应该执行的操作。

（1）确定性知识的产生式表示

确定性知识的产生式表示采用上面所示的产生式的基本形式。

（2）不确定性规则知识的产生式表示

产生式可用于不确定知识的表示，不确定性规则知识的产生式形式为

P → Q（置信度）或者

IF　P　　　THEN　Q（置信度）

这一表示形式主要在不确定推理中，当已知事实与前提中所规定的条件不能精确匹配时，只要按照"置信度"的要求达到一定的相似度，就认为已知事实与前提条件相匹配，再按照一定的算法将这种可能性（或不确定性）传递到结论。

（3）确定性事实性知识的产生式表示

事实性知识可看成是声明一个语言变量的值或是多个语言变量间关系的陈述句。事实性知识的表示形式一般使用三元组来表示。

（对象，属性，值）或

（关系，对象 1，对象 2）

其中，对象就是语言变量。这种表示的机器内部实现就是一个表。如事实"信道的类型为加性高斯白噪声信道"，便可以表示为

（Channel，Type，AWGN）

其中，Channel 是事实性知识涉及的对象，Type 是该对象的属性，而 AWGN 则是属性的值。而"信号 A 和信号 B 的内容相同"，可写成第二种形式的三元组。

（SameContent，SignalA，SignalB）

其中，SignalA 和 SignalB 分别是事实性知识涉及的两个对象，而 SameContent 则表示这两个对象间的关系。

（4）不确定性事实性知识的产生式表示

有些事实性知识带有不确定性，比如"信道的类型很可能为加性高斯白噪声信道""信号 A 和信号 B 内容相同的可能性不大"等。这类知识一般使用四元组来表示。

（对象，属性，值，可信度值）或

（关系，对象 1，对象 2，可信度值）

例如，上述两个例子可以表示为

（Channel，Type，AWGN，0.8）和（SameContent，SignalA，SignalB，0.1）

其中，0.8 和 0.1 分别表示两个事实的可信度。

2. 产生式表示法的特点

产生式表示法是一种比较好的表示法，容易用来描述事实、规则以及它们的不确定性度量，它具有以下特点。

（1）清晰性

产生式表示格式固定、形式简单，规则（知识单位）间相互较为独立，没有直接关系，使知识库的建立比较容易，处理比较简单。

（2）模块性

在产生式系统中，知识库与推理机是分离的，这给知识库的修改带来方便。

（3）自然性

产生式表示法使用"IF…，THEN…"的形式表示知识，符合人类的思维习惯，是人们常用的一种表达因果关系的知识表示形式，既直观自然，又便于推理。另外，产生式表示法既可以表示确定性知识又可以表示不确定性知识，更符合人们日常见到的问题。

7.5.3　语义网络表示法

语义网络是 1968 年 Quillian 在研究人类联想记忆时提出的心理学模型，Quillian 认为，记忆是由概念间的联系实现的[14]。1972 年，Simon 首先将语义网络表示法用于自然语言理解系统[14]。目前，语义网络已成为人工智能中应用较多的一种知识表示方法。

客观世界中的事物是错综复杂的，相互间除了具有因果关系、类属关系等表面上的一些关系外，各事物、概念等之间还存在着含义上的联系或语义上的联系。语义网络就是为了描述概念、事物、属性、情况、动作、状态、规则等以及它们之间的语义联系而引入的。

语义网络是通过概念及其语义关系来表示知识的一种网络图，它是一个带标注的有向图。其中有向图的各节点用来表示各种概念、事物、属性、情况、动作、状态等，节点上的标注用来区分各节点所表示的不同对象，每个节点可以带有若干个属性，以表示其所代表的对象的特性；弧是有方向、有标注的，方向用来体现节点间的主次关系，而其上的标注则表示被连接的两个节点间的某种语义联系或语义关系。

一个最简单的语义网络可由如（节点 1，弧，节点 2）一个三元组表示。该三元组可用图 7-9 所示的有向图表示，称为基本网元。

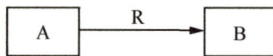

图 7-9　语义网络的基本网元

其中，A 和 B 分别代表节点，而 R 则表示 A 和 B 之间的某种语义联系。

当把多个基本网元用相应的语义联系关联在一起时，就可得到一个语义网络，如图 7-10 所示。在语义网络中，节点还可以是一个语义子网络，所以，语义网络实质上是一种多层次的嵌套结构。

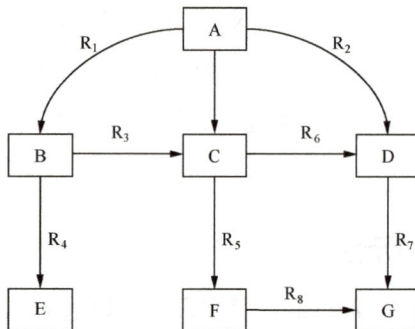

图 7-10　语义网络

从功能上讲，语义网络可以描述任何事物间的任意复杂关系。这种描述是通过把许多基本的语义关系关联到一起来实现的。基本语义关系是构成复杂语义关系的基础，也是语义网络知识表示的基础。语义网络中常用的语义联系包括以下内容。

◎ 类属关系，是指具有共同属性的不同事物间的分类关系、成员关系或实例关系。它体现"具体与抽象""个体与集体"的层次分类。

◎ 包含关系，也称为聚类关系，是指具有组织或结构特征的"部分与整体"之间的关系。它与类属关系最主要的区别是包含关系一般不具备属性的继承性。

◎ 占有关系，是事物或属性之间的"具有"关系。

◎ 时间关系，是指不同事件在其发生时间方面的先后次序关系，节点间的属性不具有继承性。

◎ 位置关系，是指不同事物在位置方面的关系，节点间的属性不具有继承性。

◎ 相近关系，是指不同事物在形状、内容等方面相似或接近。

◎ 推论关系，是指从一个概念推出另一个概念的语义关系。

◎ 因果关系，是指由于某一事件的发生而导致另一事件的发生，适于表示规则性知识。

◎ 组成关系，是一种一对多联系，用于表示某一事物由其他一些事物构成。

◎ 属性关系，用于表示一个节点是另一节点的属性。

1. 用语义网络表示知识

（1）事实性知识的表示

事实性知识是指有关领域内的概念、事实、事物的属性、状态及其关系的描述。例如，"信道类型为加性高斯白噪声信道"就是一条事实性的知识，它的表示方法如图 7-11 所示。

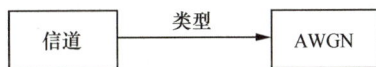

图 7-11　信道类型的语义网络

（2）情况和动作的表示

为了描述那些复杂的情况和动作，Simon 在他提出的表示方法中增加了情况节点和动作节点，允许用一个节点来表示情况或动作 [14]。

① 情况的表示。

在用语义网络表示那些不及物动词表示的语句，或没有间接宾语的及物动词表示的语句时，如果该语句的动词表示了一些其他情况，如动作作用的时间等，则需要设立一个情况节点，并从该节点向外引出一组弧，用于指出各种不同的情况。例如，"一台标识为'卫星 A'的通信车每天从 13:00 到 15:00 使用该通信信道"这条知识就可以表示为图 7-12 所示的语义网络。

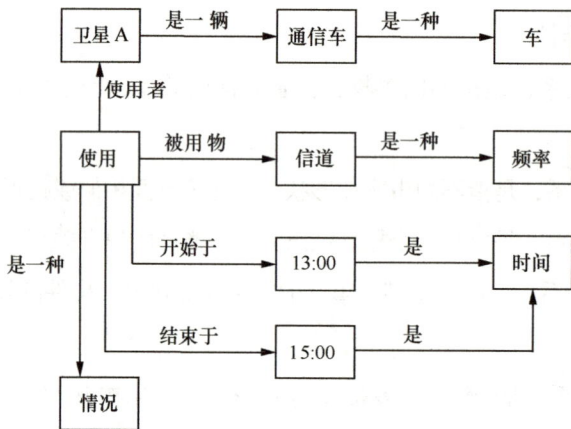

图 7-12　带有情况的语义网络

② 动作和事件的表示。

有些表示知识的语句涉及的动词既有主语，又有直接宾语和间接宾语。也就是说，既有发出动作的主体，又有接受动作的客体和动作所作用的客体。在用语义网络表示这样的知识时，即可以把动作设立成一个节点，也可以将所发生的动作当成一个事件，设立一个事件节点。动作或事件节点也有一些向外引出的弧，用于指出动作的主体与客体，或指出事件发生的动作以及该事件的主体与客体。例如，对"张三发给李四一条信息"这样的事实，如果把"发给"作为一个动作节点，其语义网络如图 7-13 所示。

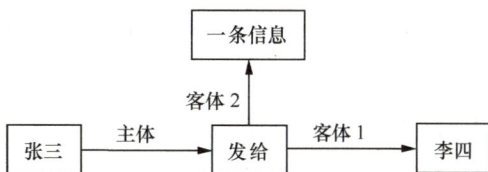

图 7-13　带有动作节点的语义网络

如果把"张三发给李四一条信息"作为一个事件，并在语义网络中增加一个事件节点，则其语义网络如图 7-14 所示。

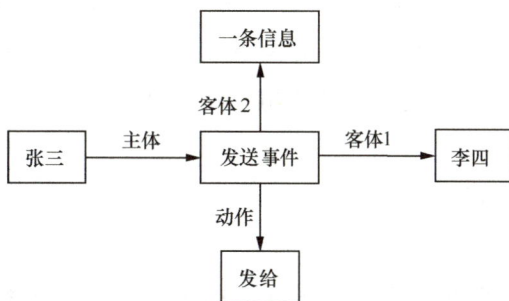

图 7-14　带有事件节点的语义网络

③规则性知识的表示

语义网络也可以用来表示规则性知识。比如"如果 A，那么 B"是一条表示 A 和 B 之间因果关系的规则性知识，如果规定语义关系 R_{AB} 的含义是"如果…，那么…"，则上述知识可表示为

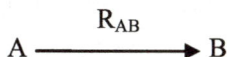

$$A \xrightarrow{\quad R_{AB} \quad} B$$

这样，规则性知识与事实性知识的语义网络表示是相同的，只是弧上的标注不同。

2. 语义网络表示法的特点

◎　结构性。语义网络表示法是一种结构化的知识表示方法。它能将事物的属性及事物间的各种语义联系显式地表示出来。下层概念节点可以继承、补充或变异上层概念的属性，从而实现信息的共享。

◎　自然性。语义网络实际上是一个带有标识的有向图，可直观地把事物的属性及事物间的语义联系表示出来，便于理解，自然语言与语义网络之间的转换也比较容易实现。

◎ 联想性。语义网络最初是作为人类联想记忆模型提出来的，其表示方法着重强调事物间的语义联系，由此就可把各节点的联系以明确、简洁的方式表现出来，通过这些联系，很容易找到与某一节点有关的信息。这样便于以联想的方式实现对系统的检索，使之具有心理学中关于联想的特点，而且它所具有的这种自索引能力使之可以有效地避免搜索时所遇到的组合爆炸问题。

◎ 非严格性。语义网络的缺点是没有公认的形式表示体系，或者说表示形式没有严格性，所以，一个语义网络所表达的含义，完全依赖于处理程序如何对它进行解释，不同的处理程序对其的解释可能不同。

7.6 本体理论

本体原本是一个哲学概念，是指关于存在及其本质和规律的学说，后被用于研究实体存在性和实体存在的本质等方面的通用理论。计算机界借用这个理论，把现实世界中某个领域抽象或概括成一组概念及概念之间的关系，构造出这个领域的本体[16]。

本体理论是指关于世界某个方面的特定的分类体系，这个系统不依赖于任何一种特定的描述语言。近年来，本体理论的这些思想被人们引入知识工程领域，其最终目的是解决知识的重用和共享。知识重用要求大家对某个事物的认识一致，已经到达认识事物本质的地步；知识共享要求人和机器的交流建立在对所交流领域共识的基础上[16]。事实上，共享的本体是系统间进行有意义的交流的前提。

知识工程领域研究者们普遍接受的本体定义是 Gruber 于 1993 年提出的[16]。本体是对共享的概念化进行形式的显式规范说明，"概念化"是现实世界中现象的抽象模型，要明确标识与现象相关的概念；"显式"的意思是指被使用概念的类型以及概念在使用中的约束被明确地定义出来；"形式"的意思是指本体应该是机器可读的；"共享"是指本体中的知识是中立的、一致认可的[16]。

在认知无线电中,本体能够为无线电提供自我意识。通信节点能够理解自身结构,能够在运行过程中改变功能。此外,节点能够查询其他节点的功能和当前的状态,调整在通信对话期间对信源和信宿数据分组的处理。本体不仅定义了数据分组的结构,而且根据通信协议定义了对数据分组的处理。通过使用本体,系统可拥有专用数据结构和数据库不具备的灵活性和推理特征 [9]。

7.6.1 本体建模

本体定义了一个领域中的概念、概念的属性以及概念间的关系,每个概念都用一个类来表示。类可以理解为一组事物,类中的任何事物都称为类的一个实例。波形、数据分组和符号集都是无线电通信的基本概念。子类及其关系构成类的等级结构。例如:BPSK 和 QPSK 都是 MPSK 的例子,可将 BPSK 和 QPSK 都表示为 MPSK 的子类。

属性是事物的特征,如符号集中的符号数目、波形的载波频率等。属性是单个实体的特征,该特征是一个数值。关系是指不同实体间的联系。例如,波形用于表示符号集中的符号序列,由波形和符号序列之间的关系进行表示。本体通常具有很多不同类型的属性和关系。特性这一术语既可以用于属性,也可以用于关系。如同类一样,一种特性可以视为一组实例,称为事实。例如,用波形 w 表示一个特定序列 S 的事实可以表示为三元组(w, usedToRepresent, S)。通过子特性的关系可以在等级结构中组织各个特性。

7.6.2 本体语言

万维网(World Wide Web,WWW)的迅速发展给通信带来了深远的影响,其中一个结果就是用于数据交换的可扩展标记语言(XML)的出现。这一趋势也影响了本体和知识的表示语言。为了实现实用性,这些语言必须是基于 Web 的,并且能用 XML 表示。基于 Web 意味着本体关注网络资源。网络资源由统一资源标志符(Uniform Resource Identifier,URL)标记。换句话说,任何一个用基于 Web 的本体描述的事物都是网络资源。

有 3 类主要的基于 Web 的本体语言：XML 主题地图（XML Topic Map，XTM）、资源描述框架（Resource Description Framework，RDF）和 Web 本体语言（Ontology Web Language，OWL）。XTM 是国际标准化组织标准（ISO13250），RDF 和 OWL 是万维网联盟（World Wide Web Consortium，W3C）标准。XTM允许定义任意数量的万维网资源间的关系，而 RDF 和 OWL 将所有关系严格限制为两个资源。将关系约束为两个资源的关系能够简化语言和处理，但是难以处理涉及多于两个资源时的关系，同样限制了知识结构在硬件平台上的可移植性。

将关系约束为两个资源的关系时，所有事实都变为三元组，包括相关的两个实体（主语和宾语）以及它们之间的关系（谓词）。RDF 是一种表示三元组的基于 XML 的语言。RDFS（RDF Schema）语言是 RDF 的扩展，允许定义子类和子特性关系以及特性的领域和范围。

OWL 语言有 3 个等级：OWL Lite、OWL-DL 和 OWL Full。它们的区别在于所允许的构造器不同，其中 OWL Lite 限制性最大，OWL Full 限制性最小。OWL 在 RDF 和 RDFS 的基础上增加了新的功能，如势约束、无交集约束、枚举以及翻转特性。但是最显著的新特性是利用其他类构造新类的能力，如对两个或多个类取交集或并集来定义新类。

本体语言并非越丰富越好，丰富的本体语言通常也更难处理。RDF 和 RDFS相对来说比较容易处理。RDF 处理的时间与三元组数据呈线性关系。RDFS 更困难一些，处理时间与三元组成多项式关系，最差情况下，在查询规模上是 NP完全的。OWL Lite 更为困难，最差情况下要求以三元组数目为指数的处理时间。OWL-DL 是可确定的，意思是处理时间是有限的，但是时间长度比指数级还要长。最后，OWL Full 是不确定的，意思是操作本体、某些查询不能在有限时间内完成。

7.6.3 查询与推理

通过查询可以获得指定数据库的信息。XTM、RDF 和 OWL 已经给出了很多种查询语言。RDF 提供的查询语言称为 RDQL。作为查询最多的语言，RDQL 在句法和语义上与关系型数据库系统的结构化查询语言（Structured Query

Language，SQL）非常类似。最大的区别在于 RDQL 允许指定模式。模式是一个事实，其中部分组成可以是变量。

RDQL 和 OWL-QL 查询语言与数据库查询语言的区别主要有以下几个方面。一个重要的区别在于 RDQL 和 OWL-QL 是基于 Web 的。另一个区别是数据库被限制在一个服务器上，至少限制在一个场所，而 RDQL 和 WOL-QL 将整个网络视为一个单独的数据库。OWL-QL 具有为查询请求和答复指定协议的特点，用于支持其网络业务的应用。

本体语言与数据库语言的另一个重要区别就是本体语言支持推理，换句话说，就是能够推断知识库中的信息。如果能够推断一个从未明确声明真实性事实的真实性，则称该事实是演绎事实。演绎的一个重要例子就是包含。例如，知道一个信号使用 BPSK 调制方式，那就可以推断出它同样也是 MPSK 调制方式。一般来讲，某物是子类的一个实例，那么它也是这个子类的所有上级类的实例。包含是以描述逻辑进行推理的基础。例如，MPSK 信号的所有特征和公理都适用于 BPSK 信号。

7.7 机器学习技术

机器学习是研究如何使用计算机来模拟人类学习活动的一门学科。更严格地说，就是研究计算机获取新知识和新技能、识别现有知识、不断改善性能、实现自我完善的方法[14]。Herbert Simon 将学习定义为：能够让系统在执行同一任务或相同数量的另外一个任务时比前一次执行得更好的任何改变。该定义表明任何宣称具有通用智能的系统必须具备学习的能力。智能主体必须能够在与环境交互和处理自己内部状态的过程中进行改变[17]。

图 7-15 所示为基于规则的认知无线电的基本操作控制组件，基于规则的认知无线电其实是一个结合了专家系统[18] 的无线电系统。参数控制组件提供了无线电系统的内部状态，即无线电系统的工作参数，传感器提供了外部环境的信息，这些状态信息作为短期知识输入推理引擎。知识库存储系统的长期知识，主要是由通信知识形成的规则。推理引擎根据长期知识对系统的当前状态进行分析

和处理，基于当前的状态和知识，推理引擎确定适当的行为，调整无线电系统一个或多个工作参数。基于规则的认知无线电的灵活性受到严格的限制：系统只能根据知识库预先设定的规则进行调整。因此，即使无线电能够智能地对外部环境和内部状态的变化做出反应，它也只能在预先定义的知识范围内进行调整，即它不能适应新的情景。为了能够适应新的环境，认知无线电系统必须能够学习[9]。

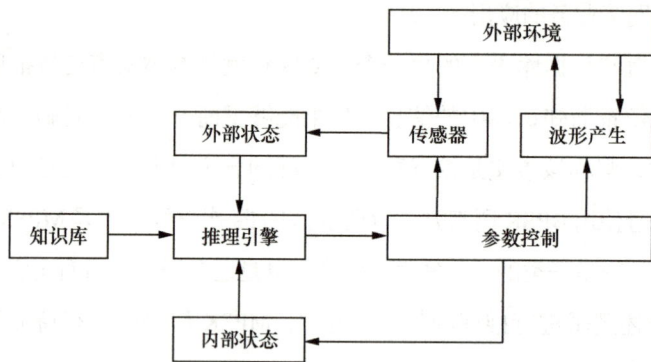

图 7-15　基于规则的认知无线电的基本操作控制组件

为了支持学习，图 7-15 所示的体系结构必须进行修改，即在专家系统之外添加学习功能。图 7-16 所示为具有学习能力的认知无线电的基本操作控制组件。为了进行学习，必须有评估推理引擎性能的方法以及根据评估结果修改知识库的方法。因此，图 7-16 中集成了学习模块。为了学习和适应复杂的环境，学习模块可能集成了多种算法，但任务很简单：观测无线电系统的状态和推理引擎选择的行为；比较推理引擎选择行为后所得状态与期望状态的差异，然后修改知识库来反映所选行为的成功度。知识库的修改有很多种方式，包括修改已有知识、修改行为选择规则、产生全新的知识条目供系统使用等[9]。

实现机器学习的策略有多种，一种称为基于符号的学习，把学习看成是获得明确表示的领域知识。它根据代表问题域中实体和关系的符号集合，推出新颖的、有效的、有用的，并且也是用这些符号表达的一般规则。

另一种称为连接主义网络或神经网络的学习，把知识表示为由若干个处理单元组成的网络的激活或者抑制状态的模式。连接主义网络不是通过向知识库增加知识来表示学习，而是通过训练数据来修改网络结构和连接权值来实现学习。它发现数据中不变的模式，并用网络自身的结构来表示。

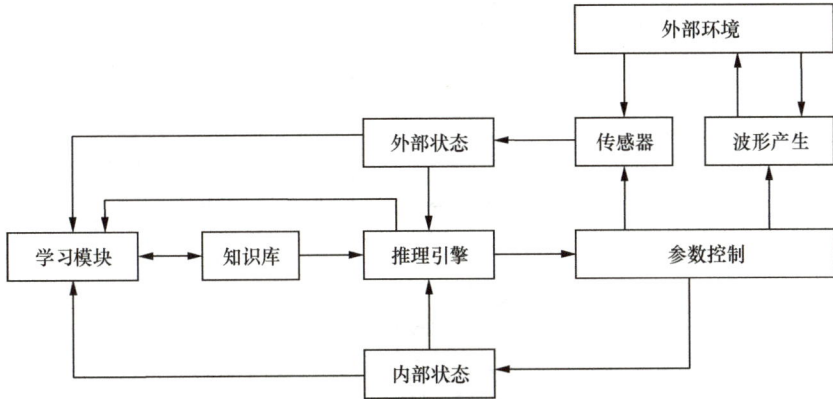

图 7-16　具有学习能力的认知无线电的基本操作控制组件

就像连接主义网络受生物神经系统启发一样，进化学习也是受生物遗传和进化的启发而提出的。遗传算法采用向量来表示给定条件 / 输入激励和行为 / 波形，算法开始时有一组问题的解，候选解以随机的方式进行改变或者基因变异，并相互组合来产生下一代解，新的候选解根据它们解决问题的能力来进化。进化学习通过选择保留较强的解、提高解的适应性来实现学习。

文献 [14]、文献 [15] 将机器学习分为机械学习、归纳学习、类比学习、神经学习等，只是另一种不同的分类方法，基本的学习算法是一致的。需要指出的是，符号主义、连接主义和进化主义不仅是机器学习的分类方法，也是人工智能发展过程中的 3 个主要学派 [14-15]。本节根据文献 [17] 对机器学习进行了简要的介绍，关于机器学习的详细知识请参考文献 [14]、文献 [15] 和文献 [17]。

7.7.1　基于符号的学习

1. 基于符号学习的框架

图 7-17 所示为基于符号学习过程的总体模型。基于符号的学习算法可以从

几个方面进行表征。

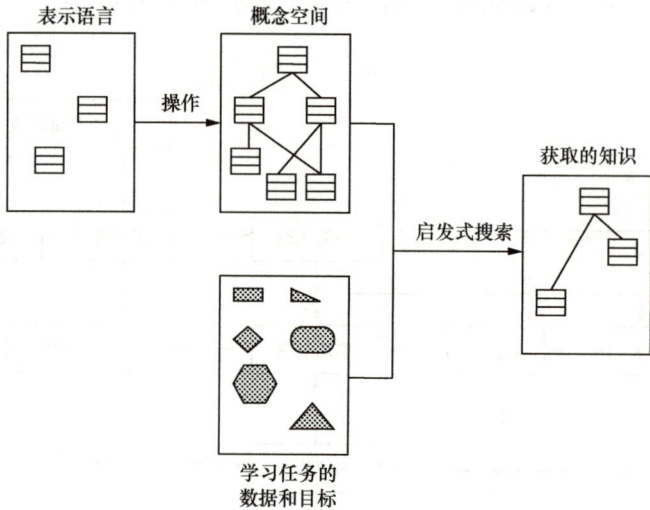

图 7-17　基于符号学习过程的总体模型 [17]

（1）学习任务的数据和目标

我们表征学习算法的一个主要方式就是学习任务的数据和目标。许多算法的目标是一个概念，或者物体类的通用描述。学习算法还可以获取计划，求解问题的启发式信息，或者其他形式的过程性知识。

训练数据本身的属性和质量是划分学习任务的另外一个尺度。数据可能来自外界环境中的教师，也可能是程序自身产生的。数据可能是可信赖的，也可能是包含噪声的。

（2）所学知识的表示

概念学习问题的一个简单表述把概念的实例表示为包含变量的合取语句。例如，两个"球"的实例可以表示为

size(obj1, small) $\wedge$ color(obj1, red) $\wedge$ shape(obj1, round)

size(obj2, large) $\wedge$ color(obj2, red) $\wedge$ shape(obj2, round)

将其中的部分常量用变量代替，则"球"的泛化概念可以定义为

size(X, Y) $\wedge$ color(X, Z) $\wedge$ shape(X, round)

符合这个通用定义的任何子句都表示一个"球"。

（3）操作的集合

给定训练实例集，学习程序必须建立满足目标的泛化、启发式规则，或者计划，这就需要对表示进行操作。典型的操作包括泛化或者特化符号表达式、调整神经网络的权值，或者其他方式的对程序表示的修改。

在上面的概念学习的例子中，学习程序可以通过用变量替换常量的方法来泛化出定义。如果我们的初始概念为

size(obj1, small) ∧ color(obj1, red) ∧ shape(obj1, round)

用变量来替换单个常量，产生下面的泛化。

size(obj1, X) ∧ color(obj1, red) ∧ shape(obj1, round)

size(obj1, small) ∧ color(obj1, X) ∧ shape(obj1, round)

size(X, small) ∧ color(X, red) ∧ shape(X, round)

（4）概念空间

表示语言和操作定义了潜在的概念定义的空间。学习程序必须搜索这个空间来寻找所期望的概念。概念空间的复杂度是学习问题困难程度的主要度量。

（5）启发式搜索

学习程序必须给出搜索的方向和顺序，并且要利用可用的训练数据和启发式信息来有效地搜索。在上面学习"球"的概念例子中，算法可以把第一个实例当作候选概念并对其进行泛化，使之能够包含接下来的实例。例如，给定单一的实例

size(obj1, small) ∧ color(obj1, red) ∧ shape(obj1, round)

学习程序就会把这个实例当作候选概念，这个概念对当前仅有的一个正例正确的分类。现在给算法第 2 个实例

size(obj2, large) ∧ color(obj2, red) ∧ shape(obj2, round)

学习程序会通过变量替换来泛化候选概念，以使概念能够匹配这两个实例。结果比候选概念更加泛化，更接近于目标概念"球"。

size(X, Y) ∧ color(X, red) ∧ shape(X, round)

2. 基于相似性的学习

基于相似性的学习算法没有使用领域中的先验知识，而是依赖于大量的实

例来定义一个一般概念的必要属性。因此基于相似性的学习是典型的归纳学习。在这类学习算法中，初始状态是目标类的一组正例（通常也有反例），学习的目标是得出一个通用的定义，能够让学习程序辨识该类的未来实例。典型的算法包括变形空间搜索算法和 ID3 算法。

3. 基于解释的学习

基于解释的学习（Explanation-Based Learning，EBL）用明确表示的领域知识来建立对一个训练实例的解释，通常是这个实例逻辑上服从这个理论的证明。通过泛化实例的解释，而不是泛化实例自身，基于解释的学习能够滤除噪声，选取经验的相关方面，并把训练数据组织成系统和一致的结构。

基于解释的学习算法的初始状态包括以下方面。

（1）一个目标概念

学习程序的任务是确定这个概念的有效定义。根据特定的应用，目标概念可以是一个分类、要证明的一个定理、达到目标的一个计划，或者是一个问题求解程序的启发式信息。

（2）一个训练实例

目标的一个实例。

（3）领域理论知识

用于解释训练实例怎么成为目标概念的一个实例的规则和事实集合。

（4）操作标准

为使目标概念能被有效识别而规定的定义形式。

4. 强化学习

前面讨论的算法都是监督学习的实现形式。它们假定存在教师、某些适当性的度量，或其他外部的对训练实例分类的方法。强化学习属于无监督学习。无监督学习没有教师，它需要学习程序自己形成评价概念。科学可能是人类中无监督学习的最好的例子。科学家没有教师的指点，他们提出假设来解释现象；用诸如简单性、通用性和优美性的标准来评价他们的假设；通过他们自己设计的实验来测试假设。

在强化学习中，智能主体没有被告知要做什么或者要采取哪个动作，主体在环境中产生动作，并从环境中得到反馈，然后对反馈进行解释。主体的动作不只是影响立即得到的奖励，而且还影响接下来的动作和最终的奖励。智能主体自身通过试错搜索和反馈，学习在环境中完成目标的最佳策略。

强化学习程序必须考虑的一个问题是，在只用它目前所知道的和进一步探索世界之间权衡。为了优化它获得奖励的可能性，主体必须探索未知的那部分世界，探索允许主体在未来做出更好的选择。主体必须探索大量的选择，同时选出看起来是最好的那部分选择。对于有随机参数的任务，探索动作必须做多次来得到可信赖的奖励的估计。

强化学习由 4 部分组成：策略 π，奖励函数 R，值映射 V 和一个环境的模型。策略 π 定义了在任何给定时刻学习主体的选择和动作的方法。策略是学习主体中重要的组成部分，因为它自身在任何时刻足以产生动作。

奖励函数 R_t 定义了在时刻 t 问题的状态 / 目标关系。它把每个动作，或更精细的每个状态－响应对映射为一个奖励量，以指出那个状态完成目标的愿望的大小。强化学习中的主体有最大化总的奖励的任务，这个奖励是它在完成任务时所得到的。

赋值函数 V 是环境中每个状态的一个属性，它指出从这个状态继续下去的动作系统可以期望的奖励。奖励函数度量状态－响应对的立即的期望值，而赋值函数指出环境中一个状态的长期的期望值。事实上，强化学习中最重要也是最难的方面是创建一个有效的确定值的方法。

图 7-18 所示为强化学习的标准模型 [19]。外部环境的当前状态为 s，智能主体通过输入函数 I 获取环境状态的观测信号 i。当 I 为恒等函数时，观测信号 i 与环境状态 s 相同，表示智能主体能够完整地观测环境状态，否则模型对应于部分可观测的情况。智能主体输出动作 a，该动作改变环境的状态，并通过奖励函数 R 和奖励值 r 反馈给智能主体。强化学习算法的目标就是搜索出最佳的策略 π，实现长期统计奖励值的最大化。

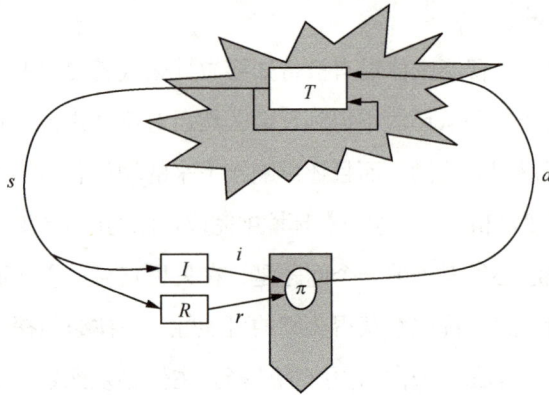

图 7-18　强化学习的标准模型

7.7.2　连接主义的学习

神经元激励模型（也被称为分布式并行处理系统或连接系统）不再强调运用符号来解决问题。连接主义学习的研究人员认为智能出现在这种简单的、相互作用的部件（生物的或人工的神经元）组成的系统中，而且可进一步通过学习和调整神经元之间的连接来提高系统的智能。系统的处理过程分布在神经网络的各个集合或层次之间。各个集合或层次的所有神经元同时相互独立地处理各自的输入，从这个意义上说，神经网络的问题求解是并行的。

1. 连接网络基础

最基本的神经网络是图 7-19 所示的人工神经元，人工神经元包括以下几部分。

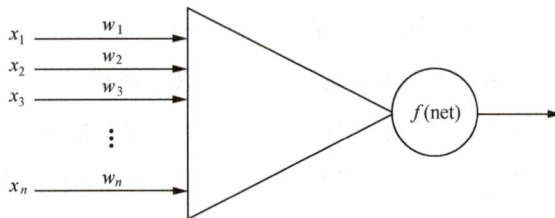

图 7-19　人工神经元[17]

（1）输入信号 x_i

这些数据可能来自环境，也可能来自其他神经元的刺激，不同模型所允许的输入参数的范围也是不同的，大部分的输入是离散的，如从集合 {1, 0} 或 {-1, 1} 中取值，也有取实数值的。

（2）实数权值 w_i

权值描述连接强度。

（3）激励层 $\sum w_i x_i$

激励层就是求取输入层的输入信号和相应输入线上连接强度 w_i 的乘积的累加。因此，激励层就是计算输入信号的加权和，即 $\sum w_i x_i$。

（4）阈值函数 f

这个函数计算神经元的最终状态或者说是输出状态，这个状态由激励层相对阈值的高低决定。这个阈值函数一般产生类似于实际神经元的开 / 关状态。

简单的阈值函数是强限制的，如图 7-20（a）所示的双极线性阈值函数。还有两个 S 形函数，如图 7-20（b）、（c）所示。一般的 S 形阈值函数为对数函数，公式为

$$f(\text{net})=1/(1+\exp(-\lambda \times \text{net})), \quad \text{net}= \sum w_i x_i$$

其中，λ 为"挤压参数"，用于调节 S 形函数曲线。

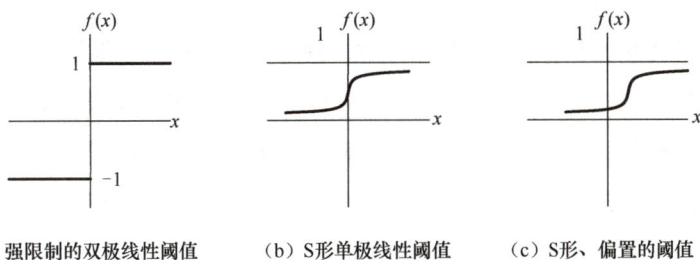

（a）强限制的双极线性阈值 　　（b）S形单极线性阈值 　　（c）S形、偏置的阈值

图 7-20　阈值函数 [17]

2. 感知机学习

Frank Rosenblatt 设计了感知机学习算法，感知机是只有一层的神经网络 [17]。感知机的输入和输出值都是 1 或者 -1，权值是实数，其激励层就是计算权重的

和 $\sum w_i x_i$。感知机的阈值函数是一个简单的严格限制阈值函数，当激励层的权值和大于阈值，其输出就是 1，否则是 -1。假如输入是 x_i，权值是 w_i，阈值是 t，则感知机的计算公式为

$$\begin{cases} 1 \text{ if } \sum w_i x_i \geqslant t \\ -1 \text{ if } \sum w_i x_i < t \end{cases}$$

感知机是一种简单的有监督学习。在试图解决一个问题实例之后，教师会给出正确答案。感知机然后改变它的权值，减少其误差。以下是应用的规则，c 是一个常数，其大小表示学习率，d 表示期望的输出。于是对应第 i 个分量的权值的改变量 Δw_i 为

$$\Delta w_i = c(d - \text{sign}(\sum w_i x_i)) \, x_i$$

$\text{sign}(\sum w_i x_i)$ 是感知机的输出值，其值取 1 或者 -1。期望输出与实际输出的差就是 0、2 或者 -2。因此，对于权值向量的分量有以下假设。

◎ 如果期望输出和实际输出相同，不改变权值。

◎ 如果期望输出 -1 和实际输出 1，则对第 i 个分量增加 $2cx_i$。

◎ 如果期望输出 1 和实际输出 -1，则对第 i 个分量减少 $2cx_i$。

这个过程将慢慢地减少对于整个训练集的平均误差。如果存在这样一组权值，它使每一个训练元素都能得到正确的输出，则感知机的学习过程就能通过学习得到这样的值。

感知机可以用于解决分类的问题，并在最开始得到了很好的发展。但是，感知机的应用仅限于线性可分问题。并且，Marvin Minsky 和 Seymour Papert 证明了这样一个结论：任何感知机模型都不可能解决线性不可分的问题。所谓线性可分是指在 n 维空间中，如果两个类别可被一个 $n-1$ 维的超平面分离，则称为线性可分（在二维空间中超平面是直线，在三维空间中超平面是一个平面，依次类推）[17]。

一个线性不可分的例子是异或。表 7-3 所示的是异或的真值表。考虑这样一个感知机，其输入是 x_1、x_2，权值是 w_1、w_2，阈值是 t。为了解决异或的问题，感知机必须找到满足如下不等式的一组值。

$w_1 \times 1 + w_2 \times 1 < t$，对应于真值表的第一行。

$w_1 \times 1 + 0 > t$，对应于真值表的第二行。

$0 + w_2 \times 1 > t$，对应于真值表的第三行。

$0 + 0 < t$，或 t 为正数，对应于真值表的最后一行。

表 7-3 异或真值表

x_1	x_2	输出
1	1	0
1	0	1
0	1	1
0	0	0

这组关于 w_1、w_2 和 t 的不等式方程组没有解，证明了感知机不能解决异或问题。尽管多层网络能够解决异或问题，但是感知机学习算法只能工作在单层神经网络上。

3. 反传算法

从上面的分析可以看到，单层神经网络所能解决的问题是受限的。多层神经网络能克服很多这样的局限，而且，多层神经网络是完全可计算的。然而，早期的研究人员不能设计出供多层神经网络使用的学习算法，下面我们简单介绍反传算法，它能解决这个问题。

图 7-21 所示的是多层神经网络。多层神经网络中的神经元层与层之间是相互连接的，第 n 层的神经元只传递其激励到第 $n+1$ 层的神经元。多层信号处理意味着分散在网络中的误差可以通过连续的网络层，以复杂的不可预测的方式传播和变化。因此，输出层的误差源的分析变得很复杂。反传算法就是解决误差分配和权值调整的问题。

反传算法采用的方法是从输出层开始，通过隐含层反向传播误差。在感知机学习中，可看到更新一个神经元的权值所需要的信息除误差总量外，只与神经元个体有关。对于输出结点，计算期望输出和实际输出之差是比较容易的。对于隐含层的结点，决定一个结点引起的误差是比较困难的。

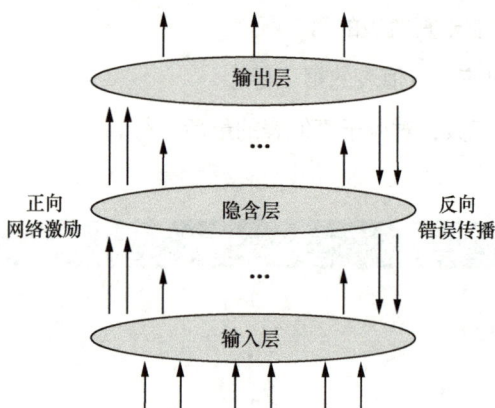

图 7-21 多层神经网络 [17]

反传算法使用梯度下降法计算输出层结点和隐含层结点的权值的调整量。对于隐含层，首先计算隐含层的结点对输出层误差的贡献，然后计算输出层误差对隐含层结点输入权值的灵敏度，最后确定隐含层结点权值向量的调整量。

4. 用反传网络解决异或问题

我们用一个简单的隐含层来解决异或问题。如图 7-22 所示，该网络有两个输入结点，一个隐含结点，一个输出结点。该网络也有两个偏置结点：第一个到隐含层结点，第二个到输出层结点。网络中隐含层结点和输出层结点的值计算方法如通常所用方法，偏置值加入总和。权值用反传算法进行训练，激励函数是 S 形函数。

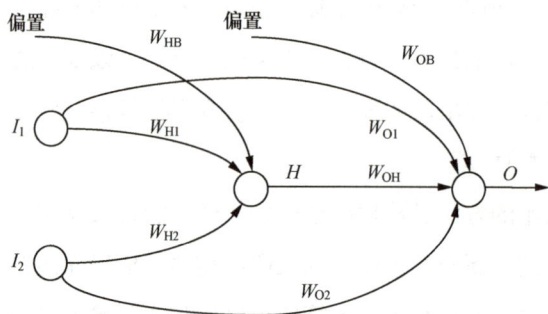

图 7-22 反传网络解决异或问题 [17]

需要指出的是：输入结点连同已训练结点也和输出结点直接相连。这种额外的连接通常可使网络隐含层所需结点更少，收敛速度更快。实际上，图 7-22 所示的网络没有任何特殊，还有很多其他的网络可用于解决异或问题。

先任意初始化网络权值，然后用异或真值表中的模式训练该网络。

$(0, 0) \to 0$；$(1, 0) \to 1$；$(0, 1) \to 1$；$(1, 1) \to 0$

用上面 4 个实例经过 1 400 次训练产生下面的权值。

$W_{H1}=-7.0$ $W_{HB}=2.6$ $W_{O1}=-5.0$ $W_{HO}=-11.0$

$W_{H2}=-7.0$ $W_{OB}=7.0$ $W_{O2}=-4.0$

输入数据 $(0, 0)$，隐含层结点的输出是

$f(0 \times (-7.0)+0 \times (-7.0)+1 \times 2.6)=f(2.6) \to 1$

对于 $(0, 0)$，输出层结点的输出是

$f(0 \times (-5.0)+0 \times (-4.0)+1 \times (-11.0)+1 \times (7.0))=f(-4.0) \to 0$

对于 $(1, 0)$，隐含层的输出是

$f(1 \times (-7.0)+0 \times (-7.0)+1 \times 2.6)=f(-4.4) \to 0$

对于 $(1, 0)$，输出层结点的输出是

$f(1 \times (-5.0)+0 \times (-4.0)+0 \times (-11.0)+1 \times (7.0))=f(2.0) \to 1$

输入值 $(0, 1)$ 是相同的。对于 $(1, 1)$，隐含结点的输出是

$f(1 \times (-7.0)+1 \times (-7.0)+1 \times 2.6)=f(-11.4) \to 0$

输出层结点的输出是

$f(1 \times (-5.0)+1 \times (-4.0)+0 \times (-11.0)+1 \times (7.0))=f(-2.0) \to 0$

可见，反传算法的神经网络可以解决线性不可分的问题。

7.7.3 进化学习

进化学习模型模仿大自然中最强大的适应形式：植物和动物的生命演化形式。在连续的后代中注入变异，有选择地淘汰适应性低的个体，通过这种简单的过程，生物体的适应能力得到提高，在群体中呈现个体的多样性。因为它们的简单性，潜在的进化过程非常普遍，在生物中通过基因变异，生物进化产生了新的物种。在文化进化中，通过对信息的社会传播和改进产生了知识。通过对问题的

候选解的操作，遗传算法和其他类似算法就具有增量式解决问题的能力。

遗传算法有 3 个明显的阶段。第一阶段，对问题领域单独的潜在解决方案进行编码，使之支持必要的变化和选择操作。第二阶段，通过交换和变异算法，产生新的后代，后代中组合了双亲的特征。第三阶段，适应度函数判断哪种个体是最优的个体，即最适合逐步解决问题的个体。这样的个体容易生存、复制，形成下一代潜在的解决方案。逐渐地，将形成一代可解决领域中的问题的个体。

与神经网络一样，遗传算法也是仿生算法。它们把学习看作是在进化的候选问题解决方案群体中的一种竞争。适应度函数对每一个方案进行评估，然后决定它是否有助于形成下一代的解决方案。通过类似于染色体中基因转换的操作方法，算法生成新一代的候选解决方案。假设 $P(t)$ 定义了 t 时刻的一个候选解决方案群体 x_i^t。

$$P(t) = \left\{ x_1^t, x_2^t, \cdots, x_n^t \right\}$$

遗传算法的一般形式为

```
procedure genetic algorithm;
    begin
        set time t:=0;
        initialize the population P(t);
        while the termination condition is not met do
            begin
                evaluate fitness of each member of the population P(t);
                select members from population P(t) based on fitness;
                produce the offspring of these pairs using genetic operators;
                replace, based on fitness, candidates of P(t), with these offspring;
                set time t:=t+1
            end
    end
```

这个算法清晰明白地说明了遗传学习的基本框架，不同的实现用不同的方法示例了这个框架。"用后代替换 $P(t)$ 中适应性最弱的候选个体"的过程也许只是简单地删除固定比例的最弱的候选个体。复杂一些的方法也许是用适应度对群体排序，然后计算它被删除的概率。最后，替代算法用这个概率选择要被删除的候选个体。尽管最好的个体的删除概率很低，但是仍有被删除的可能。这个算法的优点是可以保存全局适应性很低，但其分量对产生强大个体有贡献的个体。

遗传算法用一个候选模式群体初始化 $P(0)$。一般情况下，初始化群体任意选择。假定有一个适应度函数 $f\left(x_i^t\right)$ 对每一个候选方案进行评估，并返回 t 时刻候选个体的适应度。对每一个候选个体评估后，算法选择两个个体重新组合，新个体由双亲的分量组合而成。候选个体适应值决定了它被复制的可能性的大小，适应值大的个体被复制的可能性也大。

有很多遗传算子可产生具有双亲特征的后代，最普通的是交叉算子。交叉算子选择两个候选个体，分解每一个个体，然后交换分量形成两个新的候选个体。分解可从任意位置进行，而且，这种分解位置还可在解决过程中进行调整和改变。变异是另一种很重要的遗传算子。变异算子选择单个个体，然后任意改变它的部分特征。因为在初始群体中可能不含有解决方案的分量，于是变异算子就显得很重要。其他的算子还包括反转算子、交换算子，以及有序交叉算子等。

遗传算法将持续执行到其终止条件得到满足，比如有一个或多个候选个体的适应值超过期望的阈值。遗传算法力量的一个重要源泉是存在于遗传算子中的隐含的并行性。与状态空间搜索和有序开放列表相比，搜索并行移动，对整个候选解群体进行操作。通过限制复制比较弱的候选个体，遗传算法不仅删除了该候选解，而且删除了它的所有后代，从而能够不断增加好的解决方案。

7.8 认知引擎设计

认知引擎是认知无线电的智能核心。在图 7-23 所示的通用认知无线电体系结构中，认知引擎观测通信系统和外部环境的当前状态，在政策的许可范围之内对通信系统进行重构和优化，以满足用户应用和网络的需求。本节通过对两个认知引擎实例的分析，说明上面叙述的关键技术在认知无线电中的应用。

根据不同的功能需求，认知引擎对通信系统的不同层次进行调整。Mitola 设想的理想认知无线电（Ideal Cognitive Radio，iCR）[2] 能够在用户不知道如何获取的情况下提供其所期望的服务，因此理想的认知引擎不仅需要感知周边存在的各种通信网络，了解每个网络所能提供的服务，还需要通过自然语言处理等技术了解用户的通信和服务需求，从而调整通信系统的各层参数以接入适当的网络为用户提供所需的服务。理想的认知引擎涉及通信、计算机和人工智能学科的诸多技术，其中一些技术，如自然语言处理等，仍在不断发展进步，因此理想的认知引擎还需要一段时间才能实现。目前实现的认知引擎主要是根据用户的设置或根据单个优化目标对数据链路层和物理层参数进行调整。

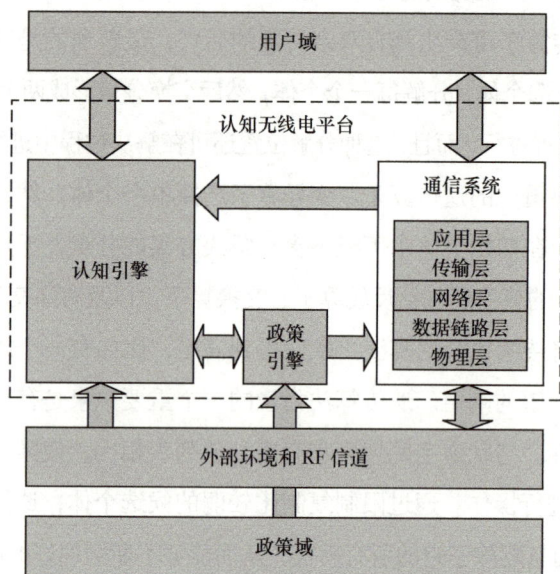

图 7-23　通用认知无线电体系结构 [9]

在认知引擎研究中，比较典型的是弗吉尼亚理工学院（Virgina Tech.，VT）的无线通信中心（Center for Wireless Telecommunications，CWT）和美国国防部（DoD）通信科学实验室（LTS）研究开发的认知引擎。

7.8.1　认知引擎开发实例

（1）VT-CWT 的认知引擎

VT-CWT 致力于利用认知无线电技术在公共安全事件中建立快速、可靠的应急通信系统。公共安全事件发生后，多个不同部门的通信调度系统在公共安全频段同时工作，因此用于公共安全的通信设备一方面需要解决频谱拥挤的问题，另一方面需要解决与其他系统互联互通的问题。

CWT 的研究人员认为，认知无线电为了适应特定的频谱环境，需要对波形的诸多参数进行调整，比如频率、功率、调制方式、星座大小、编码方式、编码速率等，因此，认知无线电适应无线环境的过程是一个多目标优化的过程，而遗传算法是解决多目标优化问题的有效算法。利用遗传算法，CWT 的研究人员设计了图 7-24 所示的基于遗传算法的认知引擎。其中无线信道遗传算法（WCGA）模块使用遗传算法对无线信道和环境进行建模，无线系统遗传算法（WSGA）模块则利用遗传算法生成新的波形，认知系统监控模块相当于认知引擎的知识库，其中长期知识是认知引擎曾经处理过的各种信道及相应的 WSGA 初始化参数，短期知识则是从长期知识库中搜索出的与当前信道比较相近的案例。为了避免在相同信道条件下，多次执行遗传算法进行优化处理，在认知系统监控中实现了基于案例的决策器 [9,20]，即如果知识库中存在相同的案例则直接应用以前优化的结果，否则就执行优化过程。

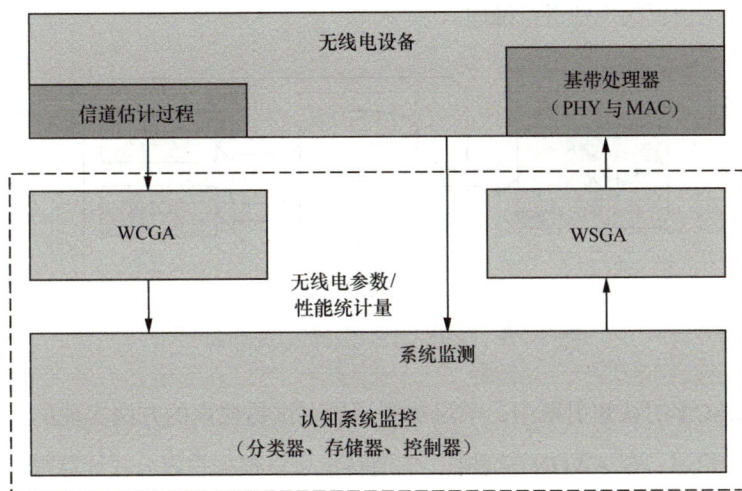

图 7-24　VT-CWT 设计的基于遗传算法的认知引擎 [21]

该认知引擎可以对波形的相关参数进行调整，满足 BER、信号带宽、频谱效率、功率、数据速率和干扰等多个指标的要求。但该认知引擎存在以下两个方面的问题。第一是为了处理方便，采用了线性加权的方法对多个指标进行加权求和，将多目标优化问题转化为了单目标优化问题。这又引入了如何选择加权系数的问题，需要额外的学习机来学习如何设置加权系数 [22]。第二是遗传算法利用评价函数来评估每个遗传个体的优劣，通过多轮的"优胜劣汰"来获得优化的解。在 VT-CWT 的认知引擎中使用的评价函数都比较简单[23]，无法获得最终波形在实际无线信道中的通信性能。

（2）DoD-LTS 的认知引擎

Charles Clancy、Erich Stuntebeck 等在美国国防部通信科学实验室工作时，对认知无线电和认知引擎进行了研究，他们基于软件通信体系架构（SCA）开发了开源的认知无线电（Open-Source Cognitive Radio，OSCR）[24]，设计了能够在各种信道条件下调整调制和编码方式，实现信道容量最大化的认知引擎[25]，如图 7-25 所示。其中知识库一方面存储外部环境（信噪比和 BER）和软件无线电（调制方式和编码速率）当前的状态，另一方面存储了一些规则，由条件和操作构成，确定了什么状态下选择什么样的波形能够实现信道容量最大化。由于 OSCR 中考虑的目标单一，可调的波形参数也较少，因此不需要使用遗传算法，只需要根据预置的规则进行推理。

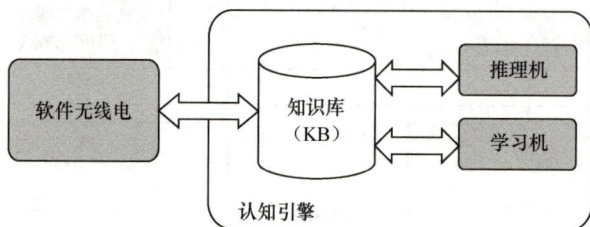

图 7-25　DoD-LTS 设计的认知引擎[25]

在 OSCR 的认知引擎中，学习功能是通过试错搜索的方法实现的。根据文献 [25] 的论述，在 AWGN 信道中，信道容量可以根据香农公式计算得到，波形的 BER 也可以通过理论公式计算得到，因此最佳的波形可以通过推理得到。而在非 AWGN（non-AWGN）信道中，由于信道容量无法获知，而且各种波形的实际性能也无法得到，因此不能通过推理得出合适的波形，只能通过"学习"得到。具体而言，信道容量是波形的调制阶数、编码速率和 BER 的凸函数，调制阶数越高，信息速率越大，但 BER 也会增加，未必会带来信道容量的提高，编码速率越小，信息速率也越小，但 BER 会降低，可能会增加信道容量。BER 可以通过接收端的反馈得到，然后就可以得到每种波形的实际信道容量，通过不断地调整波形参数并进行实际测试，认知引擎能够找到信道容量最大的波形。

7.8.2 认知引擎模型

综合分析认知无线电定义、认知环路以及现有认知引擎的功能，认知引擎的功能模型主要包括以下几个要素。

◎ 建模系统。是认知引擎的输入部分，对用户域、无线（包括网络）域与政策域的感知信息进行建模，即对输入的感知信息和先验知识进行识别、融合和抽象，形成机器可懂的模型，包括目标建模、政策建模、业务环境建模、网络状态建模和无线环境建模等功能组件。它涉及认知环路的观察阶段，实现感知功能。

◎ 知识库。是认知引擎的核心部分，存储内容既有长期的经验知识，也有暂时的状态和环境知识，是进行推理与学习的基础。这里的知识都是以一种机器能够识别的表示形式存在。

◎ 推理机。是认知引擎的"逻辑思维"部分，能够利用知识库的知识与感知到的信息进行判断、计划、决策和执行，实现决策和自适应环路。这里需要人工智能的推理决策技术，实现自适应能力。

◎ 学习机。是认知引擎的"创造思维"部分，能够根据行为结果的反馈等手段，进行知识的发现、形成、使用与积累，实现学习环路，从而向知识库输入知识。这里需要人工智能的机器学习技术，实现学习能力。

◎ 各类接口和资源监控等模块也是必备的功能要素，但其实现可以归纳到软件无线电平台中。政策引擎可以融入认知引擎中进行一体化考虑，其频谱政策输入与感知可以在建模系统中实现，动态频谱政策管理与应用则可以分解到推理与学习模块中。

7.8.3 人工智能技术在认知引擎中的应用

由图7-23可知，在认知无线电中认知引擎是与通信系统相分离的功能组件。实际上，两者处理的问题是不同的。通信系统处理的是不确定性问题，其目的是准确地传输或恢复波形中携带的信息，降低噪声和干扰引起的不确定性。认知引擎处理的是复杂性问题，其目的是根据传感器的结果了解用户的需求和环境的状态，并对通信系统进行优化来满足需求和适应环境。人工智能是解决复杂性问题的策略和方法，因此，认知引擎主要涉及人工智能领域的技术。

（1）知识表示

知识表示技术在认知引擎中用于构建知识库。认知无线电的知识库包括短期知识和长期知识。其中，短期知识表示当前状态，包括外部环境状态和内部工作参数。长期知识可分为规则库和案例库，规则库存储关于无线通信和无线电的一般性知识，比如波形的信息速率、带宽等参数的推导和误比特率的估计等，用于推理过程。案例库存储认知无线电的历史经验，一方面，案例库存储感知的外部环境的数据，包括本地电磁频谱环境的状态和信道的传输特性。这些数据是认知引擎进行学习的对象和实现学习行为的基础，通过对这些数据的处理，认知引擎可得出有益的经验知识，比如关于本地频谱使用情况的知识和关于可用信道的知识等。另一方面，案例库还存储每次业务通信过程中采取的各种操作及其结果。与技术人员经常利用成功的经验来解决相近的问题，或者利用失败的经验来防止再次失误类似，案例库有利于认知引擎快速地得出优化的决策结果。

可用于认知引擎知识表示的语言主要有 SDL、UML、IDL 以及 XML 等用于描述的计算机语言，以及瑞典皇家科学院开发的无线知识描述语言和基于本体的知识表示方法等。

（2）机器推理

在认知引擎中，推理机根据短期知识库的内容，对规则库和案例库的内容进行匹配和选择，产生的中间结果再存入短期知识库，重新进行规则和案例的匹配与选择，反复进行多次，直至得出最终的结果。

长期知识、短期知识和推理机是现代基于规则的专家系统的基础[18]，因此，认知引擎首先是无线通信领域的专家系统。推理机利用知识库的内容可以进行基于规则的推理，也可以进行基于案例的推理。目前有许多通用的人工智能开发环境或专家系统外壳，如 CLIPS[18] 和 SOAR[26]，其中提供了推理功能，开发人员只需要根据其语法定义开发专业知识库即可构成专业领域的专家系统，文献 [24] 和文献 [25] 的认知引擎就是基于 SOAR 开发的。

可用于认知引擎的机器推理算法主要有状态空间模型及其查找、基于规则系统、基于案例推理、神经网络、模糊逻辑、遗传算法以及基于知识推理等。

（3）机器学习

根据学习的内容不同，认知引擎中需要集成多种学习算法，主要有 3 类。第一类是监督学习，用于对外部环境的学习，主要是利用实测的信息对估计器进行训练。比如，在对信道认知的情况下，认知无线电在通信之前对信道的具体参数是不了解的，只有根据预测的信息进行选取，但在完成一次通信之后，信道的相关参数就可以通过估计得到。认知引擎就可以利用估计得到的参数对信道预测模型进行训练，以更好地匹配当前信道。第二类是无监督学习，用于对外部环境的学习，主要是提取外部环境相关参数的变化规律。比如，在对频谱忙闲状态的认知中，需要根据案例库获得频谱空洞在时间和频率上的分布规律。第三类是强化学习，用于对内部规则或行为的学习，主要是通过奖励和惩罚机制突出适应当前环境的规则或行为，抛弃不适合当前环境的规则或行为。比如可以通过强化学习从多种波形中选择出适合当前信道条件的波形。

可用于认知引擎的机器学习算法主要有贝叶斯逻辑、决策树、Q 学习法、时间差分法、神经网络、博弈论以及遗传算法等，不同的算法适用于不同的场合。

7.9 认知无线电技术在战术通信中的应用

7.9.1 现状分析

从 19 世纪末发明无线电通信以来，世界上很长时间都是采用"固定中心频率"通信。从低速到高速、从模拟到数字、从窄带到宽带，包括近代由于通信对抗的发展而产生的"跳频""扩频""高速扩跳结合（如 Link-16）"等宽带技术也都是属于"固定中心频率"（长时间中心频率不变）的，世界各国无线电频谱的管理与分配也都是基于"固定中心频率"这一基本概念为原则的。认知无线电的最大特点就是打破了"固定中心频率"这一基本遵守原则，认知无线电的工作频率视"频谱空洞"的所在频率而定，它是时刻变化的，这对习惯于"固定中心频率"的通信调制方式将是一个新的挑战，因为新的频率使收发信机（包括天线调谐）和调制必须频繁地变换频率，重新建立双向的指令沟通，同步建立和进行必要的均衡等，也就是必须不断地调整自己的参数以适应新的电磁环境，而且要在很短的时间里完成，尤其在抗干扰通信情况下，干扰与抗干扰是在对抗中进行的，频率和相关参数变换十分迅速，这就带来诸多新的技术问题。

现代侦察干扰技术发展十分迅速，以短波（3～30 MHz）为例，固定无线电频率只要在空中出现几百毫秒就有可能被截获、识别、定位，并被干扰，而超短波（30～300 MHz）波段截获与定位只需几毫秒。因此，固定频率通信在信息化战争条件下的生存能力是极其脆弱的，即使采用了跳频、扩频，以及扩、跳结合等抗干扰技术，由于它们的"中心频率"是固定的、具有较强的不变特征（例如固定频率集、固定跳频间隔、固定调制体制和速率等），现代干扰技术仍是可以侦察和干扰的。认知无线电的出现，标志着无线电通信从"固定中心频率"中解脱出来，通信频率和相关参数是随着干扰而自适应地进行变换，通信的主要参数（频率、功率、速率、调制、天线）是随着电磁环境和频谱空洞的变化而自适应地在变化，从"固定"走向"变化"的意义是十分重大的，是具有里程碑性质的重大变革，例如"认知无线电通信新体制"的出现可能使敌方多年积累的海量"通信波形数据库"的作用大大降低，对侦察和干扰也会带来重大的挑战。

7.9.2　应用前景

无线频谱短缺的问题，不仅在民用通信领域比较突出，在军用通信领域也是如此。尤其是在信息化战争条件下，各种电子设备在有限的地域内密集开设，使得频谱资源异常紧张。因此，战场频谱的有效管理是一个非常突出的问题，而目前普遍采用的静态固定频谱分配的方式已成为复杂电磁环境下频谱高效使用的瓶颈。这种频谱分配方式不仅导致频谱资源利用效率较低，而且也容易产生系统内部的互相干扰。

具有认知能力的无线通信系统应该是解决上述问题的重要途径。首先，实时分析通信覆盖区域的频谱环境，自适应地调整系统的用频策略，避免与己方的用频装备产生自相干扰，从而可以缩短系统部署前的频谱规划与协调时间。其次，实时监测和识别敌方的干扰信号，针对不同的干扰方式，综合采用时域、频域和空域等多种智能抗干扰措施，灵活地调整通信波形参数，适应战场恶劣电磁环境，从而提高通信网络的生存能力和通信效能。

认知无线电技术在战术通信中有广泛的应用前景。

（1）智能跳频电台

传统跳频电台的跳频图案是固定的，很难根据电磁环境的状态进行调整，因此传统的跳频抗干扰方式是具有一定盲目性的"硬抗"。为进一步提高跳频通信抗干扰性能和频谱使用效率，跳频电台可以采用基于干扰检测和退避的自适应跳频通信技术，利用空闲信道扫描和通信链路质量分析等方法[27]，通过检测各个信道的受干扰情况，控制收发信机的改变跳频图案，实现自适应的智能跳频。

（2）动态频谱资源管理与调度

为解决频谱缺乏和系统部署困难的问题，美国 DARPA 于 2003 年启动了下一代无线网络项目，目标是开发"机会式"频谱接入技术和机器可理解的频谱政策框架，即实现频谱接入的灵活性和用频政策的灵活性[28-29]。通过实时感知电磁环境的状态，认知无线电通信系统能够调整工作参数，有效利用频谱机会，实现战场随时随地的高可靠通信，以及灵活、高效、自动化的频谱协调与调度。

7.10 本章小结

本章介绍了认知无线电的基本概念和主要关键技术，包括频谱感知、频谱共享、知识表示、本体理论及机器学习等技术。讨论了认知引擎设计方法和认知无线电技术在战术通信中的应用。认知无线电不仅代表了无线通信技术的发展方向，而且还提出了一种新的频谱资源共享与利用方式，对频谱资源的分配与管理机制也具有重要影响。利用认知无线电技术能够有效提高无线通信系统的抗干扰能力和通信效能，对解决复杂电磁环境下的通信组织与保障难题具有重要意义。

英国著名哲学家培根有一句名言："知识就是力量"，以此来评价认知无线电非常恰当，通过不断学习，掌握知识，有效地适应环境变化，更好地满足用户需求。

参考文献

[1] PAUL K. Spectrum policy task force report[R]. FCC ET Docket No. 02-135, 2002.

[2] MITOLA J I, MAGUIRE G Q. Cognitive radio: making software radios more personal[J]. IEEE Personal Communications, 1999, 6(4): 1-18.

[3] LII J M. Cognitive radio for flexible mobile multimedia communications[J]. Mobile Networks & Applications, 2001, 6(5): 435-441.

[4] 许晓平 . 认知无线电专辑 [M]. 成都：中国电子科技集团公司第三十研究所，2007.

[5] HAYKIN S. Cognitive radio: brain-empowered wireless communications[J]. IEEE Journal on Selected Areas in Communications, 2005, 23(2): 201-220.

[6] IEEE-USA position on improving spectrum usage through cognitive radio technology[EB].

[7] Facilitating opportunities for flexible, efficient, and reliable spectrum use employing cognitive radio technologies[R]. FCC ET Docket No. 03-108, 2003.

[8] JAMES O, NEEL D. Analysis and design of cognitive radio networks and distributed radio resource management algorithms[D]. Virginia: Virginia Polytechnic Institute and State University, 2006.

[9] FETTE B A. 认知无线电技术 [M]. 赵知劲，郑仕链，尚俊娜，译 . 北京：科学出版社 , 2008.

[10] 赵陆文，周志杰，缪志敏，等 . 认知无线电及其在军事通信中的应用 [C]//2007 军事通信抗干扰研讨会论文集 . 2007: 957-962.

[11] IAN F A, WON-Y L, MEHMET C V, et al. Next generation/dynamic spectrum access/cognitive radio wireless networks: a survey[J]. Computer Networks, 2006, 50(13): 2127-2159.

[12] 周贤伟. 认知无线电 [M]. 北京 : 国防工业出版社 , 2008.

[13] FELDMAN P. FCC Developments[EB].

[14] 张仰森 , 黄改娟 . 人工智能教程 [M]. 北京 : 高等教育出版社 , 2008.

[15] 蔡自兴 , 徐光祐 . 人工智能及其应用 [M]. 3 版 . 北京 : 清华大学出版社 , 2007.

[16] 程显毅 , 刘一松 , 晏立 . 面向智能体的知识工程 [M]. 北京 : 科学出版社 , 2008.

[17] GEORGE F L. 人工智能——复杂问题求解的结构和策略 [M]. 史忠植 , 张银奎 , 等 , 译 . 5 版 . 北京 : 机械工业出版社 , 2006.

[18] GIARRATANO J, RILEY G. 专家系统原理与编程 [M]. 印鉴 , 译 . 4 版 . 北京 : 机械工业出版社 , 2006.

[19] KAELBLING L P, LITTMAN M L, MOORE A W. Reinforcement learning: a survey[J]. Journal of Artificial Intelligence Research, 1996, 4(1): 237-285.

[20] RONDEAU, THOMAS W. Application of artificial intelligence to wireless communications[D]. Virginia: Virginia Polytechnic Institute and State University, 2007.

[21] RIESER, C J. Biologically inspired cognitive radio engine model utilizing distributed genetic algorithms for secure and robust wireless communications and networking[D]. Virginia: Virginia Polytechnic Institute and State University, 2004.

[22] RONDEAU T W, RIESER C J, BOSTIAN C W. Cognitive radios with genetic algorithms: intelligent control of software defined radios[C]//Proceedings of SDR Forum Technical Conference (SDR'04). Piscataway: IEEE Press, 2004: C3-C8.

[23] RONDEAU T W, LE B, MALDONADO D, et al. Cognitive radio formulation and implementation[C]// Proceedings of International Conference on Cognitive Radio Oriented Wireless Networks & Communications. Piscataway: IEEE

Press, 2006.

[24] STUNTEBECK E, O'SHEA T, HECKER J, et al. Architecture for an Open-source Cognitive Radio[C]//Proceedings of SDR Forum Conference. Piscataway: IEEE Press, 2006.

[25] CLANCY, C, HECKER, J, STUNTEBECK J E, et al. Applications of machine learning to cognitive radio networks[J]. IEEE Wireless Communications, 2007, 14(4): 47-52.

[26] LEHMAN J, LAIRD J, ROSENBLOOM P. A gentle introduction to SOAR, an architecture for human cognition[EB]. 2006.

[27] 张冬辰, 周吉, 吴巍. 军事通信——信息化战争的神经系统 [M]. 2 版. 北京: 国防工业出版社, 2008.

[28] XG Working Group. The XG vision[R]. RFC v2.0.

[29] XG Working Group. Architectural framework (AF)[R]. RFC v1.0.

第 **8** 章

CHAPTER 8

战术通信发展趋势

战术通信系统作为战场信息传送的公共平台和信息化战争的神经枢纽，其根本目标是为战场各分散的作战要素提供可靠、及时、高效、安全的信息传递手段，使指挥员和各级作战人员掌握战场态势，使武器平台更好地发挥作战效能。

从远古时候的简易通信方式开始，战术通信经历了漫长的发展过程，近半个多世纪以来，以无线电、有线电、光纤通信、移动通信为代表的新型通信技术的发展，使得战术通信的方式和特征发生了革命性的变革，陆续出现了以地域通信网、战术电台网、卫星通信系统、数据链等为典型代表的先进战术通信系统，大幅度提升了战术通信能力，使得部队战斗力得到显著提升。

为适应全球安全挑战的多变性和不确定性，军事领域提出了一体化联合作战、网络中心战、分布式网络化作战、空海一体战 [1-2] 等一系列新的作战理论和作战样式，要求各级各类作战人员和武器平台充分利用信息这一关键要素，确保及时、可信的信息在需要的地点和需要的时候提供给需要的人，使各级决策者更好更快地做出决策，并更及时地采取恰当的行动。全球信息栅格（Global Information Grid，GIG）[3] 正是在这种背景下出现的，其目标是在公共的网络环境中使所有信息和服务都能够做到可发现、可接入、可共享和可理解，确保信息共享以及信息安全。2011 年，美军又提出国防部信息网络（DOD Information Network，DODIN）[4-5] 取代 GIG，成为联合信息环境（Joint Information Environment，JIE）[6-8] 的基础。作为 DODIN 的战术部分，为了适应信息化战争的发展变化，战术通信正在朝天空地一体化战术信息栅格的方向发展。

8.1 天空地一体化战术信息栅格

8.1.1 定义、特征与优势

1. 定义

天空地一体化战术信息栅格由战场端到端信息服务能力、相关过程和人员组成，能够支持各级作战指挥机构和人员、各类武器平台和传感器平台实现数据和服务的接入、交换与使用。可以从以下几方面来理解天空地一体化战术信息栅格。

① 天空地一体化战术信息栅格是全球信息栅格的一部分。战术环境下无固定基础设施，以无线通信手段为主，强调机动性、对抗性、隐蔽性等一系列特征，在体系架构和关键技术等方面与基于固定基础设施为主的战略通信网有很大的不同。因此，战术信息栅格的很多问题需要专门进行研究和讨论。

② 天空地一体化战术信息栅格包括三大主要部分：信息能力、信息过程和信息使用人员。信息能力是系统的静态特性，信息过程是系统实现信息能力的动态特性。信息只有交换、流动和共享，才能形成信息力和战斗力，因此信息过程非常重要。信息使用人员包括各类指挥人员、作战人员和保障人员，以及更广义上的武器平台、传感器平台等信息化装备。

③ 天空地一体化战术信息栅格具有高度的灵活性和动态性。未来战场的变化时效性强，要求战术信息栅格能够快速适应这些变化并进行有效的调整，满足未曾预想到的用户需求，应对战场空间的不确定性。

④ 天空地一体化的特性。为了实现信息栅格能力，必须彻底改变以往烟囱式独立发展的模式，对天基、空基和地基（包括水面、水下、地下）等各类信息系统进行一体化设计。

2. 特征

天空地一体化战术信息栅格使所有战术级用户能够采用适当的方式，发现和共享所需要的信息，并保护信息不被非法用户利用；实现一种动态响应的端到端作战环境，确保信息是可用的；信息的生成、交换和使用方式是有保证的、受保护的；带宽、频谱和计算能力等资源基于任务需求、通过使用优先级来进行动态分配。

在网络化战场环境中，指挥员、作战分队、传感器、武器平台等，可以可靠、无缝地互联在一起，实现信息自战场前沿至指挥部，乃至整个战场空间的有效传输，进而实现决策优势。

天空地一体化战术信息栅格要求在技术、体系结构、系统、政策和条令条例等方面进行根本的转变。表 8-1 举例说明能够实现这些灵活信息能力以及网络中心作战的一些关键体系结构和技术属性。

表 8-1　天空地一体化战术信息栅格属性

属性	描述
类似互联网及万维网	通过增强的移动性、安全性和独特的军事特征（如优先、抢占），调整和适应互联网及万维网的结构与标准
安全和可用的信息传输	对核心传输主干网进行加密；边缘到边缘加密；针对服务拒止进行加固
信息/数据的保护和保证（网络嵌入式的可信特征）	生成者/发布者对信息/数据的分类和处理进行标记；提供确保真实性、完整性和不可否认性的相关措施
并行公告	生产者/发布者使信息/数据可视、可访问，没有延迟，以便用户随时获得所需的任意信息/数据（如原始的、经过分析的、已经存档的信息/数据）
智能拉取（代替智能推送）	用户能够直接发现和拉取、订阅或使用增值服务（如发现），用户定义作战视图（UDOP）代替通用作战视图（COP）
以信息/数据为中心	信息/数据与应用和服务分离，使对特定或专用软件的需求最小化
共享的应用和服务	用户需要协作时，能够拉取多个应用，以读取相同的数据或选择相同的应用。应用可以是"桌面"上的（人与机器交互），也可以是一种服务（机器与机器交互）
可信、可剪裁的访问	访问与用户的职能、身份和技术能力相关联的信息传输、信息/数据、应用和服务
服务质量	可针对信息形式（话音、静止图像、视频/运动图像、数据和信息协作）进行剪裁

　　像互联网一样，战术信息栅格需要有一个可部署、可伸缩、鲁棒和高度可用的通信基础设施，它基于分组交换，可在任意时间、任意地点，实现任意用户与任意类型信息（如话音、视频、图像或文本）的互联。通过这个通用的传输基础设施，从一个 EHF 军用卫星通信终端到一个 UHF 终端或有线设备的信息传输对用户来说是透明的，从陆军旅指挥所到附近的一支海军陆战队分队的信息传输也是透明的。在战术信息栅格中，技术的发展演变和系统的部署应用产生了具有带宽可管理和存储转发功能的格状（Mesh）网，可满足各类战术用户的需求。

　　未来信息化战争中，信息是一种战略资源。传统"需要知道"（即由信息的生成者决定把信息推送给谁）的使用模式，已转变为一种"需要共享"（即由信息的消费者决定拉取需要的信息）的使用模式。像万维网一样，战术信息栅格也可以采用一种多对多方法来共享信息。在这种情况下，人们既提供信息又接收信息，而且信息要素是相互关联的。这种多对多方法意味着，信息生成者可以同时向多个信息消费者提供信息。反过来，信息消费者也可以同时读取来自多个信息提供者的信息。整个战斗空间中的数据资源（包括原始数据和经过处理的数据）都是可视的、可访问的和可理解的，而且能够被预期的和不曾预期但经过授权的消费者访问，他们能够近实时地"发现并拉取"所需信息。一种动态"发布和订阅"方法便是实现这一能力的途径之一。鲁棒、动态的信息保证（Information Assurance，IA）能力嵌入在战术信息栅格中，为所有信息、每一次信息处理和软硬件系统提供保护。

战术信息栅格利用服务和面向服务体系结构（SOA）来提供对信息的访问，并提供可重用的任务或业务功能，作为基础设施上的标准化基础模块。服务有利于互操作性和联合行动，可支持新任务能力的灵敏交付，并可改进信息共享。

战术信息栅格的信息共享环境由大量异构的、相互依赖的组件组成，可作为一种端到端能力来运行。该联合体内的所有实体都在一套制度下运行。战术信息栅格的运作和防御功能分散在这些联合的实体里，但决策却是紧密集成的、动态的、自动的和有保证的。

3. 优势

通过将部队、传感器、武器平台、应用、信息和指挥员可靠的互联，战术信息栅格可实现以网络为中心的作战、情报任务和行动，使之能够充分利用信息力量，达成信息优势、决策优势，并最终实现全谱主宰优势。这样极大地改进信息共享和指挥控制能力，实现更好更快的决策，进而提高联合部队在更加复杂、更加不确定、更加动态的环境中的作战能力。这种信息共享环境可带来如下优势。

◎ 通过近实时的信息共享和协作，可提高战场上作战和情报行动中的态势感知共享和理解能力。用户能够把信息和自己的态势关联起来，得出共同的结论，做出协调一致的决策，并采取与整体态势相符的行动。

◎ 通过提供实时可用的优质决策信息，以及快速有效地分发指令的能力（包括指挥员的意图），加快指挥速度。

◎ 通过增强在分散的地点、不同分类级上的可信、可靠信息的实时可用性，带来更大的杀伤力，改进指挥与控制效率，并增强协作能力。

◎ 通过互联网络环境来支持动态规划和调整，可增强对作战节奏的控制力。

◎ 通过改进的态势感知能力，提高抗毁生存能力。

◎ 通过使用户能够对实时的、准确的、相关的信息（如再补给命令和状态跟踪）进行访问，提高战斗支援的精确性。

◎ 通过共享态势感知、协作和对指挥员意图的理解，可实现分布式部队的有效同步。

◎ 通过共享态势感知和信息协作，根据作战人员不断变化的需求和当前战场的理解，可实现支援保障部队的高效行动。

◎ 通过业务系统／应用的互操作性和通用业务服务的建立，提高系统业务流程的灵敏性和效率。

8.1.2 典型运用模式

战术信息栅格可为战术环境下的各类用户（含无人平台）、信息提供者和消费者提供支持，典型的用户包括地面机动用户、水面及水下用户、空中高速用户等。战术信息栅格的典型运用模式如图 8-1 所示。

从用户角度而言，对战术信息栅格的接入和使用是便捷的、无缝的、持续的、安全的和可靠的，并可提供所有等级的传输、计算和信息服务。用户在部署和运动的过程中，能够迅速接入栅格化战术通信网络并保持连接（即可以自动地鉴别、认证和响应），并且能够根据用户具备的手段提供足够的可用带宽。这种能力再加上网络优化技术——包括信息缓存和性能管理，能使这些用户以可以接受"拉取"或"推送"的带宽接收密集型信息，如高清晰视频。当连接中断或资源受限时，可基于用户优先权，动态适应、调整服务等级和通信路径，优化任务保障策略。

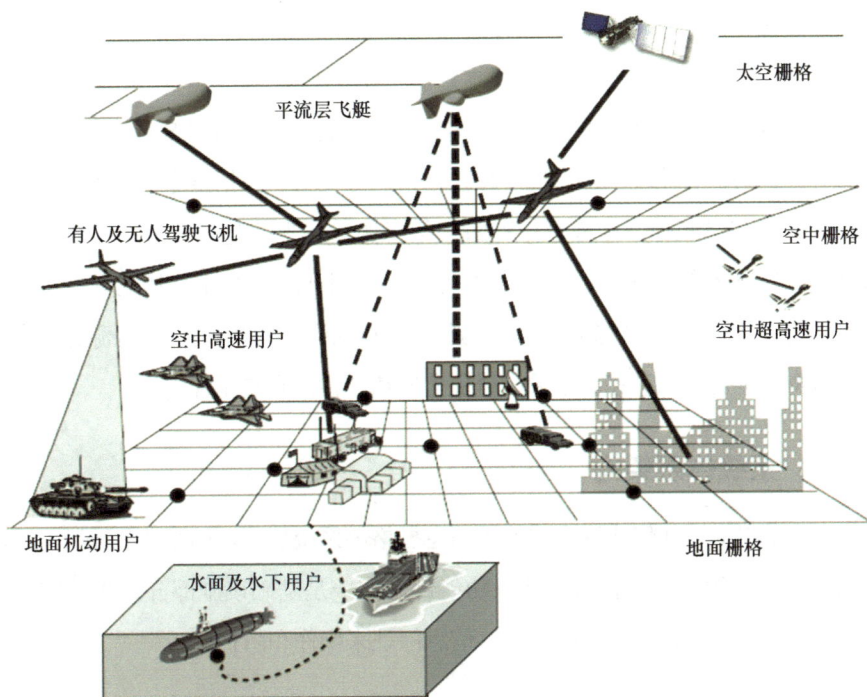

图 8-1　战术信息栅格的典型运用模式

　　所有用户都可实现可靠的互联，并能够生成和发现可共享的信息与服务，且这种可共享的信息和服务都是高度分布式的，包括嵌入在各种战术平台和用户设备中的信息和服务。这种能力使分散的用户能够组成动态的协作团体，对共享信息和服务的访问不受指挥链、地理位置或网络状态的制约。

　　在战术信息栅格中，数据的获取、保留和共享是其能力的关键要求。信息一旦可用，信息提供者即可使用自动的工具，把信息"发布"到信息栅格上，供其他用户浏览、存取和理解。例如，来自无人值守传感器的视频流生成之后，即可被"发布"到网络上，供众多用户（如本地战术指挥员和后方的情报分析人员）使用。

　　信息共享可通过一套自动化的方法和能力来增强，包括使用发现、语义、句法、访问控制和其他元数据对信息进行标记。元数据可进行编目而且是可发现的，甚至允许未曾预想的信息消费者发现并访问所需的信息。针对特定作战任务，还可通过组成临时的信息共享利益群体来增强。

信息栅格的信息、资源及服务的可用性、真实性、保密性、不可否认性、完整性和抗毁性是至关重要的。战术信息栅格不是静态的，而是能够进行动态调整的，以支持不断变化的优先权和需求。网络运作（NETOPS）是网络管理概念的一种扩展，它体现了操作程序和技术措施等要素，包括条令、组织、训练、装备、人员与设施等，用来运行和防护信息栅格，支持及时安全的作战行动和信息共享。战术信息栅格的作战能力可不断得到开发和补充，其配置是可以进行控制的，性能是可以得到监视和预测的，以降低网络的脆弱性，资源分配（包括频谱资源）是可以动态调整的，以优化网络的性能和安全性。

8.1.3 系统体系架构

本小节将描述如何实现上述战术信息栅格的系统功能。如图 8-2 所示，战术信息栅格系统的体系架构包括两大功能部分，一是基础设施部分，二是应用、服务和信息部分，并通过网络运作、信息保证来操作和防护。

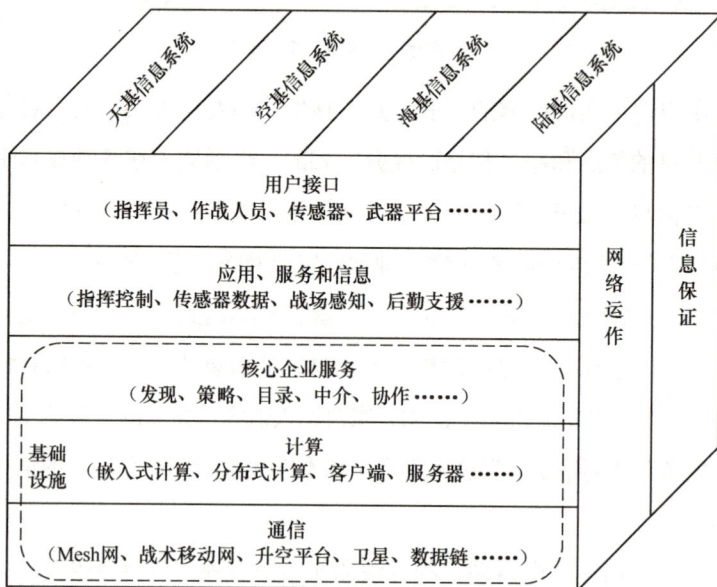

图 8-2　战术信息栅格系统体系架构

战术信息栅格信息传送部分主要包括通信、计算、核心企业服务及信息保证和网络运作，通过综合集成实现天空地一体化传输能力，为任务应用和服务提供端到端的安全可靠通信保障，使用户灵活高效地传输、存储、发现、访问、处理和获取信息。

战术信息栅格的应用、服务和信息（如相关、融合、可视化以及建模和仿真）用于把传感器及其他数据转换成可用信息，再利用该信息来制定行动计划。

下面具体描述战术信息栅格的主要关键功能。

1. 用户接口

用户接口反映人员连接战术信息栅格系统功能并与之交互的方法，这种交互使得感知、通信和认知能力得到了增强。先进的接口技术（如话音激活）以及有效的训练，可使这些能力得到提升。在战术信息栅格中，机器对机器的自动化数据处理，如嵌入在武器或传感器平台、射频识别（Radio Frequency Identification，RFID）等设备上的自主用户代理和服务，是利用信息力量的关键。

用户必须经过鉴别和授权。用户对服务和信息的可视能力及访问能力，取决于对用户的各项处理请求进行的实时安全评估。安全评估要考虑用户角色的信任级别以及所申请的信息在穿越战术信息栅格流向用户的过程中所需的保护等级，而网络路径的保护级别将根据所申请信息的敏感级别来确定。

在战术环境中，用户通常以"瘦型客户机"的方式运行，可降低设备和信息保护的风险。而那些与战术信息栅格的连接可能会中断或连接不可靠的用户，如敌对环境里的战术用户，也可按"胖型客户机"的方式运转，可基于服务级别和保证策略，在本地加载并运行任务应用。在这些情况下，用户代理可定期连接战术信息栅格，以更新动态信息，如用户定义作战视图（User Defined Operational Picture，UDOP）、报警或已升级的服务。

2. 应用、服务和信息

在战术信息栅格中，基于 SOA 来提供信息访问和业务服务。SOA 是从共享任务和业务功能以及实现具有互操作性的服务"构件模块"的角度来描述信息系统的一种方法。通过一套公共的标准、规范和共享的基础设施，来支持服务的共享使用。

服务可供其他服务或用户（通过用户接口）使用。在联合指挥控制领域，灵活的网络赋能指挥能力，可按需提供经过剪裁和过滤的信息，做出及时、有效和明智的决策，并通过使用服务集合，支持联合部队的快速部署和作战行动。

功能提供者能够重复使用现有的服务来建立新的应用，即服务是可重用的。通过使用服务来推动设备之间的互动，可以简化不同应用之间的互操作。消费者发现和使用服务的位置、互连机制、基础设施以及所用的协议对用户来说是透明的。

此外，所有战术信息栅格提供的服务在安全上应是有保证的，即服务的功能和过程都是经过了精心的安全设计而是可信的。同时，"有保证"还意味着服务提供者经过了认证，而且服务消费者能够放心地使用来自很多不同提供者的服务，能够获取经过验证的、有关提供者身份的信息，同时还能够协商服务等级约定中的性能保证。

服务是网络运作监视和管理的组成部分。服务消费者掌握可靠性、可维护性和可用性的评判标准，并对使用的服务做出恰当的判断。服务提供者可提供实时的操作状态和长期的服务等级性能。战术信息栅格中的应用和服务所生成的信息，必须对消费者是可发现的、可访问的、可理解的和可利用的。

3. 核心企业服务

核心企业服务是一个战术信息栅格的核心能力集，这些能力被授权使用之后，可在任务域服务内部及服务之间实现互操作和信息共享。这些服务可实现服务消费者和提供者之间的安全可靠互动，确保服务和信息在整个系统内的可视性。

核心企业服务包括信息发现服务、目录服务、协作服务、媒体中介服务、策略服务、企业信息环境服务等。这些核心企业服务允许用户和信息系统发现并绑定相关信息，并公布所生成（推送或发布）的信息，供其他用户和系统发现。

核心企业服务可提供 SOA 基础设施能力，如服务和元数据库、服务发现、用户认证、机器对机器的消息发送、服务处理、服务编排和服务管理。这种通用的共享的 SOA 基础设施可实现信息生成者和消费者之间的信息交换，同时还可保护信息不被非法访问和使用。SOA 基础设施能够实现服务在整个战场空间中的发布，并能实现服务在整个系统内的可视、可访问和可利用。

4. 计算基础设施

战术信息栅格的计算基础设施，包括可实现按需、分布式、动态、高性能的栅格计算功能和资源，也包括大规模的数据存储及支持连续运算、独立于物理位置、分布式的运行平台、操作系统以及各种计算平台和设备。

这些处理和存储单元在技术、体系结构和规模上可以各不相同，从持续性的、服务赋能的、带有单一功能或多功能分布式的微型设备（如传感器、PDA 和软件可编程电台），到战术无线服务器和集中式的大型主机和存储系统。为了支持分布式的互操作能力，对所有这些平台和体系结构有两点公共的要求：① 标准化，可支持公共的传输、面向服务的和高性能的栅格计算环境；② 按照一套通用的标准由网络运作进行操作和管理。此外，还应采用一些冗余备份的技术，在受到攻击或出现故障时可确保生存性和可用性。

分布式的高性能计算和存储设备组网，可使处理能力和存储能力呈指数增长，从而支持计算密集型任务。这些任务主要包括：① 信息安全和网络运作（如实施基于信息处理的策略和负载均衡）；② 协作计划、分析和评估任务；③ 作战仿真和建模；④ 获取并处理来自空基及陆基的传感器网络的海量数据。

战术信息栅格可实现跨越管理、机构、功能、地理和安全等领域的计算和存储资源的可信共享，计算和存储资源可作为网络运作监视和管理的对象，并基于任务需求进行分配。

5. 通信基础设施

战术信息栅格的通信基础设施可为空间、空中、海上和地面的机动和运动用户提供灵活、安全和抗毁的端到端连接，并可基于作战需求和优先权按需动态分配带宽。这种通信基础设施可实现：① 战场数据传输能力；② 覆盖整个战场空间；③ 动中组网；④ 可靠传送；⑤ 根据需要动态扩展连接能力。它应是用户能够依赖的基础设施，是在物理、网络或电子攻击下仍能继续发挥功能的基础设施。确保网络高度可用的关键因素包括路径的冗余性、基于链路状态重新分配带宽的能力、指挥员的策略和优先权以及自动路由选择等。

通信基础设施具有把各种通信资源集成为一种可靠的端到端通信的能力。这种集成的基础是一系列标准的网络接口、协议、方法和策略，主要包括：公共网络 IP 协议、物理通信链路与接口、媒体访问协议、路由协议、服务质量/服务类型、信息安全措施、网络规划和优化策略。

如图 8-3 所示，在战术信息栅格中，基于统一的 IP 承载网络是提供端到端互操作能力的基础。各种业务类型，如电话、多媒体、视频和数据，都融合在这个通用的网络上。

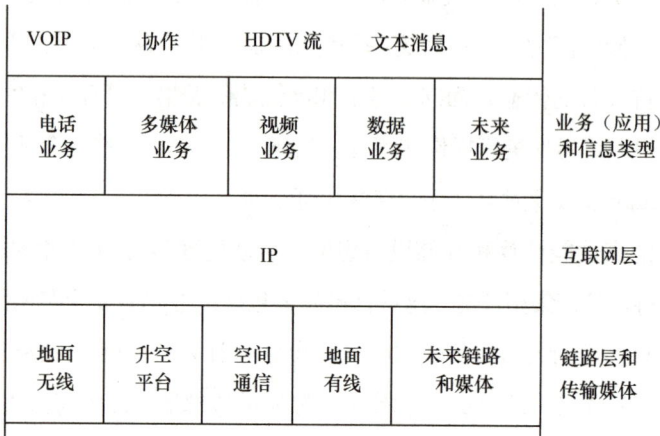

VOIP	协作	HDTV 流	文本消息		
电话业务	多媒体业务	视频业务	数据业务	未来业务	业务（应用）和信息类型
IP					互联网层
地面无线	升空平台	空间通信	地面有线	未来链路和媒体	链路层和传输媒体

图 8-3　统一的 IP 承载方式

网络融合层能支持各类物理传输媒体和技术，其中主要包括战术电台、卫星、电缆、光缆等，使战术用户能够通过 Ad Hoc 网络、地域通信网、卫星通信等，实时地与战略通信网中的用户交互与协作。

基于 IP 承载的通信基础设施包括地面部署、空基、机载等网络组件，图 8-4 展示了这些网络组件的互联状态。战术信息栅格通过无线接入点实现地面光纤网与战术/战区以及空间资源之间的互联。

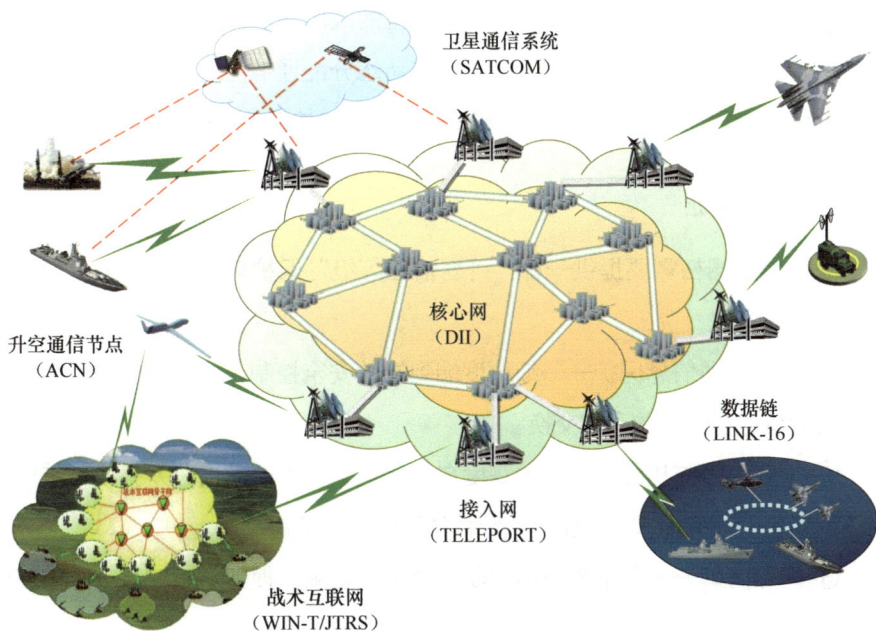

图 8-4 基于 IP 承载的通信基础设施

升空通信节点主要包括飞机、无人机、飞艇或空中系留平台，可在战区提供超视距（Beyond Line of Sight，BLOS）连接能力，与卫星通信互为补充。升空通信系统能够迅速为战场提供基本的通信能力，是重要的中远程通信保障手段。通过不同类型的升空平台实现空中组网，构成空中通信网，并与地面通信网系和卫星组成完整的天空地一体化的立体通信网络，覆盖整个战场空间。

地面段包括各类战术无线电台和战术通信网络，主要包括手持、背负、车载、舰载等多种形态。地面通信网向着宽带化、智能化、栅格化方向发展，典型的系统如美军的联合战术无线电系统，通过软件定义电台系列的可编程能力，支持异构网络的互操作性和端到端路由。

通过应用认知无线电技术，战术通信网络可探测到在同一区域工作的其他系统，并可自动将网络或传感器设备调至适当频率。当部队移动或其他用户加入时，系统能够自动地调整适应。当两个移动网络重叠时，其中一个能够自动无缝地切换到一个新的频率。

战术通信基础设施应动态适应快速变化的战场环境，使通信损伤最小化，并节约使用带宽资源。网络运作可监视并动态分配通信能力，实时、动态的电磁频谱管理能力及相关策略，可为无线用户提供"按需使用频谱"的能力。

6. 信息保证

战术信息栅格需要提供一种"可变信任等级"保护环境，该环境主要基于以下关键要素。

① 业务处理信息保护——细粒度端到端的安全控制，实现不同信任等级的网络之间受保护信息的高效交换。

② 策略决策与执行——通过高度自动化地、协调一致地分发并执行策略，对不断变化的任务需求、攻击和系统性能下降做出动态反应。

③ 内部防御——在系统内不间断地监视、探测、搜索、跟踪并响应内部活动和误用事件。

④ 一体化的安全管理——将动态、自动、以网络为中心的安全管理与运维管理无缝集成。

⑤ 增强网络的完整性和信任度——将鲁棒的信息保证功能嵌入到系统组件内部，并对其进行全寿命周期的维护。

7. 网络运作

战术信息栅格可作为一个统一、灵敏的端到端信息系统来运行和防护，采用集中式命令和分散式执行，能够对关键的安全和性能问题做出实时、动态的响应，实现全面的有保证的信息共享和协作决策。

网络运作可通过集成一套包括网络管理、服务管理、内容管理、网络防御等在内的基本任务来实现。这些任务包括以下几部分。

① 对动态变化的服务集的可用性和质量进行管理。

② 灵活有效地运用分布在战场空间的计算和通信资源，包括频谱、通信卫星和网络管理。

③ 信息缓存和负载均衡。

④ 对嵌入式安全性进行动态的细粒度控制。

把动态变化的分布式战术信息栅格作为一种能力来保护和防御，需要高度自动化的管理能力。战术信息栅格需要从以下方面提高自动化管理能力。

① 对整个系统进行配置和管理，探测到新的设备，确定设备的权限，以最简洁的处理方式使设备迅速生效或失效。

② 基于策略的（预编程的和动态的）网络管理能够更加高效地使用可用带宽和网络自愈功能，可在发生拥塞或中断时，在不同网络上自动选择路由转发数据分组，可强制接入，并能对攻击和性能下降做出快速反应。

③ 各类资源可自动提供状态信息，从而实现整个系统的态势感知以及对全系统服务级别协定的性能管理。

④ 自动的、分布式的实时频谱管理能力，优化频谱使用效率。

⑤ 自动的密钥管理功能，如身份认证、权限和安全管理，可为信息保证的运行提供支持。

8.2 战术信息栅格核心技术

8.2.1 面向服务的栅格化网络技术

未来战术信息栅格的主要特征是即插即用、资源共享和按需服务，以灵活性应对不确定性。为此，需要建立一个可信、可管可控、可扩展、开放的网络架构，能够将网络提供的各类通信能力封装成公共的可重用服务；实现各类服务间的松散耦合，服务的接口描述基于开放的标准；采用网络虚拟化技术，使网络资源封装成服务，灵活地动态部署。

在全球电信网、互联网和广播电视网的不断蓬勃发展过程中，业界一直致力于实现三网合一，不断研究和探索下一代网络的理念思路和设计方法。比较典型的研究成果有下一代网络（NGN）[9-10]、未来网络（Future Network，FN）[11-15]、下一代互联网（Next-Generation Internet，NGI）和面向服务的网络架构（Service Oriented Network Architecture，SONA）等。这些研究采取的思路和技术路线对于设计战术环境下的栅格化网络具有重要的参考和借鉴意义。

1. NGN

NGN 是全球主要电信标准化组织致力研究和发展的重点领域之一，主要标准化组织包括国际电信联盟（ITU-T）、欧洲电信标准化组织（ETSI）、第 3 代合作伙伴计划（3GPP）等。

在 ITU-T 的建议书 Y.2001 中，NGN 被定义为：NGN 是基于分组技术的网络；能够提供包括电信业务在内的多种业务；在业务相关功能与下层传送相关功能分离的基础上，能够利用多种宽带、有 QoS 支持能力的传送技术；能够为用户提供多个运营商的不受限的接入；能够支持普遍的移动性，确保给用户提供一致的、普遍的业务能力。

NGN 总体架构如图 8-5 所示，主要包含两层，业务层和传送层。

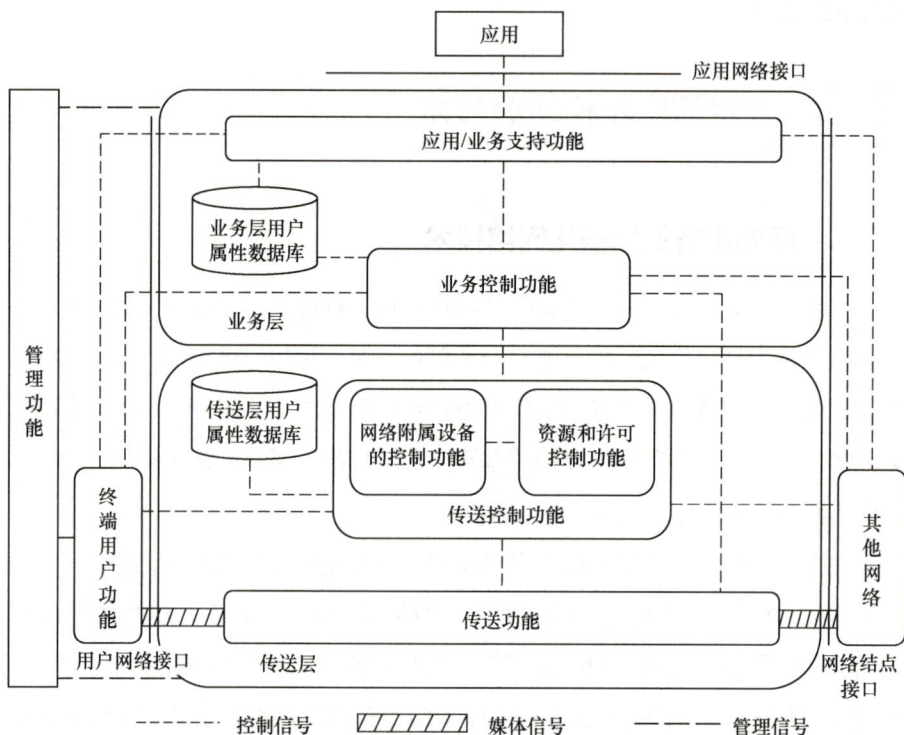

图 8-5 NGN 总体架构

传送层包含接入传送功能和传送控制功能等，同时为了和其他网络的互通，还包含网关功能。在传送控制功能中包含网络附属设备的控制功能、资源和许可控制功能以及传送层用户属性数据库。

业务层包含业务控制功能、业务层用户属性数据库和应用/业务支持功能，并通过应用网络接口（Application Network Interface，ANI）访问应用。

业务层的业务控制功能可以进一步细化为不同的业务单元，具体包含 IP 多媒体业务单元、公共交换电话网/综合业务数字网（Public Switched Telephone Network/Integrated Services Digital Network，PSTN/ISDN）仿真业务单元、流媒体业务单元和其他多媒体业务单元。

IP 多媒体业务单元采用基于会话发起协议（Session Initiation Protocol，SIP）的控制机制。这些业务包括多媒体会话业务，例如话音、可视电话、PSTN/ISDN 模拟和一些非会话的业务（例如签约/通知呈现的信息）。同时，IP 多媒体业务单元支持移动性要求。目前主要的实现方式是基于 SIP 的 IP 多媒体子系统（IP Multimedia Subsystem，IMS）体系架构。

PSTN/ISDN 仿真业务是指模仿 PSTN/ISDN 来支持通过网关连接到 IP 网络的传统终端，能够提供所有的 PSTN/ISDN 业务，使终端用户感知不到他们是否连接到基于时分复用（Time-Division Multiplexing，TDM）的 PSTN/ISDN。PSTN/ISDN 仿真业务组成可以有两种实现方式：基于呼叫服务器和基于 IMS。

NGN 能够提供流媒体业务，例如内容提供业务、多媒体组播业务、广播业务以及推送业务等。其他多媒体业务单元包括数据提取应用、数据通信业务、在线应用、传感器网络、远端控制业务等。

在图 8-5 所示的 NGN 总体架构中，一个比较重要的部分是用户属性数据库功能，包括传送层用户属性数据库和业务层用户属性数据库。在 NGN 中，提供共同的用户属性数据库，利用统一的网络提供不同的业务。用户属性数据库功能支持业务层面的统一的业务和控制功能，同时也支持传送层面的网络接入附属功能。

网络附属子系统（Network Attachment Sub-System，NASS）提供接入层注册功能以及用户终端初始化功能，使用户终端能够接入到 NGN 系统，NASS 提供网络级标识和鉴权、管理 IP 地址空间以及对接入会话进行鉴权，同时向用户终端提供 NGN 业务 / 应用子系统的接入点，如 P-CSCF 地址。NASS 主要功能包括：为终端动态分配 IP 地址和其他配置参数；在分配 IP 地址之前或在分配 IP 地址过程中进行用户鉴权；基于用户属性对网络接入进行认证；基于用户属性进行接入网络配置；位置管理等。

资源接纳控制子系统（RACS）负责策略控制、资源预留和接纳控制，同时还提供对边界网关的控制，包括私网地址穿越功能。RACS 向应用层提供基于策略的传送控制功能，使应用层能够请求对传送资源进行预留，而不需要了解底层传送网络。RACS 根据策略对应用层的资源请求进行评估并预留相应的资源，使网络能够执行接纳控制并设置独立的承载媒体流策略。

2. NGI

随着互联网（Internet）的广泛使用，现有的互联网不堪重负。1996 年，美国开始实施"下一代 Internet"计划，即 NGI 计划，进行下一代高速互联网络及关键技术研究，建立了高速网络试验床（Very High Speed Backbone Network Service，vBNS）。1998 年，美国 100 多所大学联合成立 UCAID（University Corporation for Advanced Internet Development），从事 Internet 2 研究计划，建设了另一个独立的高速网络试验床 Abilene。世界各国也陆续进入发展下一代互联网研究的行列。我国先后启动了中国下一代互联网示范工程、一体化可信网络与普适服务体系基础研究、新一代高可信网络、可信任互联网、互动新媒体网络与新业务工程等项目，探索和实践下一代互联网的设计。主要有两条技术路线：一是渐进式的改良路线；二是全新的革命路线。

渐进式改良路线是在现有网络基础上，针对暴露出来的问题，发展完善当前的网络系统。在"筑高墙、堵漏洞、防入侵"基础上，加固和完善现有的网络安全防护体系；采用综合服务、区分服务、多协议标签交换（Multi-Protocol Label Switching，MPLS）等改善网络服务质量；采用新的地址结构，扩展网络、用户容量；采用改进的移动技术支持用户的移动性等。这种路线的典型代表就是当前以 IPv6 协议体系为核心的新型网络。

革命式全新路线的研究认为，当前互联网诸多的问题和不安全表象，归根到底是网络体制和设计理念造成的，是基因型缺陷，属先天不足。打补丁的方法会使原先相对简单的体系结构变得臃肿和脆弱，使互联网成为复杂的不稳定系统，局部事件会引发级联故障，网络安全更难管理。因此，必须摆脱现有体制的束缚，彻底整治，重新设计。基本的思路是针对当前网络的弊端和未来网络的需求，从顶层设计入手，设计新一代网络的体系结构。新一代网络又称"可信网络"或"未来一代网络"，但不一定是 NGI 或 Internet 2。

革命式全新路线的典型研究计划有美国国家科学基金会（National Science Foundation，United States，NSF）资助的全球网络环境创新（Global Environment for Network Innovation，GENI）、未来互联网设计（Future Internet Network Design，FIND）等计划，我国 973 计划项目资助的"一体化可信网络与服务体系基础研究"等项目。

GENI 是一个开放式的项目，主旨是从根本上改变现有网络结构设计，构建一个全新、安全、能连接所有设备的互联网。该行动计划由 NSF 下属的计算机与信息科学及工程（Computer and Information Science and Engineering，CISE）理事会来筹划，参与者包括大学、企业、国际合作机构等，鼓励建立各种研究合作伙伴关系，尤其是产、学、研的合作。GENI 行动计划包括两大内容：研究计划和用于验证新体系结构的全球实验设施。

在研究计划中，GENI 通过以下措施来支持新的网络能力和分布式系统能力的研究、设计和开发。

◎ 创造新的核心功能：超越现有的数据报、分组和电路交换机制，寻求新的交换机制，设计新的命名、寻址、身份识别和网络管理机制。

◎ 开发增强的能力：构建高安全性和高可用性的网络架构，在私密性与可溯源性之间进行平衡，进行差异化与本地化设计。

◎ 部署和验证新的体系结构：支持无所不在的普适计算。

◎ 建立高级服务抽象：如基于位置的服务和基于身份的服务。

◎ 构建新的服务与应用：使大规模分布式应用变得安全、稳定和可管理，制定分布式应用的原则与模式。

◎ 推导新的网络体系结构理论：探索网络复杂性、可扩展性和经济增长因素。

GENI 计划试图保证研究人员能够得到以下支持。

◎ 通过在时间域与空间域的切块和虚拟化实现共用（"切块"表示限于特定实验的资源子集）。

◎ 通过可编程平台接入物理设施（如通过定制的协议栈）。

◎ 通过使用者选择和 IP 隧道让大量使用者参与。

◎ 通过切块间可控的隔离与连接，进行使用者之间的保护与合作。

◎ 通过新的平台和网络进行广泛试验，验证具备各种各样的接入电路和技术以及全球控制与管理软件。

◎ 通过联合设计实现各独立设施的互联。

GENI 体系结构如图 8-6 所示，类似于沙漏模型。整个 GENI 结构被分为 3 层：物理底层、用户服务层和 GENI 管理核心（GENI Management Core，GMC）层。

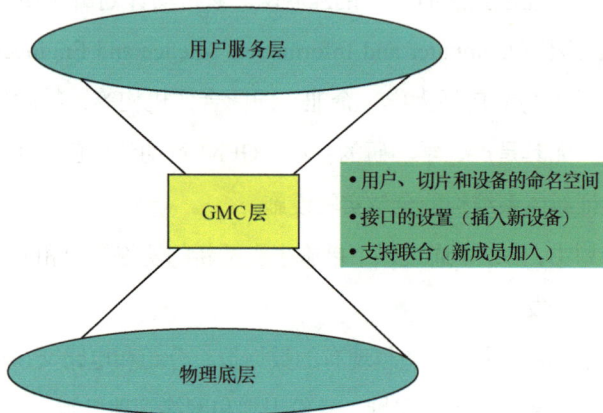

图 8-6　GENI 体系结构

物理底层包含一套组成互联网拓扑结构的物理设备，如路由器、处理器、连接器、无线设备等。

GMC 层对应于 IP 地址空间、IP 包格式、IP 算法和有效服务模型，也可能包含 DNS 和整个二层的路由框架。GMC 层处于中间层，是 GENI 的管理核心，其作用是定义一个稳定的、可预测的、长生命周期的框架（一套抽象、接口和命名空间）和核心服务（绑定 GENI 框架）。

用户服务层对应于其他功能需求，提供了一套丰富的用户可见服务支持，组成完整互联网体系。

GENI 的研究范围很广，包括重新思考网络功能、设计新的网络体系结构和服务，设计关键的网络能力（如安全性、管理鲁棒性和经济持续性等），开发新技术新应用，开发新的无线设备、传感器、路由器、光交换机以及控制和管理软件等。GENI 主要采用了以下技术思想。

◎ 底层组件具有可编程性。这样就有可能把任何网络试验部件和服务嵌入到 GENI 上面，其中包括与现在的互联网架构和协议截然不同的全新设计理念。

◎ 底层可以虚拟化。这样就有可能同时把多个切片嵌入到底层上面，让试验的服务和架构能够运行。

◎ 最终用户可以无缝地使用实验服务。这样就有可能吸引真正的用户，对于实际环境下评估新服务至关重要，也是大规模部署的关键所在。

◎ 模块化，拥有明确定义的架构和一套接口。这样就有可能利用新出现的网络技术来扩展 GENI 的用途。也就是说，GENI 不是不能改动的静态部件，而是可以不断更新的动态基础设施。

3. SONA

SONA 是思科公司提出的一种智能网络架构，该架构体现了网络不仅仅是提供相对简单的连接和管道功能，更应提供广泛的面向应用的关键功能，使网络和应用基础设施更紧密的融合，使应用开发者理解和运用智能网络的功能。

SONA 是一种开放的体系结构，将网络服务与应用关联，从而形成企业解决方案。其目标是使网络最优化地参与到企业的整体业务流程中，使企业应用开发者利用集成的网络服务、通信和协作服务，通过面向服务的网络平台提高业务的敏捷性和灵活性。

SONA 体系结构如图 8-7 所示，主要分为 3 层，即网络基础设施层、交换服务层和应用层，其核心是交换服务层。

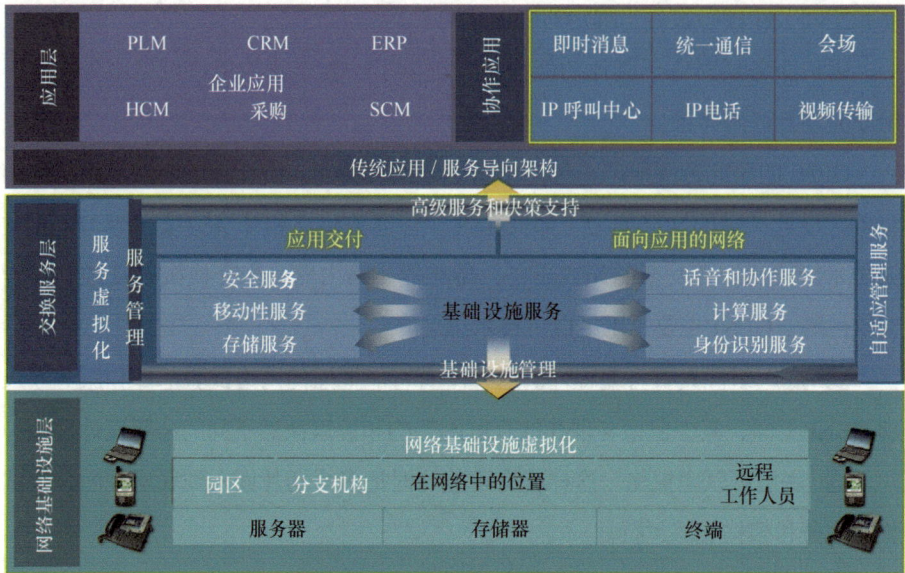

图 8-7　SONA 体系结构

底层是网络基础设施层，包括路由交换基础设施、存储器、服务器、终端等，这些设备是服务和数据的物理存储点。

交换服务层有 3 类服务：一是基础设施服务；二是应用服务；三是自适应管理服务。

基础设施服务包括安全服务、移动性服务、存储服务、话音和协作服务、计算服务、身份识别服务 6 项网络服务和网络基础设施虚拟服务，这些服务对基础设施进行效能优化，使得给特定的流程和应用分配合适的资源更加容易。其中的一项重要技术是虚拟化，主要包括两个方面的含义：一是使许多物理上分布的资源看上去像一个资源池；二是以逻辑方式而不是物理方式对资源进行处理。

应用服务是对上层的服务，用于应用集成、发送、扩展和优化。

自适应管理服务包括 3 个方面：一是基础设施管理；二是服务管理；三是分析和决策支持。基础设施管理提供基础管理能力和集中式服务。服务管理利用交互式服务的部署和功能，使服务具有灵活性、敏捷性。分析和决策支持用于弥补基础设施的能力和应用、企业流程期望的能力之间的间隙，分析包括从简单的 MIB 监视到流量分析、应用行为分析、容量规划和拓扑仿真，决策支持根据分析提供行动信息，如 QoS 建议、容量、故障场景、应用调整、预先部署配置验证、部署后变化验证及策略执行等。

应用层包括两类应用：一是协作应用；二是企业应用。协作应用，如统一通信、IP 呼叫中心等，是以实时话音、视频交互为主要特征的通信应用。企业应用如客户关系管理（Customer Relationship Management，CRM）、企业资源规划（Enterprise Resource Planning，ERP）、供应链管理（Supply Chain Management，SCM）等。

8.2.2　分层立体化 MANET 网络技术

战术信息栅格的天空地一体化特征，尤其是未来各类空中无人平台的不断发展，将使大幅度提升战术环境下地域覆盖、信息传递速率、服务质量等性能成为可能。因此，研究分层立体化移动自组织网络（Mobile Ad Hoc Network，MANET）技术 [16-22] 对于充分发挥空中通信节点的优势十分重要。

分层立体化 MANET 技术可用于支持建立无处不在的、有保证的和灵敏的战术网络，这些战术网络可与固定通信网络无缝互联。各类用户、设备、智能代理及其他有线或无线边缘设备可以从任意地点，进行任意类型的视频、话音和数据信息的访问和交换。

分层立体化 MANET 拓扑结构完全不同于已有文献中大量研究的基于多层分簇的无线 Ad Hoc 网络。过去文献中研究的大规模无线 Ad Hoc 网络通常通过多层分簇方式来提高可扩展性。这种网络中，逻辑上相邻的簇头物理上通常是由一条多跳路径连接的。因此，局部网络的变化可能同时导致多个逻辑上嵌套的簇产生重构，因而这种逻辑分簇结构动态性受限。分层立体化 MANET 通过构建物理上的多层栅格网络，各层节点分别部署在物理空间的不同区域，构建了以空中栅格网为核心骨干网络的大区域覆盖的多层立体化网络。因此，这是一种在空间上多层分布的全新网络体系，具有性能优良的骨干结构，支持用户和网络的高速移动。图 8-8 所示为一种典型的空地一体分层 MANET 结构。

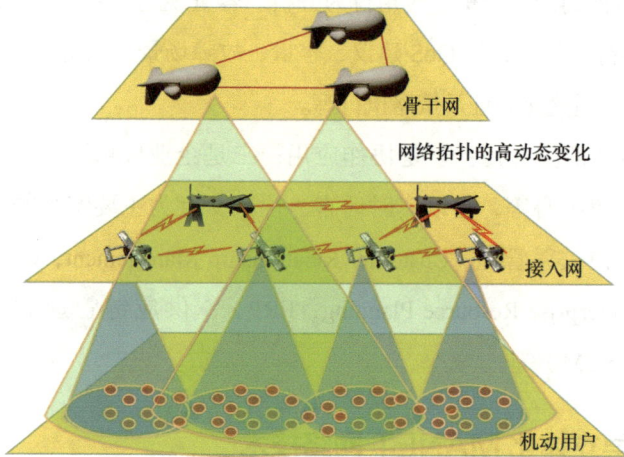

图 8-8　空地一体分层 MANET 结构

为了提高网络通信容量、频谱利用率及抗截获、抗干扰能力，分层立体化组网将以方向性天线为主、全向天线为辅的方式，采用方向性天线的空空组网、空地一体化组网以及多层组网是分层立体化 MANET 的显著特点。

分层立体化 MANET 主要涉及以下关键技术。

① 空地一体化 Ad Hoc 网络路由算法。基于立体化分层网络状态信息扩散、采集、存储及其优化方法，是进行路由协议优化的基础，需要着重解决低开销的"空－空""地－空－地"QoS 单播路由算法，以及与协同传输结合的 QoS 组播路由算法等问题。

② 空－地、地－空上下行传输过程中的资源调度与分配、接入控制。与蜂窝网络上下行资源调度与分配的不同在于，蜂窝网具有较为严格的小区划分方法。对于分层立体化 MANET，为了充分利用空中节点资源，需要重点突破上下行链路资源调度与分配，空中接入点的选择和空中路径选择、资源判断与预约机制等接入控制机制，空中网络容量的均衡利用技术等。

③ 端到端可靠传输技术。通过分层立体化 Ad Hoc 网络可靠传输协议，获得点到点、点到多点可靠传输性能。

④ 移动越区切换技术。由于地面车载终端、空中平台的快速移动，使得移动节点接入空中骨干网络的接入点随时间而变化，为了保持连接和通信的持续

性，需要简单而高效的越区切换机制，一方面要降低控制开销，另一方面要保持较高的通信质量。

⑤ 网络容量分析与优化。根据网络规模、覆盖范围、天线方向性变化与网络容量的关系，优化和确定系统的容限。

8.2.3　栅格计算技术

战术信息栅格需要实现异构计算、存储和通信资源有保证的共享和管理。栅格服务的物理特性通常对用户和应用是透明的，可提供所需的服务质量和保护，提升以网络为中心的作战能力。

栅格的英文是 grid，也称为网格。1998 年，栅格的概念由 Foster 和 Kesselman 第一次提出 [23]，他们给出的栅格定义是："计算栅格是一个提供可靠的、一致的、无所不在的、便宜的硬件和软件基础结构，用来进行高端计算"。2001 年，Foster 等 [24] 重新定义栅格为："协作资源共享，在动态的多机构的虚拟结构中解决问题"。这个定义是现在普遍用到的对栅格的抽象定义。

由国际标准化组织全球网格论坛（Global Grid Forum，GGF）制定的开放栅格服务体系结构（Open Grid Service Architecture，OGSA）是被广泛认可的事实上的工业标准。OGSA 定义了一个包含有标准接口和行为的核心服务集来解决一系列技术问题，提供了一种框架，在该框架中可以定义范围更广、可互操作的轻量级服务。

栅格计算提供了共享和协调使用各种不同资源的机制，因此使得能够从地理上、组织上分布的组件中创建出一个虚拟的计算系统，该系统充分集成各种资源，获得理想的服务质量。实现栅格计算的主要内容包括以下几方面。

① 集成和协调分布式资源。栅格对不同域内的资源和用户进行集成和协调，处理安全、政策和成员资格等问题。

② 采用标准、开放的通用协议和接口。这是能够大规模部署和应用的基础。

③ 确保最优的服务质量。协调各组成资源，提供各类服务质量保证，如响应时间、吞吐量、可用性和安全性等。

栅格计算的关键技术包括：当计算跨越多个机构时，支持管理证书和策略的安全解决方案；资源管理、调度协议和服务；支持安全地远程访问计算和数据资源以及协同分配多种资源；信息查询协议和服务，提供关于资源、组织和服务的配置信息和状态信息；数据管理服务，在存储系统和应用之间定位和传输数据；工作流管理服务和引擎。

8.2.4 端到端多级安全防护技术

战术信息栅格中需要实现基于业务处理的接入控制、跨安全域的信息共享、信息和资源的防护以及安全态势感知的维护。端到端多级安全防护技术贯穿战略、战役、战术全域，是一种端到端的安全防护技术。

端到端多级安全防护技术可为战术信息栅格中任意位置上的用户和服务之间所交换的信息，提供端到端的安全保护支持。与传统的边界防护机制不同，端到端多级安全防护技术根据用户的信任等级以及传输信息的敏感性等级，在用户或服务之间建立一条端到端的安全管道。这样就打破了不同安全性能网络（如战略通信网与战术通信网，军事通信网与民用通信网）无法互联的限制，实现了异构网络的互联互通和信息高效，消除了"烟囱"系统和信息孤岛，并可为信息栅格的移动性、安全性和抗毁性提供可靠支持。在战术环境中，对用户和服务的可靠认证和鉴权将是实现端到端多级安全防护的关键。图8-9所示的是是端到端安全防护机制示意。

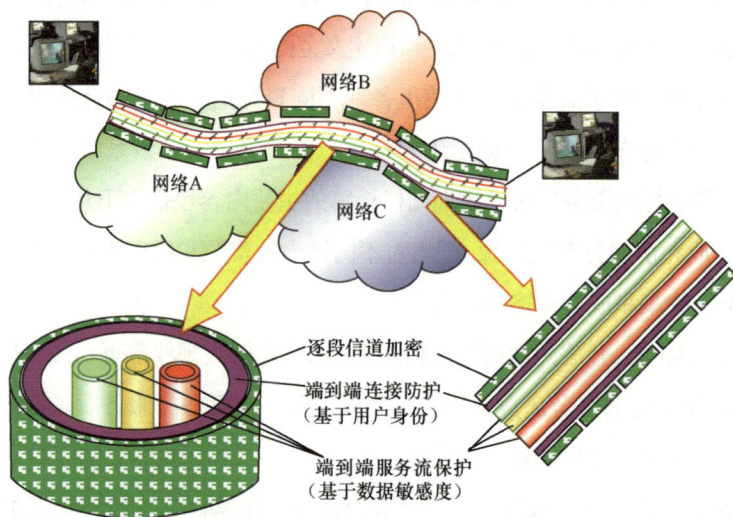

图 8-9 端到端安全防护机制示意

8.2.5 基于策略的网络运作技术

在战术信息栅格里，作战行动、系统和服务功能以及诸如应用、服务和网络之类的资源，可依据相关的政策确定自动的规则进行管理。自动的规则制定是任务域、功能域、跨功能域和信息共享利益共同体等特定领域背景下，实施管理活动的条件和依据。例如，基于策略的能力可在网络层动态管理 IP 地址和服务质量。目录赋能组网是一种新出现的基于数字策略的组网技术，可支持大型复杂网络的自动控制。

基于策略进行网络运作，能够大大提升运作系统的灵活性和可扩展性，主要优势体现在以下几个方面。

① 可提高系统自动化程度，减少对操作员的依赖。

② 可针对系统的变化，改变或增加新的策略，不必重新编写软件代码。

③ 可根据不同的信息类型及服务质量 / 服务等级需求分配相应的资源，在满足服务质量需求的同时优化资源利用率。

④ 可针对不同的用户制定不同的策略，灵活地在不同的用户之间进行策略的转换。

以 IETF（Internet Engineering Task Force）、DMTF（Distributed Management Task Force）等为代表的国际标准化组织和以思科、北电网络有限公司等为代表的设备制造厂商在基于策略的管理领域进行了系统大量研究和实践，提出了基于策略管理的思想，制定了 COPS、LDAPv3 等一系列协议，可作为构建战术信息栅格网络运作的参考。

在战术信息栅格中，采用基于策略的网络运作技术，实现对系统策略进行统一控制与分发管理，包括带宽控制策略、服务优先级控制策略、网络设备参数配置策略、接入和边界控制策略、网络状态实时监测策略、灾难恢复策略、故障定位策略等。

8.3 结束语

纵观人类战争形态的发展历史可以发现，新的通信原理、机理的发明往往会对核心军事能力产生巨大的推动作用，例如马可尼、波波夫发明的无线电通信就给机械化战争形态带来了重大变革。当前，通信、信息和计算机等领域的科学技术日新月异，新思想、新概念、新方法层出不穷。这些思想、方法、理论和技术正以前所未有的深度和广度影响包括战术通信在内的军事领域的发展进程，必将推动军事领域发生更为迅猛和深刻的变革。

需求永无止境，在可能的技术条件下设计最优的战术通信架构和系统是全球军事通信领域永恒的主题，也是战术通信领域研究人员不懈追求的方向。

参考文献

[1] 杰夫·凯尔斯. 分布式网络化作战——网络中心战基础 [M]. 于全，译. 北京：北京邮电大学出版社，2006.

[2] 陆十一. 解读美军"空海一体战" [M]. 北京：解放军出版社，2013.

[3] Department of defense global information grid architectural vision version 1.0[R]. [S.l.: s.n.], 2007.

[4] DoD instruction 8010.01 department of defense information network (DODIN) transport[R]. [S.l.: s.n.], 2018.

[5] DODIN capabilities framework overview[R]. [S.l.: s.n.], 2019.

[6] The department of defense strategy for implementing the joint information environment[R]. [S.l.: s.n.], 2013.

[7] Joint information environment white paper[R]. [S.l.: s.n.], 2013.

[8] Enabling the joint information environment: shaping the enterprise for the conflicts of tomorrow[R]. DISA, 2014.

[9] ITU-T Y.2001. General overview of NGN[S]. [S.l.: s.n.], 2004.

[10] ITU-T Y.2011. General principles and general reference model for next generation networks[S]. [S.l.: s.n.], 2004.

[11] ITU-T Y.3001. Future networks: objectives and design goals[S]. [S.l.: s.n.], 2011.

[12] ITU-T Y.3011. Framework of network virtualization for future networks[S]. [S.l.: s.n.], 2012.

[13] ITU-T Y.3041. Smart ubiquitous networks – Overview[S]. [S.l.: s.n.], 2013.

[14] ITU-T Y.3104. Architecture of the IMT-2020 network[S]. [S.l.: s.n.], 2018.

[15] ITU-T Y.3302. Functional architecture of software-defined networking[S]. [S.l.: s.n.], 2017.

[16] RAMANATHAN R, REDI J, SANTIVANEZ C, et al. Ad Hoc networking with directional antennas: a complete system solution[J]. IEEE Journal on Selected Areas in Communications, 2005, 23(3): 496-506.

[17] KO Y B, SHANKARKUMAR V, VAIDYA N H. Medium access control protocols using directional antennas in Ad Hoc networks[C]// Proceedings of Infocom Nineteenth Joint Conference of the IEEE Computer & Communications Societies. Piscataway: IEEE Press, 2000.

[18] BANDYOPADHYAY S, HASUIKE K, HORISAWA S, et al. An adaptive MAC and idrectional routing protocol for Ad Hoc wireless network using ESPAR antenna[C]//Proceedings of the 2nd ACM Interational Symposium on Mobile Ad Hoc Networking and Computing, MobiHoc 2001. New York: ACM Press, 2001.

[19] 贺鹏, 李建东, 陈彦辉, 等. Ad Hoc 网络中基于方向性天线的分布式拓扑控制算法 [J]. 软件学报, 2007, 18(6): 1308-1318.

[20] 印敏, 于全. Military multi-hop routing protocol (MMRP)[J]. 电子科学学刊 (英文版), 2006, 5.

[21] 吴克军, 苏兆龙, 于全. Ad Hoc 网络媒体接入控制中一种新的退避算法[J]. 北京邮电大学学报, 2005, 28(5): 30-33.

[22] YU Q. A multi-group coordination mobility model for Ad Hoc networks[C]// Proceedings of Military Communications Conference. Piscataway: IEEE Press, 2006.

[23] FOSTER, KESSELMAN, C (EDS). The grid: blueprint for a new computing infrastructure[J]. Grid Blueprint For A New Computing Infrastructure, 1999, 34(2): 18-102.

[24] FOSTER I, KESSELMAN C, TUECKE S. The anatomy of the grid-enabling scalable virtual organizations[J]. Journal of Logic and Computation, 2001, 15(3): 200-222.

名词索引